普通高等教育“十三五”规划教材

高等学校电子信息类教材

无线传感网技术

（第2版）

刘传清　刘化君　编著

朱玉全　主审

電子工業出版社

Publishing House of Electronics Industry

北京 · BEIJING

内 容 简 介

本书全面介绍了无线传感网的基本原理和应用开发技术，以及无线传感网领域的研究成果。首先介绍了无线传感网的体系结构、关键技术和发展历程，包括低功耗物理层无线通信技术、通信标准，并详细介绍了通信协议，主要涉及 MAC 协议和路由协议；其次介绍了无线传感网的支撑技术，包括定位技术、同步技术、安全技术、数据融合与数据管理技术；最后讨论了无线传感网的应用开发技术，包括以数据为中心的网络互联技术，节点的硬件平台和软件平台的编程语言 nesC 和操作系统 TinyOS，并提供了开发设计案例，做到课程的理论与实践密切结合。

本书可作为高等院校电气信息类专业无线传感网技术课程的教材或教学参考书，也可作为物联网工程技术人员的培训教材或科研人员的参考用书。

本书的教学课件（PPT 文档）可从华信教育资源网（www.hxedu.com.cn）注册后免费下载，或者通过与本书责任编辑（zhangls@phei.com.cn）联系获得。

图书在版编目（CIP）数据

无线传感网技术 / 刘传清，刘化君编著. —2 版. —北京：电子工业出版社，2019.1
高等学校电子信息类教材
ISBN 978-7-121-35615-5

Ⅰ. ①无… Ⅱ. ①刘… ②刘… Ⅲ. ①无线电通信－传感器－高等学校－教材 Ⅳ. ①TP212

中国版本图书馆 CIP 数据核字（2018）第 263660 号

责任编辑：张来盛（zhangls@phei.com.cn）
印　　刷：北京捷迅佳彩印刷有限公司
装　　订：北京捷迅佳彩印刷有限公司
出版发行：电子工业出版社
　　　　　北京市海淀区万寿路 173 信箱　　邮编：100036
开　　本：787×1 092　1/16　印张：18.25　字数：467.2 千字
版　　次：2015 年 1 月第 1 版
　　　　　2019 年 1 月第 2 版
印　　次：2025 年 1 月第 9 次印刷
定　　价：54.80 元

凡所购买电子工业出版社图书有缺损问题，请向购买书店调换。若书店售缺，请与本社发行部联系，联系及邮购电话：（010）88254888 / 88258888。

质量投诉请发邮件至 zlts@phei.com.cn，盗版侵权举报请发邮件至 dbqq@phei.com.cn。

本书咨询联系方式：（010）88254467。

第 2 版前言

随着物联网技术以及 5G 通信技术的快速发展，作为智能感知的无线传感网技术越来越成熟，使智慧城市、智能交通、无人驾驶等新技术和应用逐渐展现于我们的生活中。《无线传感网技术》自出版以来，受到广大读者的喜爱，为了更好地满足读者运用传感网新技术和培养应用开发能力的需求，对本书进行修订十分必要。

本次修订保持第 1 版的体系结构和特色，在此基础上进行适当的增补。增补的主要内容如下：第 2 章的物理层通信技术增加了“低功耗远距离无线通信技术”的有关内容；第 4 章增加了 CC2530 芯片开发资料（4.4 节）和 ZigBee 协议栈开发技术（4.5 节）。

在修订过程中，马湘蓉副教授、王志明副教授、沙爱军讲师、宋红梅讲师等参与了编写和讨论。

由于编著者水平有限，书中难免有不妥之处，欢迎读者指正。

联系方式：lcq007@njit.edu.cn。

编著者

2018 年 10 月

第 1 版前言

物联网是国家新兴战略产业中信息产业发展的核心领域，将在国民经济发展中发挥重要作用。目前，物联网是全球研究热点，被称为继计算机、互联网之后的世界信息产业的第三次浪潮。加快“感知中国”计划，加快物联网、传感网发展已经上升为国家战略。为适应国家战略性产业发展需要，加大信息网络高级专门人才培养的力度，很多高校都建立了物联网学院和物联网、传感网专业。最近几年教育部要求高校逐步扩大物联网、传感网专业规模，加快物联网、传感网相关技术普及和人才培养。我们根据已有的基础和教学条件，设置了传感网工程专业，以满足新兴产业发展对物联网技术人才的要求。

无线传感网是物联网的重要分支，是随着无线通信、嵌入式计算技术、传感器技术、微机电技术以及分布式信息处理技术的进步而发展起来的一门新兴的信息获取技术，是当前在国际上备受关注、涉及多学科、高度交叉、知识高度集成的前沿热点研究领域。无线传感网采用自组织方式配置大量的传感器节点，通过节点的协同工作来采集和处理网络覆盖区域中的目标信息，是一个集数据采集、数据处理、数据传输于一体的复杂系统，它能够通过各类集成化的微型传感器协作，实时监测、感知和采集各种环境或监测对象的信息，这些信息通过无线方式发送，并以自组织多跳的无线传播方式传送到用户终端，从而实现物理世界、计算世界以及人类社会三元世界的连通。

无线传感网技术所涉及的前沿学科和理论研究问题较多，很多技术还在探索过程中，因此目前已有的无线传感网教材都比较注重理论深度，不利于工程应用型人才的培养。本书是在编著者多年对无线传感网的理论研究和教学实践基础上编写的，作为无线传感网技术的基础性教材，力求简明扼要，深入浅出，删减复杂、烦琐的理论推导，比较详细地描述了无线传感网所涉及的关键技术和基本理论，并结合相关应用，介绍具体无线传感网应用系统的设计方法，使理论与具体实践相结合。全书总结了当今无线传感网研究领域中的研究成果和应用技术，详细阐述了无线传感网研究中的基本理论和研究方法，包括无线传感网络的概念、通信技术与通信协议、核心支撑技术，以及应用开发技术与应用实例等。全书结构合理，内容丰富，可分成三大部分：第一部分包括第 1～5 章，其中第 1 章介绍无线传感网的基本概念、关键技术和发展历程，第 2 章介绍物理层无线通信技术，第 3 章介绍无线传感网 MAC 协议，第 4 章介绍无线通信标准 IEEE 802.15.4 和 ZigBee 协议，第 5 章介绍传感网的路由协议；第二部分讲解无线传感网的主要支撑技术，包括第 6～10 章，其中第 6～8 章分别介绍无线传感网的定位技术、同步技术和安全技术，第 9、10 章分别介绍无线传感网的数据融合和数据管理技术；第三部分讲解无线传感网的应用开发技术，包括第 11～13 章，其中第 11 章详细介绍传感器节点设计的编程语言 nesC 和操作系统 TinyOS，第 12 章介绍以数据为中心的数据互联技术和网关设计技术，第 13 章主要介绍无线传感网的设计开发技术，涉及节点的硬件平台、软件平台和仿真平台，并给出了设计案例，便于读者实践。通过阅读本书，读者可以快速、全面地掌握无线传感网的基本理论知识，并可以根据应用进行一些简单的设计开发工作。

本教材依据物联网工程专业的教学大纲编写，教学计划分为48课时（含实验实训）和32 课时，可根据实际教学情况和要求进行删减。通过本课程的学习，可为以后从事无线传感网技术的应用设计开发工作打下良好基础。

为了便于读者学习，本书在编写过程中尽量做到结合实际，着重介绍物理概念，以图文结合的方式来阐述问题，文字力求通俗易懂。为了适应教学需要，各章后面均附有思考题，书末附有主要的参考文献。

本书由刘传清、刘化君编著，参加编写的还有柳群英、操天明、王志明、王琪；江苏大学博士生导师朱玉全教授对本书进行了全面的审定。在本书编写过程中，一些老师参与了资料的收集和整理工作，孟超博士对书稿进行了全面的校对。本书相关的科研工作得到了江苏省高等教育教改立项研究课题（2013JSJG172）、南京工程学院硕士专业学位研究生专项课题（60973095）和南京工程学院创新基金项目（CKJB201309）的资助。在此，向所有为本书编写和出版作出贡献的人们表示衷心感谢！

由于水平有限，加之时间仓促，对于书中的缺点和错误，真诚地期望读者批评指正。

编著者

2014 年 7 月

目　录

第1章　无线传感网技术概述

无线传感器网络（wireless sensor network，WSN）简称无线传感网，是当前在国际上备受关注、涉及多学科且高度交叉、知识高度集成的前沿热点研究领域。它综合了传感器技术、嵌入式计算技术、现代网络及无线通信技术、分布式信息处理技术等，能够通过各类集成化的微型传感器协作地实时监测、感知和采集各种环境或监测对象的信息，这些信息通过无线方式被发送，并以自组多跳网络方式传送到用户终端，从而实现物理世界、计算世界以及人类社会三元世界的连通。无线传感网实现了将客观世界的物理信息同传输网络连接在一起，在一下代网络中将为人们提供最直接、最有效、最真实的信息。

本章对无线传感网技术进行概述，包括无线传感网的体系结构、主要特征、关键技术，以及应用领域、发展现状与发展趋势。

1.1　无线传感网体系结构

1.1.1　无线传感网网络结构

无线传感网是由一组无线传感器节点以 ad hoc（自组织）方式组成的无线网络，其目的是协作地感知、收集和处理无线传感网所覆盖的地理区域中感知对象的信息，并传递给观察者。无线传感网集中了传感器技术、嵌入式计算技术和无线通信技术，能协作地感知、监测和收集各种环境下所感知对象的信息，通过对这些信息的协作式信息处理，获得感知对象的准确信息，然后通过 ad hoc 方式传送到需要这些信息的用户。传感器、感知对象和观察者构成了无线传感网的三个要素。

无线传感网具有众多类型的传感器节点，可以用来探测地震、电磁、温度、湿度、噪声、光强度、压力、土壤成分等周边环境中多种多样的现象，具有广阔的应用前景，因而受到越来越多研究人员的重视。但由于无线传感网的硬件资源十分有限，且其工作环境通常是一些资源受限的地方，这给理论研究人员和工程技术人员提出了大量具有挑战性的研究课题。

图 1-1 所示为典型的无线传感网结构，它由分布式传感器节点群组成。传感器节点可以通过飞机布撒或人工布置等方式，大量部署在被感知对象内部或者附近。这些节点通过自组织方式构成无线网络，以协作的方式实时感知、采集和处理网络覆盖区域中的信息，并通过多跳方式将整个区域内的信息传送给基站（base station，BS）或汇聚节点，BS 再通过通信网络（由互联网、卫星网或移动通信网构成）将数据传到数据中心或发送给远处的用户。反之，用户可以通过传输通信网发送命令给 BS，而 BS 再将命令转发给各个传感器节点。

无线传感网是以数据为中心的网络，其关键技术与具体应用紧密相关：不同的应用场景，其技术相差很大。目前，分布式的无线传感网多为分簇形式，将传感器节点分成多个簇，每个簇存在一个簇头节点，负责簇内节点的管理和数据融合。基于分簇的无线传感网结构如图 1-2 所示。分簇方式的特点是簇群内的节点只能与本簇的簇头通信，簇头和簇头之间可以相互传递数据，可以通过多跳方式传送数据到数据中心。

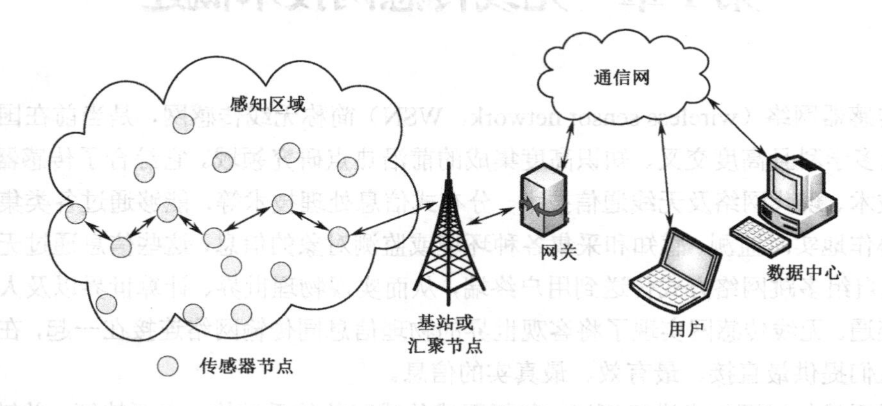

图 1-1　典型无线传感网结构

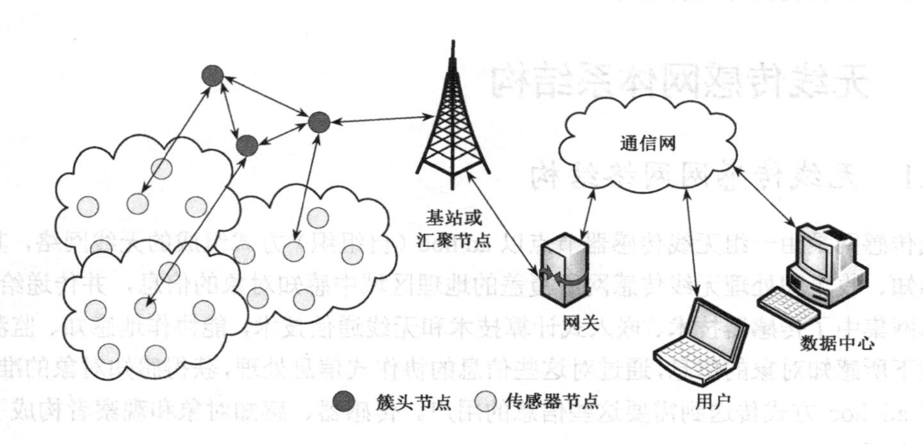

图 1-2　基于分簇的无线传感网结构

1.1.2　无线传感器节点结构

无线传感器节点是一个微型化的嵌入式系统，它构成了无线传感网的基础层支持平台。典型的传感器节点由数据采集的感知单元、数据处理和存储的处理单元、通信收发的传输单元和节点供电的能源供给单元四部分组成。图 1-3 所示是其硬件结构示意图。其中，感知单元由传感器、A/D 转换器组成，负责感知监控对象的信息；能源供给单元负责供给节点工作所消耗的能量，一般为小体积的电池；传输单元完成节点间的信息交互和通信工作，一般为无线电收发装置，由物理层收发器、MAC 协议、网络层路由协议组成；处理单元包括存储器、处理器和应用部分，负责控制整个传感器节点的操作，存储和处理所采集的数据以及其他节点发来的数据。同时，有些节点上还装配有能源再生装置、运动或执行机构、定位系统等扩展设备，以获得更完善的功能。

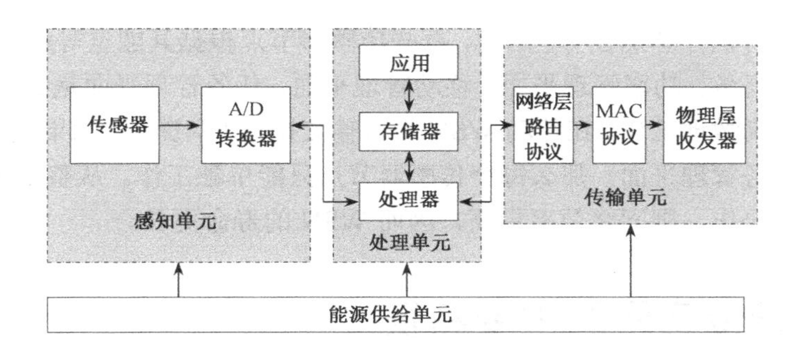

图 1-3　传感器节点硬件结构示意图

典型的传感器节点体积较小，甚至小于 1 cm^3，往往被部署在无人照看或恶劣的环境中，无法更换电池，节点能量受限。由于具体的应用背景不同，目前国内外出现了多种无线传感网节点的硬件平台。典型的节点包括美国的 CrossBow 公司开发的 Mote 系列节点 Mica2、MicaZ 和 Mica2Dot，以及 Infineon 公司开发的 EYES 传感器节点，等等。实际上，各平台最主要的区别是采用了不同的处理器、无线通信协议以及与应用相关的不同的传感器。常用的处理器有 Intel StrongARM、Texas Instrument MSP430 和 Atmel Atmega，常用的无线通信协议有 IEEE 802.11b、IEEE 802.15.4（ZigBee）和蓝牙（Bluetooth）等。与应用相关的传感器有光传感器、热传感器、压力传感器以及湿度传感器等。虽然具体应用不同，传感器节点的设计也不尽相同，但是其基本结构都类似于图 1-3。

1.1.3　无线传感器协议栈

图 1-4 示出了无线传感网（WSN）所使用的协议栈。该协议栈将能量（功率）意识和路由意识组合在一起，将数据与网络协议综合在一起，在无线传输媒介上进行能量的高效通信，支持各个传感器节点相互协作。协议栈由应用层、传输层、网络层、数据链路层、物理层，以及功率管理平面、移动管理平面、任务管理平面组成。根据感知任务，可以在应用层上建立和使用不同类型的应用软件。传输层帮助维护 WSN 应用所需的数据流。网络层解决传输层所提供的数据的传输路由问题。由于环境噪声以及传感器节点可能是移动节点，所以 MAC 协议必须具有能量意识能力，能够使与邻近节点广播的碰撞达到最低程度。物理层解决简单而又强壮的调制、发送、接收技术问题。此外，功率管理平面、移动管理平面、任务管理平面分别监视传感器节点之间的移动、任务分配，帮助传感器节点协调感知任务和降低总功耗。

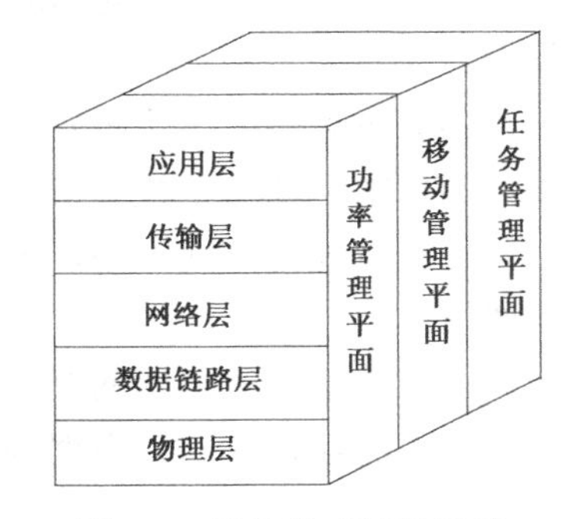

图 1-4　无线传感网协议栈

功率管理平面管理每个传感器节点如何运用其能量。例如，传感器节点接收到其中一个相邻节点的一条消息后，可以关闭接收机，这样可以避免接收重复的消息。当一个传感器节点剩余能量较低时，可以向其相邻节点广播，通知它们自己剩余能量较低，不能参与路由功能，而将剩余能量用于感知任务。移动管理平面用于检测和记录传感器节点的移动状况，因而总是维护返回到用户的路由，传感器节点能够连续不停地跟踪其相邻传感器节点。传感器节点在获知其相邻传感器节点后，就能够平衡其能量和任务处理。任务管理平面平衡和安排特定区域内的全部传感器节点同时执行感知任务。因此，有些传感器节点根据其能量等级而执行比其他传感器节点较多的感知任务。功率管理平面、移动管理平面、任务管理平面是必需的，这样各个传感器节点才能一起高效地工作，在移动 WSN 中传输数据，共享资源。如果没有功率管理平面、移动管理平面和任务管理平面，那么每个传感器节点只能单独工作。从整个 WSN 来看，若传感器节点能够相互协作，则网络效率更高，因而 WSN 的寿命更长。

1.2 无线传感网的主要特征

1.2.1 不同于移动自组网

移动自组网（mobile ad hoc network）或移动 ad hoc 网络是一个由几十到上百个节点组成、采用无线通信方式、动态组网的多跳移动性对等网络。其目的是通过动态路由和移动管理技术传输具有服务质量（QoS）要求的多媒体信息流，通常其节点具有持续的能量供给。

无线传感网虽然与无线自组网有相似之处，但同时也存在很大的差别。无线传感网是集成了检测、控制和无线通信的网络系统。与传统 ad hoc 网络相比，无线传感网的业务量较小，而移动 ad hoc 网络业务量较大，主要是 Internet 业务（包括多媒体业务）。无线传感网节点固定，处理能力、存储能力和通信能力有限，更换电池困难，因而能源问题是无线传感网的主要问题；而移动 ad hoc 网络移动性较强，易于更换电池，故其节点能量不受限制。

无线传感网是移动 ad hoc 网络的一种典型应用，虽然它具有移动自组织特征，但与传统的移动 ad hoc 网络相比，又有一些不同之处，它们之间的主要区别可归纳为以下几点：

（1）在网络节点规模方面，无线传感网包含的节点数量比 ad hoc 网络高几个数量级；

（2）在网络节点分布密度方面，因节点冗余的要求和部署的原因，无线传感网节点的分布密度很大；

（3）在网络节点的处理能力方面，ad hoc 网络的处理能力较强，而无线传感网节点的处理能力、计算能力和存储能力都有限；

（4）在网络拓扑结构方面，ad hoc 网络是由于节点的移动而产生的，而无线传感网是由于节点的休眠、环境干扰或节点故障而产生的；

（5）在通信方式方面，无线传感网节点主要使用广播通信，而 ad hoc 网络节点采用点对点通信；

（6）由于无线传感网节点数量的原因，其节点没有统一的标识；

（7）无线传感网以数据为中心。

1.2.2 不同于现场总线网络

在自动化领域，现场总线控制系统（fieldbus control system，FCS）正在逐步取代一般的分布式控制系统（distributed control system，DCS），各种基于现场总线的智能传感器／执行器技术得到了迅速发展。现场总线是应用在生产现场和微机化测量控制设备之间，实现双向串行多节点数字通信的系统，也被称为开放式、数字化、多点通信的底层控制网络。

现场总线作为一种网络形式，是专门为实现在严格的实时约束条件下工作而特别设计的。现场总线技术将专用微处理器植入传统的测量控制仪表，使它们各自具有数字计算和数字通信的能力，然后采用简单连接的双绞线等作为总线，把多个测量控制仪表连接成网络系统，并按公开、规范的通信协议，在位于现场的多个微机化测量控制设备之间和现场仪表与远程监控计算机之间实现数据传输与信息交换，形成各种适应实际需要的自动控制系统。

现场总线是20世纪80年代中期在国际上发展起来的。随着微处理器与计算机功能的不断增强和价格的降低，计算机与计算机网络系统得到了迅速发展。现场总线可实现整个企业的信息集成，实现综合自动化，形成工厂底层网络，完成现场自动化设备之间的多点数字通信，实现底层现场设备之间以及生产现场与外界之间的信息交换。

目前市场上较为流行的现场总线有CAN（控制局域网络）、LonWorks（局部操作网络）、Profibus（过程现场总线）、HART（可寻址远程传感器数据通信）和FF（基金会现场总线）等。

由于严格的实时性要求，这些现场总线的网络通常是由有线构成的。在开放系统互连参考模型中，它利用的只有第一层物理层、第二层链路层和第七层应用层，避开了多跳通信和中间节点的关联队列延迟。然而，尽管固有有限差错率不利于实现，人们仍然致力于在无线通信中实现现场总线的构想。

由于现场总线是通过报告传感数据而控制物理环境的，所以从某种程度上说它与无线传感网非常相似，甚至可以将无线传感网看作无线现场总线的实例。但是两者的区别是明显的：无线传感网关注的焦点不是数十毫秒范围内的实时性，而是具体的业务应用，这些应用能够容许较长时间的延迟和抖动。另外，基于无线传感网的一些自适应协议在现场总线中并不需要，如多跳、自组织的特点，而且现场总线及其协议也没有考虑节约能源的问题。

1.2.3 无线传感器节点的限制

无线传感器节点在实现各种网络协议和应用系统时，存在以下限制：

1. 电源能量有限

传感器节点体积微小，通常携带能量十分有限的电池。由于传感器节点个数多、成本要求低廉、分布区域广，而且部署区域环境复杂，有些区域甚至人员不能到达，所以传感器节点通过更换电他的方式来补充能源是不现实的。如何高效使用能量来使网络生命周期最大化，是无线传感网面临的首要挑战。

传感器节点消耗能量的模块包括传感器模块、处理器模块和无线通信模块。随着集成电路工艺的进步，处理器和传感器模块的功耗变得很低，绝大部分能量消耗在无线通信模块上。因此，传感器节点传输信息时要比执行计算时更消耗电能。

无线通信模块存在发送、接收、空闲和休眠四种状态。无线通信模块在空闲状态时一直监听无线信道的使用情况，检查是否有数据发送给自己；而在休眠状态时关闭通信模块。无线通信模块在发送状态的能量消耗最大；在空闲状态和接收状态的能量消耗接近，略少于发送状态的能量消耗；在休眠状态的能量消耗最少。如何让网络通信更有效率，减少不必要的转发和接收，在不需要通信时尽快进入休眠状态，是无线传感网协议设计需要重点考虑的问题。

图1-5所示是传感器节点各部分能量消耗的分布情况，从中可知：传感器节点的绝大部分能量消耗在无线通信模块；传感器节点传输信息时要比执行计算时更消耗电能，将1比特信息传输100 m的距离所需的能量大约相当于执行3 000条计算指令所消耗的能量。

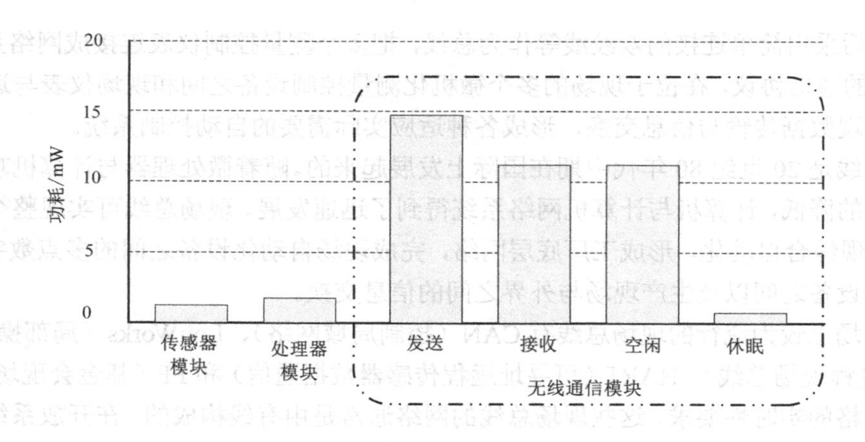

图 1-5　传感器节点各部分能量消耗的分布情况

2. 通信能力有限

无线通信的能量消耗与通信距离的关系为$E = kd^n$。其中，参数$n = 2 \sim 4$为衰落因子，其取值与很多因素有关，例如在传感器节点部署于贴近地面时，因障碍物多、干扰大，n的取值就大；天线质量对信号发射的影响也很大。考虑诸多因素，通常n取为3，即通信消耗与距离的3次方成正比。随着通信距离d的增加，能耗将急剧增加。因此，在满足通信连通度的前提下应尽量减小通信距离。一般而言，传感器节点的无线通信半径在100 m以内比较合适。

考虑到传感器节点的能量限制和网络覆盖区域大，无线传感网采用多跳路由的传输机制。传感器节点的无线通信带宽有限，通常仅有数百 kb/s 的速率。由于节点能量的变化，受高层建筑物、障碍物等地势地貌以及风雨雷电等自然环境的影响，无线通信性能可能经常变化，频繁出现通信中断。在这样的通信环境和节点有限的通信能力情况下，如何设计网络通信机制以满足无线传感网的通信需求是无线传感网面临的挑战之一。

3. 计算和存储能力有限

随着低功耗电路和系统设计技术的提高，目前已经开发出很多超低功耗的微处理器。除了降低处理器的绝对功耗以外，现代处理器还支持模块化供电和动态频率调节功能。利用这些处理器的特性，传感器节点的操作系统设计了动态能量管理（dynamic power management，DPM）和动态电压调节（dynamic voltage scaling，DVS）模块，可以更有效地利用节点的各种资源。动态能量管理是当节点周围没有感兴趣的事件发生而部分模块处于空闲状态时，把这些组件关掉或调到更低能耗的休眠状态。动态电压调节是当计算负载较低时，通过降低微处理器的工作电压和频率来降低处理能力，从而节约微处理器的能耗。很多处理器（如 StrongARM）都支持电压/频率调节。

1.2.4　无线传感网的特点

无线传感网是一种智能网络，它与传统网络相比具有很多独特之处。正是这些独特的优点，使得无线传感网除了自身优势以外还有很多需要解决的问题，这不论对现代研究者来说，还是对无线传感网在实际中的应用来说，都具有很大的挑战性。无线传感网的主要特点如下：

1. 无线传感网规模大，密度高

为了获取尽可能精确、完整的信息，无线传感网通常密集部署在大片的监测区域内，传感器节点数量可能成千上万，甚至更多。大规模网络通过分布式处理大量采集的信息，能够提高监测的精确度，降低对单个传感器节点的精度要求；通过大量冗余节点的协同工作，使得系统具有很强的容错性，并且增大了覆盖的监测区域，减少盲区。

2. 传感器节点的能量、计算能力和存储容量有限

随着传感器节点的微型化，在设计中大部分节点的能量靠电池提供，其能量有限，而且由于条件限制，难以在使用过程中给节点更换电池，所以传感器节点的能量限制是整个无线传感网设计的瓶颈，它直接决定了网络的工作寿命。另外，传感器节点的计算能力和存储能力都较低，使得它不能进行复杂的计算和数据存储；因而给无线传感网的研究者们提出了挑战，他们必须设计简单有效的路由协议等，以适用于无线传感网。

3. 无线传感网的拓扑结构易变化，具有自组织能力

由于无线传感网中节点节能的需要，传感器节点可以在工作状态和休眠状态之间切换，传感器节点随时可能由于各种原因发生故障而失效，或者添加新的传感器节点到网络中，这些情况的发生都使得无线传感网的拓扑结构在使用中很容易发生变化。此外，如果节点具备移动能力，也必定会带来网络的拓扑变化。基于网络的拓扑结构易变化，无线传感网具有自组织、自配置的能力，能够对由于环境、电能耗尽因素造成的传感器节点改变网络拓扑的情况作出相应的反应，以保证网络的正常工作。

4. 网络的自动管理和高度协作性

在无线传感网中，数据处理由节点自身完成，这样做的目的是减少无线链路中传送的数据量，只有与其他节点相关的信息才在链路中传送。以数据为中心的特性是无线传感网的又一个特点，由于节点不是预先计划的，而且节点位置也不是预先确定的，这样就有一些节点由于发生较多错误或者不能执行指定任务而被终止运行。为了在网络中监视目标对象，配置冗余节点是必要的，节点之间可以通信和协作，共享数据，这样可以保证获得被监视对象比较全面的数据。对用户来说，向所有位于观测区内的传感器发送一个数据请求，然后将所采集的数据送到指定节点处理；可以用一个多播路由协议把消息送到相关节点，这需要一个唯一的地址表。对于用户而言，不需要知道每个传感器的具体身份号，所以可以采用以数据为中心的组网方式。

5. 传感器节点具有数据融合能力

在无线传感网中，由于传感器节点数目大，很多节点会采集到具有相同类型的数据。因而，通常要求其中的一些节点具有数据融合能力，能对来自多个传感器节点采集的数据进行融合，再送给信息处理中心。数据融合可以减少冗余数据，从而减少在传送数据过程中的能量消耗，延长网络的寿命。

6. 以数据为中心的网络

在互联网中，网络设备用网络中唯一的 IP 地址标识，资源定位和信息传输依赖于终端、路由器、服务器等网络设备的 IP 地址。如果想访问互联网中的资源，首先要知道存放资源的

服务器 IP 地址。可以说，目前的互联网是一个以地址为中心的网络。

在无线传感网中，人们只关心某个区域某个观测指标的值，而不会去关心具体某个节点的观测数据。无线传感网是任务型的网络，脱离无线传感网谈论传感器节点没有任何意义。无线传感网的节点采用节点编号标识，需要节点编号与否唯一取决于网络通信协议的设计。由于传感器节点随机部署，所构成的无线传感网与节点编号之间的关系是完全动态的，表现为节点编号与节点位置没有必然联系。用户在使用无线传感网查询事件时，直接将所关心的事件通告给网络，而不是通告给某个确定编号的节点，网络在获得指定事件的信息后汇报给用户。这种以数据本身作为查询或传输线索的思想更接近于自然语言交流的习惯。所以，通常说无线传感网是一个以数据为中心的网络。

7. 安全性问题严重

由于无线传感器节点本身的资源（如计算能力、存储能力、通信能力和电量供应能力）十分有限，并且节点通常部署在无人值守的野外区域，使用不安全的无线链路进行数据传输，因此无线传感网很容易受到多种类型的攻击，如选择性转发攻击、采集点漏洞攻击、伪造身份攻击、虫洞攻击、Hello 消息广播攻击、黑洞攻击、伪造确认消息攻击以及伪造、篡改和重放路由攻击等。

1.3 无线传感网关键技术

无线传感网作为当今信息领域新的研究热点，涉及多学科交叉的研究领域，需要研究的内容包括通信、组网、管理、分布式信息处理等许多方面，主要分为四部分：网络通信协议；核心支撑技术；自组织管理；开发与应用。其中每部分又有许多需要研究解决的关键技术，下面仅简要介绍部分关键技术。

1. 网络拓扑控制技术

对于无线传感网而言，网络拓扑控制具有特别重要的意义。通过拓扑控制自动生成良好的网络拓扑结构，能够提高路由协议和 MAC 协议的效率，可为数据融合、时间同步和目标定位等方面奠定基础，有利于节省节点的能量来延长网络的生存期。所以，拓扑控制是无线传感网研究的核心技术之一。

目前，无线传感网拓扑控制的主要研究问题，是在满足网络覆盖度和连通度的前提下，通过功率控制和骨干网节点选择，剔除节点之间不必要的无线通信链路，生成一个高效的数据转发的网络拓扑结构。拓扑控制可以分为节点功率控制和层次型拓扑控制两个方面。功率控制机制用来调节网络中每个节点的发射功率，在满足网络连通度的前提下，减小节点的发送功率，均衡节点单跳可达的邻居数目；层次型拓扑控制则利用分簇机制，让一些节点作为簇头节点，由簇头节点形成一个处理并转发数据的骨干网，其他非骨干网节点可以暂时关闭通信模块，进入休眠状态，以节省能量。除了传统的功率控制和层次型拓扑控制，人们也提出了启发式的节点唤醒和休眠机制。该机制能够使节点在没有事件发生时将通信模块设置为休眠状态，而在有事件发生时及时自动醒来并唤醒邻居节点，形成数据转发的拓扑结构。这种机制重点在于解决节点在休眠状态和活动状态之间的转换问题，不能够独立作为一种拓扑控制机制，因此需要与其他拓扑控制算法结合使用。

2. 网络通信协议

由于传感器节点的计算能力、存储能力、通信能力以及携带的能量都十分有限，每个节点只能获取局部网络的拓扑信息，其上运行的网络协议也不能太复杂。同时，传感器拓扑结构动态变化，网络资源也在不断变化，这些都对网络协议提出了更高的要求。无线传感网协议负责使各个独立的节点形成一个多跳的数据传输网络，目前其研究的重点是网络层协议和数据链路层协议。网络层的路由协议决定监测信息的传输路径；数据链路层的介质访问控制用来构建底层的基础结构，控制传感器节点的通信过程和工作模式。

在无线传感网中，路由协议不仅关心单个节点的能量消耗，更关心整个网络能量的均衡消耗，这样才能延长整个网络的生存期。同时，无线传感网是以数据为中心的，这在路由协议中表现得最为突出，每个节点没有必要采用全网统一的编址，选择路径可以不用根据节点的编址，更多的是根据感兴趣的数据建立数据源到汇聚节点之间的转发路径。

无线传感网的 MAC 协议首先要考虑节省能源和可扩展性，其次才考虑公平性、利用率和实时性等。在 MAC 层的能量浪费主要表现在空闲侦听、接收不必要数据和碰撞重传等。为了减少能量的消耗，MAC 协议通常采用“侦听/休眠”交替的无线信道侦听机制，传感器节点在需要收发数据时才侦听无线信道，没有数据需要收发时就尽量进入休眠状态。由于无线传感网是应用相关的网络，当应用需求不同时，网络协议往往需要根据应用类型或应用目标环境特征定制，没有任何一个协议能够高效适应所有不同的应用。

3. 网络安全技术

无线传感网作为任务型的网络，不仅要进行数据的传输，而且要进行数据采集和融合以及任务的协同控制等。如何保证任务执行的机密性、数据产生的可靠性、数据融合的高效性以及数据传输的安全性，就成为无线传感网安全问题需要全面考虑的内容。

为了保证任务的机密布置以及任务执行结果的安全传递和融合，无线传感网需要实现一些最基本的安全机制：机密性、点到点的消息认证、完整性鉴别、新鲜性、认证广播和安全管理。除此之外，为了确保数据融合后数据源信息的保留，水印技术也成为无线传感网安全的研究内容。虽然在安全研究方面，无线传感网没有引入太多的内容，但无线传感网的特点决定了它的安全与传统网络的安全在研究方法和计算手段上有很大的不同。首先，无线传感网的单元节点的各方面能力都不能与目前 Internet 的任何一种网络终端相比，所以必然存在算法计算强度和安全强度之间的权衡问题，如何通过更简单的算法实现尽量坚固的安全外壳是无线传感网安全的主要挑战；其次，有限的计算资源和能量资源往往需要对系统的各种技术（如安全路由技术等）综合考虑，以减少系统代码的数量；再次，无线传感网任务的协作特性和路由的局部特性使节点之间存在安全耦合，单个节点的安全泄漏必然威胁网络的安全，所以在考虑安全算法时要尽量减小这种耦合性。

4. 时间同步技术

时间同步是需要协同工作的无线传感网系统的一个关键机制。例如，测量移动车辆速度需要计算不同传感器检测事件的时间差，通过波束阵列确定声源位置节点间的时间同步。NTP 协议是 Internet 上广泛使用的网络时间协议，但只适用于结构相对稳定、链路很少失败的有线网络系统；GPS 系统能够以纳秒级精度与世界标准时间 UTC 保持同步，但需要配置固定的高成本接收机，同时在室内、森林或水下等有掩体的环境中无法使用 GPS 系统。因此，它们都不适合应用在无线传感网中。

目前已提出了多个时间同步机制，其中 RBS、Tiny-sync/Mini-sync 和 TPSN 被认为是三个基本的同步机制。RBS 机制是基于接收者–接收者的时钟同步机制：一个节点广播时钟参考分组，广播域内的两个节点分别采用本地时钟记录参考分组的到达时间，通过交换记录时间来实现它们之间的时钟同步。Tiny-sync/Mini-sync 是简单的轻量级同步机制：假设节点的时钟漂移遵循线性变化，那么两个节点之间的时间偏移也是线性的，可通过交换时标分组来估计两个节点间的最优匹配偏移量。TPSN 采用层次结构实现整个网络节点的时间同步：所有节点按照层次结构进行逻辑分级，通过基于发送者-接收者的节点对方式，每个节点能够与上一级的某个节点进行同步，从而实现所有节点都与根节点的时间同步。

5. 节点定位技术

位置信息是传感器节点采集数据中不可缺少的部分，没有位置信息的监测消息通常毫无意义。确定事件发生的位置或采集数据的节点位置是无线传感网最基本的功能之一。为了提供有效的位置信息，随机部署的传感器节点必须能够在布置后确定自身位置。

由于传感器节点存在资源有限、随机部署、通信易受环境干扰甚至节点失效等特点，定位机制必须满足自组织性、稳健性（又称鲁棒性）、能量高效、分布式计算等要求。根据节点位置是否确定，传感器节点分为信标节点和位置未知节点。信标节点的位置是已知的；位置未知节点需要根据少数信标节点，按照某种定位机制确定自身的位置。

在无线传感网定位过程中，通常会使用三边测量法、三角测量法或极大似然估计法确定节点位置。根据定位过程中是否实际测量节点间的距离或角度，把无线传感网中的定位分为基于测距的定位和无须测距的定位。

6. 数据融合技术

无线传感网是能量约束的网络，减少传输的数据量能够有效地节省能量，提高网络的生存期。因此，在各个传感器节点数据收集过程中，可利用节点的本地计算和存储能力、数据处理融合能力，去除冗余信息，从而达到节省能量的目的。由于传感器节点的易失效性，无线传感网也需要利用数据融合技术对多份数据进行综合，提高信息的准确度。

数据融合技术可以与无线传感网的多个协议层次进行结合。在应用层设计中，可以利用分布式数据库技术，对采集到的数据进行逐步筛选，达到融合的效果；在网络层中，很多路由协议均结合了数据融合机制，以期减少数据传输量。数据融合技术已经在目标跟踪、目标自动识别等领域得到了广泛的应用。

数据融合技术在节省能量、提高信息准确度的同时，要以牺牲其他方面的性能为代价。首先是延迟的代价，在数据传输过程中寻找易于进行数据融合的路由，进行数据融合操作，或者为融合而等待其他数据的到来，这三个方面都可能增加网络的平均延迟。其次是稳健性的代价，无线传感网相对于传统网络有更高的节点失效率以及数据丢失率，数据融合可以大幅度降低数据的冗余性，但丢失相同的数据量可能损失更多的信息，因此相对而言也降低了网络的稳健性。

7. 数据管理技术

从数据存储的角度来看，无线传感网可视为一种分布式数据库。以数据库的方法在无线传感网中进行数据管理，可以将存储在网络中的数据的逻辑视图与网络中的实现进行分离，使得无线传感网的用户只需关心数据查询的逻辑结构，而无须关心实现细节。虽然对网络所存储的数据进行抽象会在一定程度上影响执行效率，但可以显著增强无线传感网的易用性。美国加州大学伯克利分校的 TinyDB 系统和 Cornell 大学的 Cougar 系统是目前具有代表性的无线传感网数据管理系统。

无线传感网的数据管理与传统的分布式数据库有很大的差别。由于传感器节点能量受限且容易失效，数据管理系统必须在尽量减小能量消耗的同时提供有效的数据服务。同时，无线传感网中节点数量庞大，且传感器节点产生的是无限的数据流，无法通过传统的分布式数据库的数据管理技术进行分析处理。此外，对无线传感网数据的查询经常是连续的查询或随机抽样的查询，这也使得传统分布式数据库的数据管理技术不适用于无线传感网。

无线传感网数据管理系统的结构主要有集中式、半分布式、分布式以及层次式，目前大多数研究工作均集中在半分布式结构方面。无线传感网中数据的存储采用网络外部存储、本地存储和以数据为中心的存储三种方式。相对于其他两种方式，以数据为中心的存储方式可以在通信效率和能量消耗两方面获得很好的折中。基于地理散列表的方法便是一种常用的以数据为中心的数据存储方式。在无线传感网中，既可以为数据建立一维索引，也可以建立多维索引。DIFS 系统中采用的是一维索引的方法，而 DIM 是一种适用于无线传感网的多维索引方法。无线传感网的数据查询语言目前多采用类 SQL 的语言。查询操作可以按照集中式、分布式或流水线式查询进行设计。集中式查询由于传送了冗余数据而消耗额外的能量，分布式查询利用聚集技术可以显著降低通信开销，而流水线式聚集技术可以提高分布式查询的聚集正确性。在无线传感网中，对连续查询的处理也是需要考虑的一个方面，CACQ 技术可以处理无线传感网节点上的单连续查询请求和多连续查询请求。

8. 无线通信技术

无线传感网需要低功耗、短距离的无线通信技术。IEEE 802.15.4 标准是针对低速无线个人域网的无线通信标准，把低功耗、低成本作为设计的主要目标，旨在为个人或者家庭范围内不同设备之间低速联网提供统一标准。由于 IEEE 802.15.4 标准的网络特征与无线传感网存在很多相似之处，故很多研究机构把它作为无线传感网的无线通信平台。

超宽带（UWB）技术是一种极具潜力的无线通信技术。超宽带技术具有对信道衰落不敏感、发射信号功率谱密度低、低截获能力、系统复杂度低、能提供厘米级的定位精度等优点，非常适合应用在无线传感网中。迄今为止，关于 UWB 有两种技术方案，一种是以 Freescale 公司为代表的 DS-CDMA 单频带方式，另一种是由英特尔、德州仪器等公司共同提出的多频带 OFDM 方案，但还没有一种方案成为正式的国际标准。

9. 嵌入式操作系统

传感器节点是一个微型的嵌入式系统，携带非常有限的硬件资源，要求操作系统能够节能、高效地使用其有限的内存、处理器和通信模块，且能够对各种特定应用提供最大的支持。

在面向无线传感网的操作系统的支持下，多个应用可以并发地使用系统的有限资源。

传感器节点有两个突出的特点。一个特点是并发性密集，即可能存在多个需要同时执行的逻辑控制，这需要操作系统能够有效地满足这种发生频繁、并发程度高、执行过程比较短的逻辑控制流程；另一个特点是传感器节点模块化程度很高，要求操作系统能够让应用程序方便地对硬件进行控制，且保证在不影响整体开销的情况下，应用程序中的各个部分能够比较方便地进行重新组合。这些特点对设计面向无线传感网的操作系统提出了新的挑战。美国加州大学伯克利分校针对无线传感网研发了 TinyOS 操作系统，在科研机构的研究中得到比较广泛的使用，但仍然存在不足之处。

10. 应用层技术

无线传感网应用层由各种面向应用的软件系统构成，而部署的无线传感网往往要执行多种任务。因此，应用层的研究主要是各种无线传感网应用系统的开发和多任务之间的协调，如作战环境侦察与监控系统、军事侦察系统、情报获取系统、战场监测与指挥系统、环境监测系统、交通管理系统、灾难预防系统、危险区域监测系统、有灭绝危险的动物或珍贵动物的跟踪监护系统、民用和工程设施的安全性监测系统，以及生物医学监测、治疗系统和智能维护等。

无线传感网应用开发环境的研究，旨在为应用系统的开发提供有效的软件开发环境和软件工具，需要解决的问题包括无线传感网程序设计语言，无线传感网程序设计方法学，无线传感网软件开发环境和工具，无线传感网软件测试工具的研究，面向应用的系统服务（如位置管理和服务发现等），以及基于感知数据的理解、决策和举动的理论与技术（如感知数据的决策理论、反馈理论、新的统计算法、模式识别和状态估计技术等）。

1.4 无线传感网的应用

无线传感网具有无须预先铺设网络设施，快速自动组网，传感器节点体积小等特点，使得无线传感网在军事、环境、工业、医疗等方面有着广阔的应用前景。

1. 军事应用

无线传感网可用来建立一个集命令、控制、通信、计算、智能、监视、侦察和定位于一体的战场指挥系统。因为无线传感网是由密集型、低成本、随机分布的节点组成的，自组织性和容错能力使其不会因为某些节点在恶意攻击中损坏而导致整个系统的崩溃，这一点是传统传感技术所无法比拟的；也正是这一点，使无线传感网非常适合应用于恶劣的战场环境中，使用声音、压力等传感器可以侦探敌方阵地动静以及人员、车辆行动情况，实现战场实时监督、战场损失评估等。

2. 环境监测

无线传感网可以布置在野外环境中获取环境信息。例如，可以应用于森林火险监测，传感器节点被随机密布在森林之中，当发生火灾时，这些传感器会通过协同合作在很短的时间内将火源的具体地点、火势的大小等信息传给终端用户。另外，无线传感网在监视农作物灌溉情况，土壤空气情况，牲畜、家禽的环境状况，大面积的地表监测，气象和地理研究，洪水监测，以及跟踪鸟类、小型动物和昆虫对种群复杂度的研究等方面都有较大的应用空间。

3．工业应用

在工业安全方面，无线传感网可以应用于有毒、放射性的场合，其自组织算法和多跳路由传输可以保证数据有更高的可靠性。在设备管理方面，它可用于监测材料的疲劳状况、机械的故障诊断，实现设备的智能维护等。它采用的分布式算法和引入的近距离定位技术，对于机器人的控制和引导将发挥重要的作用。无线传感网可实现家居环境、工作环境智能化。例如，由嵌入家电和家具中的传感器与执行机构组成的无线网络与Internet连接在一起，将会为人们提供更加舒适、方便和具有人性化的智能家居和办公环境。

4．智能医疗

通过在病人身上安装特殊用途的传感器节点，医生可以利用无线传感网随时了解被监护病人的病情，及时发现病人的异常情况并进行处理，如实时掌握血压、血糖、脉搏等情况；一旦发生危急情况，可在第一时间实施救助。医学研究者亦可以在不妨碍被监测对象正常生活的基础上，利用无线传感网长时间地收集人的生理数据。这些数据对于研制新药品和进行人体活动机理的研究都是非常有用的。总之，无线传感网为未来的远程医疗提供了更加方便、快捷的技术实现手段。

5．智能家居

在家具和家电中嵌入传感器节点，通过无线传感网与Internet连接在一起，将会为人们提供更加舒适、方便和人性化的智能家居环境，包括家庭自动化（即嵌入到智能吸尘器、智能微波炉、电冰箱等，实现遥控、自动操作和基于Internet与手机网络等的远程监控）以及智能家居环境（如根据亮度需求自动调节灯光，根据家具脏的程度自动进行除尘等）。

6．建筑物和大型设备安全状态的监控

通过对建筑物安全状态的监控，可以检查出建筑物（如房屋、桥梁等）中存在的安全隐患或建筑缺陷，从而避免建筑物的倒煽等事故的发生。通过对一些大型设备（如工厂自动化生产线、货物列车等）运行状态的监控，可以及时监控设备的运行情况，从而避免设备故障导致的意外。

7．应急援救

在发生了地震、水灾、火灾、爆炸或恐怖袭击后，固定的通信网络设施（如有线通信网络，蜂窝移动通信网络的基站，卫星通信地球站以及微波接力站等）可能被全部摧毁或无法正常工作。无线传感网这种不依赖任何固定网络设施就能快速布设的自组织网络技术，是在这些场合进行通信的最佳选择。

8．其他方面的应用

无线传感网在商业、交通等其他方面也具有广泛的应用。在商业应用方面，无线传感网可用在货物的供应链管理中，它可以用于定位货品的存放位置，有助于了解货品的状态、销售状

况等。每个集装箱内的大量传感器节点可以自组织成一个无线网络，集装箱内的每个节点都可以和集装箱上的节点相联系。通过装载在节点上的温湿度传感器、加速度传感器等记录集装箱是否被打开过，是否过热、受潮或者受到撞击。

在交通运输应用中，可以对车辆、集装箱等多个运动的个体进行有效的状态监控和位置定位。传感器节点还可以用于车辆的跟踪，将各节点收集到的有关车辆的信息传给基站；这些信息经过基站处理，使人们获得车辆的具体位置。

综上所述，无线传感网的研究和最终成果必将对我国的国防、工业、社会生活及其他领域产生非常重要的影响，具有广泛的应用前景和巨大的应用价值。

1.5 无线传感网发展与现状

1.5.1 无线传感网发展的三个阶段

无线传感网的发展也是符合计算设备的演化规律的。根据研究和分析，无线传感网的发展历史分为三个阶段。

第一阶段：传统的传感器系统

无线传感网的历史最早可以追溯到20世纪70年代越战时期使用的传统的传感器系统。当时美越双方在密林覆盖的“胡志明小道”进行了一场血腥的较量。这条道路是北越部队向南方游击队源源不断输送物资的秘密通道，美军曾经绞尽脑汁动用航空兵狂轰滥炸，但效果不大。后来，美军投放了2万多个“热带树”传感器。

所谓“热带树”，实际上是由震动和声响传感器组成的系统。它由飞机投放，落地后插入泥土中，只露出伪装成树枝的无线电天线，因而被称为“热带树”。只要对方车队经过，传感器就能探测出目标所产生的震动和声响信息，自动发送到指挥中心，美国立即展开追杀，总共炸毁或炸坏4.6万辆卡车。

这种早期使用的传感器系统，其特征在于：传感器节点只产生探测数据流，没有计算能力，并且相互之间不能通信。

传统的原始传感器系统通常只能捕获单一信号，传感器节点之间只能进行简单的点对点通信，网络一般采用分级处理结构。

第二阶段：无线传感网节点集成化

第二阶段是20世纪80年代至90年代之间。1980年美国国防高级研究计划局（Defense Advanced Research Projects Agency，DARPA）的分布式无线传感网（distributed sensor network，DSN）项目，开启了现代无线传感网研究的先河。该项目由TCP/IP协议的发明人之一、时任DARPA信息处理技术办公室主任的Robert Kahn主持，他起初设想建立由低功耗传感器节点所构成的网络。这些节点之间相互协作，但自主运行，将信息发送到需要它们的处理节点。就当时的技术水平来说，这绝对是一个雄心勃勃的计划。通过多所大学研究人员的努力，该项目还在操作系统、信号处理、目标跟踪、节点实验平台等方面取得了较好的基础性成果。

在这个阶段，无线传感网的研究仍然主要在军事领域展开，并成为网络中心战体系中的关键技术。比较著名的系统包括美国海军研制的协同交战能力系统（Cooperative Engagement Capability，CEC）、用于反潜作战的固定式分布系统（Fixed Distributed System，FDS）、高级配置系统（Advanced Deployment System，ADS）、远程战场传感器网络系统（Remote Battlefield Sensor System，REMBASS）、战术远程传感器系统（Tactical Remote Sensor System，TRSS）等无人值守的地面传感器网络系统。这个阶段的技术特征是采用了现代微型化的传感器节点，这些节点可以同时具备感知能力、计算能力和通信能力。因此在1999年，《商业周刊》将无线传感网列为21世纪最具影响力的21项技术之一。

第三阶段：多跳自组网

第三阶段是从21世纪初至今。美国在2001年发生了震惊世界的“911”事件，如何找到恐怖分子头目本•拉登成了和平世界的一道难题。因为本•拉登深藏在阿富汗山区，神出鬼没，极难发现他的踪迹。人们设想可以在本•拉登经常活动的地区大量投放各种微型探测传感器，采用无线多跳自组网的方式，将发现的信息以类似于接力赛的方式，传送给远在波斯湾的美国军舰。但是这种低功率的无线多跳自组网技术，在当时是不成熟的，因而向科技界提出了应用需求，由此引发了无线自组织无线传感网的研究热潮。

这个阶段的无线传感网，其技术特点是网络传输自组织、节点设计低功耗，除了应用于情报部门进行反恐活动以外，在其他领域更是获得了很好的应用。所以，2002年美国国家重点实验室——橡树岭实验室提出了“网络就是传感器”的论断。

由于无线传感网在国际上被认为是继互联网之后的第二大网络，因此2003年美国《技术评论》杂志评出对人类未来生活产生深远影响的十大新兴技术，无线传感网被列为第一。

在现代意义上的无线传感网研究和应用方面，我国与发达国家几乎同步启动，无线传感网已经成为我国信息领域位居世界前列的少数方向之一。在2006年我国发布的《国家中长期科学与技术发展规划纲要》中，为信息技术确定了三个前沿方向，其中就有两项与传感网直接相关，分别是智能感知和自组网技术。

纵观计算机网络技术的发展史，应用需求始终是推动和左右全球网络技术进步的动力。无线传感网可以为人类增加“耳”“鼻”“眼”“舌”等的感知能力，这是扩展人类感知能力的一场革命。无线传感网是近几年来国内外在研究和应用上都非常热门的领域，在国民经济建设和国防军事上具有十分重要的应用价值。目前，无线传感网的发展几乎呈爆炸式的趋势。

1.5.2 无线传感网发展现状

由于其巨大的科学意义和商业、军事应用价值，无线传感网已经引起了许多国家学术界、军事部门和工业界的极大关注。无线传感网的研究发展起源可以追溯到1978年由美国国防高级研究计划局（DARPA）资助的在卡耐基–梅隆大学（Carnegie-Mellon University）举行的“分布式无线传感网论坛”，但对其研究还是在20世纪90年代才真正进入热潮。

无线传感网（WSN）的研究起源于20世纪70年代，最早应用于军事领域，1994年美国加州大学洛杉矶分校（UCLA）的William J. Kaiser教授向DARPA提交了“Low-power Wireless Integrated Micro-sensors（LWIM）”研究计划书。该计划书不但给出了基于微机电系统（MEM）的微小节点的概念设计模型，还描绘出了无线传感网的广泛诱人和极具想象力的应用背景，因此无线传感网在美国的军事项目中得到了大量的应用。1999 年，《商业周刊》将传感器网络列为21世纪最具影响的21项技术之一。美国国家科学基金会也开始支持该领域的相关技术研究。美国国防部以及各军事部门都高度重视 WSN 研究，把 WSN 作为一个重要研究领域，并设立了一系列的用于军事用途的 WSN 研究项目。2002 年，英特尔公司发布了“基于微型传感器网络的新型计算发展规划”，该规划主要致力于微型传感器网络在环境监测、医学、海底板块、森林灭火和行星探测等领域的应用。同年，欧盟提出了 EYES（自组织和协作有效能量的传感器网络）计划，该项目的研究期限为 3 年，主要致力于无线传感网的构架、网络协议、节点的协作以及整个网络安全等方面的研究。2003 年美国 MIT《技术评论》杂志评出对人类未来生活产生深远影响的十大新兴技术，传感器网络被列为第一。之后，美国交通部、能源部、国家航空航天局等都纷纷支持开展无线传感网的相关研究，自此相关研究在各大高校迅速展开。比较著名的实验室和研究项目包括：加州大学洛杉矶分校（UCLA）的 CENS（Center for Embedded Network Sensors）实验室，UCLA 电子工程系的 WINS（Wireless Integrated Network Sensors）项目，加州大学伯克利（Berkeley）分校的 BWRC（Berkeley Wireless Research Center）和 WEBS（Wireless Embedded System）等研究项目，俄亥俄州立大学（The Ohio State University）的 ESWSN（Extreme Scale Wireless Sensor Networking）项目，Stony Brook 大学的 WNS 实验室（Wireless Networking and Simulation Laboratory），哈佛大学（Harvard University）的 Code Blue 项目，耶鲁大学（Yale University）的 ENALAB 实验室（Embedded Networks and Allocations Lab），麻省理工学院（MIT）的 NMS（Network and Mobile Systems）项目等。此外，欧洲和亚洲的很多大学研究所也开始了这方面的研究。例如，新加坡国立大学的无线传感网实验室等也有关于无线传感网方面的研究，并且在无线传感网的相关领域有突出的科研成绩。迄今为止，人们已经开发出一些实际可用的传感器节点平台和面向无线传感网的操作系统。比较具有代表性的传感器节点包括 UeB 大学和 Crossbow 公司联合开发的 Mica 系列节点，UeB 大学 BWRC（Beeley Wireless Research Center）开发的 Pico Radio 传感器节点，加州大学开发的 MecaMK-2 节点，Intel 公司开发的 Intel Mote 节点等。而无线传感网操作系统中比较著名的有 UeB 大学开发的 TinyOS 系统、Colorado 大学开发的 MANTIS 系统以及 UCLA 大学开发的系统等。

相比于国外，我国对无线传感网相关领域的研究起步要晚一些。1999 年，无线传感网方面的研究首次出现在中国科学院《知识创新工程试点领域方向研究》的“信息与自动化领域研究报告”中。中国科学院的计算所、自动化所、软件所等科研机构以及清华大学、北京邮电大学、上海交通大学等高校都是国内较早进行无线传感网研究的单位，中国移动、华为、中兴等大型企业也加入了研究行列。无线传感网的研究得到了国家的重视和支持，2002 年国家自然基金委开始支持无线传感网相关的课题。在 2006 年我国发布的《国家中长期科学与技术发展规划纲要》中，为信息技术确定了三个前沿方向，其中有两项就与传感器网络直接相关。在 2011 年发布的“十二五”规划纲要中，传感器网络再次被列为国家重点发展产业。中国下一代互联网项目、国家自然科学基金、国家“863”计划基金、国家重点基础研究发展计划（973 计划）都大力支持传感器网络相关研究，相关项目的设立，推进了我国传感器网络技术的快速发展。

1.5.3 无线传感网的发展趋势

1. 无线多媒体传感网

无线传感网通过由传感器节点感知、收集和处理物理世界的信息来完成人类对物理世界的理解和监控，为人类与物理世界实现“无处不在”的通信和沟通搭建起一座桥梁。然而，目前无线传感网的大部分应用集中在简单、低复杂度的信息获取和通信上面，只能获取和处理物理世界的标量信息，如温度、湿度等。这些标量信息无法刻画丰富多彩的物理世界，难以实现真正意义上的人与物理世界的沟通。为了克服这一缺陷，一种既能获取标量信息，又能获取视频、音频和图像等矢量信息的无线多媒体传感网（wireless multimedia sensor network，WMSN）应运而生。这种特殊的无线传感网有望实现真正意义上的人与物理世界的完全沟通。相对于传统无线传感网仅对低比特流、较小信息量的数据进行简单处理而言，无线多媒体传感网作为一种全新的信息获取和处理的技术，更多地关注各种各样的信息，包括音频、视频和图像等大数据量、大信息量的信息，以及它们的采集和处理，它利用压缩、识别、融合和重建等多种方法来处理所收集到的各种信息，以满足多样化应用的需求。

2. 泛在传感网

随着信息技术的日新月异，无线通信技术发生了重大变化并取得了迅猛的发展。未来无线通信技术将朝着宽带化、移动化、异构化和个性化等方面发展，以达到通信的“无所不在”，即“泛在化”。

由于其在硬件上（如大小、功耗、通信能力等方面）的特点，传感器节点能够在任何时候放置于任何地方，因而传感网是实现未来“泛在化”通信的一种有效手段或者补充。泛在传感网（ubiquitous sensor network）指的是能够在任何时间、地点收集和处理实时信息的传感器网络。泛在传感网改变了人类信息收集和处理的历史，使得原来只能由人来完成的信息收集和处理任务，现在也能由传感器节点完成。泛在传感网与传统意义上的无线传感网的区别在于：泛在传感网将会是有线和无线通信技术的综合体，而传统的无线传感网主要是基于无线通信技术的。

3. 基于认知功能的传感网

认知无线电（cognitive radio，CR）被认为是一种提高无线电频谱利用率的新方法，同时也是一种智能的无线通信技术。它建立在软件无线电（software defined radio，SDR）的基础上，能感知周围环境，并使用已建立的理解方法从外部环境学习，通过对特定的系统参数（如功率、载波和调制方案等）的实时改变来调整它的内部状态，以适应系统环境的变化。认知无线电技术的核心是采用软件无线电技术，最大限度地利用时域、频域、空域等的信息，动态调节和适应无线通信频谱的分配和使用。

目前，无线传感网节点所感知的主要是物理世界的环境信息，没有涉及对节点本身通信资源的感知。具有认知功能的传感网不仅能感知和处理物理世界的环境信息，还能利用认知无线电技术对通信环境进行认知。此时的传感器节点变成了一个智能体，因此它实现了智能化的传感器网络，可望大大改善传感网的资源利用率和服务质量。

4. 基于超宽带技术的无线传感网

前面提到，无线传感网由于其广泛的应用前景而受到了工业界和学术界的关注。无线传感网要真正付诸应用，离不开传感器节点的设计实现。无线传感器节点的特征是体积小、功耗低和成本低，传统的正弦载波无线传输技术由于存在中频、射频等电路和一些固有组件的限制而难以达到这些要求。超宽带通信技术是一种非传统的、新颖的无线传输技术，它通常采用极窄脉冲或极宽的频谱来传输信息。相对于传统的正弦载波通信系统而言，超宽带（ultra wideband，UWB）无线通信系统具有高传输速率、高频谱效率、高测距精度、抗多径干扰、低功耗、低成本等诸多优点。这些优点使超宽带无线传输技术和无线传感网自然而然地联系在了一起，使对基于超宽带技术的无线传感网的研究和开发得到越来越多的关注。

基于超宽带技术的无线传感网具备一些传统无线传感网无法比拟的优势，将成为无线传感网极其重要的一个发展方向，并具备广阔的应用前景。

5. 基于协作通信技术的无线传感网

无线传感网依靠节点间的相互协作完成信息的感知、收集和处理任务，它与协作通信技术有着天然的联系。从另一个角度来看，传感器节点的大小有限，能量受限于供电电池，且处理能力和工作带宽都很有限，这些限制为无线传感网带来了一系列问题。仅仅依靠单个传感器节点解决这些问题是不现实的，需借助于节点之间的协作来解决。协作通信技术为有效解决这些问题提供了很好的解决思路。通过共享节点间的资源，有望大大提高整个网络的资源利用率和性能。

近年来，研究人员已将协作通信的思想应用于无线传感网的研究中，并取得了初步研究成果。

本章小结

无线传感网作为一种新兴的信息技术，是能够自主实现数据采集、融合和传输的智能网络，它使得逻辑上的信息世界和真实的物理世界紧密结合，将改变人类和物理世界的交互方式。无线传感网具有广阔的应用前景和巨大的研究价值，成为IT领域的研究热点。

无线传感网由大量的微型传感器节点构成，其中包括普通节点和汇聚节点（或簇头节点），每个节点一般由传感单元、处理和存储单元、无线通信单元以及能源供给四部分组成。传感网体系结构由传感网、传输网、监控管理中心构成。

无线传感网不同于传统网络，主要受到能源受限、计算处理能力受限、通信能力受限的约束。所以，它面临很多挑战性的问题，研究中必须考虑能源问题、价格问题、体积问题等。

无线传感网是一种智能网络，其应用非常广泛，涉及工业、农业、军事等领域以及我们的日常生活。无线传感网正逐步融入人们生活的各个角落，成为我们生活的一部分；研究传感网的应用具有非常重要的价值和意义。

思考题

1．什么是无线传感网，其主要特点是什么？举例说明无线传感网在实际生活中有哪些应用。

2．无线传感网与现代信息技术之间的关系如何？

3．无线传感网与自组织网络的主要异同点有哪些？

4．用图示说明无线传感网的系统架构。

5．无线传感网节点使用的限制因素有哪些？

6．分析无线传感网节点消耗电源能量的特征。

7．简述无线传感网发展历史的阶段划分和各阶段的技术特点。

8．无线传感网有哪些关键技术，需要解决的关键问题是什么？

第 2 章　物理层通信技术

物理层是无线传感网通信协议的底层，决定数据的发送与接收，是传感器节点能量消耗的主要部分。物理层的设计将会直接影响传感网的使用寿命和性能。传输信道与物理层的特性构成了通信协议栈的主要部分。

本章首先从无线信道和数字通信的最重要的概念出发，介绍信道频率问题和一些简单的调制解调技术，以及无线传感网对调制方式与收发机的工作要求；然后讨论收发机设计和传送中最值得关注的能量消耗问题；最后介绍目前主流的近距离和远距离广域网络无线通信技术。

2.1　概述

网络的物理层主要关心数字化数据的调制与解调问题，这个任务是由收发机来完成的。在传感器网络中，主要的挑战性工作是确定调制方式和收发机的体系结构，使之具有简单、低成本、低能耗的特性，并且能够提供所需的足够稳健的服务。

由于无线传感网节点采用电池供电，能量有限，且不易更换。因此，能量效率是无线传感网无法回避的话题。从最基础的物理层开始到应用层，几乎所有的通信协议层的设计都要考虑到能效因素，保持高能效以延长网络的使用寿命是无线传感网设计的重要前提。无线传感网使用无线通信，链路极易受到干扰，链路通信质量往往随着时间推移而改变，因此研究如何保障稳定高效的通信链路是必要的。

从无线传感网三层体系结构模型来分析，其上层可采用常见的远距离无线通信方式，包括 GPRS、EDGE、WiMAX、3G、4G 等；其下层大多采用短距离通信方式，典型的短距离无线通信技术包括蓝牙、Wi-Fi、IrDA、UWB、ZigBee 等。无线传感网大多采用低功耗的短距离通信方式，目前 ZigBee 被公认为典型的无线传感网通信技术，其物理协议层基于 IEEE 802.15.4 标准。

2.2　链路特征

对于无线传感网的链路特性，主要可从频率分配、无线通信信道和调制解调技术三方面进行描述。

2.2.1　通信频率

对于一个无线通信系统来说，频率波段的选择非常重要。由于在 6 GHz 以下频段的波形可以进行很好的整形处理，能较容易地滤除不期望的干扰信号，所以当前大多数射频系统都采用这些频段。

无线电频谱是一种不可再生的资源，无线通信持有的空间独占性决定在其实际应用中必须符合一定的规范。为了有效地利用无线频谱资源，各个国家和地区都对无线电设备使用的频段、特定应用环境下的发射功率等作了严格的规定。无线电管理机构一般将频谱划分为两类：需要申请许可证的频谱和免许可证的频谱。有许可证的频谱一般采取租用的方式，租给频谱使用者独占使用，其他用户不得占用。免许可证的频谱属于开放的频谱，即任何符合要求的收发设备都可以使用。由于无线传感网的特殊性，一般都采用免许可证的频谱波段，无线传感器节点的收发频段按照相关规定来使用免许可证的频段。

目前，无线传感网节点基本上采用免许可证的 ISM（工业、科学、医学）波段，发射功率要求在 1 W 以下。表 2-1 所示为常用的 ISM 波段频率分配。

表 2-1　常用的 ISM 波段频率分配

频　率	说　明
13.553～13.567 MHz	
26.957～27.283 MHz	
40.66～40.70 MHz	
433～464 MHz	欧 洲
902～928 MHz	美 国
2.4～2.5 GHz	WLAN/WPAN 技术使用
5.725～5.875 GHz	WLAN 技术使用
24～24.25 GHz	

选择频段时主要考虑以下两点：

（1）在公用的 ISM 频段，由于没有使用限制，任何系统可能会对其他系统（在同一频段内使用相同或不同的技术）产生噪声干扰。例如，许多系统公用的 2.4 GHz 的 ISM 频段。因此，在这些频段中的所有系统有强大的防干扰能力。共存需要涉及物理层和 MAC 层，但要求分配一些特定的适合传感网的独家频谱是相当困难的事情。

（2）在传输系统中的一个重要参数是天线的效率，其定义为天线辐射功率与总输入功率之比。外形小巧的无线传感器节点期望的是只允许采用小型天线。例如，在 2.4 GHz 的无线电波波长为 12.5 cm，比大多数传感器节点期望的尺寸要长。在一般情况下，由于天线尺寸小于波长，因此效率会有所降低，必须采取一定措施才能实现固定的辐射功率。

频段的选择由很多因素决定，但对于无线传感网来说，必须根据实际的应用场合来选择。因为频率的选择直接决定了无线传感网节点的天线尺寸、电感的集成度以及节点功耗。

2.2.2　无线通信信道

无线传感网采用无线通信方式，传感网的数据信息可以通过各种各样复杂的无线方式传送到目的节点。无线信道是无线通信发送端和接收端之间的通信链路，它们以电磁波的形式在空间传播，信道的电波传播特性与电波所处的实际传播环境有关。以下就对自由空间信道、多径信道和加性噪声信道等通信信道进行简要介绍。

1. 自由空间信道

自由空间信道是一种理想的无线信道，它是无阻挡、无衰落、非时变的自由空间传播信道。如图 2-1 所示，假定信号发射源是一个点（a 点），天线发射功率为 P_t，则与点 a 相距 d 的任一点上（相当于面积为 $4\pi d^2$ 的球面上）的功率密度为：

$$P_0 = \frac{P_t}{4\pi d^2} \quad (\mathrm{W/m^2}) \tag{2.1}$$

这里 $P_t / P_0 = 4\pi d^2$ 称为传播因子。

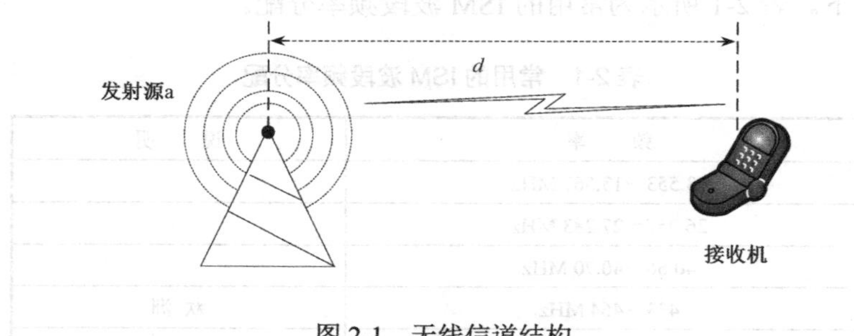

图 2-1　无线信道结构

在实际的无线通信系统中，真正的全向型天线是不存在的，实际天线都存在方向性，一般用天线增益来表示。如果发射天线在某方向的增益为 G_t，则在该方向的功率密度增加 G_t 倍。那么相距为 d 处的点上单位面积接收功率可表示为 $\frac{P_t G_t}{4\pi d^2}(\mathrm{W/m^2})$。

对于接收天线而言，增益可以理解为天线接收定向电波功率的能力。根据电磁场理论，接收天线的增益 G_r 与有效面积 A_r 和工作的电磁波长 λ 有关，接收天线增益与天线有效面积 A_r 的关系可由下式表示：

$$A_r = \frac{\lambda^2 G_r}{4\pi} \tag{2.2}$$

则与发射机相距 d 处的接收机接收到的信号载波功率为

$$P_r = \frac{P_t G_t A_r}{4\pi d^2} \quad (\mathrm{W}) \tag{2.3}$$

则

$$P_r = \frac{P_t G_t G_r \lambda^2}{(4\pi d)^2} = \frac{P_t G_t G_r}{(4\pi d / \lambda)^2} = \frac{P_t G_t G_r}{L_{ls}} \tag{2.4}$$

这就是著名的 Friis 传输公式（Friis free-space equation），它提供了接收天线的接收功率和发射天线的发射功率之间的关系。其中 L_{ls} 称为自由空间传播损耗，它只与波长 λ 和距离 d 有关。考虑到电磁波在空间传播时，空间并不是理想的，假设从发射到接收的损耗为 L，则接收天线的接收功率可表示为：

$$P_r = \frac{P_t G_t G_r}{L L_{ls}} \tag{2.5}$$

收发天线之间总的损耗可以表示为

$$L = \frac{P_{\mathrm{t}}}{P_{\mathrm{r}}} = \frac{L_{\mathrm{a}} L_{\mathrm{ls}}}{G_1 G_2} \tag{2.6}$$

实际环境中的无线信道往往比较复杂，除了自由空间损耗，还伴有多径、阴影以及多普勒频移引起的衰落。考虑到 Friis 方程主要是针对远距离理想无线通信的，对于无线传感网、蓝牙等短距离通信，工程上往往使用改进的 Friis 方程来表示实际接收到的信号强度，即：

$$P_{\mathrm{r}} = P_{\mathrm{t}} \left(\frac{\lambda}{4\pi d_0} \right)^2 \left(\frac{d_0}{d} \right)^n G_{\mathrm{t}} G_{\mathrm{r}} \tag{2.7}$$

式中，d_0 是参考距离，其值对于短距离通信一般取为 1 m。然而，对于较复杂的环境还需要精确地进行测试才能获得较准确的信道模型。

2. 多径信道

在超短波、微波波段，电波在传播过程中会遇到障碍物，如楼房、高层建筑物或山丘等，它们会对电波产生反射、折射、散射或衍射等现象，如图 2-2 所示。因此，到达接收天线的信号可能存在多种反射波（广义地说，地面反射波也包括在内），这种现象称为多径传播。

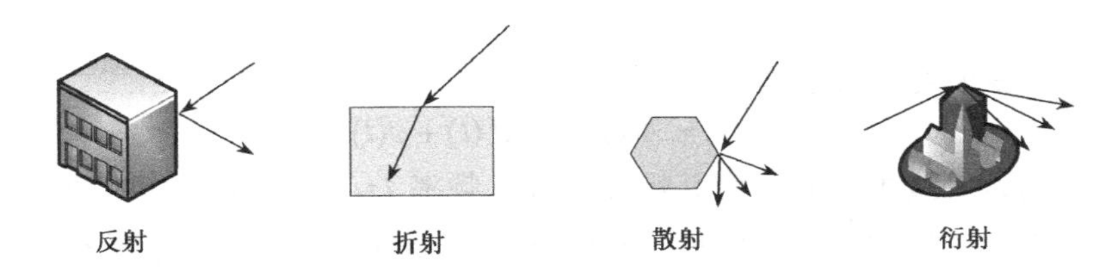

图 2-2　造成多径传播的原因

对于无线传感网来说，其通信大多是节点间短距离、低功率传输，且一般离地面较近，所以对于一般的场景可以认为它主要存在三条路径：障碍物反射、直射以及地面反射。

（1）反射与折射：电磁波信号在从一种介质 A 传播到另一种介质 B 表面时，如果两种介质之间的边界是平滑的，且介质 B 的边长远远大于信号波长，则传播信号的一部分会被反射回介质 A，此现象称为反射；另一部分则可能进入介质 B，称为折射波；而其余的部分则被吸收掉。究竟信号的能量有多少被反射、传播或吸收，取决于介质体的材料和信号的频率。

（2）散射：当信号波传播碰撞到小于信号波长障碍物（如一个圆的表面）时，它可能发生多次反射，并弥散到许多方向。

（3）衍射：依据惠更斯原理，信号波形上的任意一点可以被认为是一个新的波源。当一个传播的波形碰到一个尖锐的边缘或孔隙时，会发生传播方向弯曲现象，即衍射。孔隙越小，波长越大，这种现象就越显著。

3. 加性噪声信道

对于噪声通信信道，最简单的数学模型是加性噪声信道，如图 2-3 所示。其中，传输信号 $s(t)$ 被一个附加的随机噪声 $n(t)$ 所污染。加性噪声可能来自电子元件和系统接收端的放大器，或传输中受到的干扰，无线信道传输主要采用这种模型。

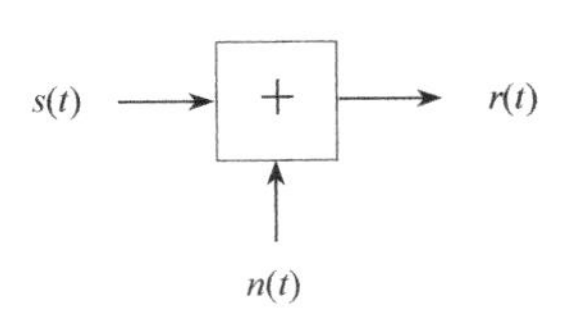

图 2-3　加性噪声信道模型

如果噪声主要是由电子元件和接收放大器引入的，则为热噪声，统计学上表征为高斯噪声。因此，该数学模型称为加性白高斯噪声信道模型。因该模型可以广泛地应用于许多通信信道，又由于它在数学上易处理，所以这是各种通信系统分析和设计中主要应用的信道模型。信道衰减很容易结合这个模型，当信号遇到衰减时，则收到的信号为：

$$r(t) = as(t) + n(t) \tag{2.8}$$

式中，a 表示衰减因子，也称信道增益。

2.2.3 调制解调技术

调制解调的目的是为了能够在容忍的天线长度内实现远距离的无线信息传输，它在通信系统中有重要的地位。从早期的模拟调制到数字调制，再到不用载波的 UWB 调制技术，为了满足人们对信息交互的日益需求，调制技术也一直在不断发展。本节主要对基本的调制解调技术进行简单的回顾，并对它们进行简单对比。由于调制解调方式直接决定了收发机结构、成本和功耗，所以对它们的选择也是一个折中的过程。

1．模拟调制

一个简单的正弦波可以表示为

$$s(t) = A(t)\sin[2\pi f(t) + \varphi(t)] \tag{2.9}$$

基于正弦波的调制技术无外乎对其幅度 $A(t)$、频率 $f(t)$ 和相位 $\varphi(t)$ 的调制，分别对应的调制方式为幅度调制（AM）、频率调制（FM）和相位调制（PM）。由于模拟调制自身的功耗较大且抗干扰能力及灵活性较差，所以正逐步被数字调制技术代替。但是，目前模拟调制技术仍在上、下变频处理中起着无可代替的作用。

2．数字调制

数字调制是把基带信号以一定方式调制到载波上进行传输的技术。从对载波参数的改变方式上可把调制方式分成三种类型：ASK、FSK 和 PSK。每种类型又有多种不同的具体形式。例如，正交载波调制技术、单边带技术、残留边带技术和部分响应技术等，都是基于 ASK 调制的；FSK 中又分连续相位调制（CPFSK）与非连续相位调制（NCPFSK）等。在这些调制技术中，常用的是多相相移键控技术、正交幅度键控技术和连续相位的频率键控技术。

ASK 调制解调电路结构图如图 2-4（a）所示，这种调制方式的最大特点是结构简单、易于实现。其调制和解调波形如图 2-5 所示。

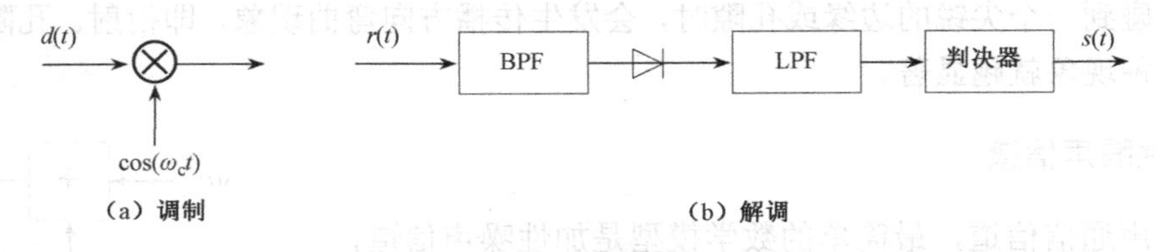

图 2-4　ASK 调制解调电路结构图

FSK 调制是使用两个频点携带信息的技术，其表达式可表述为

$$e_0(t) = \sum a_n g(t - nT_s) \cdot \cos(\omega_1 t) + \sum a_n g(t - nT_s) \cdot \cos(\omega_2 t) \tag{2.10}$$

根据调制波形的相位连续性，FSK 又分为相位连续性 FSK 和相位非连续性 FSK。

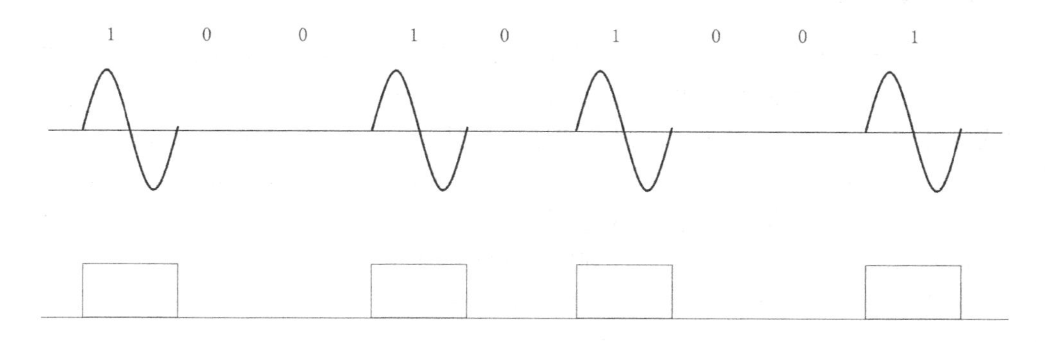

图 2-5　ASK 调制解调波形

根据频谱再生理论知，连续性 FSK 调制技术更易于降低码间干扰（ISI）。在实现上多采用直接调制 VCO 的方法，以获得连续性 FSK 信号。图 2-6 给出了连续性 FSK 调制的波形图。

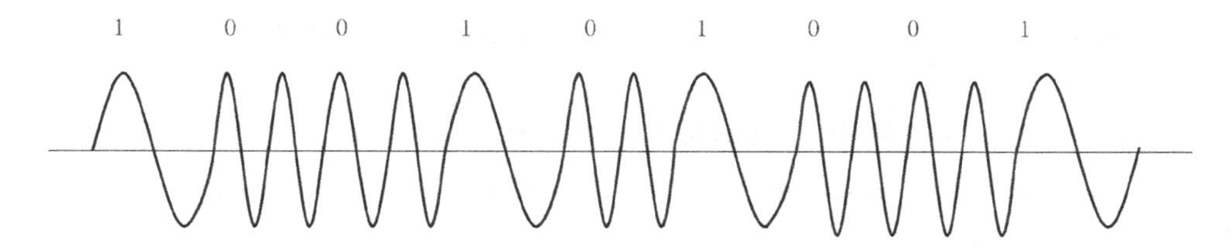

图 2-6　连续性 FSK 波形图

在 2PSK 中，载波的相位随着调制信号 1 和 0 而改变，2PSK 的时域表达式为

$$S_{\mathrm{BPSK}}=\left[\sum_{n}a_{n}g(t-nT_{n})\right]\cos(\omega_{\mathrm{c}}t) \tag{2.11}$$

$$a_{n}=\begin{cases}+1, & p\\ -1, & 1-p\end{cases} \tag{2.12}$$

当数字信号传输速率与载波频率间有确定的倍数关系时，典型的 2PSK 调制波形如图 2-7 所示。

为了解决 2PSK 相关解调中的相位模糊问题，实际通信中都采用经过差分编码处理的 DPSK 调制。DPSK 相对于 2PSK 来说增加了绝对码到相对码的转换模块。另外，还有 GFSK、MSK、OOK、QPSK、OQPSK、MQAM 等，由于篇幅所限，这里不再一一列出，有兴趣的读者可以参阅相关通信书籍。

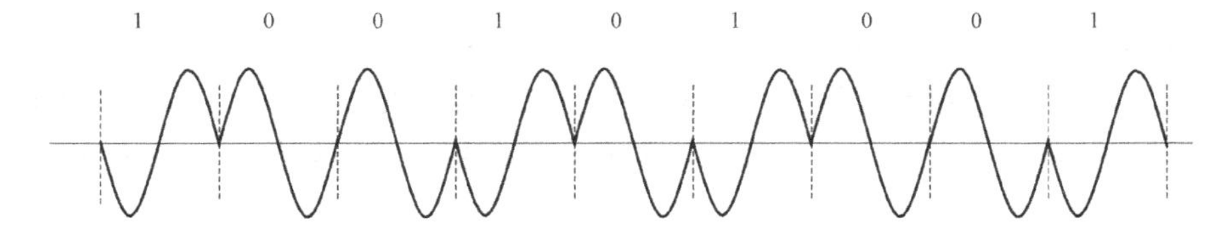

图 2-7　2PSK 调制波形

3. UWB 调制技术

超宽带（ultra wide band，UWB）无线通信技术是近年来备受青睐的短距离无线通信技术之一；由于它具有高传输速率、非常高的时间和空间分辨率、低功耗、保密性好、低成本以及易于集成等特点，被认为是未来短距离高速通信最具潜力的技术。UWB 技术最初是在 1960 年作为军用雷达技术开发的，早期主要用于雷达技术领域。1972 年，UWB 脉冲检测器申请到了美国专利。1978 年，出现了最初的 UWB 通信系统。1984 年，UWB 系统成功地进行了 10 km 的试验。1990 年，美国国防高级研究计划局（DARPA）开始对 UWB 技术进行验证。2002 年 2 月，美国联邦通信委员会（FCC）批准了 UWB 技术用于民用。UWB 是一种可实现短距离高速信息传输的技术，其应用主要有无线 USB 和音频 / 视频的传输。依据 FCC 对 UWB 的定义，UWB 信号带宽应大于 500 MHz 或相对带宽大于 0.2。相对带宽的定义为

$$f_c = 2 \times \frac{f_H - f_L}{f_H + f_L} \tag{2.13}$$

式中，f_H 和 f_L 为系统最高频率和最低频率。信号带宽与中心频率比在 0.01～0.2 之间时称为宽带，小于 0.01 时称为窄带。FCC 还规定，利用 UWB 进行无线通信的频率范围是 3.1～10.6 GHz。

与传统的无线收发机结构相比，UWB 的收发机结构相对简单。UWB 系统直接通过脉冲调制发送信号而无传统的中频处理单元，所以该系统可采用软件无线电的全数字硬件收发结构来实现，如图 2-8 所示。

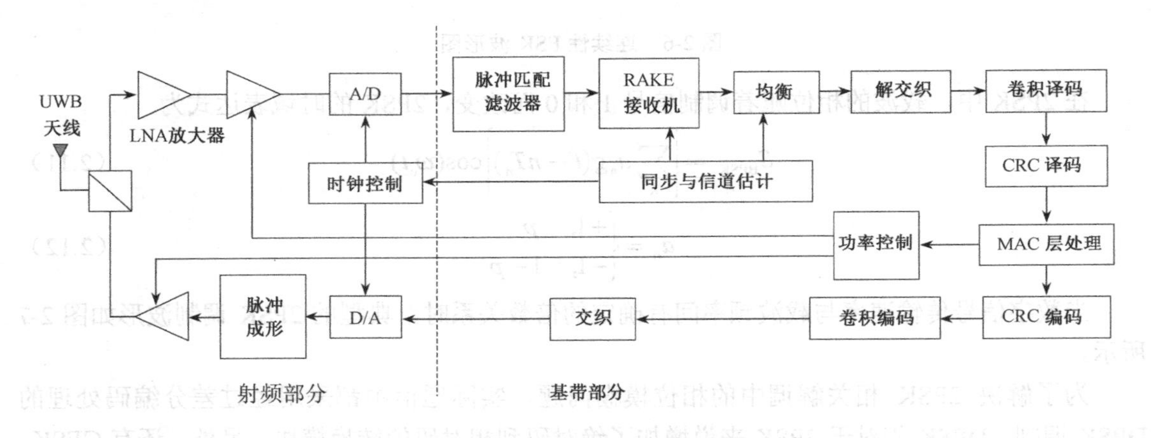

图 2-8　UWB 的收发机结构

另外，相比于传统的窄带收发信机，UWB 技术还具有以下优点：

（1）不需要正弦波调制和上、下变频，也不需要本地振荡器、功放和混频器等，因此体积相对较小，系统结构也相对简单得多。而且，由于 UWB 对信号的处理只需使用很少的射频或微波器件，因而射频前端也比较简单，系统频率的自适应能力强。另外，只要能将脉冲发射机和接收机前端集成到一个芯片上，再加上时间基和控制器，就可以构成一部 UWB 通信设备，因此它的成本可以大大降低。

（2）由于 UWB 信号采用了跳时扩频，其射频带宽可以达到 1 GHz 以上，它的发射功率谱密度很低，信号隐蔽在环境噪声和其他信号之中，用传统的接收机无法接收和识别，必须采用

与发端一致的扩频码脉冲序列才能进行解调，因此增加了系统的安全性。

（3）UWB 信号的衰落比较低，有很强的抗多径衰落能力。

（4）UWB 信号的高带宽带来了极大的系统容量，由于 UWB 无线电信号发射的冲激脉冲占空比极低，系统有很高的增益和很强的多径分辨力，所以系统容量比其他的无线技术都高。

（5）由于 UWB 信号的扩频处理增益比较大，即使采用低增益的全向天线，也可使用小于 1 mW 的发射功率实现几千米的通信。如此低的发射功率延长了系统电源的使用时间，非常适合移动通信设备的应用。有研究表明，使用超宽带的手机待机时间可以达 6 个月，而且低辐射功率可以避免过量的电磁波辐射对人体的伤害。

由于 UWB 具有广阔应用前景，在标准制定上竞争激烈，已经出现了多个旨在实现高速短距通信系统的标准。尤其是 2006 年 IEEE 802.15.3 工作组的解散，使得 UWB 出现两个标准共存的现象，分别是以摩托罗拉（Motorola）为代表的 DS-CDMA 方案以及德州仪器（TI）与 Intel 支持的多频带 OFDM 联盟（MBOA）的 OFDM 方案。两种方案各有优缺点。DS-CDMA 方案建议采用双频带（3.1～5.15 GHz 和 5.825～13.6 GHz），即在每超过 1 GHz 的频带内用极短的时间脉冲发送数据，其优势是硬件简单，频谱利用率高。而多波段 OFDM 方案则需建立一个子信道化 UWB 系统，将分配的频谱划分成 QPSK-OFDM 调制子频带，每个子频带为 528 MHz，优势是抗码间干扰（ISI）能力强，但硬件相对复杂。目前，在 DS-CDMA 阵营中，飞思卡尔半导体公司已经开始为 480 Mb/s 和 1 Gb/s 芯片组提供样品。在 MBOA 阵营，日本通信综合研究所（CRL）也在 2004 年开发出了日本第一款 UWB 收发 LSI。由于与现有的短距离无线通信技术（如蓝牙、红外线和 ZigBee）相比，UWB 系统具有更高的传输速率、更低的成本以及更低的功耗，所以在未来的智能家居和无线传感网系统中必将出现 UWB 技术的广泛使用。

4．扩频通信技术

扩频调制是将待传送的信息数据用伪噪声编码（pseudo noise，PN）[也称为噪声序列或扩频序列（spread sequence）] 扩频处理后，再将频谱扩展了的宽带信号在信道上进行传输。接收端则采用相同的 PN 序列进行解调和相关处理后，恢复出原始信息数据。一个典型的扩频通信系统如图 2-9 所示。

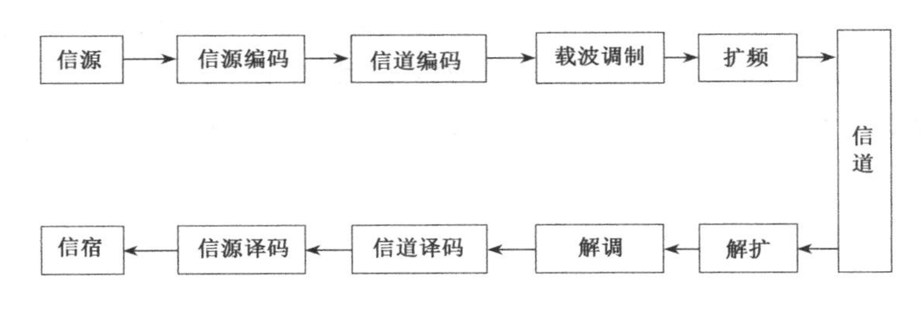

图 2-9　典型的扩频通信系统

与常规的窄带通信方式相比，这种通信方式主要特点在于：①信息的频谱扩展后形成低功率谱密度的宽带信号传输，具有更好的抗干扰、抗噪声、抗多径干扰能力；②具有保密性，具有隐蔽性和低的截获概率，可多址复用和任意选址且易于高精度测量等。

假定扩频通信传输信号所占用的频带宽度为 B，其远大于待传送的信息数据本身实际所需的最小带宽（ΔF），称其比值为处理增益 G_P：

$$G_P = B / \Delta F \tag{2.14}$$

众所周知，任何信息的有效传输都需要一定的频率宽度，如话音为1.7～3.1 kHz，电视图像则宽到数兆赫（MHz）。为了充分利用有限的频率资源，增加通路数目，人们广泛选择不同的调制方式，采用宽频信道（同轴电缆、微波和光纤等）和压缩频带等措施，同时力求使传输的媒介中所传输的信号占用尽量窄的带宽。因现今使用的电话、广播系统中，无论是采用调幅、调频还是脉冲编码调制制式，G_P值一般都在几到十几范围内，统称为“窄带通信”；而扩频通信的G_P值，高达数百、上千，称为“宽带通信”。

扩频通信的理论基础是从信息论和抗干扰理论的基本公式中引申而来的。香农定理定义的信道容量为：

$$C = B\log_2(1 + S/N) \tag{2.15}$$

式中，C是信道容量（信道的最大传输速率）；B是信号频带宽度；S是信号功率；N是加性噪声功率。式（2.15）表明，在给定的传输速率C不变的条件下，频带宽度B和信噪比S/N是可以互换的，即可通过增加频带宽度的方法，在低信噪比S/N的信道下传输信息。

扩展频谱换取信噪比要求的降低，正是扩频通信的重要特点，也为扩频通信的应用奠定了基础。这就是扩展频谱通信的基本思想和理论依据。

按照扩展频谱的方式不同，现有的扩频通信系统可以分为：直接序列扩频（direct sequence spread spectrum，DSSS）工作方式，简称直扩（DS）方式；跳频扩频（frequency hopping spread spectrum，FHSS）工作方式，简称跳频（FH）方式；跳时扩频（time hopping spread spectrum，THSS）工作方式，简称跳时（TH）方式；宽带线性调频（chirp modulation）工作方式，简称Chirp方式；混合方式，即将以上三种基本扩频方式中的两种或多种组合起来，便构成了混合扩频方式，如FH/DS、DS/TH、FH/TH等。直接序列扩频和跳频扩频是使用最广的两种方式。例如，IEEE 802.15.4定义的物理层采用的就是直接序列扩频，蓝牙物理层协议中使用的则是跳频扩频。下面主要介绍这两种扩频方式。

直接序列扩频(DSSS)，通常是直接用具有高码率的扩频码序列在发端与调制信号相乘(频域上的卷积)，实现信号的频谱扩展；而在收端，用相同的扩频码序列去进行相关处理解扩，把展宽的扩频信号还原成原始的信息。图2-10示出了BPSK直扩系统的框图。二进制数据流的$d(t)$经过相位调制后与伪随机序列$c(t)$相乘，信号带宽由原来的信号带宽B_b扩展为B_c（扩频码带宽）。扩频信号通过信道时将引入噪声$n(t)$，在接收端将与本地扩频码$c(t-t_d)$相乘进行解扩，从而提取出与本地扩频码相关的窄带信息。由于噪声及干扰仍为宽带信号，所以经过带通滤波器后大部分噪声、干扰将被滤掉，得到信噪比很好的期望信号。

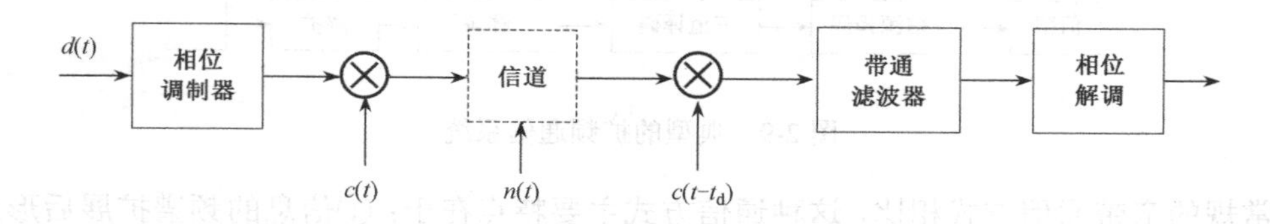

图2-10 BPSK直扩系统框图

所谓跳频扩频方式，是用伪随机序列控制被数据调制的载波中心频率，使其在一组频率中随机地跳动。根据跳频速率的快慢，可把跳频系统分为快跳频和慢跳频。根据相位关系又把跳频分为相干和非相干跳频系统。图 2-11（a）所示是跳频系统发射机的原理框图。预发送数据首先经过数字调制，然后与伪随机码控制的频率合成器输出相乘进行上变频，经滤波器输出到无线信道。图 2-11（b）所示为跳频系统接收机的原理框图。接收信号首先与具有相同跳频序列的本振进行下变频处理，然后进行解调处理。

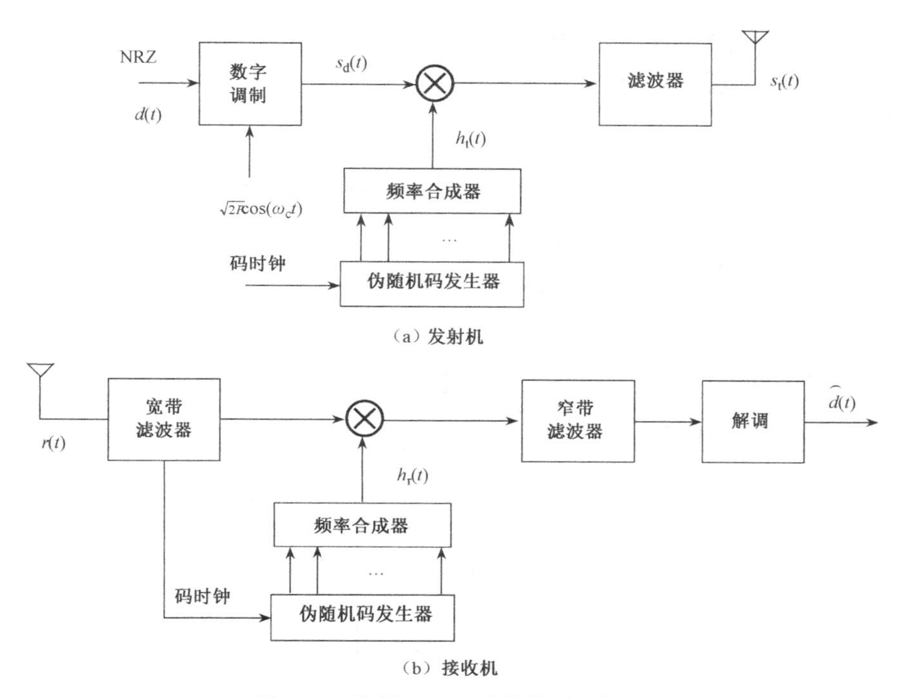

图 2-11　跳频（FH）系统的原理框图

以上分别对窄带调制技术、扩频调制技术以及 UWB 技术进行了分析。可以看出，各种调制技术各有特点，如果将各自性能的优劣等级划分为 5（最好）至 1（最差），则三种类型的调制解调方式性能比较结果如表 2-2 所示。表 2-3 所示为典型低功耗无线模块的工作频率与调制技术。

表 2-2　调制性能（等级）比较

分　类	窄带	UWB	扩频
成本	3	4	3
功耗	2	5	4
低传输范围和低速率	3	5	4
抗干扰能力	1	5	4
抗背景噪声能力	2	5	2
同步难易度	3	2	2
频谱利用率	2	1	5
多播能力	1	3	4

表 2-3　典型低功耗无线模块的工作频率和调制技术

无线模块	调制技术	载波频率
CC1000	FSK	300～1000 MHz
CC1100/1101	FSK、GFSK、MSK	433 MHz
SI1000	GFSK	433 MHz
SIS4432	FSK/GFSK/OOK	240～960 MHz
SIS4463	FSK/GFSK/MSK/OOK/ASK	119～1050 MHz
CC2420/2430	DSSS(OQPSK)	2.4 GHz
CC2530	DSSS(OQPSK)	2.4 GHz
nRF401	FSK	433 MHz
nRF903/905	GFSK	433/868/915 MHz
ADF7023	FSK/GFSK/MSK/OOK	431～464 MHz/ 862～928 MHz

2.3 物理层的设计

物理层涉及传输介质、通信频率、调制方式以及发射天线等，本节重点介绍传感网物理层设计需要考虑的功耗和成本的相关问题。

无线传感网物理层的发展与当前的设计工艺水平紧密相连，随着最近几年射频 CMOS 工艺的发展，使得无线传感网物理层的成本和功耗显著下降。表 2-4 所示为目前主要无线感网节点的物理层参数。

表 2-4 目前主要无线传感网节点物理层参数

节点名称	uAMPs-I	WeC Mote/Medusa/MK-2/ iBadge/Mica note/EyEs	Mica2/GAINS	Micaz/Tmote /GAINZ
射频前端芯片	LMAX3162	TR1000	CC1000	CC2420
调制方式	GFSK	ASK/OOK	FSK	O-QPSK（DS）
工作频率	2.4 GHz	916.5 MHz	300～1000 MHz	2.4 GHz
工作电压/V	3.0～55	3	2.1～3.6	1.8～3.6
发射模式消耗电流/mA	50	12	16.5（在 868 MHz， 0 dBm）	17.4（0 dBm）
接收模式消耗电流/mA	27	3.8（115.2 kb/s）， 1.8（2.4 kb/s）	9.6（868 MHz）	19.7
传输速率	1 Mb/s	30 kb/s（OOK）， 115.2 kb/s（ASK）	最高可达 76.8 kb/s	250 kb/s
发射功率/dBm	–7.5	0	–20～10	–25～0
接收机灵敏度/dBm	–93	–97（115.2 kb/s）	–110（2.4 kBaud）	–94（250 kBaud）

2.3.1 物理层帧结构

无线传感网节点普遍使用的一种物理层帧结构如图 2-12 所示。鉴于目前还没有形成标准的物理层结构，所以在实际设计时都是在该物理层的帧结构的基础上进行改进的。

4 字节	1 字节	1 字节		可变长度
前导码	帧头	帧长度（7bit）	保留位	PSDU
同步头		帧的长度，最大为 128 字节		PHY 负荷

图 2-12 传感网物理层的帧结构

物理帧的第一个字段是前导码，字节数一般取 4，用于收发器进行码片或者符号的同步。第二个字段是帧头，长度通常为 1 字节，表示同步结束，数据包开始传输。帧头与前导码构成了同步头。

帧长度字段通常由一个字节的低 7 位表示，其值就是后续的物理层 PHY 负载的长度，因此它的后续 PHY 负载的长度不会超过 127 字节。

物理帧 PHY 的负载长度可变，被称为物理服务数据单元（PHY service data unit，PSDU），它携带 PHY 数据包的数据，PSDU 域就是物理层的载荷。

2.3.2 物理层设计要素

无线通信技术为无线传感网节点间的信息传输和交互提供了技术基础，是无线传感网中重要的基础技术之一。受到传感器节点四大受限条件的影响，物理层设计主要集中在无线通信模块与功耗方面。

1. 物理层设计需求

随着无线传感网的发展，对其通信技术的性能提出了许多新的要求。主要表现在：

（1）由于无线传感网一般运行在免许可证的低功耗频段，其发射功率受到法规的严格限制，通常需要保持较小的发射功率。例如，780 MHz 频点的最大发射功率为 10 dBm。同时，许多应用都将大量的无线传感器节点布设于地表或低空物体上，传感器节点的天线距地面非常近，由此形成地表传输，降低了其通信性能。因而，无线传感器节点的通信能力相对较低。

（2）低成本需要无线通信模块能够适应低准确度的晶振，因而如何克服较大的载波频偏和采样频偏，始终是无线传感网通信系统设计中难以解决的问题。

（3）无线传感网的许多应用场景中，网络的拓扑结构变化频繁，会更多地应用到多播和广播通信，无线通信技术必须能够与上层的协议栈配合工作，以降低信息传输的功耗。

（4）典型意义上的底层无线传感网采取自组织网络，在网络中不存在主干设施，因而无法严格区分上、下行通信链路，无法将主要的负荷转移到基站进行处理，且每个节点都存在着能量、计算能力和存储容量的限制。

（5）基于低成本、低功耗、小体积等几方面的考虑，网络中的无线传输模块在设计上不能过于复杂。因此在无线通信技术选择上，信息传输特性和实现的复杂度是两个需要着重考虑的因素，信息传输的可靠性、传输距离、传输速率与实现的复杂度之间可以进行折中处理。

（6）免许可证频段的频带范围受限，存在多种不同无线通信标准之间的无线电干扰问题，无线传感网应重点解决其网络的共存性问题。

无线通信系统的设计需要系统地权衡各部分的指标，根据需求来平衡成本、功耗、性能、复杂度等诸多方面。无线传感网在低功耗、低成本方面的需求使其可以牺牲一部分系统性能，简化接收机和发射机的结构。设计过程中根据具体的实现工艺来进行综合考虑。

一般来说，在传感网中具有挑战性的问题是寻找合适的调制方式和收发机的体系结构；这种调制方式和体系结构应用具有简单、低成本的特性，并具有足够的韧性以提供所需的任务。

物理层主要负责数据的硬件加密、调制解调、发送与接收，是决定无线传感网的节点体积、成本以及能耗的关键环节，也是无线传感网的研究重点之一。物理层的设计目标是以尽可能少的能量消耗获得较大的链路容量。为了确保网络的平滑性能，该层一般需与介质访问控制（MAC）子层进行密切的交互。物理层需要考虑编码调制技术、通信速率和通信频段等问题：①编码调制技术影响占用频率带宽、通信速率、收发机结构及功率等一系列技术参数。②提高数据传输速率可以减少数据收发的时间，对于节能有一定的好处，但需要同时考虑提高网络速度对误码的影响。一般用单个比特的收发能耗来定义数据传输对能量的效率，单比特能耗越小越好。表达式为 $E_{\text{bit}} = E_{\text{total}}/(ML)$ 。 E_{total} 是成功传输 M 个 L 位元的分组所消耗的总能量。

频率的选择是影响无线传感网性能、成本的一个重要参数。考虑到无线传感网低成本的要求，ISM 波段无疑是首要的选择。由表 2.1 可以看出，ISM 波段在高频到特高频的频率范围上都有分布。但信号在不同的频段的传播特性、功率消耗以及对器件性能和天线要求都是有很大区别的，比如在 ISM 13.5 MHz，若采用 $\lambda/4$ 对偶天线的话，天线长度为 5.6 m，显然要求这么长的天线很不适合小体积的无线传感器节点；对于 ISM 2.4 GHz，其 $\lambda/4$ 天线的长度只有 3.1 mm，这么高的频率就可将节点做得很小，也利于天线的 MEMS 集成。但是从功耗的角度分析会发现，在传输相同的有效距离时，越高频载波将消耗越多能量，这是因为高频率载波对频率合成器的要求也就更高。在射频前端收发机中频率合成器可以说是其主要的功耗模块，并且根据自由空间无线传输损耗理论也可知，波长越短传播损耗就越大，也就意味着高频率需要更大的发射功率来保证一定的传输距离。另外，从节点物理层集成化的角度来考虑，虽然当前的 CMOS 工艺已经成为主流，但是对大电感的集成化还是一个非常大的挑战，随着深亚微米工艺的进展，更高的频率更易于电感的集成化设计，这对于未来节点的完全 SoC 设计是有利的。所以，频段的选择是一个非常慎重的问题。由于无线传感网是一种面向应用的网络，所以针对不同的实际应用应该在综合成本、功耗、体积的条件下进行一个最优的选择。FCC 组织给出了 2.4 GHz 是当前工艺技术条件下，将功耗需求、成本、体积等折中后的较好的一个频段，并且是全球 ISM 波段；但是这个频段也是现阶段不同应用设备可能造成相互干扰最严重的频段，比如蓝牙、WLAN、微波炉设备以及无绳电话等都是采用该频段的频率。

总的来看，针对无线传感网的特点，现有的物理层设计基本上都是采用结构简单的 OOK（ASK）、FSK 以及 MSK 调制方式，在频段的选择上也都集中在 433～464 MHz、902～928 MHz 以及 2.4～2.5 GHz 的 ISM 波段。

2. 物理层设计面临的挑战

在无线传感网物理层设计中，当前仍然面临着以下两方面的挑战：成本和功耗。

1）成本

低成本是无线传感器节点的基本要求。只有低成本，才能将节点大量地布置到目标区域内，表现出无线传感网的各种优点。物理层的设计直接影响到整个网络硬件成本。节点最大限度地集成化设计，减少分离元件是降低成本的主要手段。天线和电源的集成化设计，其目的仍是非常有挑战性的研究工作。不过随着 CMOS 工艺技术的发展，数字单元几乎已完全由 CMOS 工艺实现，而且体积也越来越小。但是模拟部分（尤其是射频单元）的集成化设计仍需占用很大的芯片面积，所以尽量靠近天线的数字化射频收发机研究是降低通信前端电路成本的主要途径。

另外，无线传感网大规模节点布置以及时间同步的要求，使得整个网络对物理层频率稳定度要求非常高，一般低于 5 p/m（pages per minute），所以晶体振荡器是物理层设计中必须考虑的一个部件。尽管随着 MEMS 技术的发展，MEMS 谐振器已经取得很大的进展，但是仍然无法满足当前额定稳定度的要求。晶体振荡器仍是影响当前物理层成本的一个重要因素。

2）功耗

低功耗是无线传感网物理层设计的另一重要指标。要使得无线传感器节点寿命达 2～7 年

（电池供电），这就要求节点的平均能耗在几 μW 以下；虽然可以采用周期休眠的工作机制来降低平均功耗，但当前商业化通信芯片功耗为几十 mW，这对于能源受限的无线传感器节点来说仍是难以接受的。由于当前射频前端辐射出去的能量远远小于收发机电路自身的能量消耗，所以如何有效地降低收发机电路自身的功耗是当前无线传感网物理层设计需要解决的主要问题之一。

物理层调制解调方式的选择直接影响了收发机的结构，也就决定了通信前端电路的固定功耗。超宽带（UWB）技术是一种不需要载波的调制技术，其超低的功耗和易于集成的特点非常适合短距离通信的无线传感网使用；但是 UWB 需要较长的捕获时间，即需要较长的前导码，这将降低信号的隐蔽性，所以需要 MAC 层更好地协作。

目前，无线传感网物理层协议的研究还处于初级阶段，在硬件和软件方面都还需要作进一步的研究。首先，无线传感网节点在体积、成本和功耗上与其广泛应用的标准还存在一定的差距，缺乏小型化、低成本、低功耗的片上系统（system on chip，SoC）实现；其次，无线传感网物理层迫切需要符合其特点和要求的简单的协议、算法设计，特别是调制机制。已经有学者提出了一种协同发射的虚拟 MIMO 调制方式，这种方式可以协同传输以达到远距离基站，可以减小或避免多跳损耗，但是这种方式需要精确的同步。不过随着 MIMO 技术的发展，尤其空时编码技术的发展，这种调制技术将会发挥其巨大的应用潜力。

2.4 典型的物理层通信技术

本节介绍无线传感网所使用的典型物理层通信技术。基于传感网/物联网的通信技术有很多种，从传输距离上区分，可以分为两类：一类是近距离通信技术，其代表技术有 ZigBee、WiFi、蓝牙、RFID、NFC 等；另一类是广域网通信技术。其中，广域网通信技术又分为接入层的广域网通信技术和传输层的广域网无线通信技术。前者业界一般定义为 LPWAN（low-power wide-area network，低功耗广域网），其典型代表有 LoRa、NB-IoT 等；后者主要有 GPRS、EDGE、WiMAX、3G、LTE（4G）和 5G 通信技术，实现传感网与数据中心的互联。

2.4.1 近距离无线通信技术

近距离无线通信技术主要有无线个人域网（LR-PAN）IEEE 802.15.4 标准的 ZigBee 技术、红外通信技术、蓝牙技术，以及 WiFi、UWB 技术。

1. ZigBee

ZigBee 技术是一种近距离、低复杂度、低功耗、低速率、低成本的双向无线通信技术。它主要用于距离短、功耗低且传输速率不高的各种电子设备之间的数据传输，以及典型的有周期性数据、间歇性数据和低反应时间的数据传输。

ZigBee 协议是由 ZigBee 联盟制定的无线通信标准，该联盟成立于 2001 年 8 月。2002 年下半年，英国 Invensys 公司、日本三菱电气公司、美国摩托罗拉公司以及荷兰飞利浦半导体公司共同宣布加入 ZigBee 联盟，研发名为“ZigBee”的下一代无线通信标准，这一事件成为该技术发展过程中的里程碑。ZigBee 联盟的目的是为了在全球统一标准上实现简单可靠、价格低廉、功耗低、无线连接的监测和控制产品进行合作，并于 2004 年 12 月发布了第一个 ZigBee 正式标准。

ZigBee 标准以 IEEE 802.15.4 标准定义的物理层及 MAC 层为基础，并对其进行了扩展，对网络层协议和 API 进行了标准化，定义了一个灵活、安全的网络层，支持多种拓扑结构，在动态的射频环境中提供高可靠性的无线传输。此外，ZigBee 联盟还开发了应用层、安全管理、应用接口等规范。

ZigBee 的通信速率要求低于蓝牙，由电池供电设备提供无线通信功能，并希望在不更换电池且不充电的情况下能正常工作几个月甚至几年。ZigBee 支持 mesh 型网络拓扑结构，其网络规模可以比蓝牙设备大得多，一个网络可支持 65000 个节点；在整个网络范围内，每一个 ZigBee 网络数传模块之间可以相互通信。ZigBee 无线设备工作在免许可证频段的 2.4 GHz 频段和 868 MHz/915 MHz 频段，传输距离为 10～75 m，具体数值取决于射频环境以及特定应用条件下的传输功耗。ZigBee 物理层规范均基于直接序列扩频技术，对于不同频段的物理层，其码片的调制方式各不相同。ZigBee 的通信速率在 2.4 GHz 时为 250 kb/s，在 915 MHz 时为 40 kb/s，在 868 MHz 时为 20 kb/s。

2．红外通信技术

红外通信技术是一种无线通信方式，可以进行无线数据的传输。红外通信技术适用于低成本、跨平台、点对点高速数据连接，尤其是嵌入式系统。红外通信技术主要应用于设备互连，还可作为信息网关。设备互连后可完成不同设备内文件与信息的交换。信息网关负责连接信息终端和互联网。红外通信技术已被全球范围内的众多软/硬件厂商所支持和采用，目前主流的软件和硬件平台均提供对它的支持，红外通信技术已被广泛应用在移动计算设备和移动通信设备中。

红外传输是一种点对点的无线传输方式，近距离传输，且需要对准方向；红外传输中间不能有障碍物，几乎无法控制信息传输的进度。

红外传输有一套标准——IrDA，其收/发组件已经是标准化产品。初始的 IrDA1.0 标准制定了一个串行半双工的同步系统，传输速率为 2 400～115 200 b/s，传输半径为 1 m，传输角度为 15°～30°。后来 IrDA 扩展了其物理层规范，使数据传输率提升到 4 Mb/s。PXA27x 就使用这个扩展了的物理层规范。IrPHY 定义了 4 Mb/s 以下速率的半双工连接标准。在 IrDA 物理层中，将数据通信按发送速率分为 SIR、MIR 和 FIR 三类。串行红外（SIR）的速率覆盖了 RS-232 端口通常支持的速率（9 600 b/s～1 152 kb/s）。MIR 可支持 0.576 Mb/s 和 1.152 Mb/s 的速率；高速红外（FIR）通常用于 4 Mb/s 的速率，有时也用于高于 SIR 的所有速率。4 Mb/s 连接使用 4PPM 编码，115.2 Mb/s 连接使用归零 OOK 编码，编码脉冲的占空比为 0.25。115.2 kb/s 及以下速率的连接使用占空比为 0.1875 的归零 OOK 编码。

3．蓝牙

蓝牙（bluetooth）是一种支持设备短距离通信（一般 10 m 内）的无线电技术，能在包括移动电话、PDA、无线耳机、笔记本电脑、相关外设等众多设备之间进行无线信息交换。利用蓝牙技术，能够有效地简化移动通信终端设备之间的通信，也能够成功地简化设备与因特网（Internet）之间的通信，从而使数据传输变得更加迅速、高效，为无线通信拓宽道路。蓝牙采用分散式网络结构以及快跳频和短包技术，支持点对点及点对多点通信，即在该装置周围组成一个“微网”，网内任何蓝牙收发器都可与该装置互通信号。蓝牙工作在全球通用的2.4 GHz ISM（即工业、科学、医学）频段，其数据速率为1 Mb/s，采用时分双工传输方案实现全双工传输。其基带协议是电路交换和分组交换的组合。一个跳频频率发送一个同步分组，每个分组占用1个时隙，使用扩频技术也可扩展到5个时隙。同时，蓝牙技术支持1个异步数据通道或3个并发的同步话音通道，或1个同时传送异步数据和同步话音的通道。每一个话音通道支持64 kb/s的同步话音；异步通道支持的最大速率为721 kb/s，反向应答速率为57.6 kb/s的非对称连接，或者是432.6 kb/s的对称连接。依据发射输出电平功率不同，蓝牙传输有3种距离等级：Class1为100 m左右；Class2约为10 m；Class3约为2～3 m。一般情况下，其正常的工作范围是10 m半径之内，在此范围内，可进行多台设备间的互联。

蓝牙技术的特点包括：①采用跳频技术，数据包短，信号抗衰减能力强；②采用快速跳频和前向纠错方案以保证链路稳定，减少同频干扰和远距离传输时的随机噪声影响；③使用2.4 GHz ISM频段，无须申请许可证；④可同时支持数据、音频、视频信号；⑤采用FM调制方式，降低设备的复杂性。

4. WiFi

WiFi是无线保真（wireless fidelity）联盟的缩写。WiFi联盟是一个非营利性的国际贸易组织，其主要工作就是测试那些基于 IEEE 802.11（包括 11a、11b、11g）等标准的无线设备：WiFi认证＝无线互联保证。

WiFi是IEEE定义的一个无线网络通信的工业标准（IEEE 802.11）。WiFi的最初版本颁布于1997年，其中定义了介质访问控制层（MAC层）和物理层。物理层定义了工作在2.4 GHz的ISM频段上的两种无线调频方式和一种红外传输方式，数据传输速率设计为2 Mb/s。两个设备之间的通信可以自由直接（ad hoc）的方式进行，也可以在基站或者访问点（access point，AP）的协调下进行。

WiFi 的主要特点是传输速率高、可靠性高、建网快速便捷、可移动性好、网络结构弹性化、组网灵活、组网价格较低廉。

WiFi是当今使用最广的一种无线网络传输技术，工作在2.4 GHz的ISM频段，一般WiFi信号接收半径约为95 m，但会受墙壁等影响，实际距离会小一些。虽然由WiFi技术传输的无线通信质量不是很好，数据安全性能比蓝牙差一些，传输质量也有待改进，但其传输速度非常快，可以达到54 Mb/s，符合个人和社会信息化的需求。WiFi最主要的优势在于不需要布线，可以不受布线条件的限制，因此非常适合移动办公用户的需要，并且由于发射信号功率低于100 mW，低于手机发射功率，所以WiFi上网相对来说也是最安全健康的。

5. UWB

超宽带（ultra wideband，UWB）技术的发展模式类似WiFi，有很长一段时间被归类为军事技术，超宽带技术最初主要应用于高精度雷达和隐秘通信领域。UWB技术是一种在宽频带基础上，通过脉冲信号高速传输数据的无线通信技术，同时它是一种短距离、低发射功率与低成本的技术。

商用化UWB是一种短距离、高传输速率与低发射功率的无线通信技术，其目标领域为无线个人域网（WPAN），潜在应用为取代个人域网（PAN）的有线网络，以无线高速方式传输资料。

UWB 技术适用于短距离无线个人域网应用，大体上可分为高速和中低速两类应用领域。高速 UWB 的传输速率目前可达 100 Mb/s～1 Gb/s，传输距离可达 10～30 m，属于高速短距离传输；中低速 UWB 传输速率一般在 2 Mb/s 以下，最高不超过 30 Mb/s，传输距离可达 100 m 以上，甚至几千米，属于中低速中短距离传输。

UWB 技术的典型应用领域有：高速无线短距离连接，替代有线电缆和蓝牙等无线技术；高速无线多媒体通信；在智能家庭环境和智能楼宇中与无线局域网技术互补；UWB 技术还是第四代移动通信技术（4G）的关键技术；UWB 技术源于在军事、国防中的应用，所以在该领域内的应用一直处于极为活跃的状态。UWB 技术在消防、安全防范系统的通信中，以及在雷达技术、定位技术、成像技术、跟踪、智能交通系统中都有越来越深入的应用。在短距离雷达（如汽车传感器、防撞系统、智能型高速公路感测系统、液态物体水位侦测系统）、穿地雷达技术中的应用也较为深入。

根据美国联邦通信委员会（FCC）2002 年 2 月通过 UWB 的商用化规范，UWB 技术应用主要分成影像系统、通信量测系统与车用雷达系统三大应用领域。在通信量测系统中，工作频带为 3.1～10.6 GHz，发射功率上限为–41 dBm/MHz，传输距离约为 10 m。

在此规范下，Motorola、Intel 与 TI 等厂商推出了 UWB 芯片样品，传输速度最高可达 480 Mb/s。NEC、Samsung 则在其 HDTV 系统产品整合 UWB 传输界面，提供无线视信传输功能。UWB 作为一种短距高速与低发射功率的无线通信技术，目标领域为无线个人域网（WPAN），潜在应用为取代有线个人网络（FAN），以无线高速方式传输数据。

UWB 最具特色的应用将是视频消费娱乐方面的无线个人域网（PAN）。考察现有的无线通信方式，支持 54 Mb/s 速率基于 IEEE 802.11G 技术的应用系统可以处理视频数据，但费用昂贵；而 UWB 有可能在 10 m 范围内支持高达 100 Mb/s 的数据传输率，不需要压缩数据，可以快速、简单、经济地完成视频数据处理。而 IEEE 802.11b 标准和蓝牙的速率太低，不适合传输视频数据。

UWB 具备高传输速率与低发射功率特性，适用于短距高速数据传输，是未来多媒体无线传感网首选的通信技术。

6. RFID

射频识别（RFID）是一种非接触式的自动识别技术，它利用射频信号及其空间耦合的传输特性，实现对静止或移动物品的自动识别。RFID 常称为感应式电子芯片或近接卡、感应卡、非接触卡、电子标签、电子条码等。一个简单的 RFID 系统由阅读器（reader）、应答器（transponder）或电子标签（tag）组成，其原理是由读写器发射一特定频率的无线电信号给应答器，用以驱动应答器电路，读取应答器内部的 ID 码。

应答器的形式有卡、纽扣等多种类型。电子标签具有免用电池，免接触、不怕脏污，以及芯片密码全世界唯一、无法复制，安全性高，寿命长等优点。根据存储器的类型，电子标签可以分为只读标签、可读写标签和一次写入多次读出标签。根据工作方式的不同，电子标签可以分为被动式、主动式和半主动式标签。

RFID 的工作频率为 ISM 频段，其典型的频率有 125 kHz、133 kHz、13.56 MHz、27.12 MHz、

433 MHz、9.2～928 MHz、2.45 GHz 和 5.8 GHz，分别定位为低频段电子标签（30～300 kHz）、中高频段电子标签（3～30 MHz）、超高频电子标签（433 MHz，9.2～928 MHz）和微波电子标签（2.45 GHz、5.8 GHz）。RFID 系统的最大优点是减少了人工干预，大量应用于跟踪和识别物体、人和动物，在物流、交通、医疗卫生、汽车等行业被广泛使用。

7. NFC

NFC 的英文全称是 near field communication，即近距离无线通信。NFC 是由飞利浦公司发起，由诺基亚、索尼等著名厂商联合主推的一项无线技术；由多家公司、大学和用户共同成立了泛欧联盟，旨在开发 NFC 的开放式架构，并推动其在手机中的应用。NFC 由非接触式射频识别（RFID）及互联互通技术整合演变而来，在单一芯片上结合感应式读卡器、感应式卡片和点对点的功能，能在短距离内与兼容设备进行识别和数据交换。这项技术最初只是 RFID 技术和网络技术的简单合并，现在已经演变成一种短距离无线通信技术，其发展态势相当迅猛。

与 RFID 不同的是，NFC 具有双向连接和识别的特点，工作于 13.56 MHz 频率附近，作用距离为 10 cm 左右。NFC 技术在 ISO 18092、ECMA 340 和 ETSI TS 102 190 框架下推动标准化，同时也兼容应用广泛的 ISO 14443 Type-A、B 以及 Felica 标准非接触式智能卡的基础架构。

NFC 芯片装在手机上，手机就可以实现小额电子支付和读取其他 NFC 设备或标签的信息。NFC 的短距离交互大大简化了整个认证识别过程，使电子设备间互相访问更直接、更安全、更清楚。通过 NFC，电脑、数码相机、手机、PDA 等多种设备之间可以很方便快捷地进行无线连接，进而实现数据交换和服务。

与 RFID 一样，NFC 信息也是通过频谱中无线频率部分的电磁感应耦合方式传递的，但二者之间还是存在很大的区别。首先，NFC 是一种提供轻松、安全、迅速的通信的无线连接技术，其传输范围比 RFID 小，RFID 的传输范围可以达到几米，甚至几十米，但由于 NFC 采取了独特的信号衰减技术，相对于 RFID 来说 NFC 具有距离近、带宽高、能耗低等特点。其次，NFC 与现有非接触智能卡技术兼容，目前已成为得到越来越多主要厂商支持的正式标准。再次，NFC 还是一种近距离连接协议，提供各种设备间轻松、安全、快速而自动的通信；与无线世界中的其他连接方式相比，NFC 是一种近距离的私密通信方式。最后，RFID 更多地被应用在生产、物流、跟踪、资产管理上，而 NFC 则在门禁、公交、手机支付等领域发挥着巨大的作用。

同时，NFC 还优于红外和蓝牙传输方式。作为一种面向消费者的交易机制，NFC 比红外更快、更可靠而且简单得多。与蓝牙相比，NFC 面向近距离交易，适用于交换财务信息或敏感的个人信息等重要数据；蓝牙能够弥补 NFC 通信距离不足的缺点，适用于较长距离的数据通信。因此，NFC 和蓝牙互为补充，共同存在。事实上，快捷轻型的 NFC 协议可以用于引导两台设备之间的蓝牙配对过程，促进了蓝牙的使用。

NFC 手机内置 NFC 芯片，组成 RFID 模块的一部分，可以当作 RFID 无源标签使用——用来支付费用；也可以当作 RFID 读写器——用作数据交换与采集。NFC 技术支持多种应用，包括移动支付与交易、对等式通信和移动中信息访问等。通过 NFC 手机，人们可以在任何地点、任何时间，通过任何设备与他们希望得到的娱乐服务与交易联系在一起，从而完成付款，获取海报信息等。NFC 设备可以用作非接触式智能卡、智能卡的读写器终端以及设备对设备的数据传输链路，其应用主要可分为以下四个基本类型：用于付款和购票，用于电子票证，用于智能媒体，以及用于交换、传输数据。

2.4.2 广域网无线通信技术

广域网无线通信技术，主要实现远距离的无线传输和数据通信互联，分为广域互联的通信技术，目前主流技术有：GPRS 和 EDGE 技术、WiMAX、3G 与 LTE（4G）和 5G 通信技术，以及基于传感网/物联的低功耗广域网（Low-Power Wide-Area Network，LPWAN）通信技术，主流代表技术有 LoRa 和 NB-IoT 等。

1. GPRS 和 EDGE

除典型的短距无线通信手段外，常见的移动通信也可以应用于无线传感网中，特别是其中的数据传输功能。

GPRS 的全称是“General Packet Radio Service”，即通用分组无线业务，是 GSM 移动通信基础上的一种移动数据业务。GPRS 和以往连续在频道传输的方式不同，它以分组（packet）方式来传输信号，因此使用者所负担的费用是以其传输数据单位计算的，并非使用其整个频道，理论上使用成本较低。GPRS 的传输速率可提升到 56 kb/s 甚至 114 kb/s。GPRS 经常被描述成“2.5G”，也就是说这项技术位于第二代（2G）和第三代（3G）移动通信技术之间。它通过利用网络中未使用的 TDMA 信道，提供中速的数据传递。GPRS 突破了 GSM 网只能提供电路交换的思维方式，只通过增加相应的功能和对现有的基站系统进行部分改造来实现分组交换，这种改造的投入相对来说并不大，但得到的用户数据速率却相当可观；而且不需要现行无线应用所需的中介转换器，所以连接和传输都会更方便、更容易。使用者可联机上网，参加视讯会议等互动传播，而且在同一个视讯网络（VRN）上的使用者，甚至可以无须通过拨号上网而保持网络连接。在 GPRS 分组交换通信方式中，数据被分成一定长度的包（分组），每个包的前面有一个分组头（其中的地址标志指明该分组发往何处）。数据传送之前并不需要预先分配信道而建立连接，而是在每一个数据包到达时，根据数据包头中的信息（如目的地址），临时寻找一个可用的信道资源将数据报发送出去。在这种传送方式中，数据的发送和接收方同信道之间没有固定的占用关系，信道资源可以视为所有的用户共享使用。

由于数据业务在绝大多数情况下都表现出一种突发性的业务特点，对信道带宽的需求变化较大，因此采用分组方式进行数据传输将能够更好地利用信道资源。

EDGE 是英文“Enhanced Data Rate for GSM Evolution”的缩写，即增强型数据速率 GSM 演进技术。EDGE 是一种从 GSM 到 3G 的过渡技术，它主要是在 GSM 系统中采用了一种新的调制方法，即最先进的多时隙操作和 8PSK 调制技术。由于 8PSK 可将现有 GSM 网络采用的 GMSK 调制技术的符号携带信息空间从 1 扩展到 3，从而使每个符号所包含的信息是原来的 3 倍。

EDGE 是一种介于现有的第二代移动网络与第三代移动网络之间的过渡技术，比“2.5G”技术 GPRS 更加优良，因此也有人称它为“2.75G”技术。EDGE 还能够与以后的 WCDMA 制式共存，这也正是它所具有的弹性优势。EDGE 技术主要影响现有 GSM 网络的无线访问部分，即收发基站（BTS）和 GSM 中的基站控制器（BSC），而对基于电路交换和分组交换的应用和接口并没有太大的影响。因此，网络运营商可最大限度地利用现有的无线网络设备，只需少量的投资就可以部署EDGE，并且通过移动交换中心（MSC）和服务GPRS支持节点（SGSN）还可以保留使用现有的网络接口。事实上，EDGE改进了这些现有GSM应用的性能和效率，并且为将来的宽带服务提供了可能。EDGE技术有效地提高了GPRS信道编码效率及其高速移动数据标准，它的最高速率可达384 kb/s，在一定程度上节约了网络投资，可以充分满足未来无线多媒体应用的带宽需求。从长远观点看，它将会逐步取代GPRS而成为与第三代移动通信系统最接近的一项技术。

EDGE的技术不同于GSM的优势在于：①8PSK调制方式；②增强型的AMR编码方式；③MCS1～9九种信道调制编码方式；④链路自适应（LA）；⑤递增冗余传输（IR）；⑥RLC窗口大小自动调整。

2. WiMAX

WiMAX（Worldwide Interoperability for Microwave Access），即全球微波互联接入技术，WiMAX也叫IEEE 802.16a标准的定点宽带无线城域网（MAN）。WiMAX是一项新兴的宽带无线接入技术，能提供面向互联网的高速连接，数据传输距离最远可达50 km。WiMAX还具有QoS保障、传输速率高、业务丰富多样等优点。WiMAX的技术起点较高，采用了代表未来通信技术发展方向的OFDM/OFDMA、AAS、MIMO等先进技术，随着技术标准的发展，WiMAX逐步实现宽带业务的移动化。

WiMAX是一种城域网（MAN）技术，为企业和家庭用户提供“最后一公里”的宽带无线连接方案。运营商部署一个信号塔，就能得到数千米的覆盖区域。覆盖区域内任何地方的用户都可以立即启用互联网连接。WiMAX通常是指IEEE 802.16a标准（2～11 GHz），该技术是IEEE于2002年4月发布的工作于10～66 GHz频段下的IEEE 802.16标准的扩展，是针对微波和毫米波频段提出的一种新型空中接口标准。因此，WiMAX使用的频谱可能比其他任何无线技术更丰富，它可以提供消费者所希望的设备和服务，它会在全球经济范围内创造一个开放而具有竞争优势的市场。

WiMAX解决方案将内建于笔记本电脑，可直接进行客户端发送，传送真正的便携式无线宽频，不需要外接客户端设备。WiMAX将可以为高速数据应用提供更出色的移动性。此外，凭借这种覆盖范围和高吞吐率，WiMAX还能够为电信基础设施、企业园区和WiFi热点提供回程。

WiMAX被认为是最好的一种接入蜂窝网络，让用户能够便捷地在任何地方连接到运营商的宽带无线网络，并且提供优于WiFi的高速宽带互联网体验。它是一个新兴的无线标准。用户还能通过WiMAX进行订购或付费点播等业务，类似于接收移动电话服务。

3. 3G

第三代移动通信技术（3rd-generation，3G），是指支持高速数据传输的蜂窝移动通信技术。3G服务能够同时传送声音及数据信息，速率一般在几百 kb/s以上。3G是将无线通信与国际互联网等多媒体通信结合的新一代移动通信系统。

3G与2G的主要区别是在传输声音和数据的速度上的提升，它能够在全球范围内更好地实现无线漫游，并处理图像、音乐、视频流等多种媒体形式，提供包括网页浏览、电话会议、电子商务等多种信息服务，同时也要考虑与已有第二代系统的良好兼容性。为了提供这种服务，无线网络必须能够支持不同的数据传输速度，也就是说在室内、室外和车载的环境中能够分别支持至少 2 Mb/s、384 kb/s 以及 144 kb/s 的传输速度（此数值根据网络环境会发生变化）。

3G 标准有三种：美国 cdma2000，欧洲 WCDMA，中国 TD-SCDMA。国内支持国际电联确定的三个无线接口标准，分别是中国电信的 cdma2000、中国联通的 WCDM 和中国移动的 TD-SCDMA。3G 都采用了直接序列码分多址（DS-CDMA）扩频技术，先进的功率和话音激活至少可提供大于 3 倍于 GSM 网络的容量。TD-SCDMA 与其他两种 3G 标准不同的是采用了 TDD 双工方式，无须使用成对频段，适合多运营商环境，并且采用了智能天线、联合检测和接力切换技术等。

与 EDGE 相比，3G 能够为移动和手持无线设备提供更高的数据速率和更加丰富的视频业务。

4. LTE

LTE（Long Term Evolution，长期演进）是由 3GPP 组织制定的 UMTS 技术标准的长期演进。LTE 系统引入了 OFDM 和多天线 MIMO 等关键传输技术，显著增加了频谱效率和数据传输速率：峰值速率能够达到上行 50 Mb/s，下行 100 Mb/s，并支持多种带宽分配：1.4 MHz，3 MHz，5 MHz，10 MHz，15 MHz 和 20 MHz 等，频谱分配更加灵活，系统容量和覆盖显著提升。LTE 无线网络架构更加扁平化，减小了系统时延，降低了建网成本和维护成本。LTE 系统支持与其他 3GPP 系统的互操作。FDD-LTE 已成为当前世界上采用的国家及地区最广泛的，终端种类最丰富的一种 4G 标准。

与 3G 相比，LTE 更具技术优势，具体体现在：①更高的通信速率，下行峰值速率为 100 Mb/s，上行为 50 Mb/s；②高频谱效率，下行链路为 5 (b/s)/Hz（3～4 倍于 R6 版本的 HSDPA），上行链路为 2.5(b/s)/Hz（是 R6 版本 HSU-PA 的 2～3 倍）；③QoS 保证，通过系统设计和严格的 QoS 机制，保证实时业务（如 VoIP）的服务质量；④支持 1.25～20 MHz 间的多种系统带宽，并支持“paired”和“unpaired”的频谱分配，保证了将来在系统部署上的灵活性；⑤降低了无线网络时延，子帧长度为 0.5 ms 和 0.675 ms，解决了向下兼容的问题并降低了网络时延；⑥向下兼容，支持已有的 3G 系统和非 3GPP 规范系统的协同运作。

5. LoRa

LoRa 是 LPWAN 通信技术中的一种，是美国 Semtech 公司采用和推广的一种基于扩频通信的超远距离无线传输方案。这一方案为用户提供一种简单的能实现远距离、长电池寿命、多节点、低成本和大容量的系统，进而扩展传感网络覆盖范围。目前，LoRa 主要在全球免授权频段运行，包括 433 MHz、868 MHz、915 MHz 等。

LoRaWAN 是 LoRa 联盟推出的一个基于开源的 MAC 协议的低功耗广域网标准。这一技术可以为电池供电的无线设备提供局域、全国或全球的网络。LoRaWAN 瞄准的是物联网中的一些核心需求，如安全双向通信、移动通信和静态位置识别等服务。该技术无须进行本地复杂配置，就可以让智能设备之间实现无缝对接、互操作，给物联网领域的用户、开发者和企业以自由操作权限。

LoRaWAN 网络架构是一个典型的星状拓扑结构，主要由终端（可内置 LoRa 模块）、网关（或称基站）、服务器和云四部分组成，其应用数据可双向传输。在这个网络架构中，LoRa 网关是一个透明传输的中继，连接终端设备和后端中央服务器。网关与服务器间通过标准 IP 连接，终端设备采用单跳与一个或多个网关通信。所有的节点与网关间均是双向通信，同时也支持云端升级等操作，以减少云端通信时间。终端与网关之间的通信是在不同频率和数据传输速率基础上完成的，数据速率的选择需要在传输距离和消息时延之间权衡。

由于采用了扩频技术，不同传输速率的通信不会互相干扰，且还会创建一组“虚拟化”的频段来增加网关容量。LoRaWAN 的数据传输速率范围为 0.3～37.5 kb/s，为了使终端设备电池的寿命和整个网络容量最大化，LoRaWAN 网络服务器通过一种速率自适应（adaptive data rate，ADR）方案来控制数据传输速率和各终端设备的射频输出功率。全国性覆盖的广域网络瞄准的是诸如关键性基础设施建设、机密个人数据传输和社会公共服务之类的物联网应用。

6. NB-IoT

NB-IoT（Narrowband Internet of Things）是 3GPP 针对低功耗广覆盖（LPWA）类业务而定义的新一代蜂窝物联网接入技术，主要面向低速率、低时延、超低成本、低功耗、广深覆盖、大连接需求的物联网业务。NB-IoT 物理层的射频带宽为 180 kHz，其下行链路采用正交相移键控（QPSK）调制解调器，且采用正交频分多址（OFDMA）技术，子载波间隔 15 kHz；上行链路采用二进制相移键控（BPSK）或 QPSK 调制解调器，且采用单载波频分多址（SC-FDMA）技术，包含单子载波和多子载波两种。单子载波技术的子载波间隔为 3.75 kHz 和 15 kHz 两种，可以适应超低速率和超低功耗的物联网终端；多子载波技术的子载波间隔为 15 kHz，可以提供更高的速率需求。NB-IoT 的高层协议（物理层以上）是基于 LTE 标准而制定的，其中对多连接、低功耗和低数据的特性进行了部分修改。

与传统蜂窝网络相比，NB-IoT 覆盖比通用分组无线服务技术（GPRS）增强 20 dB，单小区可支持 5 万个连接，终端功耗和成本大幅降低。同时，为了利用长期演进（LTE）已有成熟的产业链和全球规模部署优势，NB-IoT 物理层和高层设计尽量与 LTE 兼容，并支持 LTE 带内、LTE 保护带、独立三种工作模式。

NB-IoT 组网主要分成以下五部分：

（1）NB-IoT 终端。NB-IoT 终端支持各行业的物联网设备接入，只需安装相应的 SIM 卡就可以接入到 NB-IoT 的网络中。

（2）NB-IoT 基站。NB-IoT 基站主要指运营商已架设的 LTE 基站，从部署方式来讲，主要有上面介绍的三种工作模式。

（3）NB-IoT 核心网。通过 NB-IoT 核心网，可以将 NB-IoT 基站和 NB-IoT 云进行连接。

（4）NB-IoT 云平台。在 NB-IoT 云平台上可以完成各类业务的处理，并将处理后的结果转发到垂直行业中心或 NB-IoT 终端。

（5）垂直行业中心。垂直行业中心既可以获取本中心的 NB-IoT 业务数据，也可以完成对 NB-IoT 终端的控制。

本章小结

本章首先介绍了无线传感网频率分配情况，尤其对 ISM 波段的频率分配情况进行了较为详细的介绍。由于无线通信中最宝贵的资源之一就是频谱，所以对于无线传感网，应该针对其实际应用场景来选择合适的频段，尽量减少传输损耗。信道特征和调制方式也是无线传输的重要组成部分，由于传感网节点的限制，目前一般采用低成本的简单的窄带调制以及扩频调制，UWB 调制技术是一种非常有竞争力的无载波调制技术，受到业界的高度关注。目前，LPWAN 无线通信技术得到极大的推广和应用，其中 LoRa 和 NB-IoT 具有很好的市场前景。

无线传感网自身的特点使得其物理层的设计必须综合考虑成本、复杂度、体积、功耗等因素，由于当前的技术水平还无法做到将整个节点集成到单个芯片中去，所以体积与功耗仍是当前制约无线传感器节点大规模应用的主要因素。本章对物理层设计中面临的问题进行了分析，提出了要求，并对当前采用的一些应对策略给出了简述。

本章最后简述了目前主流的低速无线通信技术和中高速无线通信技术，这些技术有可能作为无线传感网的通信技术和骨干网络互联的数据通信网络。

思考题

1. 无线传感网的通信传输介质有哪些类型？它们各有什么特点？
2. 简述目前无线传感网使用的频段及其传输速率。
3. 无线网络通信系统为什么要进行调制和解调？主要的调制技术有哪些？
4. 在设计无线传感网物理层时，需要考虑哪些问题？
5. 简述无线传感网的物理层帧结构。
6. 简述目前主流的近距离无线通信技术及其特点。
7. 简述目前主流的广域网互联无线通信技术及其特点。
8. 简述低功耗广域网无线通信技术及其特点。
9. 无线传感网物理层设计中，应该考虑的主要因素有哪些？

第3章　无线传感网MAC协议

在无线传感网中，介质访问控制（medium access control，MAC）协议是无线传感网的关键技术之一，它决定了无线信道的使用方式，其性能直接影响到整个网络的性能。MAC协议的设计是保障无线传感网高效通信的关键技术之一。无线传感网节点资源受限、能量受限以及动态拓扑和业务的不确定性等特点，使得传统的无线网络的MAC协议不适用于无线传感网，这给无线传感网MAC协议的设计带来了许多具有挑战性的课题。此外，不同的应用场景对无线传感网有不同的限制，MAC协议的设计还需要针对不同的应用来解决相应的问题。

本章先通过分析无线传感网MAC协议所面临的问题以及无线信道接入技术，对目前的MAC协议进行分类比较；然后在讨论IEEE 802.11 CSMA/CA协议的基础上，讨论具有代表性的基于竞争的MAC协议、基于时分复用的MAC协议以及混合型MAC协议。

3.1　概述

无线传感网是一种特殊的自组织网络，可应用于各种布线和电源供电困难或人员不能到达的区域，如受到污染、环境被破坏或敌对区域等，以及一些临时场合（如自然灾害和通信设施被破坏的场合）。无线传感网无须固有网络设施支持，具有快速展开、抗毁性强等特点。但是无线传感网不同于自组织（ad hoc）网络，它有如下特征：

（1）传感器节点受环境限制，通常采用不可更换的电池供电。所以在考虑网络体系结构以及各层协议时，能量效率是设计的主要考虑目标之一。

（2）由于无线传感网使用场合的特殊性，节点失效的概率大于传统网络，因此可靠性保障是必需的，以保证部分节点的失效不会影响到全局任务的执行。

（3）传感器节点的计算和处理能力受限，通信带宽受限，与感知目标紧密耦合，以数据为中心，高密度、大规模随机分布。这些特点都决定了网络效率在无线传感网中将尤其重要。

在无线传感网中，MAC协议决定无线信道的使用方式。通过在传感器节点之间分配和共享有限的无线信道资源，MAC协议构建起无线传感网通信系统的底层基础结构。由于多个节点共享无线信道，且无线传感网通常采用多跳通信方式，因此MAC协议要解决隐藏终端和暴露终端问题，使用分布式控制机制实现信道资源共享。

3.1.1　无线传感网MAC协议设计所面临的问题

资源有限和以数据为中心的特点使得无线传感网在网络规模、硬件特点、流量特征和应用需求等方面与传统无线网络存在显著差异。因此，无线传感网MAC协议在设计目标、优化指标和技术手段等方面与传统无线网络MAC协议也有所不同。

传统的MAC协议，其设计目标是在保证介质访问公平性的同时，提高网络吞吐量及减小网络时延。而在无线传感网中，节点能量储备有限且难以及时补充，为保证网络长期有效工作，

MAC 协议以减少能耗，最大化网络生存时间为首要设计目标；为适应节点分布和网络拓扑变化，MAC 协议还需具备良好的可扩展性，传统无线网络所关注的网络实时性、吞吐量及带宽利用率等性能指标则成为次要设计目标。此外，无线传感网节点一般属于同一利益实体，可以为系统优化作出一定牺牲，因此能量效率以外的公平性一般不作为设计目标，除非多种用途的无线传感网重叠部署在同一区域。

无线传感网中能量消耗主要包括通信能耗、感知能耗和计算能耗。其中通信能耗所占比重远大于计算能耗，通信部件和计算部件的功耗比通常在 1000 倍以上。因此减少 MAC 协议通信中的能量浪费，是延长网络生存时间的有效手段。大量研究表明，通信过程中造成能量损耗主要体现在以下几方面：

（1）空闲监听（idle listening）：节点在不需要收发数据时仍保持对信道的空闲监听。因为节点不知道邻居节点的数据何时到来，所以必须始终保持自己的射频部分处于接收模式，形成空闲监听，造成了不必要的能量损耗。

（2）冲突重传：数据冲突导致的重传和等待重传。如果两个节点同时发送，并相互产生干扰，则它们的传输都将失败，发送包被丢弃。

（3）控制开销：为了保证可靠传输，协议将使用一些控制分组，如 RTS/CTS，虽然没有数据在其中，但是必须消耗一定的能量来发送它们。

（4）串扰（overhearing）：节点因接收并处理并非传输给自己的分组造成的串音。由于无线信道为共享介质，因此节点也可以接收到不是到达自己的数据包，然后再将其丢弃。此时也会造成能量的耗费。

此外，节点因发射与接收不同步导致分组空传（over emitting）等；在发送/接收状态之间切换时的瞬间能耗很大，甚至超过发送单位分组所需的能量，因此频繁的状态切换也会造成能量迅速消耗。

根据无线传感网所面向的实际应用的特点，MAC 协议在设计时需要解决很多工程和研究技术难题，这些都已经成为无线传感网 MAC 协议的研究所面临的热点问题，MAC 协议设计中主要表现在如下几方面：

（1）能量效率：由于无线传感网应用的特殊性，MAC 协议要尽可能地节约能量，提高能量效率，从而延长整个网络的生存周期，这是无线传感网协议设计的核心问题。

（2）可扩展性：MAC 协议负责搭建无线传感网通信系统底层基础结构，必须能够适应无线传感网规模、网络负载以及网络拓扑的动态变化，所以 MAC 协议要具有良好的可扩展性。

（3）网络效率：网络效率是网络各种性能的综合，包括网络的可靠性、实时性、吞吐量、公平性、QoS 等。无线传感网应用领域广泛，不同的应用场景对网络的各种性能提出了专门的要求。MAC 协议的设计需要根据特定的应用在各种性能间取得平衡，为应用提供较高的网络效率。

（4）算法复杂度：MAC 协议要具备上述特点，众多节点协同完成应用任务，必然增加算法的复杂度。由于无线传感网的节点计算能力和存储能力受限，MAC 协议应该根据应用需要，在复杂度和上述性能之间取得折中。

（5）与其他层协议的协同：无线传感网应用的特殊性对各层协议都提出了一些共同的要求，如能量效率、可扩展性、网络效率等；研究 MAC 协议与其他层协议的协同问题，通过跨层设计而获得系统整体的性能优化，也是 MAC 协议研究的主要方向。

3.1.2 无线传感网 MAC 协议分类

由于无线传感网与应用高度相关，研究人员从不同的方面提出了不同的 MAC 协议。但到目前为止，无线传感网 MAC 协议还没有一个统一的分类方式。我们可根据 MAC 协议的信道分配方式、数据通信类型、性能需求、硬件特点以及应用范围等策略，使用多种分类方法对其进行分类。

（1）根据信道分配策略的不同可分为基于竞争（contention-based）的 MAC 协议、基于调度（schedule-based）的 MAC 协议和混合 MAC 协议。基于竞争的 MAC 协议不需要全局网络信息，扩展性好，易于实现，但能耗大；基于调度的 MAC 协议没有冲突，因而节省能量，但难于调整帧长度和时隙分配，难以处理拓扑结构变化，扩展性差，时钟同步精度要求高；混合 MAC 协议具有上述两种 MAC 协议的优点，但通常比较复杂，实现难度大。

（2）根据 MAC 协议使用的信道数目可分为单信道 MAC 协议和多信道 MAC 协议。运行单信道 MAC 协议的节点体积小、成本低；但控制分组与数据分组使用同一信道，降低了信道利用率。多信道 MAC 协议降低了冲突概率和减少重传次数，因而信道利用率高，传输时延小；但缺点是硬件成本高，且存在频谱分配拥挤问题。

（3）根据协议的部署方式，可分为集中式 MAC 协议或分布式 MAC 协议。集中式协议将繁重的计算工作交由中心节点（如汇聚节点或簇头）执行，效率高；但通常需要严格的时钟同步，且存在单点失效问题。分布式协议没有单点失效的问题，具有良好的可扩展性；但为组织节点间交互和协商，开销较大。

（4）根据数据通信类型可分为基于单播的 MAC 协议和基于组播/聚播（convergecast）的 MAC 协议。前者适于沿特定路径的数据采集，有利于网络优化；但信道利用率低，扩展性差。后者有利于数据融合和兴趣查询；但对时钟同步的要求高，且数据高度冗余、重传代价高。

（5）根据传感器节点发射器硬件功率是否可变，可分为功率固定 MAC 协议和功率控制 MAC 协议。功率固定 MAC 协议硬件成本低，但通信范围相互重叠，易造成冲突；功率控制 MAC 协议可根据接收节点的距离调整发射功率，有利于控制节点的通信能耗速度，但易形成非对称链路，且硬件成本增加。

(6)根据发射天线的种类可分为基于全向天线的 MAC 协议和基于定向天线的 MAC 协议。基于全向天线的 MAC 协议节点体积小、成本低，易部署，但增加了通信过程中的冲突和串音；基于定向天线 MAC 协议能有效避免冲突，但是增加了节点复杂性、功耗，且需要定位技术的支持。

（7）根据协议发起方的不同可分为发送方发起的 MAC 协议和接收方发起的 MAC 协议。由于冲突仅对接收方造成影响，因此接收方发起的 MAC 协议能有效避免隐藏终端问题，减小冲突概率；但控制开销大，传输时延大。发送方发起的 MAC 协议简单，兼容性好，易于实现；但缺少接收方状态信息，不利于实现网络的全局优化。

此外，根据是否需要满足一定 QoS 支持和性能要求，无线传感网 MAC 协议还可分为实时 MAC 协议、能量高效 MAC 协议、安全 MAC 协议、位置感知 MAC 协议、移动 MAC 协议等。

目前无线传感网研究领域内已经涌现出大量关于 MAC 协议的研究成果，对现有的数十种无线传感网 MAC 协议进行严格的分类是非常困难的。本章采用根据 MAC 协议分配信道的方式来进行分类，从竞争型、分配型以及混合型三种类型入手，介绍目前比较有代表性的 MAC

协议，阐明各种协议的基本思想、关键技术，对其核心算法进行简单描述，在此基础上对协议的特点进行归纳总结。

3.2 基于竞争的MAC协议

对于基于竞争的MAC协议，一般情况下所有节点都共享一个普通信道。基于竞争的MAC协议的基本思想是：当无线节点需要发送数据时，主动抢占无线信道；当在其通信范围内的其他无线节点需要发送数据时，也会发起对无线信道的抢占。这就需要相应的机制来保证任一时刻在通信区域内只能有一个无线节点获得信道使用权。如果发送的数据产生了碰撞，就按照某种策略重发数据，直到数据发送成功或放弃发送。基于竞争的MAC协议有如下优点：

（1）由于基于竞争的MAC协议是根据需要来分配信道的，所以这种协议能较好地满足节点数量和网络负载的变化；

（2）基于竞争的MAC协议能较好地适应网络拓扑的变化；

（3）基于竞争的MAC协议不需要复杂的时间同步或集中控制调度算法。

典型的基于竞争的随机访问MAC协议是载波侦听多路访问（carrier sense multiple access，CSMA）。无线局域网IEEE 802.11 MAC协议的分布式协调（distributed coordination function，DCF）工作模式采用带冲突避免的载波侦听多路访问（CSMA with collision avoidance，CSMA/CA）协议，它可以作为基于竞争的MAC协议的代表。在IEEE 802.11 MAC协议的基础上，研究者提出了多个用于传感器网络的基于竞争的MAC协议。下面首先介绍IEEE 802.11 MAC协议，然后介绍基于竞争的无线传感网MAC协议。

3.2.1 IEEE 802.11 MAC协议

IEEE 802.11 MAC协议有分布式协调（distributed coordination function，DCF）和点协调（point coordination function，PCF）两种访问控制方式，其中DCF方式是IEEE 802.11协议的基本访问控制方式。由于在无线信道中难以检测到信号的碰撞，因而只能采用随机退避的方式来减小数据碰撞的概率。在DCF工作方式下，节点在侦听到无线信道忙之后，采用CSMA/CA机制和随机退避机制，实现无线信道的共享。另外，所有定向通信都采用立即的主动确认（ACK帧）机制：如果没有收到ACK帧，则发送方会重传数据。PCF工作方式是基于优先级的无竞争访问，是一种可选的控制方式。它通过访问接入点（access point，AB）协调节点的数据收发，通过轮询方式查询当前哪些节点有数据发送的请求，并在必要时给予数据发送权。

在DCF工作方式下，载波侦听机制通过物理载波侦听和虚拟载波侦听来确定无线信道的状态。物理载波侦听由物理层提供，而虚拟载波侦听由MAC层提供。如图3-1所示，节点A希望向节点B发送数据，节点C在A的无线通信范围内，节点D在节点B的无线通信范围内，但不在节点A的无线通信范围内。节点A首先向节点B发送一个请求帧（request-to-send，RTS），节点B返回一个清除帧（clear-to-send，CTS）进行应答。在这两帧中都有一个字段表示这次数据交换需要的时间长度，称为网络分配矢量（network allocation vector，NAV），其他帧的MAC头也会捎带这一信息。节点C和D在侦听到这个信息后，就不再发送任何数据，直到这次数据交换完成为止。NAV可看作一个计数器，以均匀速率递减计数到零。当计数器为零时，虚拟载波侦听指示信道为空闲状态；否则，指示信道为忙状态。

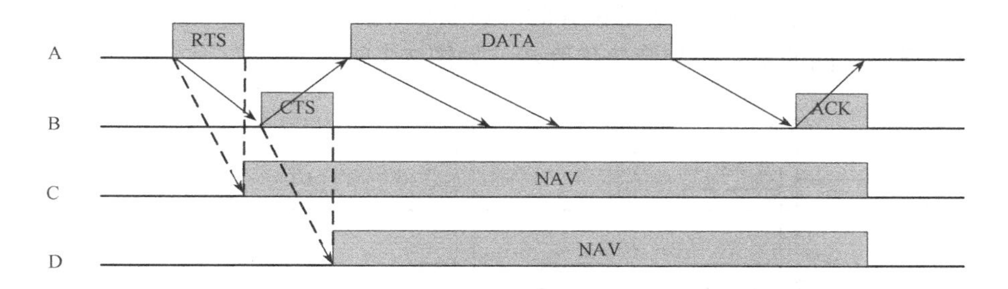

图 3-1　CSMA/CA 中的虚拟载波侦听

IEEE 802.11 MAC 协议规定了三种基本帧间间隔（inter frame spacing，IFS），用来提供访问无线信道的优先级。三种帧间间隔分别为：

（1）SIFS（short IFS）：最短帧间间隔。它使用 SIFS 的帧优先级最高，用于需要立即响应的服务，如 ACK 帧、CTS 帧和控制帧等。

（2）PIFS（PCF IFS）：PCF 方式下节点使用的帧间间隔，用以获得在无竞争访问周期启动时访问信道的优先权。

（3）DIFS（DCF IFS）：DCF 方式下节点使用的帧间间隔，用以发送数据帧和管理帧。

上述各帧间间隔满足关系：DIFS＞BIFS＞SIFS。

根据 CSMA/CA 协议，当一个节点要传输一个分组时，它首先侦听信道状态。如果信道空闲，而且经过一个帧间间隔时间 DIFS 后，信道仍然空闲，则站点立即开始发送信息；如果信道忙，则站点一直侦听信道直到信道的空闲时间超过 DIFS。当信道最终空闲下来时，节点进一步使用二进制退避算法（binary back off algorithm），进入退避状态来避免发生碰撞。图 3-2 所示描述了 CSMA/CA 的基本访问机制。

随机退避时间按下面的公式计算：

$$退避时间 = Random( )\times aSlottime \tag{3.1}$$

式中，Random( )是在竞争窗口［0，CW］内均匀分布的伪随机整数，其中 CW 是整数随机数，其值处于标准规定的 aCWmin 和 aCWmax 之间；aSlottime 是一个时隙时间，包括发射启动时间、媒体传播时延、检测信道的响应时间等。

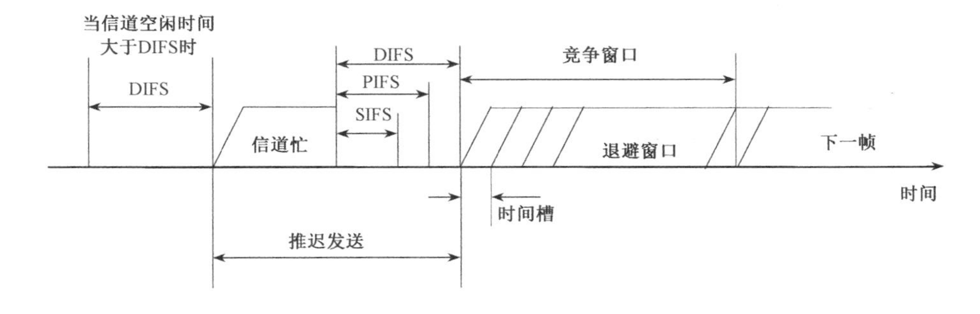

图 3-2　CSMA/CA 的基本访问机制

节点在进入退避状态时，启动一个退避计时器，当计时达到退避时间后结束退避状态。在退避状态下，只有当检测到信道空闲时才进行计时。如果信道忙，退避计时器中止计时，直到检测到信道空闲时间大于 DIFS 后才继续计时。当多个节点推迟且进入随机退避时，利用随机函数选择最小退避时间的节点作为竞争优胜者，如图 3-3 所示。

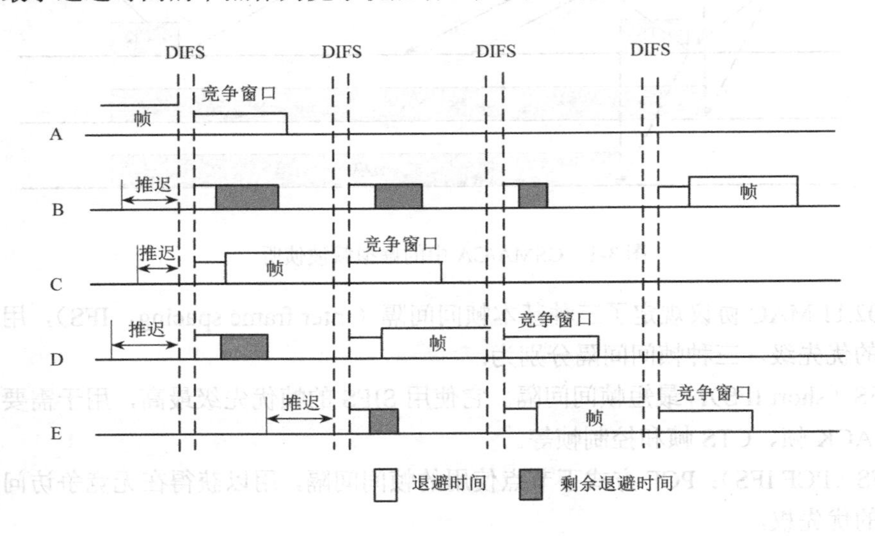

图 3-3　IEEE 802.11 MAC 协议的退避机制

IEEE 802.11 MAC 协议中通过主动确认机制和预留机制来提高性能，如图 3-4 所示。在主动确认机制中，当目的节点收到一个发给它的有效数据帧（DATA）时，必须向源节点发送一个应答帧（ACK），确认数据已被正确接收到。为了保证目的节点在发送 ACK 过程中不与其他节点发生冲突，目的节点使用 SIFS 帧间隔。主动确认机制只能用于有明确目的地址的帧，不能用于组播报文和广播报文传输。

为减小节点间使用共享无线信道的碰撞概率，预留机制要求源节点和目的节点在发送数据帧之前交换简短的控制帧，即发送请求帧 RTS 和清除帧 CTS。从 RTS（或 CTS）帧开始到 ACK 帧结束的这段时间，信道将一直被这次数据交换过程占用。RTS 帧和 CTS 帧中包含有关于这段时间长度的信息。每个站点维护一个定时器，记录网络分配向量 NAV，指示信道被占用的剩余时间。一旦收到 RTS 帧或 CTS 帧，所有节点都必须更新它们的 NAV 值。只有在 NAV 减至零时，节点才可能发送信息。通过此种方式，RTS 帧和 CTS 帧为节点的数据传输预留了无线信道。

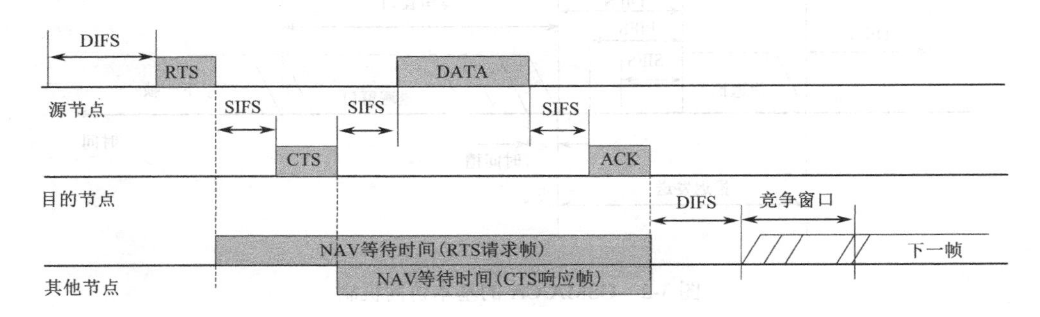

图 3-4　IEEE 802.11 MAC 协议的主动确认与预留机制

3.2.2 S-MAC 协议

S-MAC（Sensor MAC）协议是较早提出的一种基于竞争的无线传感网 MAC 协议，该协议继承了 IEEE 802.11 MAC 协议的基本思想，并在此基础上加以改进，它以无线传感网的能量效率为主要设计目标，较好地解决了能量问题，同时兼顾了网络的可扩展性。

1. 基本思想

对于如何减少能量损耗，有不少的 MAC 协议都提出了相应的解决办法，其中最基本的思想就是当节点不需要发送数据时，尽可能让它处于功耗较低的休眠状态。在 IEEE 802.11 MAC 协议中，PCF 和 DCF 都有一种节省能量（power save）模式，运行于该模式时设备可以周期性地进入休眠状态以节省能量。但是该协议有一个前提，那就是所有的设备都只进行单跳通信。基于这种假设，设备通过简单地广播一个信标帧就可以保持同步休眠和唤醒。另外，当邻居节点在发送数据时，节点主动转入休眠状态。基于上述两种基本思想，S-MAC 协议提出了适合于多跳无线传感网的竞争型 MAC 协议的节能方法：

（1）采用周期性休眠和监听方法减少空闲监听带来的能量损耗。对周期性休眠和监听的调度进行同步，同步节点采用相同的调度，形成虚拟簇，同时进行周期性休眠和监听，适合多跳网络。

（2）当节点正在发送数据时，根据数据帧特殊字段让每个与此次通信无关的邻居节点进入休眠状态，以减少串扰带来的能量损耗。

（3）采用消息传递机制，减少控制数据带来的能量损耗。

2. 关键技术

1）周期性监听和休眠

在 S-MAC 协议中，节点协同进行周期性监听和休眠的状态切换，确保节点能同步进行监听和休眠调度，而不是各个节点自发进行随机的休眠和监听，周期性监听和休眠的时间之和为一个调度周期。当每个传感器节点在开始工作时，需要先选择一种调度方式。调度方式是指节点进行监听和休眠的时间表，节点根据此时间表进行周期性监听和休眠调度，如图 3-5 所示。

图 3-5　周期性监听和休眠

周期性监听和休眠调度的步骤如下：

（1）节点首先监听一个固定的时间段，其长度至少是一个调度周期。如果在该时间段内节点没有接收到邻居发来用于同步的 SYNC 数据包，该节点马上选择一个本地默认的调度方式。同时，它将自己的调度方式以 SYNC 数据包的形式进行广播，SYNC 数据包的发送使用 CSMA/CA 机制。

（2）如果节点在开始监听的固定时间段内接收到邻居发来的 SYNC 数据包，该节点存储该调度方式信息，并采用此调度方式进行周期性监听和休眠。在以后的调度周期中，也广播自己采用的调度方式。

（3）如果节点在开始周期性调度后，接收到不同调度方式的 SYNC 数据包，则有两种情形：如果节点只有这一个邻居，那么节点放弃自己当前的调度方式，选择新的调度方式；如果节点还有其他邻居，那它将融合这两种调度方式，即保持更大长度的监听时间。调度方式相同的节点组成虚拟簇，融合有两种调度方式的节点位于簇与簇的交界处，是簇的边界节点。

节点之间协同进行周期性监听和休眠调度，保持状态同步，需要保持时间上的同步，而时钟的漂移会导致同步出错，S-MAC 协议采用如下方法来避免出错：首先，所有 SYNC 数据包调度方式信息采用相对时间而不是绝对时间；其次，监听周期的长度远远大于时钟漂移率。SYNC 数据包包括数据包的发送节点地址和发送节点发送完 SYNC 数据包后到进入休眠状态需要等待的时间。接收到此数据包的节点用 SYNC 包中的时间减去整个数据包的接收时间，并将本地时钟调整为该相对值。为了确保节点能接收到 SYNC 包和数据包，S-MAC 协议将监听时间分为两段：第一段留给 SYNC 包，第二段留给数据包。每个监听时间段都留有载波监听时间。图 3-6 所示说明了发送数据的三种可能情形。发送者 1 只发送 SYNC 包，发送者 2 只发送单播数据包，发送者 3 发送 SYNC 包和数据包。

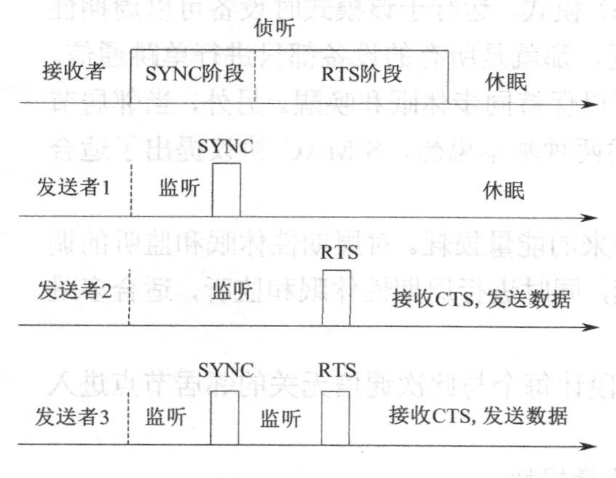

图 3-6　接收节点和发送节点的关系

在 S-MAC 协议中，节点在执行一定次数的周期性监听和休眠调度后，必须保持一次全周期监听，在该周期内节点始终处于监听状态，这样可以确保节点发现调度方式不同的新邻居。

2）自适应监听

传感器网络往往采用多跳通信，而节点的周期性休眠会导致通信延迟的累加。为了减少通信延迟的累加效应，S-MAC 采用了一种流量自适应监听机制。其基本思想是在一次通信过程中，通信节点的邻居在此次通信结束后唤醒并保持监听一段时间。如果节点在这段时间接收到 RTS 帧，则可以立即接收数据，而不需要等到下一个监听周期，从而减小了数据传输时延。

3）减少碰撞和避免串音

S-MAC 协议中，在 RTS 阶段采用物理载波侦听和虚拟侦听机制来减少碰撞和避免串音。S-MAC 的物理载波侦听机制采用的是 RTS/CTS/DATA/ACK 握手机制。虚拟侦听的方式类似于 IEEE 802.11 DCF 的虚拟载波侦听机制，在 RTS/CTS 帧中都带有目的地址和本次通信的持续时间信息。当某节点收到不是发送给本节点的帧时，就将该时间记录在网络分配向量 NAV 的变量中，该变量的值随着监听到的数据包不断刷新，通过时钟倒计时的方式更新 NAV，直到 NAV 减为零，表示信道不再被占用。在 NAV 非零期间，节点保持休眠状态，当节点需要通信时，首先检查自己的 NAV 是否为零，然后进入物理载波侦听过程。

S-MAC 采用物理载波侦听，防止了碰撞，解决了隐藏节点的问题；采用虚拟侦听，节点收到 NAV 的时候，立刻进入休眠状态，解决了串音问题，减少了能量损耗。

4）消息传递（分片传输机制）

如果在发送长信息时由于几比特错误造成重传，则会造成较大的时延和能量损耗；如果简单地将长包分段，则又会由于 RTS/CTS 的使用形成过多的控制开销。基于此，S-MAC 提出了“消息传递”机制。该机制将长的信息包分成若干个 DATA，并将它们一次传递，但是只使用一个 RTS/CTS 控制分组作为交互。节点为整个传输预留信道，当一个分段没有收到 ACK 响应时，节点便自动将信道预留向后延长一个分段传输时间，并重传该分段，在整个传输过程中 DATA 和 ACK 都带有通信剩余时间信息，邻居节点可以根据此时间信息避免串扰。

相比于 IEEE 802.11 MAC 的消息传递机制，S-MAC 协议的不同之处如图 3-7 所示。图中 S-MAC 的 RTS/CTS 控制消息和数据消息携带的时间是整个长消息传输的剩余时间。其他节点只要接收到一个消息，就能够知道整个长消息的剩余时间，然后进入休眠状态，直至长消息发送完成。IEEE 802.11 MAC 协议考虑了网络的公平性，RTS/CTS 只预约下一个发送短消息的时间，其他节点在每个短消息发送完成后都无须醒来就进入侦听状态。只要发送方没有收到某个短消息的应答，连接就会断开，其他节点便可以开始竞争信道。

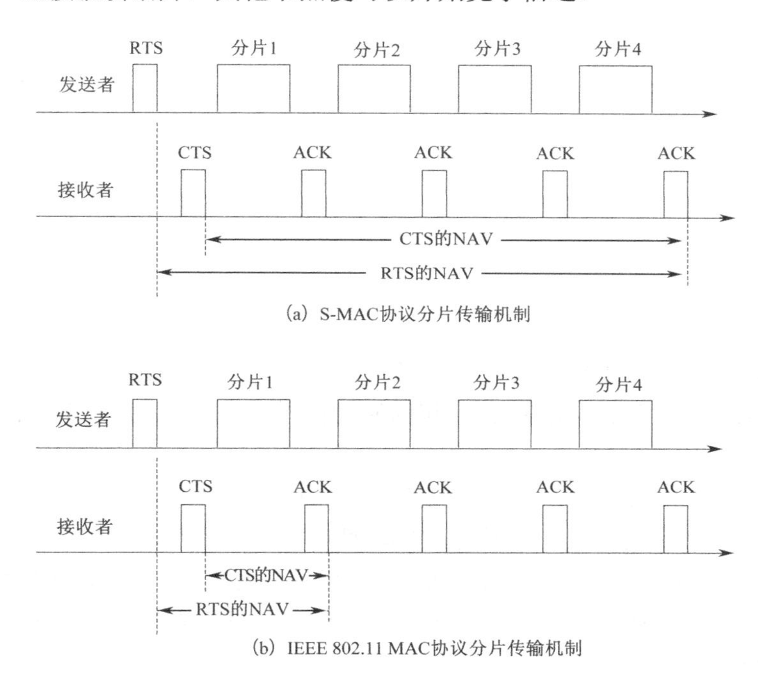

图 3-7 S-MAC 与 IEEE 802.11 MAC 协议分片传输机制

3.2.3 T-MAC 协议

S-MAC 协议较好地解决了能量损耗问题，但是其较为固定的调度周期不能很好地适应网络流量的变化。而 T-MAC 协议采用了一种自适应调整占空比的方法，通过动态调整调度周期中的活跃时间长度来改变占空比，可以更加有效地降低能量消耗。

1. 基本思想

在 T-MAC 协议中，数据的发送都是以突发方式进行的。图 3-8 所示为 T-MAC 协议进行调度的基本方法。其中每个节点都周期性地唤醒、进入活跃状态、和邻居进行通信，然后进入休眠状态，直到下一个周期开始。同时，新的消息在队列中进行缓存。节点之间进行单播通信，使用 RTS/CTS/DATA/ACK 的方法，以确保避免碰撞和可靠传输。

在活跃状态下，节点可能保持监听，也可能发送数据。当在一个时间段 T_A（T_A 决定了每个节点在一个调度周期中进行空闲监听的最短时间）内没有发生激活事件时，活跃状态结束，节点进入休眠状态。激活事件的定义如下：

（1）定时器触发周期性调度唤醒事件；

（2）物理层从无线信道接收到数据包；

（3）物理层指示有的无线信道忙；

（4）节点的 DATA 帧或 ACK 帧发送完成；

（5）通过监听 RTS/CTS 帧，确认邻居的数据交换已经结束。

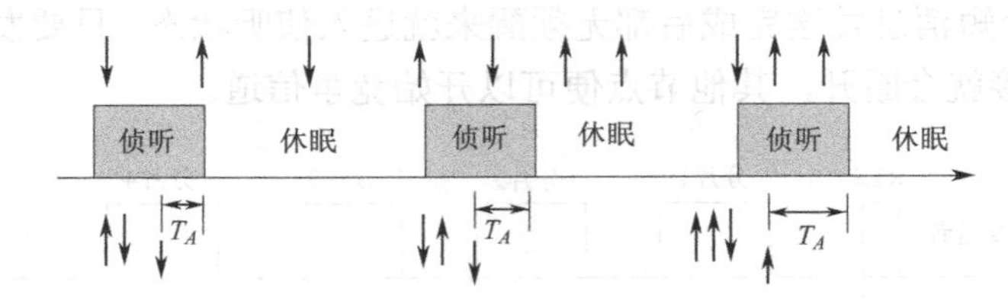

图 3-8　T-MAC 协议基本机制

2. 关键技术

1）周期性侦听的同步

如同 S-MAC 协议，在 T-MAC 协议中，每个节点进行周期性收听也需要进行调度方式的同步。T-MAC 协议采用了与 S-MAC 协议相同的机制，通过周期性地发送 SYNC 帧来保持节点之间的同步，其具体过程如下：

节点上电启动后，首先进行一段时间的监听。如果该时间段内节点没有接收到 SYNC 帧，则节点选择一个默认的调度方式，并通过 SYNC 帧广播该调度方式。T-MAC 协议中的 SYNC 帧包含发送节点地址信息和下次进入活跃状态需要等待的时间信息。如果该时间段内节点接收到 SYNC 帧，则节点采用该调度方式，设置下一次进入活跃状态的时间为 SYNC 帧中的时间值减去接收 SYNC 帧需要的时间值。如果节点接收到不同的调度方式，则节点融合两种调度方式，在最短时间内进入监听状态。

此外，为了保证网络的可扩展性，如同 S-MAC 协议一样，节点在进行周期性调度的过程中，必须保证经过一定次数的调度后，节点在一个调度周期内始终保持在监听状态，确保节点可以发现调度方式不同的邻居节点。

2）RTS 操作和 T_A 的选择

当节点发送 RTS 帧后，如果没有接收到相应的 CTS 帧，那么有以下三种可能：①接收节点处发生碰撞，没能正确接收 RTS 帧；②接收节点在此之前已经接收到串扰数据；③接收节点处于休眠状态。如果发送节点在时间 T_A 之内没有接收到 CTS 帧，如上所述，节点会进入休眠状态。但是，如果是前两种情况导致节点没有接收到 CTS 帧，那么当它进入休眠时，它的接收节点还处于监听状态，发送节点此时处于休眠状态会增加传输时延。因此，节点在第一次发送 RTS 未能建立连接后，应该再重复发送一次 RTS，如果仍然未能接收到 RTS 则转入休眠状态。

在 T-MAC 协议中，当邻居节点还处于通信状态时，节点不应该处于休眠状态，因为节点可能是接下来信息的接收者。节点发现串扰的 RTS 或 CTS 都能够触发一个新的监听间隔 T_A，为了确保节点能够发现邻居的串扰，T_A 的取值必须保证当节点能够发现串扰的 CTS，所以 T-MAC 协议规定 T_A 的取值范围如下：

$$T_A > C + R + T \tag{3.2}$$

式中，C 为竞争信道的时间，R 为发送 RTS 所需的时间，T 为 RTS 发送结束到开始发送 CTS 的时间。T-MAC 协议基本数据交换如图 3-9 所示。

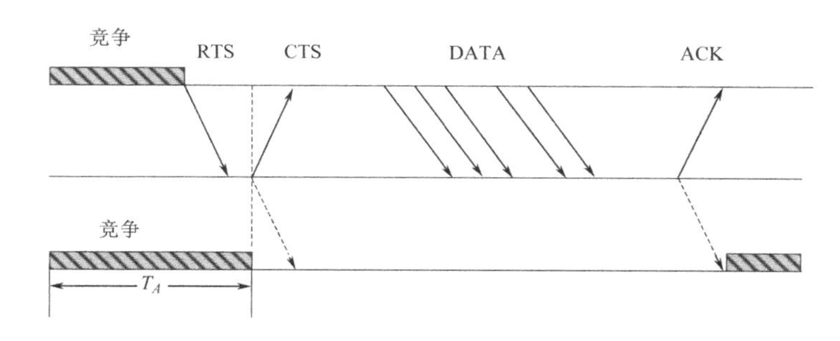

图 3-9　T-MAC 协议基本数据交换

3）避免串扰

在 T-MAC 协议中，串扰避免机制是可选的。协议中采用的串扰避免机制能够显著减少串扰所带来的能量损耗。但是实验表明，这样会导致冲突的增加：节点在休眠过程中可能无法发现邻居的 RTS 或 CTS 帧，当它唤醒并发起通信时就可能对邻居的通信造成干扰，这会导致碰撞，而碰撞引起的重传同样会浪费能量，在数据量较大时碰撞概率增加，所以协议不宜采用串扰避免机制。T-MAC 协议中可以根据网络中的数据量大小选择是否使用与 S-MAC 相同的串扰避免机制。

4）早睡问题

在采用周期性调度的 MAC 协议中，如果一个节点在邻居准备向其发送数据时进入了休眠状态，这种现象称为早睡。下面对早睡问题进行举例说明。通常无线传感网中的数据都是从源节点向汇聚节点汇聚，是一种典型的非对称通信。例如，A、B 之间，B、C 之间，C、D 之间可以相互通信，且假设数据传输方向是 A-B-C-D。如果节点 A 通过竞争获得了与节点 B 通信的机会，则节点 A 发送 RTS 给 B，B 回复 CTS 给 A。那么当 C 收到 B 发出的 CTS 时，会触发一个新的监听时间段 T_A，使 C 保持监听状态。而 D 没有发现 A、B 之间正在进行的通信，由于无法触发新的 T_A，D 会进入休眠状态。但 A、B 之间通信结束时，C 竞争获得信道，但由于 D 此时已经休眠，所以必须等到 D 在下一次调度唤醒时才能进行 RTS/CTS 交互。为了解决早睡问题，T-MAC 协议提出了两种方法：

第一种方法是预请求发送（future request-to-send，FRTS）机制，如图 3-10 所示。当节点 C 收到 B 发给 A 的 CTS 后，立即向 D 发送一个 FRTS。FRTS 帧包含节点 D 接收数据前需要等待的时间长度，D 在此时间内必须保持在监听状态。此外，由于 C 发送的 FRTS 可能干扰 A

发送的数据，所以A需要将发送的数据延迟相应的时间。A在接收到CTS之后发送一个与FRTS长度相同的DS帧。该帧不包含有用信息，只是为了保持A、B对信道的占用；A在发送DS之后立即向B发送数据信息。由于采用了FRTS机制，T_A需要增加一个CTS时间，如图3-10所示。FRTS方法可以提高吞吐量，减小延迟；但是增加了控制开销，会降低T-MAC协议的能量效率。

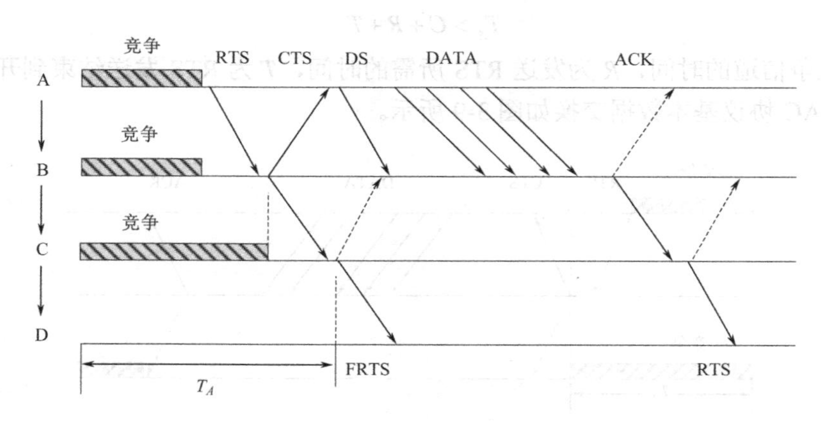

图3-10 预请求发送机制

第二种方法是满缓冲区优先（full-buffer priority）机制。当节点的缓冲区接近占满时，对接收到的RTS帧不回复CTS，而是立即向缓冲区中数据包的目的节点发送RTS，以建立数据传输，如图3-11所示。B向C发送RTS，C因缓冲区快占满不发送CTS，而是发送RTS给D。这个方法的优点是减小了早睡问题发生的可能性，在一定程度上能够控制网络的流量；缺点是在网络数据量较大时增加了冲突的可能性。

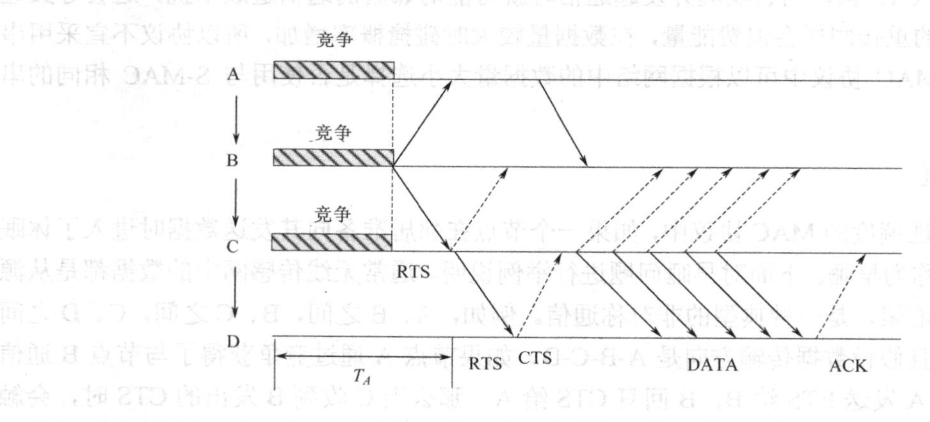

图3-11 满缓冲区优先机制

3.2.4 Sift协议

在无线传感网中，通常多个邻近节点都会探测到某个事件并传输相关信息，从而使这些传感器节点面临与空间相关的信道竞争。基于无线传感网的这种特点，人们提出了与空间相关的Sift协议。该协议采用CSMA机制，竞争窗口长度固定，在窗口内每个时隙通过非均匀概率分布来确定是否发送。Sift 协议是基于事件驱动的无线传感网竞争 MAC 协议。

1. 基本思想

基于事件驱动的无线传感网具有如下特点：

（1）网络中的数据传输由事件驱动，存在空间相关的竞争。大多数传感器网络在部署时都在某些区域放置多个节点，利用冗余来保证可靠性。这种冗余性导致多个节点同时探测到同一事件并发起通信，从而产生与空间相关的竞争。

（2）不是所有节点都需要报告事件。在许多应用中，对于事件的发生，只要系统最终能接收到相关数据就可以了。

（3）节点的密度是时变的。MAC 协议要能适应竞争的节点数的变化。在充分考虑了这些特点以后，Sift 协议提出了设计目的：共享信道的 N 个节点在同一时刻探测到同一事件后发起竞争，MAC 协议必须在尽可能短的时间内保证有 R（$R<N$）个节点能够无冲突地发送事件相关信息。

Sift 协议是一种基于 CSMA 机制的 MAC 协议。在传统的 CSMA 机制中，每个节点随机选择竞争窗口[1,CW]中的一个时隙，然后监听至该时隙。如果信道一直空闲，就在该时隙发送数据，否则就必须等待信道空闲后重新选择时隙，当多个节点选择同一个时隙时就会产生冲突。这种随机选择竞争窗口的机制存在以下问题：首先，当网络规模较大时，如果多个节点探测到同一事件，会同时发起竞争，或同时转为空闲，选择合适的 CW 值需要花费很多时间；其次，如果 CW 值较大而且事件仅被很少数的节点探测到，那么长时间的监听会增加传输时延；最后，CW 值的选择确保每个探测到事件的节点都有机会发送数据，选择每个时隙的概率相同。和传统协议不同，Sift 协议采用了长度固定的 CW 值，共有 32 个时隙，每个时隙长度为几十毫秒，同时选择窗口中不同时隙的概率也不相同。所以，Sift 协议只需保证 N 个节点中有 R 个成功发送。

2. 关键技术

Sift 协议的核心部分是对于固定窗口的每个时隙，节点如何确定发送数据的概率。Sift 协议提出了几何级增长的概率分布。在 Sift 协议中，假设每个节点都根据目前参与竞争的节点数来竞争时间窗口[1,CW]中的任一时隙，该假设值开始比较大，随每个节点传输的概率增大而相应减小。如果第一个时隙没有节点发送数据，节点减小竞争节点数假设值，增加在第二个时隙中的传输概率，这一过程每个时隙中都重复执行。如果某个节点选择了某个时隙发送数据，那么其他竞争节点只能选择新的时隙，在退避固定长度的竞争窗口后重复整个过程。如果多个节点选择同一个时隙发送，将会产生碰撞。碰撞后各个节点只能选择新的时隙，在退避固定长度的竞争窗口后重复整个过程。图 3-12 所示为 4 个节点运行 Sift 协议的状态切换过程，其中阴影部分表示数据帧传输状态。当信道空闲时，节点根据概率分布在传输之前退避一个随机长度。

假设每个节点选择的时隙 $r \in [1, \mathrm{CW}]$，发送数据的概率为 P_r。如果没有节点选择在时隙 r 发送数据，则称时隙 r 为安静时隙；如果不止一个节点选择在时隙 r 发送数据，就会发生碰撞；如果只有一个节点选择在时隙 r 发送数据，则称此节点赢得了该时隙，其他节点只能选择后续的时隙。P_r 的概率分布如下：

$$P_r = \frac{(1-a)a^{\text{CW}}}{1-a^{\text{CW}}} \times a^{-r} \qquad r = 1,2,\cdots,\text{CW} \tag{3.3}$$

式中，$a\ (0<a<1)$ 为分布参数。可以看出，P_r 随着 r 呈指数级增长，所以窗口中后面的时隙有更大的发送概率。

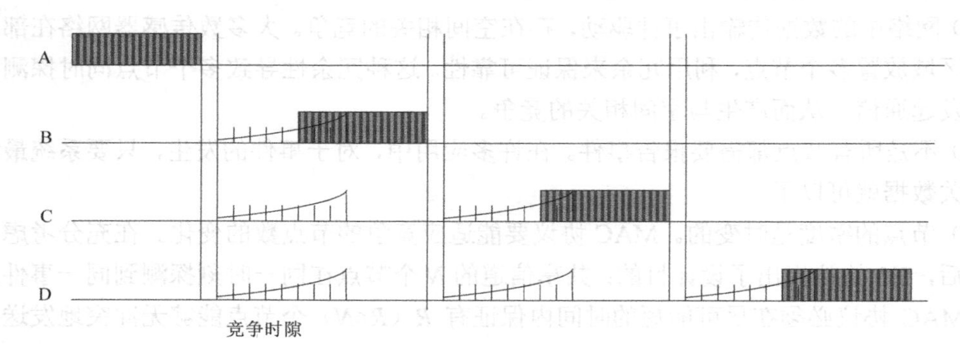

图 3-12　Sift 协议状态切换过程

Sift 协议中有一组参数 $N_1, N_2, \cdots, N_r$，对应每个时隙参与竞争的节点数。在第一个时隙，N_1 一般都大于实际参与竞争的节点数 N，每个节点发送数据的概率较小；如果没有节点发送数据，那么 N_2 的取值减小，增加了节点发送数据的概率；如果第二个时隙仍然是安静时隙，N_3 继续减小……依此类推。N 的值可能是 $1 \sim N$ 中的某个值。为了保证有较高的发送成功率，必须满足下面两个条件：$N = N_1$ 时发送成功率要高；随着时隙的移动，N_r 从 N_1 减小到 1 时各个时隙的发送成功率基本一致。

3.3　基于时分复用的 MAC 协议

在竞争型 MAC 协议中，随着网络通信流量的增加，控制包和数据包发生冲突的可能性都会增加，这样就降低了网络的带宽利用率，同时重传也会降低能量效率。基于时分复用的 MAC 协议通常将一个物理信道分为多个子信道，并将子信道静态或动态地分配给需要通信的节点，避免冲突。由于传统的时分复用 MAC 协议一般都没有考虑信道分配以后如何根据网络通信流量最大限度地节省能量，不适合直接用在无线传感网中。基于时分复用的无线传感网 MAC 协议有如下优点：①没有竞争机制的碰撞重传问题；②无隐藏终端问题；③数据传输时不需要过多的控制信息；④节点在空闲时隙能够及时进入休眠状态，适合于低功耗网络。下面对比较有代表性的基于时分复用的 MAC 协议进行介绍。

3.3.1　基于分簇网络的 MAC 协议

分簇结构的无线传感网采用基于 TDMA 机制的 MAC 协议，如图 3-13 所示。其中所有传感器节点固定划分或自动形成多个簇，每个簇内有一个簇头节点。簇头负责为簇内所有传感器节点分配时隙，收集和处理簇内传感器节点发来的数据，并将数据发送给汇聚节点。

在基于分簇网络的 MAC 协议中，节点状态分为感应、转发、感应并转发和非活动四种状态。节点在感应状态时，采集数据并向相邻节点发送；在转发状态时，接收其他节点发送的数据并发送给下一个节点；在感应并转发状态的节点，需要完成上述两项功能；节点没有数据需要接收和发送时，自动进入非活动状态。

为了达到适应簇内节点的动态变化，及时发现新的节点，使用能量相对高的节点转发数据等目的，协议将时间帧分为周期性的四个阶段：

（1）数据传输阶段——簇内传感器节点在各自分配的时隙内，发送采集数据给簇头；

（2）刷新阶段——簇内传感器节点向簇头报告其当前状态；

（3）刷新引起的重组阶段——紧跟在刷新阶段之后，簇头节点根据簇内节点得到当前状态，重新给簇内节点分配时隙；

（4）时间触发的重组阶段——节点能量小于特定值、网络拓扑发生变化等事件发生时（通常在多个数据传输阶段后有这样的事件发生），簇头就要重新分配时隙。

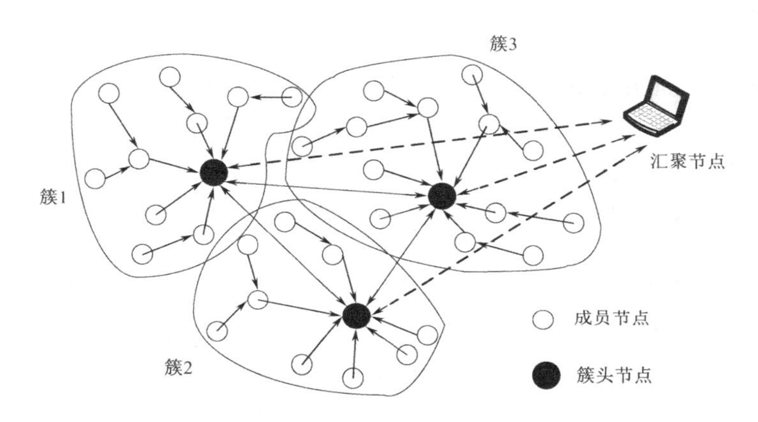

图 3-13　基于分簇的 TDMA MAC 协议

基于分簇网络的 MAC 协议在刷新和重组阶段重新分配时隙，适应簇内节点拓扑结构的变化及节点状态的变化。簇头节点要求具有比较强的处理和通信能力，能量消耗也比较大，如何合理地选取簇头节点是一个需要深入研究的关键问题。

3.3.2　DEANA 协议

DEANA（distributed energy-aware node activation，分布式能量感知节点活动）协议将时间帧分为周期性的调度访问阶段和随机访问阶段，如图 3-14 所示。调度访问阶段由多个连续的数据传输时隙组成，某个时隙分配给特定节点，用来发送数据。除相应的接收节点外，其他节点在此时隙处于休眠状态。随机访问阶段由多个连续的信令交换的时隙组成，用于处理节点的添加、删除和时间同步等。

为了进一步节省能量，在调度访问部分中，每个时隙又细分为控制时隙和数据传输时隙。控制时隙相对于数据传输时隙而言长度很短。如果节点在其分配的时隙内有数据需要发送，则在控制时隙时发出控制消息，指出接收数据的节点，然后在数据传输时隙发送数据。在控制时隙内，所有节点都处于接收状态。如果发现自己不是数据的接收者，节点就进入休眠状态，只有数据的接收者在整个时隙内保持在接收状态。这样就能有效减少节点接收不必要的数据。

与传统 TDMA 协议相比，DEANA 协议在数据时隙前加入了一个控制时隙，使节点在得知不需要接收数据时进入休眠状态，从而能够部分解决串音问题。但是，该协议对节点的时间同步精度要求较高。

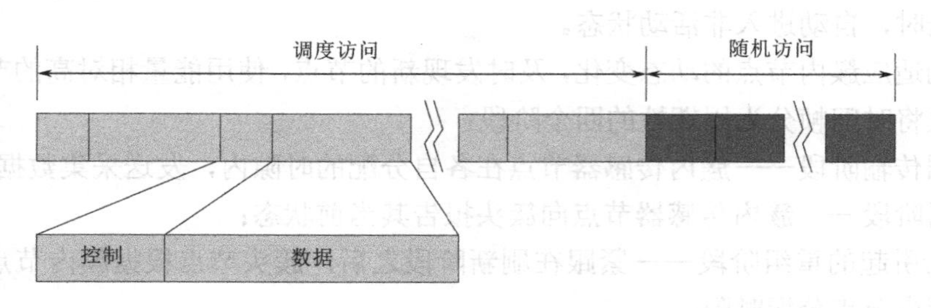

图 3-14　DEANA 协议的时间帧分配

3.3.3　TRAMA 协议

TRAMA（traffic adaptive medium access，流量自适应介质访问）协议将时间划分为连续时隙，根据局部两跳内的邻居节点信息，采用分布式选举机制确定每个时隙的无冲突发送者。同时，通过避免把时隙分配给无流量的节点，并让非发送节点和非接收节点处于休眠状态，以达到节省能量的目的。该协议的信道分配机制不仅能够保证能量效率，而且对于带宽利用率、延迟和公平性也有很好的支持。

TRAMA 协议采用了流量自适应的分布式选举算法，节点交换两跳内邻居信息，传输分配时指明在时间顺序上哪些节点是目的节点，然后选择在每个时隙上的发送节点和接收节点。TRAMA 协议由三部分组成：邻居协议（neighbor protocol，NP）、分配交换协议（schedule exchange protocol，SEP）和自适应选举算法（adaptive election algorithm，AEA）。其中 NP 和 SEP 允许节点交换两跳内的邻居信息和分配信息；AFA 利用邻居和分配信息选择当前时隙的发送者和接收者，让其他与此次通信无关的节点进入休眠状态，以节省能量。

TRAMA 协议将一个物理信道分成多个时隙，通过对这些时隙的复用为数据和控制信息提供信道。图 3-15 所示为协议信道的时隙分配情况。每个时间帧分为随机接入和分配接入两部分，随机接入时隙也称为信令时隙，分配时隙也称为传输时隙。由于无线传感网的传输速率普遍较低，所以对于时隙的划分以毫秒为单位。传输时隙的长度是固定的，可根据物理信道带宽和数据包长度计算得出。由于控制信息量通常比数据信息量要小很多，所以传输时隙通常为信令时隙的整数倍，以便于同步。

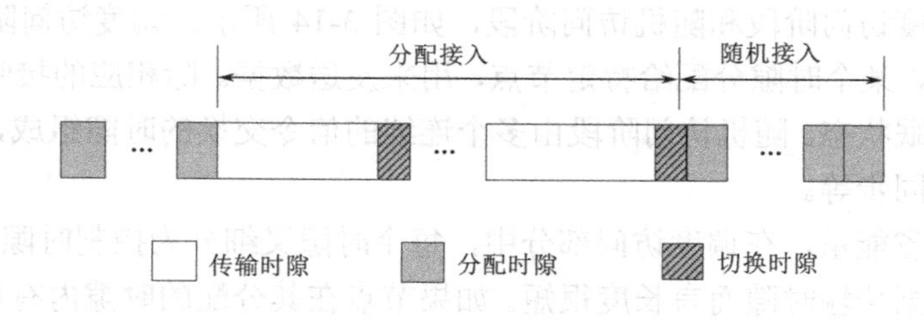

图 3-15　协议信道的时隙分配

1. NP

在无线传感网中，由于节点失效或者新节点加入等现象存在，网络拓扑会动态变化，TRAMA 协议需要适应这种变化。在 TRAMA 协议中，节点启动后处于随机接入时隙，在此时隙内节点为接收状态，可以选择一个随机时隙发送信令。随机接入时隙的长度选择可根据应用来决定。如果网络移动性不强，拓扑相对稳定，则该时隙较短；否则，就需要适当延长该时隙长度。但该时隙的延长会增加空闲监听的能量损耗，降低网络的能量效率。节点之间的时钟同步信息也是在随机接入时隙中发送的。由于在随机接入时隙中各个节点都可以选择随机接入时隙进行发送，控制信息有可能发生碰撞而丢失；为了减少碰撞，随机接入时隙的长度和控制信息的重传次数都要相应地进行设置。

通过在随机接入时隙中交换控制信息，NP 实现了邻居信息的交互。其控制信息中携带了增加的邻居的更新；如果没有更新，则控制信息作为通知邻居自己存在的信标。每个节点发送关于自己下一跳邻居的增加更新，可以用来保持邻居之间的连通性。如果一个节点在一段时间内都没有再收到某个邻居的信标，则该邻居失效。由于节点知道下一跳邻居和这些邻居的下一跳邻居的信息，所以网络中每个节点都能交换两跳邻居信息。

2. SEP

SEP 用于建立和维护发送者和接收者在选择时隙时所需的分配信息；首先每个节点要生成分配信息，然后通过分配信息的广播实现分配信息交换和维护。

分配信息生成的过程如下：节点根据高层应用产生数据的速率计算出一个分配间隔 SCHEDULE_INTERVEL，该间隔代表了节点能够广播分配信息给邻居的时隙个数；然后在 [*t*, *t*+SCHEDULE_INTERVEL]内，节点计算在其两跳邻居范围内具有最高发送优先级的时隙数，这些时隙称为赢时隙。由于这些时隙中节点可能被选为发送者，节点需要通知这些时隙中数据的接收者。当然，如果节点没有待发送的数据，也需要通知邻居放弃相关时隙，则其他需要发送数据的节点可以使用这些空闲时隙。在一个分配间隔内最后一个置 1 的赢时隙称为变更时隙，用于广播节点下一次分配间隔内的时隙分配情况。

节点通过分配帧广播分配信息，其过程如下：节点通过 NP 获得两跳邻居信息，分配帧不需要指定目的地址，而通过位图来指定接收者。位图中每一位对应一个一跳邻居节点，位图的长度等于节点的一跳邻居数，需要该节点接收数据则将对应位置 1，这样可以方便地实现单播、组播和广播。节点根据当前的赢时隙分布形成位图，将没有数据要发送的赢时隙对应位设置为 0，否则设置为 1。图 3-16 所示为分配帧的格式。其中，Source Addr 是发送分配帧的节点地址，Timeout 是从当前时隙开始本次分配有效的时隙数，Width 是邻居位图长度，NumSlot 是总的赢时隙数。

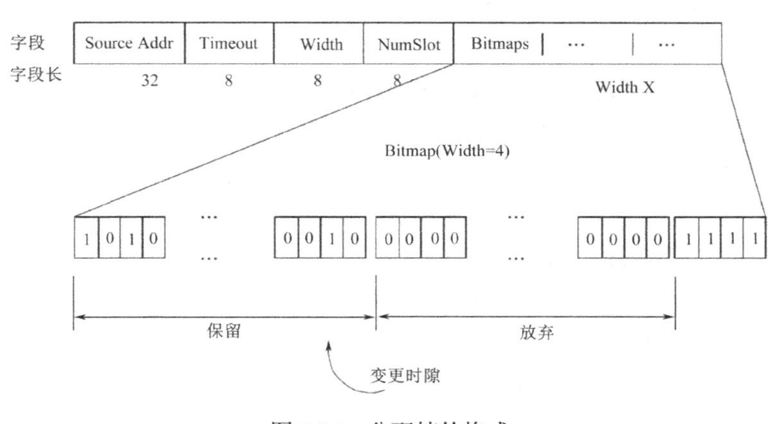

图 3-16　分配帧的格式

3. AEA

节点有发送、接收和休眠三种状态。在调度访问周期内的给定时隙，当且仅当它有数据需要发送，且在竞争者中有最高的优先级时，节点处于发送状态；当且仅当它是当前发送节点指定的接收者时，节点处于接收状态；其他情况下，节点处于休眠状态。每个节点在调度周期的每个时隙上运行 AEA。该算法根据当前两跳邻居节点内的节点优先级和一跳邻居的调度信息决定节点的当前时隙的活动策略：发送、接收或者休眠。

在 TRAMA 协议中，节点间通过 NP 获得一致的两跳内的拓扑信息，通过 SEP 建立和维护发送者和接收者的调度信息，通过 AEA 决定节点当前时隙的活动策略。TRAMA 协议通过分布式协商保证节点无冲突地发送数据：无数据收发的节点处于休眠状态，同时避免把时隙分配给没有信息发送的节点。在信息能量消耗的同时，保证网络的高数据传输率。但是，该协议要求节点有较大的存储空间来保存拓扑信息和邻居调度信息，需要计算两跳内邻居的所有节点的优先级，运行 AEA 算法。

此外，节点采用捎带机制，在每个节点的数据包中都携带有节点的分配摘要（参见图 3-16），以减少广播冲突对分配交换的影响。分配摘要带有该分配的 Timeout、NumSlot 以及位图信息。

3.3.4 DMAC 协议

在大多数无线传感网应用中，主要的通信流量是由节点采集数据后向一个汇聚节点汇聚的单向树状模式的。根据汇聚树的特点提出的 DMAC 协议基于 S-MAC 和 T-MAC 协议的思想，它采用预先分配的方法来避免休眠延迟。

DMAC 协议分析了 S-MAC 协议中的监听休眠调度机制的缺点，同步的休眠会增加多跳传输的延迟，同步的监听和竞争信道会增加冲突的可能。S-MAC 协议虽然也引入了自适应休眠机制，但只减少了两跳延迟，数据在多跳传输到汇聚节点的过程中仍会因中间节点的休眠而出现“走走-停停”现象。为了解决这些问题，DMAC 协议引入了一种交错的监听休眠调度机制，以保证数据在多跳路径上的连续传输。

1. 交错唤醒机制

在一些传感器网络应用中，数据从多个数据源汇聚到一个汇聚节点，数据传输的路径都包含在一个树状拓扑结构中，DMAC 协议将其定义为数据采集树。针对这种树状结构，DMAC 协议作出如下假设：①网络中的节点保持静止，且每一个路由节点有足够的存活时间，可以在较长时间内保持网络路径不发生变化；②数据由传感器节点向唯一的汇聚节点单向传输；③各个节点之间保持时钟同步。基于以上假设，DMAC 协议提出了交错唤醒机制，保证数据在树状结构上能持续传输，不被休眠所中断。在一个多跳传输路径上，各个节点交错唤醒，如同链锁一样环环相扣。图 3-17 所示为数据采集树和节点的交错唤醒方法。每个间隔分为接收、发送和休眠三个周期。接收状态下节点等待接收数据，并给数据回应 ACK；发送状态下发送数据并等待接收 ACK；休眠状态下节点关闭射频部分以节省能量。接收和发送周期长度相同，设为μ。根据节点在数据采集树中的深度 d，节点相应的唤醒时间要比汇聚节点提前 $d\mu$。在这种结构中，数据只能向采集树的顶端单向传输，中间节点在接收周期后有一个发送周期来转发数据，以避免延迟。

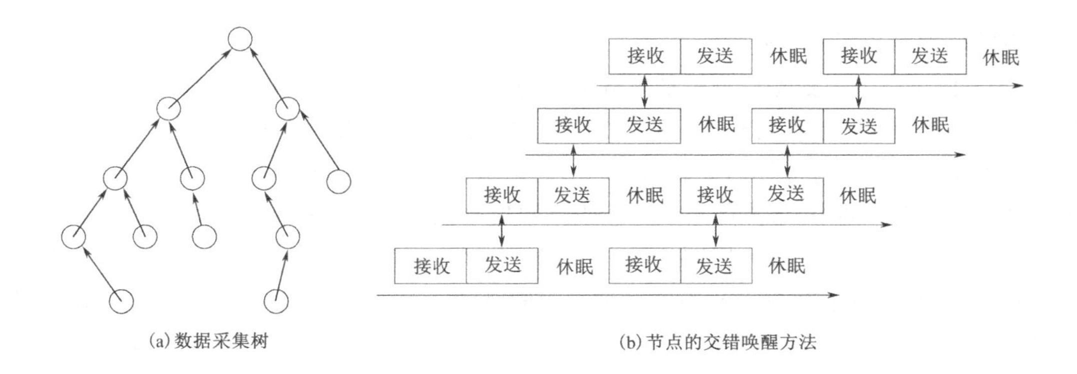

图 3-17　DMAC 协议基本机制

DMAC 协议中数据的传输没有采用 RTS-CTS 机制，减少了控制开销。采用 ACK 机制来保障可靠传输。如果节点发送完成后没有收到 ACK，必须缓存该数据，并等到下一个发送周期再重传；通常重传次数超过三次就丢弃该数据包。

为了减少在发送周期中处于树中同一深度的节点之间的碰撞，每个节点在发送数据之前先退避一个固定的后退时间（backoff period，BP），然后在竞争时间窗口 CW 中再退避一个随机时间。接收到数据的节点在等待一个短周期（short period，SP）后回复一个 ACK 应答。发送周期和接收周期的长度μ可以由下式得出：

$$\mu = \mathrm{BP+CW+DATA+SP+ACK} \tag{3.4}$$

式中，DATA 为数据包的传输时间，ACK 为 ACK 帧的传输时间。

2. 自适应占空比机制

在 DMAC 协议中，如果节点在一个发送周期内有多个数据包要发送，就需要该节点和树状路径上的上层节点一起加大发送周期占空比。DMAC 协议引入了一种更新机制，使占空比能自适应调整。通过在 MAC 层数据帧的帧头加入一个标记位（more data flag），以较小的控制开销发送更新请求。设置为 1 表示发送节点还有数据需要发送。如果缓存有多个数据包，或者待转发的数据包中已经将标记设置为有效，那么节点就需要先设置标记再发送该数据。在 ACK 帧中加入同样的标记位，节点在接收到标记有效的数据包后将 ACK 中的标记设置为有效，回复给发送者。节点调整占空比的条件是：发送一个标记有效的数据而且接收到标记有效的 ACK，或者接收到标记有效的数据。

在 DMAC 协议中，节点即使作出调整占空比的决定，也必须等待 3μ 个休眠周期。因为多跳路径上的邻近相干扰节点在接下来的 3μ 个时间段内将转发该数据，如果不等待 3μ 个周期，底层节点的数据传输有可能和上层节点的数据转发发生冲突。

3. 数据预测机制

在数据采集树中，越靠近上层的节点，汇聚的数据越多，所以对树的底层节点适合的占空比不一定适合中间节点。比如，节点 A 和 B 有共同的父节点 C，A 和 B 在每个发送周期都只有一个数据包要发送。此时如果 A 通过竞争获得了信道，就向 C 发送数据，此数据的占空比更新标记设置为无效，而 C 在接收到数据后向 A 发送一个 ACK，随后进入休眠状态，这样就给 B 节点的数据带来了休眠延迟。

DMAC 协议引入了数据预测机制来解决此问题。如果一个节点在接收状态下接收到一个数据包，该节点预测子节点仍有数据等待发送。在发送周期结束后再等待 3μ 个周期，节点重新切换到接收状态。所有接收到该数据包的节点都执行这样一个操作，增加了一个接收周期。在这个增加的接收周期中，节点如果没有接收到数据则直接转入休眠状态，不会进入发送周期。如果接收到数据，那么在 3μ 个周期之后再增加一个接收周期。在节点的发送周期，如果节点竞争信道失败，就会接收到父节点发给其他节点的 ACK，那么节点就知道父节点在 3μ 个周期后会增加一个接收周期，所以节点在休眠 3μ 个周期后进入发送状态，在这个增加的发送周期中向父节点发送数据。

4．MTS 帧机制

虽然自适应占空比机制和数据预测机制考虑了冲突避免，数据采集树中不同分支的节点仍有冲突的可能。假设节点 A 和 B 在相互干扰的范围内，且 A 和 B 有不同的父节点。在发送周期内，如果 A 竞争到信道并发送数据，那么 B 和其父节点就会在发送周期结束后进入休眠周期。B 只能等待时间 T 以后进入发送周期再向父节点发送数据。这种情况下 B 的父节点没有接收到数据包，不会增加接收周期；而 B 在发送周期也无法接收到串扰 ACK，数据预测机制在此时失效。为此，DMAC 协议引入了 MTS（more to send）帧机制。

MTS 帧只包含目的地址和 MTS 标志位。MTS 标志位为 1 时称为 MTS 请求，为 0 时称为 MTS 清除。节点发送 MTS 请求有两种情况：第一种情况，节点在退避后没有足够的时间发送数据，也没有接收到父节点的 ACK 串扰，由于信道忙而导致节点无法发送数据；第二种情况，节点接收到子节点发来的 MTS 请求。节点发送 MTS 清除需要同时满足以下条件：缓存区为空；所有从子节点接收到的 MTS 请求都已经清除；向父节点发送了 MTS 请求且还没有发送 MTS 清除。发送或接收到 MTS 请求的节点每隔 3μ 个周期就唤醒一次，只有当其发送了 MTS 清除或所有子节点发来的 MTS 请求已经被清除时，节点才回到原来的占空比方式。

3.4 其他类型的MAC 协议

基于竞争的 MAC 协议能很好地适应网络规模和网络数据流量的变化，能灵活地适应网络拓扑结构的变化，不必采用精确的时钟同步机制，较易实现；但是存在能量效率不高的缺点，比如因冲突重传、空闲监听、串扰、控制开销而引起的能量损耗。基于时分复用的 MAC 协议将信道资源按时隙、频段分为多个子信道，各子信道之间无冲突，互不干扰。其数据包在传输过程中不存在冲突重传，所以能量效率较高；而且，基于时隙分配协议，节点只在分配给自己的时隙中打开射频部分，其他时隙关闭射频部分，避免了冗余接收，进一步降低了能量损耗。但是，基于时分复用的 MAC 协议通常需要网络中的节点形成簇，不能灵活地适应网络拓扑结构的变化。而混合型 MAC 协议，结合了竞争方式和分配方式的优点，实现了性能的整体提升。本节介绍比较典型的混合型 S-MACS 协议和基于 CDMA 的 MAC 协议。

3.4.1 S-MACS/EAR 协议

S-MACS/EAR（Self-organizing Medium Access Control for Sensor networks/Eavesdrop And Register）协议是一种结合 TDMA 和 FDMA 的调度型 MAC 协议，可以完成网络的建立和通信链路的组织分配，是针对规模庞大、节点移动性不强且能量有限的传感器网络应用而设计的协议。

S-MACS 协议假设每个节点都能在多个载波频点上进行切换，它将每个双向信道定义为两个时间段，类似于 TDMA 机制中分配的时隙。S-MACS 协议是一种分布式协议，允许一个节点发现邻居并进行收发信道的分配，不需要全局节点来进行分配。为了实现这种机制，S-MACS 协议将邻居发现和信道分配进行了组合。传统的链路分簇算法首先要在整个网络中执行发现邻居的步骤，然后分配信道或时隙给相邻节点之间的通信链路。而 S-MACS 协议在发现相邻节点之间存在链路后立即分配信道，当所有节点都发现邻居后这些节点就组成一个互联的网络，网络中节点两两之间至少存在一个多跳路径。由于邻近节点分配的时隙有可能产生冲突，为了减少冲突的可能性，每个链路都分配一个随机选择的频点，相邻链路都有不同的工作频点。所以，S-MACS 协议结合了 TDMA、FDMA 的基本思想。当链路建立后，节点在分配的时隙中打开射频部分，与邻居进行通信，如果没有数据收发，则关闭射频进入休眠状态；在其余时隙节点关闭射频部分，以降低能量损耗。

1．链路建立

S-MACS 协议引入了超帧的概念，用一个固定参数 T_{frame} 表示。网络中所有节点的超帧都有相同的长度。节点在上电后先进行邻居发现，每发现一个邻居，这一对节点就形成一个双向信道，即一个通信链路。在两个节点的超帧中为该链路分配一对时隙用于双向通信。随着邻居的增加，超帧慢慢被填满。每对时隙都会选择一个随机的频点，减少邻近链路冲突的可能性。这样，全网很快就能在初始化后建立链路，这种不同步的时隙分配称为异步分配通信。下面对链路如何建立进行举例说明。

S-MACS 异步调度通信如图 3-18 所示。节点 D 和 A 分别在 T_d 和 T_a 时刻开始进行邻居发现。当发现过程完成后，两个节点约定一对固定的时隙分别进行发送和接收，此后在周期性的超帧中此时隙固定不变。节点 B 和 C 分别在 T_b 和 T_c 时刻开始进行邻居发现，执行上述同样的步骤，由于时隙的约定彼此独立，所以有可能发生重叠，这样各个时隙在同一频点上可能会发生冲突。在图 3-18 中，如果 D 向 A 发送和 B 向 C 发送在时间上有重叠，那么给两个时隙分配不同的频点，比如 f_x 给 A、D，f_y 给 B、C，就可以避免冲突。S-MACS 中每个节点有多个频点可选，在建立链路时都要选择一个随机的频点，这就大大减少了冲突发生的可能性。

2．邻居发现和信道分配

为了阐述 S-MACS 协议中的邻居发现机制，下面以图 3-19 为例加以说明。假设节点 B、C、G 进行邻居发现，这些节点在随机的时间段内打开射频部分，在一个固定的频点监听一个随机长度的时间。如果在此监听时间内节点没有接收到其他节点发出的邀请消息，那么随后节点将发送一个邀请消息。节点 C 就是在监听结束后广播一个邀请消息 Type1。节点 B 和 G 接收到 C 发出的 Type1 消息后，等待一个随机的时间，然后各自广播一个应答消息 Type2。如果两个应答消息不冲突，C 将接收到 B 和 G 发来的邀请应答。C 在这里要进行一个选择，可以选择最早到达的应答者，也可以选择接收信号强度最大的应答者。在选择了应答者后，C 将立即发送一个 Type3 消息通知哪个节点被选择。此处选择最早到达的 B 作为应答者，节点 G 将关闭射频部分进行休眠状态，并在一个随机的时间后重新进行邻居发现。

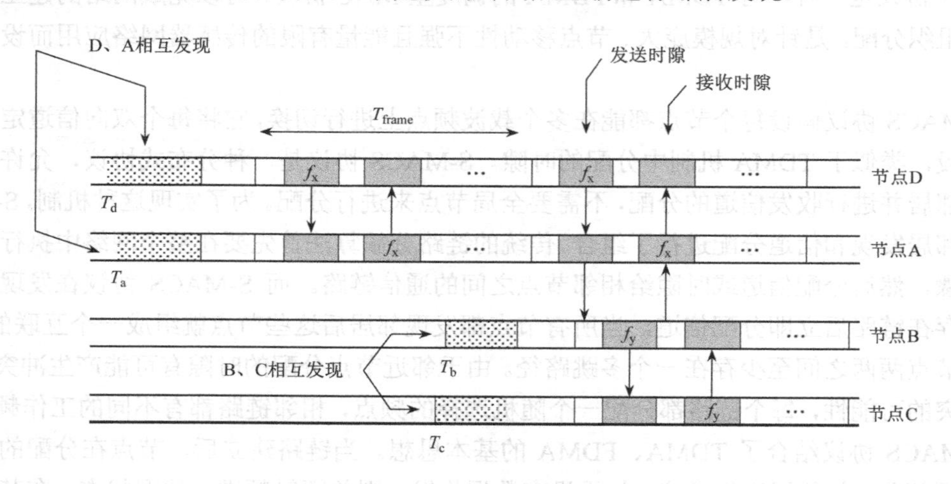

图 3-18　S-MACS 异步调度通信

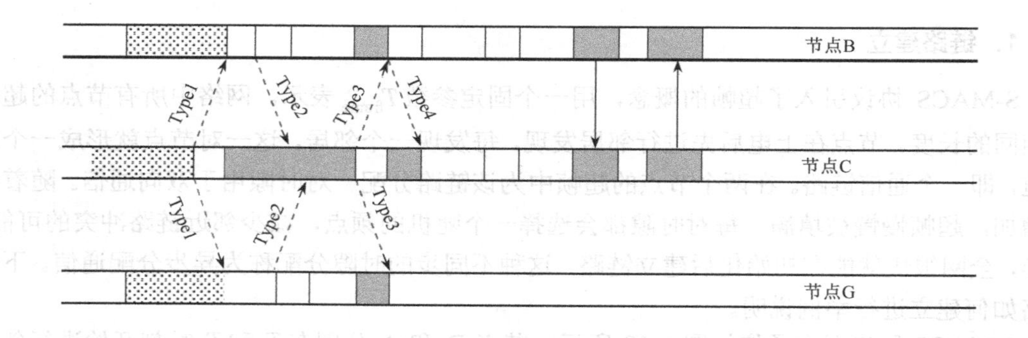

图 3-19　节点邻居发现

如果节点 C 已经选择了邻居，将在 Type3 消息中携带分配信息，该信息包含节点 C 的下一个超帧的起始时间。在收到该分配信息后，节点 B 将它和本地的超帧起始时间进行比较，得到一个时间偏移，并找出两个共同的空闲时间段作为时隙对，分配给 B 和 C 之间的链路。在确定了时隙对后，节点 B 选择一个随机的频点，将时隙对在超帧中的位置信息以及选择的频点通过 Type4 发送给节点 C。经过这些测试信息的成功交换后，B 和 C 之间就完成了时隙分配和频率选择。

在 S-MACS 形成的网络中，超帧同步的节点组成一个子网；在图 3-18 中，A、D 和 B、C 分别组成子网。随着邻居的增加，子网的规模会变大，并且会和其他子网的节点建立链路，实现整个网络的无缝连接。两个不同子网的节点在建立通信链路时，如果超帧有重叠的空闲时段可以为新链路分配时隙，则可以成功建立链路；否则，这两个节点只能彼此放弃并寻找其他节点来建立链路。

3.4.2 基于 CDMA 的 MAC 协议

CDMA 机制为每个用户分配特定的具有正交性的地址码，因而在频率、时间和空间上都可以重叠。在无线传感网中应用 CDMA 技术就是为每个传感器节点分配与其他节点正交的地址码，这样即使多个节点同时传输消息，也不会相互干扰，从而解决了信道冲突问题。

CSMA/CA 和 CDMA 相结合的 MAC 协议，采用一种 CDMA 的伪随机码分配算法，使每个传感器节点与其两跳范围内所有其他节点的伪随机码都不相同，从而避免了节点间的通信干扰。为了实现这种编码分配，需要在网络中建立一个公用信道，所有节点通过公用信道获取其他节点的伪随机编码，调整和发布自己的随机编码。具体的分配算法类似于图论中的两跳节点的染色问题，每个节点与其两跳范围内所有其他节点的颜色都不相同。

经过对一些无线传感网进行能量分析，发现已有传感器节点大约 90%的能量用于信道侦听，而事实上大部分时间内信道上没有数据传送。造成这种空闲侦听能量浪费的原因，是现有无线收发器中链路侦听和数据接收使用相同的模块。由于链路侦听操作相对简单，只需使用简单、低能耗的硬件，因此该协议在传感器节点上采用链路侦听和数据收发两个独立的模块。链路侦听模块用来传送节点之间的握手信息，采用 CSMA/CA 机制进行通信；数据收发模块用来发送和接收数据，采用 CDMA 机制进行通信。当节点不收发数据时就让数据收发模块进入休眠状态，而使用链路侦听模块侦听信道；如果发现邻居节点需要向本节点发送数据，则本节点唤醒数据收发模块，设置与发送节点相同的编码；如果节点需要发送消息，则在它唤醒收发模块后，首先通过链路侦听模块发送一个唤醒信号唤醒接收者，然后通过数据收发模块传输消息。图 3-20 所示显示了向一个休眠节点发送数据的信号时序过程。

这种结合 CSMA/CA 和 CDMA 的 MAC 协议，允许两跳范围内的节点采用不同的 CDMA 编码，允许多个节点对的同时通信，增加了网络吞吐量，减小了消息的传输时延。与基于 TDMA 的 MAC 协议相比，该 MAC 协议不需要严格的时间同步，能够适应网络拓扑结构的变化，具有良好的扩展性；与基于竞争的 MAC 协议相比，该 MAC 协议不会因为竞争冲突而导致消息重传，也减少了传输控制消息的额外开销。但是，其节点需要复杂的 CDMA 的编解码，对传感器节点的计算能力要求较高，还要求两套无线收发器，增加了节点的体积和价格。

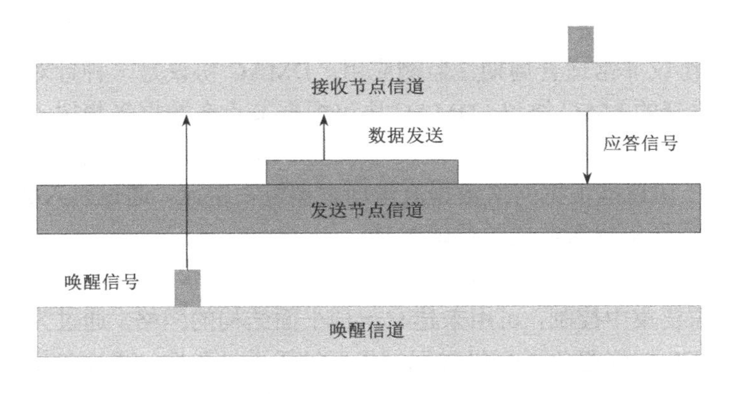

图 3-20　向一个休眠节点发送数据的信号时序过程

本章小结

无线传感网节点受到带宽受限、能量受限以及动态拓扑和业务的不确定性等因素的影响，使得传统的无线网络MAC协议不适合于无线传感网，无线传感网的MAC协议设计的目标是优先考虑能量消耗。能量消耗主要表现在：空闲监听（idle listening）；冲突重传；控制开销；串扰（overhearing）等。由此提出了很多解决以上问题的无线传感网MAC协议，主要有基于竞争、基于时分复用和其他类型的MAC协议。

基于竞争的MAC协议主要有S-MAC、T-MAC、Sift协议等。基于竞争的S-MAC协议通过采用低占空比的周期性监听和休眠的调度，减小了节点空闲监听的能量损耗；通过采用串扰避免和消息传递机制，减小了串扰和控制数据包带来的能量损耗。但是周期性休眠给数据传输带来了额外的延迟，减小了系统吞吐量。T-MAC协议在S-MAC协议的基本思想上，通过采用自适应调度方法，能较好地适应网络流量的变化，从而提高了网络吞吐量。对于自适应调度方法带来的早睡问题，该协议也给出了两种解决方法。Sift协议是一种非常新颖的竞争型MAC协议，它充分考虑了无线传感网的业务特点，特别适合与冗余、竞争和空间相关的应用场景。Sift协议实现简单，关键在于在固定长度的竞争窗口中选择时隙时需要用到一种递增的非均匀概率分布，而不是传统协议中的可变长度竞争窗口。Sift协议提高了事件消息的实时性和网络的带宽利用率，但是没有充分考虑能量效率。

基于时分复用的MAC协议减少了竞争引起的冲突重传，但需要采用分簇算法选举簇头节点。由于无线传感网的拓扑动态性，分簇算法需要不断更新，分簇成为协议的关键。DEANA协议将时间帧分为周期性的调度访问阶段和随机访问阶段。调度访问阶段由多个连续的数据传输时隙组成，某个时隙分配给特定节点用来发送数据。除相应的接收节点外，其他节点在此时隙处于休眠状态。随机访问阶段由多个连续的信令交换的时隙组成，用于处理节点的添加、删除以及时间同步等。TRAMA协议的节点通过NP获得邻居信息，通过SEP建立和维护分配信息，通过AEA算法分配时隙给发送节点和接收节点。TRAMA协议在冲突避免、时延、带宽利用率等方面都能提供较好的性能；但该协议需要较大的存储空间来存储两跳邻居信息和分配信息，还需要运行AEA算法，因而复杂度较高。由于AEA算法更适合于周期性数据采集任务，所以TRAMA协议非常适合周期性监测应用。DMAC协议是一种针对树状数据采集网络提出的高能效、低时延的MAC协议。DMAC协议根据节点在数据采集树上的深度为节点分配交错的活动/休眠周期，在占空比方式下避免了数据多跳传输中的休眠延迟。通过引入自适应占空比机制，DMAC协议能根据网络数据流量动态调整占空比。通过引入数据预测和MTS机制，DMAC协议能降低干扰所造成的传输时延。

其他混合型的MAC协议。S-MACS协议提出了一种TDMA/FDMA结合的混合型信道分配机制，该协议不需要集中控制，可用来建立一种平面结构的网络。通过为每对时隙分配随机的载波频率，S-MACS协议避免了全局时间同步，降低了复杂性。通过在超帧未分配的时隙进行休眠，S-MACS协议减少了空闲监听和串扰，提供了较好的能量效率。但是该协议需要节点能提供多个载波频点，对节点硬件提出了要求。

基于CDMA的MAC协议是结合CSMA/CA和CDMA技术的MAC协议，该协议允许两跳范围内的节点采用不同的CDMA编码，允许多个节点对的同时通信，增加了网络吞吐量，减小了消息的传输时延。与基于 TDMA 的 MAC 协议相比，该 MAC 协议不需要严格的时间同步，能够适应网络拓扑结构的变化，具有良好的扩展性；与基于竞争的 MAC 协议相比，该 MAC 协议不会因为竞争冲突而导致的消息重传，也减少了传输控制消息的额外开销。但是，其节点需要复杂的 CDMA 的编解码，对传感器节点的计算能力要求较高，还要求两套无线收发器，增加了节点的体积和价格。

思考题

1．在无线传感网 MAC 协议的设计中主要考虑哪些因素？详细说明原因。

2．无线传感网 MAC 协议的分类方法如何？

3．IEEE 802.11 MAC 协议的工作模式是什么？

4．IEEE 802.11 MAC 协议的 DCF、PCF 的主要内容是什么？

5．简述 S-MAC 协议的基本内容。为了减小能耗，S-MAC 协议采取了哪些关键技术？

6．简述 T-MAC 协议的基本原理以及关键技术。

7．简述 Sift 协议的工作原理和主要优缺点。

8．基于竞争的 MAC 协议的主要特点是什么？从节能、传输时延和数据传输速率方面分别说明 S-MAC、T-MAC、P-MAC 协议与 IEEE 802.11 MAC 协议的主要区别。

9．基于时分复用的 MAC 协议的主要优势是什么？该 MAC 协议适合于什么情况下使用，其最大的不足是什么？

10．基于分簇网络的 MAC 协议的基本内容是什么？

11．简述 DEANA、TRAMA 协议的基本思想和工作原理。

12．简述 DMAC 协议的基本思想和工作原理。

13．按竞争型、分配型和混合型方式进行分类，将目前研究的 MAC 协议进行统计、归纳，并列表说明各种协议的特点。

第 4 章　IEEE 802.15.4 标准与 ZigBee 协议

在无线传感网中，需要用到许多无线通信技术。为了使得各种无线传感网之间能够相互兼容，IEEE 标准委员会和企业公司组成相关联盟，并提出和制定了相关的技术标准，使得各种无线传感网通信技术能够规范化、标准化、统一化地发展。IEEE 802.15.4 是一种低速率、近距离无线通信标准，对应的 ZigBee 协议被作为无线传感网的无线通信协议的典型代表，并得到广泛应用。

本章先对 IEEE 802.15.4 标准和 ZigBee 协议进行简单的介绍，主要包括物理层规范、网络结构和协议构架，以便读者掌握目前无线传感网主流的无线通信标准；然后介绍主流 ZigBee 芯片 CC2530 和 ZigBee 协议栈，以利于读者进行传感网的应用与开发。

4.1　概述

随着通信技术的迅速发展，人们提出了在人自身附近几米范围之内通信的需求，这样就出现了个人域网（personal area network，PAN）和无线个人域网（wireless personal area network，WPAN）的概念。WPAN 为近距离范围内的设备建立无线连接，把几米范围内的多个设备通过无线方式连接在一起，使它们可以相互通信甚至接入 LAN 或 Internet。1998 年 3 月，IEEE 标准化协会正式批准成立了 IEEE 802.15 工作组。这个工作组致力于 WPAN 网络的物理层（PHY）和媒体访问控制子层（MAC）的标准化工作，目标是为在个人操作空间（personal operating space，POS）内相互通信的无线通信设备提供通信标准。POS 一般是指用户附近 10 m 左右的空间范围，在这个范围内用户可以是固定的，也可以是移动的。

在 IEEE 802.15 工作组内有四个任务组（task group，TG），分别制定适合不同应用的标准。四个任务组各自的主要任务是：

（1）任务组 TG1：制定 IEEE 802.15.1 标准，又称蓝牙无线个人域网标准。这是一个中等速率、近距离的 WPAN 网络标准，通常用于手机、PDA 等设备的短距离通信。

（2）任务组 TG2：制定 IEEE 802.15.2 标准，研究 IEEE 802.15.1 与 IEEE 802.11（无线局域网标准）的共存问题。

（3）任务组 TG3：制定 IEEE 802.15.3 标准，研究高传输速率的无线个人域网标准。该标准主要考虑无线个人域网在多媒体方面的应用，追求更高的传输速率与服务品质。

（4）任务组 TG4：制定 IEEE 802.15.4 标准，针对低速无线个人域网（low-rate wireless personal area network，LR-WPAN）制定标准。该标准把低能量消耗、低速率传输、低成本作为重点目标，旨在为个人或者家庭范围内不同设备之间的低速互连提供统一标准。

LR-WPAN 网络是一种结构简单、成本低廉的无线通信网络，它使得在低电能和低吞吐量的应用环境中使用无线连接成为可能，由于与传感器网络有很多相似之处，很多研究机构把它作为传感网的通信标准。IEEE 802.15.4 标准为 LR-WPAN 网络制定了物理层和 MAC 子层协议，其定义的 LR-WPAN 网络具有如下特点：

（1）在不同的载波频率下实现了 20 kb/s、40 kb/s 和 250 kb/s 三种不同的传输速率；

（2）支持星状和点对点两种网络拓扑结构；

（3）有 16 位和 64 位两种地址格式，其中 64 位地址是全球唯一的扩展地址；

（4）支持冲突避免的载波多路侦听技术（carrier sense multiple access with collision avoidance，CSMA-CA）；

（5）支持确认（ACK）机制，保证传输可靠性。

ZigBee 协议是由 ZigBee 联盟制定的无线通信标准，该联盟成立于 2001 年 8 月。2002 年下半年，英国 Invensys 公司、日本三菱电气公司、美国摩托罗拉公司以及荷兰飞利浦半导体公司共同宣布加入 ZigBee 联盟，研发名为“ZigBee”的下一代无线通信标准，这一事件成为该技术发展过程中的里程碑。ZigBee 联盟的目的是为了在全球统一标准上实现简单可靠、价格低廉、功耗低、无线连接的监测和控制产品而进行合作，该联盟于 2004 年 12 月发布了第一个 ZigBee 正式标准。

ZigBee 标准以 IEEE 802.15.4 标准定义的物理层及 MAC 层为基础，并对其进行了扩展，对网络层协议和 API 进行了标准化，定义了一个灵活、安全的网络层，支持多种拓扑结构，在动态的射频环境中提供高可靠性的无线传输。此外，ZigBee 联盟还开发了应用层、安全管理、应用接口等的规范。

4.2 IEEE 802.15.4 网络简介

IEEE 802.15.4 网络是指在一个 POS 内使用相同无线信道并通过 IEEE 802.15.4 标准相互通信的一组设备的集合，又名 LR-WPAN 网络。在这个网络中，根据设备所具有的通信能力，可以分为全功能设备（full-function device，FFD）和精简功能设备（reduced-function device，RFD）。FFD 设备之间以及 FFD 设备与 RFD 设备之间都可以通信。RFD 设备之间不能直接通信，只能与 FFD 设备通信，或者通过一个 FFD 设备向外转发数据。这个与 RFD 相关联的 FFD 设备称为该 RFD 的协调器（coordinator）。RFD 设备主要用于简单的控制应用，如灯的开关、被动式红外线传感器等，它传输的数据量较少，对传输资源和通信资源占用不多。这样，RFD 设备可以采用非常廉价的实现方案。

在 IEEE 802.15.4 网络中，有一个称为 PAN 网络协调器（PAN coordinator）的 FFD 设备，是 LR-WPAN 网络中的主控制器。PAN 网络协调器（简称网络协调器）除了直接参与应用以外，还要完成成员身份管理、链路状态信息管理以及分组转发等任务。图 4-1 所示是 IEEE 802.15.4 网络的一个例子，其中给出了网络中各种设备的类型以及它们在网络中所处的地位。

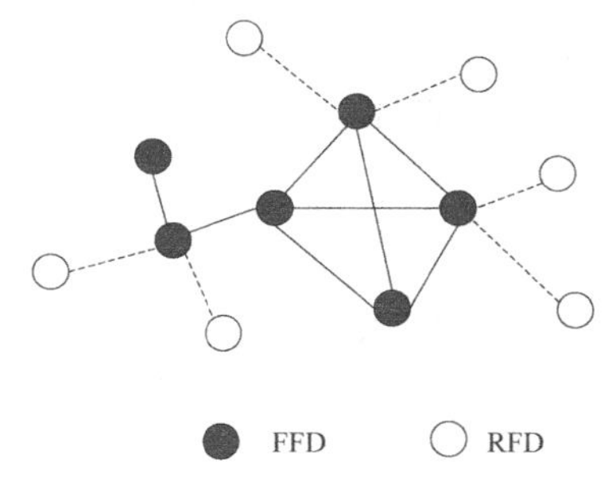

图 4-1　LR-WPAN 网络组件和拓扑关系

无线通信信道的特性是动态变化的。节点位置或天线方向的微小改变、物体移动等周围环境的变化，都有可能引起通信链路信号强度和质量的剧烈变化，因而无线通信的覆盖范围是不确定的。这就造成了 LR-WPAN 网络中设备的数量以及它们之间关系的动态变化。

4.2.1 IEEE 802.15.4 网络拓扑结构

IEEE 802.15.4 网络根据应用的需要可以组织成星状网络，也可以组织成点对点网状网络，如图 4-2 所示。在星状结构中，所有设备都与中心设备的网络协调器通信。在这种网络中，网络协调器一般使用持续电力系统供电，而其他设备采用电池供电。星状网络适合家庭自动化、个人计算机的外设以及个人健康护理等小范围的室内应用。

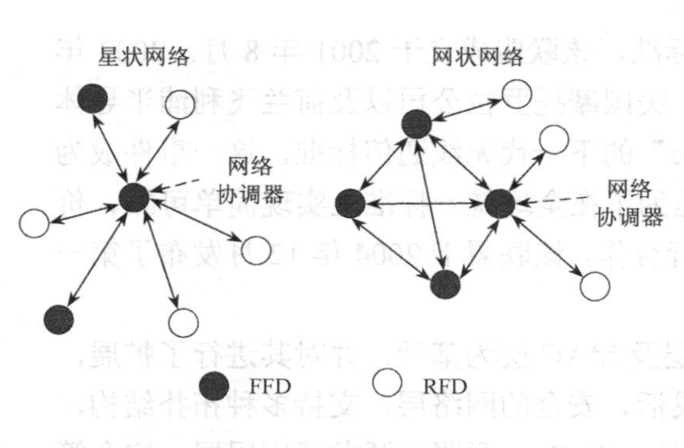

图 4-2 网络的拓扑结构

与星状网络不同，点对点的网状网络只要彼此都在对方的无线辐射范围之内，任何两个设备之间都可以直接通信。点对点网络中也需要网络协调器，负责实现管理链路状态信息和认证设备身份等功能。点对点网络模式可以支持 ad hoc 网络，允许通过多跳路由的方式在网络中传输数据。不过，一般认为自组织问题由网络层来解决，不在 IEEE 802.15.4 标准讨论范围之内。点对点网络可以构造更复杂的网络结构，适合于设备分布范围广的应用，比如在工业检测与控制、货物库存跟踪和智能农业等方面有非常好的应用前景。

4.2.2 IEEE 802.15.4 网络协议栈

IEEE 802.15.4 网络协议栈基于开放系统互连（OSI）参考模型，每一层都实现一部分通信功能，并向高层提供服务，如图 4-3 所示。

IEEE 802.15.4 标准只定义了 PHY 层和数据链路层的 MAC 子层。PHY 层由射频收发器以及底层的控制模块构成。MAC 子层为高层访问物理信道提供点到点通信的服务接口。MAC 子层以上的几个层次，包括特定服务的聚合子层（service specific convergence sublayer，SSCS）和逻辑链路控制（logical link control，LLC）子层等，只是 IEEE 802.15.4 标准可能的上层协议，并不在 IEEE 802.15.4 标准的定义范围之内。SSCS 为 IEEE 802.15.4 的 MAC 层接入 IEEE 802.2 标准中定义的 LLC 子层提供聚合服务。LLC 子层可以使用 SSCS 的服务接口访问 IEEE 802.15.4 网络，为应用层提供链路层服务。

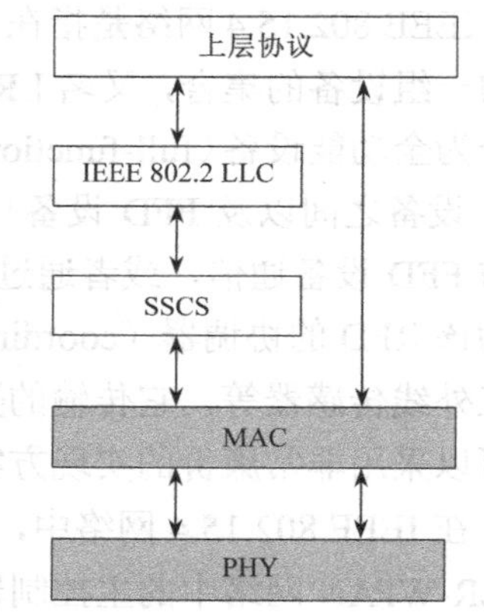

图 4-3 IEEE 802.15.4 协议层次图

4.2.3 物理层

1. 物理层概述

物理层的主要功能，是通过射频固件以及射频硬件在 MAC 层与物理射频信道之间提供接口。物理层数据服务包括以下几方面的功能：

（1）激活射频收发器和使它休眠；

（2）信道能量检测（energy detect）；

（3）检测接收数据包的链路质量指示（link quality indication，LQI）；

（4）空闲信道评估（clear channel assessment，CCA）；

（5）收发数据。

信道能量检测为网络层提供信道选择依据。它主要测量目标信道中接收信号的功率强度，由于这个检测本身不进行解码操作，所以检测结果是有效信号功率和噪声信号功率之和。

链路质量指示为网络层或应用层提供接收数据帧时无线信号的强度和质量信息。与信道能量检测不同的是，它要对信号进行解码，生成的是一个信噪比指标。这个信噪比指标和物理层数据单元一道提交给上层处理。

空闲信道评估即判断信道是否空闲。IEEE 802.15.4 定义了三种空闲信道评估模式：第一种是简单判断信道的信号能量，当信号能量低于某一个门限值时就认为信道空闲；第二种是通过判断无线信号的特征，这个特征主要包括两方面，即扩频信号特征和载波频率；第三种是前两种模式的综合，同时检测信号强度和信号特征，给出信道空闲判断。

IEEE 802.15.4 协议提供了 2.4 GHz 和 868 MHz/915 MHz 两种物理层标准。工作于 2.4 GHz 频段的物理层提供 250 kb/s 的数据传输率，适用于高吞吐量、低时延或低作业周期的场合；工作于 868/915（MHz）频段的物理层提供 20/40（kb/s）的数据传输率，适用于低速率、高灵敏度和大覆盖面积的场合。

IEEE 802.15.4 协议物理层定义了 27 个信道，编号为 0～26，跨越 3 个频段，具体包括 2.4 GHz ISM 频段的 16 个信道、915 MHz 频段的 10 个信道以及 868 MHz 频段的 1 个信道。物理层参数如表 4-1 所示。

表 4-1　IEEE 802.15.4 协议的物理层参数

频段/MHz	序列扩频参数		数据参数		
	码片速率/（kchip/s）	调制方式	比特速率/（kb/s）	符号速率/（ksymbol/s）	符　号
868～868.6	300	BPSK	20	20	二进制
902～928	600	BPSK	20	40	二进制
2400～2483.5	2000	O-QPSK	250	62.5	十六进制

IEEE 802.15.4 协议考虑了能量受限的情况，标准设备由电池供电。电池供电的设备在大部分时间内可以处于休眠状态，通过周期性地监听无线信道来确定是否有消息等待处理。这种机制允许设计者平衡能量消耗和消息延迟，保证低功耗的电源管理。

2. 物理层的帧结构

IEEE 802.15.4 物理层数据帧格式如图 4-4 所示。物理层数据帧由同步头、物理帧头和物理层负荷三部分组成。

同步头由前导码和数据包帧起始分隔符组成，其中前导码被收发机用来从输入码流中获得同步，它由 32 个二进制“0”组成；帧起始分隔符（start-of-frame delimiter，SFD）字段长度为 1 字节，其值固定为 0xA7，标识一个物理帧的开始。收发器接收完前导码后只能做到数据的位同步，通过搜索 SFD 字段的值 0xA7 才能同步到字节上。

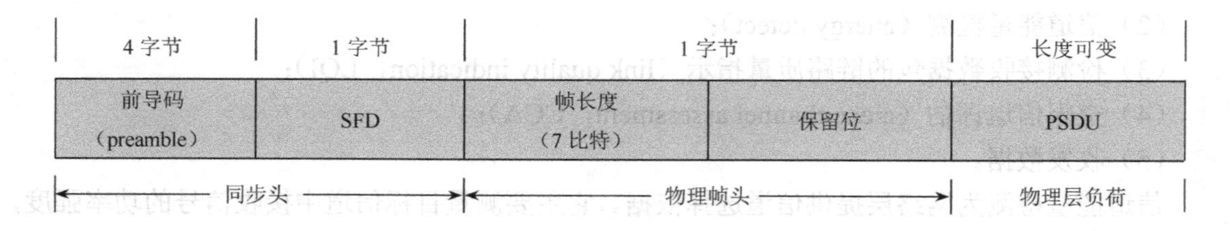

图 4-4　IEEE 802.15.4 物理层数据帧格式

物理帧头占 1 字节，其中 7 比特用来表示帧的长度，1 比特保留。帧长度取值范围为 0 到物理层最大分组长度：其值为 5 时，表示该 MAC 层业务数据单元（MPDU）的负载类型为 MAC 确认帧；为 8 到物理层最大分组长度时，表示为一般数据分组。

物理层负荷即物理层业务数据单元（PSDU），也即 MAC 帧，其长度可变，最大为 127 字节。

4.2.4　MAC 层

IEEE 802 系列标准把数据链路层分为 MAC 层和逻辑链路控制（logical link control，LLC）子层两个子层。IEEE 802.15.4 的 MAC 层支持多种 LLC 标准，通过业务相关汇聚子层（service-specific convergence sublayer，SSES）承载。IEEE 802 类型的 LLC 标准，同时允许其他 LLC 标准直接使用 IEEE 802.15.4 的 MAC 层服务。LLC 子层负责传输可靠性保障以及控制数据包的分段和重组。下面详细介绍 MAC 层的功能、帧格式和帧类型。

1. MAC 层功能

MAC 层提供了特定服务汇聚子层与物理层之间的接口，它处理所有接入到物理射频信道的工作，并负责以下任务：

（1）协调器产生并发送信标帧，普通设备根据协调器的信标帧与协调器同步；

（2）支持 PAN 网络的关联（association）和取消关联（disassociation）操作；

（3）支持无线信道的通信安全；

（4）使用 CSMA-CA 机制访问信道；

（5）支持时槽保障（guaranteed time slot，GTS）机制；

（6）支持不同设备的 MAC 层间可靠传输。

2. MAC 层的帧格式

一个 MAC 帧通常由 MAC 层帧头、MAC 负荷、MAC 层帧尾构成。MAC 层帧头包含帧控制信息、帧序列号以及地址信息，其中的顺序是一定的；MAC 负荷中包含了一些特定帧的信息，它的长度是可变的；MAC 层帧尾中包含帧校验序列（FCS）。MAC 层的一般帧格式如图 4-5 所示。

帧控制信息：占 2 字节，包含了帧的类型、寻址、安全等信息；

帧序列号：占 1 字节，表示发送帧的序号，协调器使用某种算法选择一个随机值并存储下来，在帧发送的时候将存储的随机值复制到帧序列号，随着每一帧的发送，依次加 1；

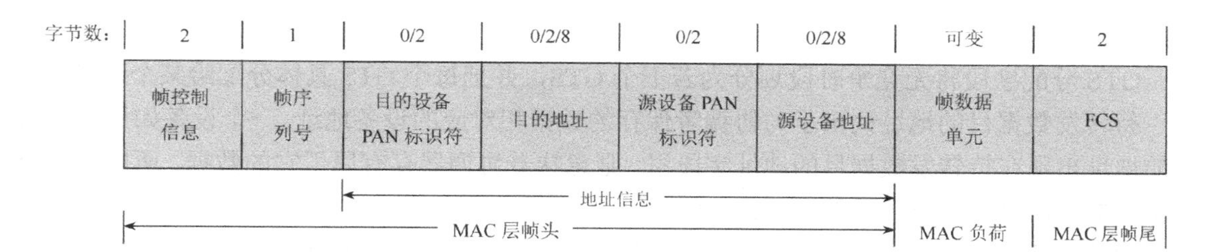

图 4-5 MAC 层的一般帧格式

目的设备 PAN 标识符：占 2 字节，表示接收方所在 PAN 的标识符；
目的地址：表示帧发送目的节点的地址，根据地址模式，占 2 字节或 8 字节；
源 PAN 标识符：占 2 字节，为发送方所在 PAN 的标识符；
源设备地址：表示帧发送源节点的地址，根据地址模式，占 2 字节或 8 字节；
帧数据单元：MAC 帧传送的数据；
帧校验序列（FCS）：占 2 字节，采用循环冗余校验。

3. MAC 层的帧类型

IEEE 802.15.4 中规定的 MAC 帧包括四种类型：信标帧、数据帧、确认帧、命令帧。信标帧用于节点请求加入网络时，网络协调器对本 PAN 的信息发布，供节点选择是否加入本网络。此外，信标帧在需要进行同步的 PAN 中又具有传送时隙分配信息及同步信息的功能。数据帧用于向对等的 MAC 层实体传送上层递交来的数据信息；确认帧仅当上次接收到的数据帧或命令帧需要进行接收确认时才发送；命令帧用于发送各种 MAC 层相关命令，包括关联请求、数据发送请求、协调者重分配请求、信标请求等。

1）信标帧

信标帧的负载数据单元由四部分组成：超帧描述字段、GTS 分配字段、待转发数据目的地址（pending address）字段和信标帧负载数据，如图 4-6 所示。

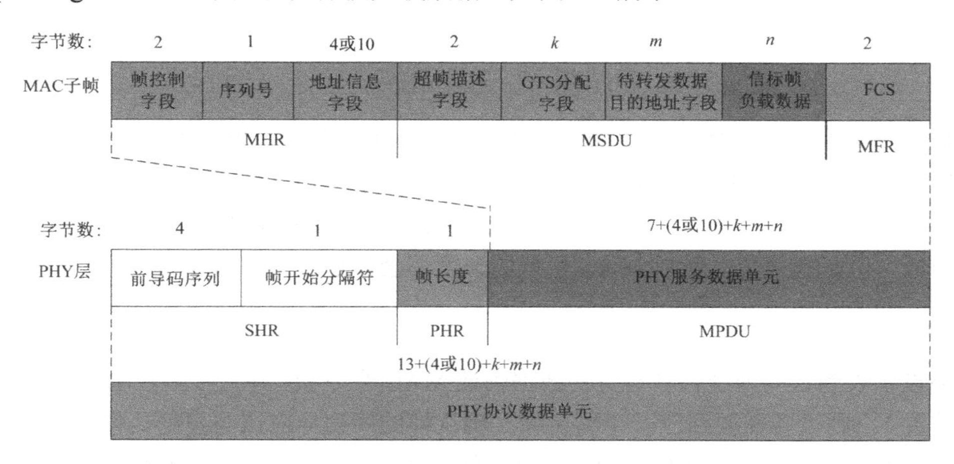

图 4-6 信标帧格式

信标帧中超帧描述字段规定了这个超帧的持续时间、活跃部分持续时间以及竞争访问时段持续时间等信息。

GTS 分配字段将无竞争时段划分为若干个 GTS，并把每个 GTS 具体分配给某个设备。

待转发数据目的地址列出了与协调者保存的数据相对应的设备地址。一个设备如果发现自己的地址出现在待转发数据目的地址字段里，则意味着协调器存有属于它的数据，所以它就会向协调器发出请求传送数据的 MAC 命令帧。

信标帧负载数据为上层协议提供数据传输接口。例如，在使用安全机制时，这个负载域将根据被通信设备设定的安全通信协议填入相应的信息。通常情况下，这个字段可以忽略。

在信标不使能网络里，协调器在其他设备的请求下也会发送信标帧。此时信标帧的功能是辅助协调器向设备传输数据，整个帧只有待转发数据目的地址字段有意义。

2）数据帧

数据帧用来传输上层发到 MAC 子层的数据，它的负载字段包含了上层需要传送的数据。数据负载传送至 MAC 子层时，被称为 MAC 服务数据单元（MAC service data unit，MSDU）。它的首尾被分别附加了 MHR（头信息）和 MFR（尾信息）后，就构成了 MAC 子帧。数据帧的格式如图 4-7 所示。

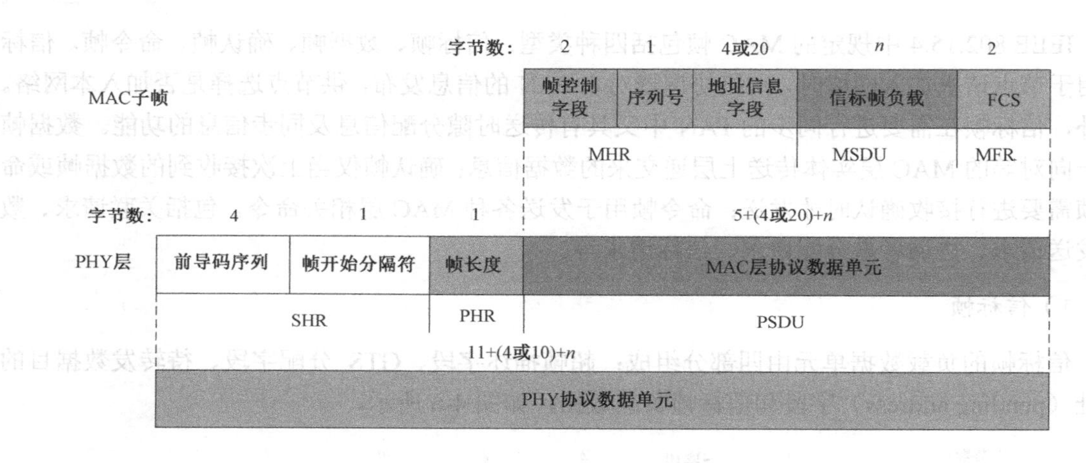

图 4-7 数据帧格式

MAC 子帧被传送至物理层后，就成了物理帧的负载 PSDU。PSDU 在物理层被“包装”，其首部增加了同步信息 SHR 和帧长度 PHR 字段。同步信息 SHR 包括用于同步的前导码序列和 SFD 字段，它们都是固定值。帧长度字段 PHR 标识了 MAC 帧的长度，为 1 字节长而且只有其中的低 7 位是有效位，所以 MAC 子帧的长度不会超过 127 字节。

3）确认帧

如果设备收到目的地址为其自身的数据帧或 MAC 命令帧，并且帧的控制信息字段的确认请求位被置 1，则设备需要回应一个确认帧。确认帧的序列号应该与被确认帧的序列号相同，并且负载长度应该为零。确认帧紧接着被确认帧发送，不需要使用 CSMA-CA 机制竞争信道。确认帧的格式如图 4-8 所示。

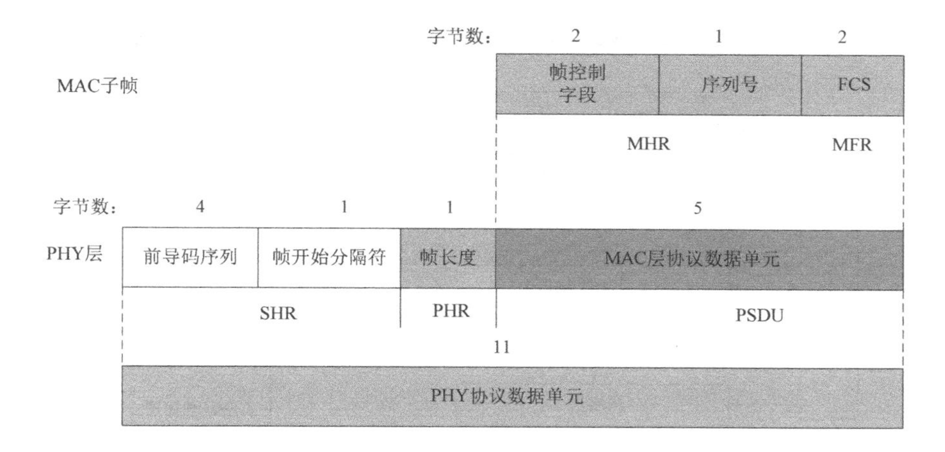

图 4-8　确认帧格式

4）命令帧

MAC 命令帧用于组建 PAN 网络，传输同步数据等。目前定义好的命令帧有九种类型，主要完成三方面的功能：把设备关联到 PAN 网络；与协调器交换数据；分配 GTS。

命令帧在格式上和其他类型的帧没有太大的区别，只是帧控制字段的帧类型位有所不同。若帧头的帧控制字段的帧类型为 011b（b 表示二进制数据），则表示这是一个命令帧。命令帧的具体功能由帧的负载数据表示。负载数据是一个变长结构，所有命令帧负载的第一个字节是命令类型字节，后面的数据针对不同的命令类型有不同的含义，如图 4-9 所示。

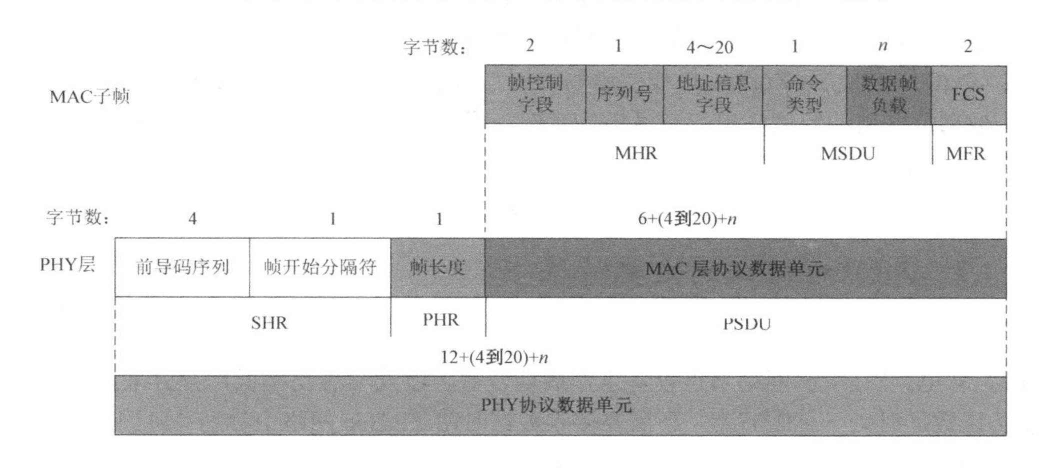

图 4-9　命令帧格式

4.3　ZigBee 协议

4.3.1　ZigBee 协议框架

相对于常见的无线通信标准，ZigBee 协议比较紧凑、简单。从总体框架来看，它可以分为三个基本层次：物理层/数据链路层、ZigBee 堆栈层和应用层。其中物理层/数据链路层位于最底层，应用层位于最高层。ZigBee 协议的架构如图 4-10 所示。各层的基本功能如下：

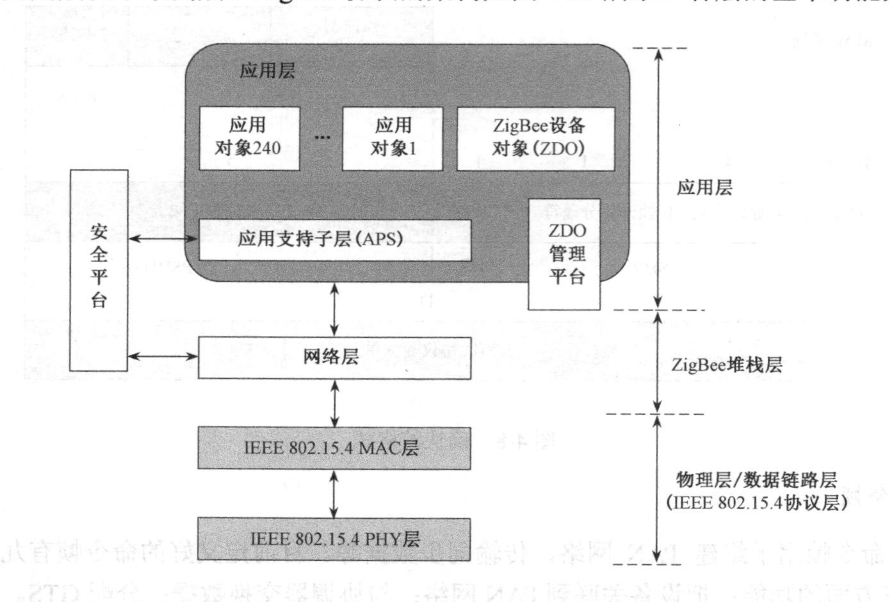

图 4-10　ZigBee 协议架构

（1）物理层/数据链路层：物理层与物理传输媒介（这里主要指无线电波）相关，负责物理媒介与数据比特的相互转化，以及数据比特与上层——数据链路层数据帧的相互转化。数据链路层负责寻址功能，发送数据时决定数据发送的目的地址，接收数据时判定数据的源地址。此外，物理层/数据链路层也负责数据包或数据帧的装配以及接收到的数据帧的解析。

（2）ZigBee 堆栈层：ZigBee 堆栈层由网络层与安全平台组成，提供应用层与 IEEE 802.15.4 物理层/数据链路层的连接，由与网络拓扑结构、路由、安全相关的几个堆栈层次组成。

（3）应用层：应用层包含在网络节点上运行的应用程序，赋予节点自己的功能。应用层的主要功能是将输入转化为数字数据，或者将数字数据转化为输出。

4.3.2　ZigBee 协议的主要特征

ZigBee 协议的主要特征如下：

（1）省电。ZigBee 网络节点设备工作周期较短、收发信息功率低，并且采用了休眠模式（当不传送数据时处于休眠状态，当需要接收数据时由 ZigBee 网络中称为“协调器”的设备负责唤醒它们），所以 ZigBee 技术特别省电，避免了频繁更换电池或充电，从而减轻了网络维护的负担。

（2）可靠。由于采用了碰撞避免机制，并为需要固定宽带的通信业务预留了专用时隙，避免了发送数据时的竞争和冲突，而且 MAC 层采用了完全确认的数据传输机制，每个发送的数据包都必须等待接收方的确认信息，因此从根本上保证了数据传输的可靠性。

（3）廉价。由于 ZigBee 协议栈设计简练，因此它的研发和生产成本相对较低。普通网络节点硬件上只需 8 位处理器（如 80C51），最小 4 KB、最大 32 KB 的 ROM；软件实现上也较简单。随着产品产业化，ZigBee 通信模块价格预计能降到 1.5～2.5 美元。

（4）短时延。ZigBee 技术与蓝牙技术的时延指标都非常短。ZigBee 节点休眠和工作状态转换只需 15 ms，入网约 30 ms，而蓝牙为 3～10 s。

（5）大网络容量。ZigBee 网络最多可以容纳 254 个从设备和 1 个主设备，一个区域内最多可以同时存在 100 个 ZigBee 网络。

（6）安全。ZigBee 技术提供了数据完整性检查和鉴别功能，加密算法采用 AES-128，并且其应用可以灵活地确定其安全属性，使网络安全能够得到有效的保障。

4.3.3 ZigBee 网络层

1. 网络层功能

网络层在 MAC 层与应用层之间提供合适的接口，通过激发 MAC 层的动作执行寻址和路由功能。其主要任务包括：

（1）发起一个网络并且分配网络地址（网络协调器）;

（2）向网络中添加设备或者从网络中移除设备;

（3）将消息路由到目的节点;

（4）对所发送的数据进行加密;

（5）在网状网络中执行路由寻址并且储存路由表。

2. 网络层服务规范

网络层包含网络层数据实体（NLDE）和网络层管理实体（NLME），其中 NLDE 通过网络层数据实体服务接入点（NLDE-SAP）提供数据传输服务，NLME 通过网络层管理实体服务接入点（NLME-SAP）提供管理服务。NLME 利用 NLDE 完成一些管理任务和维护网络信息库（NIB）。网络层的结构与接口如图 4-11 所示。

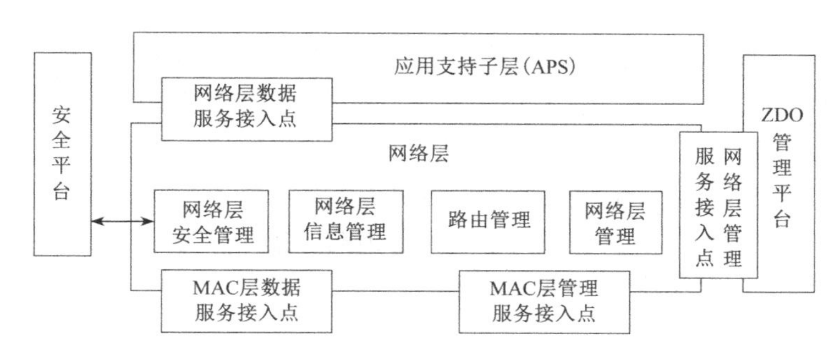

图 4-11　网络层结构与接口

1）网络层数据实体（NLDE）

NLDE 提供数据服务，以允许一个应用在两个或多个设备之间传输应用协议数据(APDU)，这些设备必须在同一个网络中。NLDE 会提供以下服务类型：

（1）通用的网络层协议数据单元（NPDU）：NLDE 可以通过一个附加的适当的协议头从应用支持子层 PDU 中产生 NPDU。

（2）特定的拓扑路由：NLDE 能够传输 NPDU 给一个适当的设备，这个设备可以是最终的传输目的设备，也可以是通往最终目的设备的下一个设备。

2）网络层管理实体（NIME）

NLME 提供管理服务，允许一个应用和 ZigBee 堆栈相连接。NLME 提供以下服务：

（1）配置一个新设备：NLME 可以依据应用操作的要求配置新的设备，包括启动设备作为 ZigBee 协调器和加入一个已存在的网络。

（2）建立一个网络：ZigBee 协调器可以通过 NLME 建立一个新的网络。

（3）加入或离开一个网络：ZigBee 协调器和路由器通过 NLME 能够让终端设备加入或离开网络。

（4）分配地址：ZigBee 协调器和路由器通过 NLME 分配地址给加入网络的设备。

（5）发现临近表：发现、记录和报告设备的一跳邻近表的相关信息。

（6）发现路由：通过 NLME 可以发现和记录传输路径，对信息进行有效的路由。

（7）接收控制：NLME 可以控制接收时间长短，并使能 MAC 子层同步或直接接收。

3. 网络层数据帧格式

在 ZigBee 网络层中，存在着以下几种帧：数据帧、路由请求命令帧、路由回答命令帧、路由失败命令帧和离开网络命令帧。其一般帧格式如图 4-12 所示。

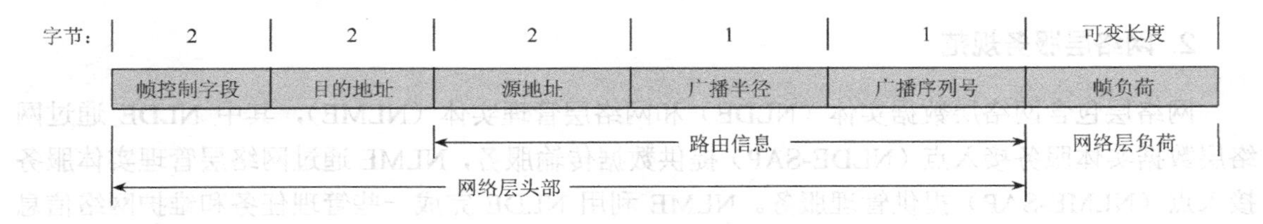

图 4-12　网络层数据帧格式

① 帧控制字段：标识了帧的类型、所用的协议类型以及是否采取了安全措施；

② 目的地址/源地址：此帧接收节点和发送节点的 16 位网络地址，16 位网络地址在网络或连接建立时已经分配好；

③ 广播半径：表示节点发信机的发射信号可以被接收到的范围；

④ 广播序列号：表示广播帧的序列号，随着帧的广播序列号递增；

⑤ 帧负荷：网络层帧所承载的有用信息。

4.3.4　ZigBee 应用层

ZigBee 协议的应用层由应用支持子层（application support sublayer，简称 APS 子层）、应用框架（application framework，AF）、ZigBee 设备对象（ZigBee device object，ZDO）以及 ZigBee 设备对象管理平台组成。应用层的详细结构与接口如图 4-13 所示。APS 子层的作用包括：维护绑定表（绑定表的作用是基于两个设备的服务和需要把它们绑定在一起）；在绑定的设备之间来传输信息。ZDO 的作用包括：在网络中定义一个设备的作用（如定义设备为协调器、路由器或终端设备）；发现网络中的设备并确定它们能提供何种应用的服务；发起或回应绑定需求以及在网络设备中建立一个安全的连接。

1. 应用支持子层（APS 子层）

APS 子层在网络层和应用层之间，通过 ZDO 和应用设备共同使用的一套通用的服务机制提供两层间的接口。APS 子层包含两个实体：APS 数据实体（APSDE）和 APS 管理实体（APSME）。APSDE 通过 APS 数据实体服务接入点（APSDE-SAP）在同一网络的两个或多个设备之间提供数据传输服务；APSME 通过 APS 管理实体服务接入点（APSME-SAP）提供服务机制，以发现和绑定设备，并维护一个管理对象的数据库，称为 APS 信息库（AIB）。

2. 应用框架（AF）

ZigBee 应用框架是应用设备和 ZigBee 设备连接的环境。在应用框架中，应用对象（application object）发送和接收数据是通过 APSDE-SAP 来实现的，而对应用对象的控制和管理则通过 ZDO 公用接口来实现。APSDE-SAP 提供的数据服务包括请求、确认、响应以及数据传输的指示信息。用户可以定义多达 240 个不同的应用对象，每个应用对象由端口（end point）1～240 来标识，端口 241～254 预留给将来使用。此外，还有两个附加的端口：端口 0 用于 ZDO 的数据接口，端口 255 用于所有应用对象的广播数据的数据接口。使用 APSDE-SAP 提供的服务，应用框架提供了应用对象的两种数据服务类型：键值对（key value pair，KVP）服务和通用信息（generic message，MSG）服务。两者传输机制一样，不同的是：KVP 较为严格，是专门为传输一组特征量而设计的；MSG 结构上则比较自由，不采用应用支持子层数据帧的内容，留给用户自己定义。

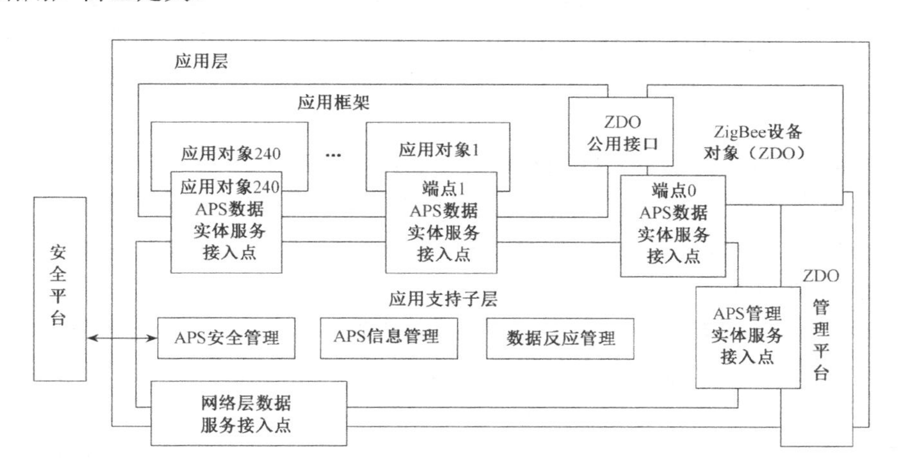

图 4-13　应用层详细结构与接口

3. ZigBee 设备对象（ZDO）

ZigBee 设备对象（ZDO）描述了一个基本的功能函数类，在应用对象、配置文件（profile）和应用支持子层之间提供了一个接口。ZDO 位于应用框架和应用支持子层之间，它满足了 ZigBee 协议栈所有应用操作的一般要求。ZDO 还有以下作用：

（1）初始化应用支持子层、网络层、安全服务文档；

（2）从终端应用中集合配置信息来确定和执行设备发现、安全管理、网络管理以及绑定管理。

ZDO 描述了应用框架的应用对象的公用接口，以控制设备和应用对象的网络功能。ZDO 提供了与协议栈中低一层相连的接口，数据信息通过 APSDE-SAP 相连，控制信息通过 APSME-SAP 相连。在 ZigBee 协议栈的应用框架中，ZDO 公用接口提供设备发现、绑定以及安全等功能的地址管理。

4. ZigBee 设备对象管理平台

ZigBee 设备对象管理平台管理网络层和应用支持子层，在 ZigBee 设备对象执行内部工作时允许它与网络层和应用支持子层通信。此外，该管理平台也负责 ZigBee 设备对象处理应用请求接入网络及使用 ZigBee 设备文件信息的安全功能。

4.4 CC2530 芯片

4.4.1 CC2530 芯片概述

CC2530 是德州仪器（TI）公司真正的系统级 SoC芯片，适用于 2.4 GHz IEEE 802.15.4、ZigBee 和 RF4CE 应用。CC2530 包括了极好性能的一流 RF 收发器和工业标准增强型 8051 MCU，其系统中集成了 8 KB RAM 和可编程的闪存（Flash 存储器），具有不同的运行模式，使得它尤其适应超低功耗要求的系统；具有许多其他功能强大的特性，结合德州仪器的业界领先的黄金单元 ZigBee 协议栈（Z-Stack™），该芯片提供了一个强大和完整的 ZigBee 解决方案。

CC2530 可广泛应用于 2.4 GHz IEEE 802.15.4 系统、RF4CE 遥控控制系统和 ZigBee 系统，以及家庭/建筑物自动化，照明系统，工业控制和监视，低功耗无线传感器网络，消费电子和卫生保健等领域。

CC2530 是一个真正的用于 2.4 GHz IEEE 802.15.4 与 ZigBee 应用的 SoC 解决方案。这种解决方案能够提高性能，并满足以 ZigBee 为基础的 2.4 GHz ISM 波段应用对低成本、低功耗的要求。它结合了一个高性能 2.4 GHz DSSS（直接序列扩频）射频收发器核心和一颗小巧、高效的工业级 8051 控制器。

CC2530 芯片方框图如图 4-14 所示。内含模块大致可以分为三类：与 CPU 和内存相关的模块，与外设、时钟和电源管理相关的模块，以及与射频相关的模块。CC2530 在单个芯片上整合了 8051 兼容微控制器、ZigBee 射频（RF）前端、内存和 Flash 存储器等，还包含串行接口（UART）、模/数转换器（ADC）、多个定时器（timer）、AES-128 安全协处理器、看门狗定时器（watchdog timer）、32.768 kHz 晶振的休眠模式定时器、上电复位电路（power on reset）、掉电检测电路（brown out detection）以及 21 个可编程 I/O 口等外设接口单元。

CC2530 芯片采用 0.18 μm CMOS 工艺生产，工作时的电流损耗为 20 mA；在接收和发射模式下，电流损耗分别低于 30 mA 和 40 mA。CC2530 的休眠模式和转换到主动模式的超短时间的特性，特别适合那些要求电池寿命非常长的应用。

CC2530 的主要特点如下：

- 高性能、低功耗、带程序预取功能的 8051 微控制器内核；
- 32 KB/64 KB/128 KB 或 256 KB 的在系统可编程 Flash 存储器；
- 在所有模式都带记忆功能的 8 KB RAM；

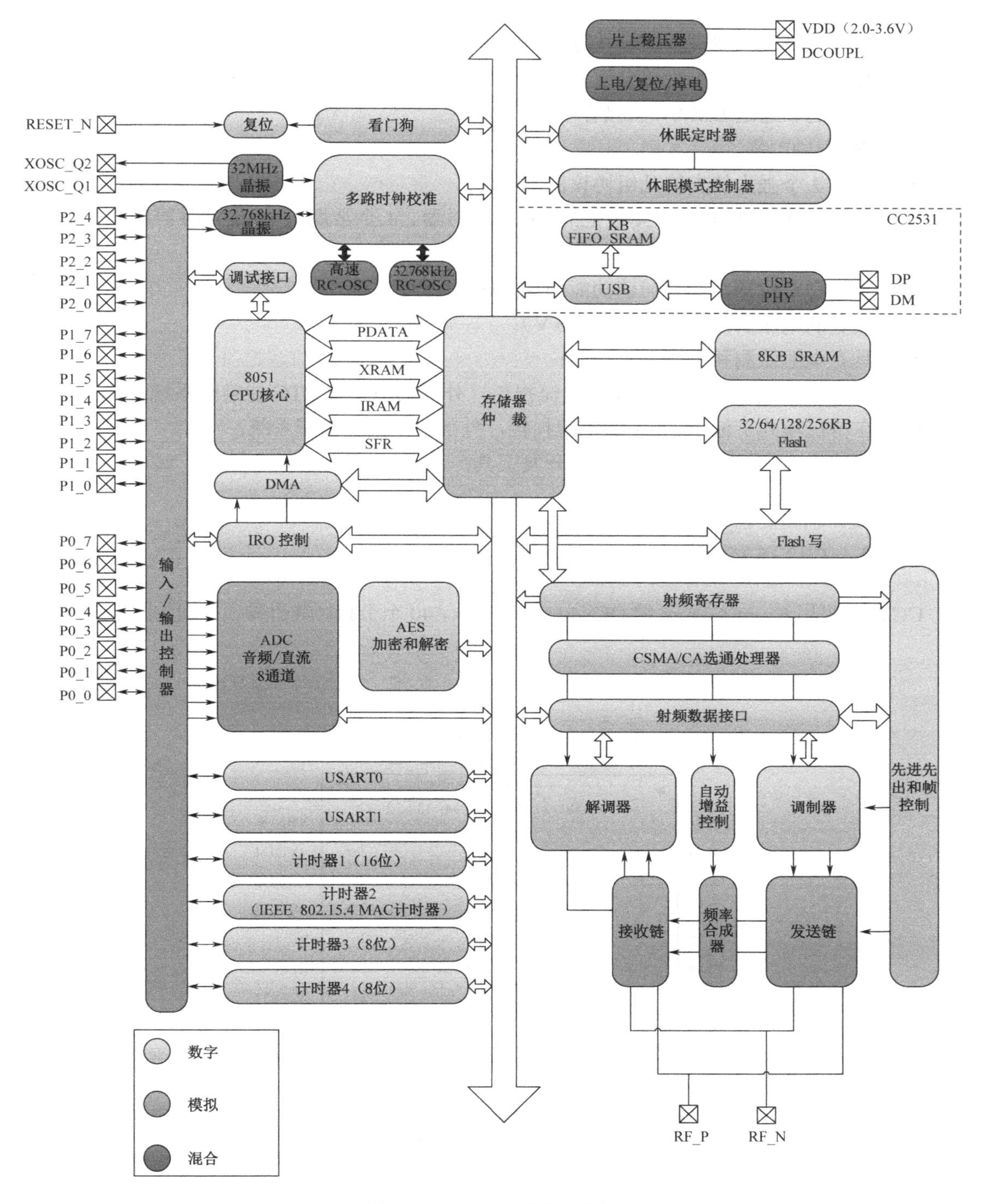

图 4-14　CC2530 芯片方框图

- 2.4 GHz IEEE 802.15.4 兼容 RF 收发器；
- 优秀的接收灵敏度和强大的抗干扰能力；
- 精确的数字接收信号强度指示（RSSI）/链路质量指示（LQI）支持；
- 最高可达 4.5 dBm 的可编程输出功率；

- 集成 AES 安全协处理器，以及硬件支持的 CSMA/CA 功能；
- 具有 8 路输入和可配置分辨率的 12 位 ADC；
- 强大的 5 通道 DMA（直接存取）；
- IR 发生电路；
- 带有 2 个强大的支持几组协议的 UART；
- 1 个符合 IEEE 802.15.4 规范的 MAC 定时器、1 个常规的 16 位定时器和 2 个 8 位定时器；
- 看门狗定时器，具有捕获功能的 32 kHz 休眠定时器；
- 较宽的电压工作范围（2.0～3.6 V）；
- 具有电池监测和温度感测功能；
- 在休眠模式下仅有 0.4 μA 的电流损耗，外部的中断或 RTC 能唤醒系统；
- 在待机模式下低于 1 μA 的电流损耗，外部的中断能唤醒系统；
- 调试接口支持，强大和灵活的开发工具；
- 仅需很少的外部元件。

4.4.2 CC2530 引脚及功能描述

CC2530 采用 6 mm×6 mm 的 QFN40 封装，共有 40 个引脚，其引脚顶视图如图 4-15 所示。

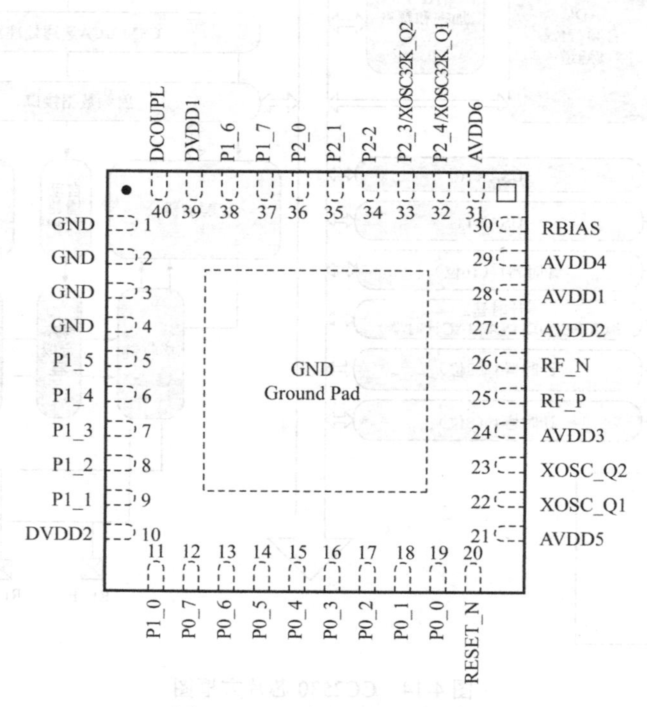

图 4-15　CC2530 引脚顶视图

CC2530 全部引脚可分为 I/O 端口线引脚、电源线引脚和控制线引脚 3 类。CC2530 有 21 个可编程的 I/O 口引脚，其中 P0、P1 口是完全的 8 位口，P2 口只有 5 个可使用的位。通过软件设定一组 SFR 寄存器的位或字节，可使这些引脚作为通常的 I/O 口或作为连接 ADC、定时器/计数器或 UART 部件的外围设备接口使用。

CC2530 的引脚描述如表 4-2 所示。

表 4-2　CC2530 引脚描述

引脚名称	引脚号	引脚类型	描　　述
AVDD1	28	电源（模拟）	2～3.6 V 模拟电源连接
AVDD2	27	电源（模拟）	2～3.6 V 模拟电源连接
AVDD3	24	电源（模拟）	2～3.6 V 模拟电源连接
AVDD4	29	电源（模拟）	2～3.6 V 模拟电源连接
AVDD5	21	电源（模拟）	2～3.6 V 模拟电源连接
AVDD6	31	电源（模拟）	2～3.6 V 模拟电源连接
DCOUPL	40	电源（数字）	1.8 V 数字电源去耦，不使用外部电路供电
DVDD1	39	电源（数字）	2～3.6 V 数字电源连接
DVDD2	10	电源（数字）	2～3.6 V 数字电源连接
GND	—	接地	接地衬垫必须连接到一个坚固的接地面
GND	1，2 3，4	未使用的引脚	连接到 GND
P0_0	19	数字 I/O	端口 0.0
P0_1	18	数字 I/O	端口 0.1
P0_2	17	数字 I/O	端口 0.2
P0_3	16	数字 I/O	端口 0.3
P0_4	15	数字 I/O	端口 0.4
P0_5	14	数字 I/O	端口 0.5
P0_6	13	数字 I/O	端口 0.6
P0_7	12	数字 I/O	端口 0.7
P1_0	11	数字 I/O	端口 1.0～20 mA 驱动能力
P1_1	9	数字 I/O	端口 1.1～20 mA 驱动能力
P1_2	8	数字 I/O	端口 1.2
P1_3	7	数字 I/O	端口 1.3
P1_4	6	数字 I/O	端口 1.4
P1_5	5	数字 I/O	端口 1.5
P1_6	38	数字 I/O	端口 1.6
P1_7	37	数字 I/O	端口 1.7
P2_0	36	数字 I/O	端口 2.0
P2_1	35	数字 I/O	端口 2.1
P2_2	34	数字 I/O	端口 2.2
P2_3/XOSC32K_Q2	33	数字 I/O	端口 2.3 或 32.768 kHz XOSC
P2_4/XOSC32K_Q1	32	数字 I/O	端口 2.4 或 32.768 kHz XOSC
RBIAS	30	模拟 I/O	参考电流的外部精密偏置电阻
RESET_N	20	数字输入	复位，低电平有效
RF_N	26	RF I/O	RX 期间负 RF 输入信号到 LNA
RF_P	25	RF I/O	RX 期间正 RF 输入信号到 LNA
XOSC_Q1	22	模拟 I/O	32 MHz 晶振引脚 1 或 RF 外部时钟输入
XOSC_Q2	23	模拟 I/O	32 MHz 晶振引脚 2

4.4.3 CC2530 片上 8051 内核

CC2530 芯片使用的 8051 CPU 内核是一个单周期的 8051 兼容内核。它有三种不同的内存访问总线（SFR、DATA 和 CODE/XDATA），单周期访问 SFR、DATA 和主 SRAM。它还包括 1 个调试接口和 1 个 18 位输入扩展中断单元。中断控制器总共提供了 18 个中断源，分为 6 个中断组，每个中断组与 4 个中断优先级之一相关。当设备从 IDLE 模式回到活动模式时，任一中断服务请求也能响应。一些中断还可以从休眠模式（供电模式 1～3）唤醒设备。

内存仲裁器位于系统中心，因为它通过 SFR 总线把 CPU 和 DMA 控制器与物理存储器以及所有外设连接起来。内存仲裁器有 4 个内存访问点，每次访问可以映射到 3 个物理存储器之一：8 KB SRAM、Flash 存储器和 XREG/SFR 寄存器。它负责执行仲裁，并确定同时访问同一个物理存储器的顺序。

1. 增强型 8051 内核

增强型 8051 内核使用 8051 指令集。其指令的运行比标准的 8051 更快，因为每条指令 1 个时钟周期，而普通 8051 为每条指令 12 个时钟周期，而且除去了被浪费掉的总线状态。

因为 1 条指令周期和可能的存储器获取是对齐的，大部分单指令的执行时间为 1 个系统时钟周期。为了提高速度，CC2530 增强型内核还增加了 1 个数据指针以及扩展的 18 个源的中断单元。

CC2530 内核的目标代码兼容标准 8051 微处理器。换句话说，CC2530 的 8051 目标代码与标准 8051 完全兼容，可以使用标准 8051 的汇编器和编译器进行软件开发，所有 CC2530 的 8051 指令在目标代码和功能上与同类标准的 8051 产品完全等价。不管怎样，由于 CC2530 的 8051 内核使用不同于标准的指令时钟，且外设（如定时器、串口等）不同于标准的 8051，因此在编程时与标准的 8051 代码略有不同。

2. 存储空间

CC2530 包含 DMA 控制器，8 KB 静态 RAM（SRAM），32 KB、64 KB、128 KB 或 256 KB 片内在系统可编程的非易失性存储器（Flash 存储器）。8051 CPU 结构有 4 个不同的存储器空间，有独立的程序存储器和数据存储器空间。

（1）CODE 程序存储器空间：只读程序存储器空间，地址空间为 64 KB。

（2）DATA 数据存储器空间：8 位可读/可写的数据存储空间，可通过单周期的 CPU 指令直接或间接存取。其地址空间为 256 B，低 128 B 可通过直接或间接寻址访问，而高 128 B 只能通过间接寻址访问。

（3）XDATA 数据存储器空间：16 位可读/可写的数据存储空间，通常在访问时需要 4～5 个指令周期，地址空间为 64 KB。

（4）SFR 特殊功能寄存器：可通过 CPU 的单周期指令直接存取的可读/可写寄存器空间，其地址空间为 128 B。特殊功能寄存器可进行位寻址。

以上 4 个不同的存储空间构成了 CC2530 的存储器空间，可通过存储管理器来进行统一管理。为方便 DMA 传送和硬件调试，这 4 个存储器空间在器件中是部分重叠的。

3. 特殊功能寄存器

特殊功能寄存器控制 CC2530 的 8051 内核以及外设的各种重要功能。大部分的 CC2530 特殊功能寄存器与标准 8051 特殊功能寄存器功能相同，小部分与标准 8051 的不同。不同的特殊功能寄存器主要用于控制外设以及射频收发功能。

下面介绍 CC2530 的 8051 内核的内在寄存器。

（1）数据指针 DPTR0 与 DPTR1：2 个数据指针 DPTR0 与 DPTR1 可加快数据块在存储器之间的交换速度。

（2）寄存器 R0～R7：CC2530 提供了 4 组工作寄存器，每组包括 8 个功能寄存器。这 4 组寄存器分别映射到数据寄存器空间的 0x00～0x07、0x08～0x0F、0x10～0x17、0x18～0x1F。每个寄存器组包括 8 个 8 位寄存器 R0～R7。可以通过程序状态字 PSW 来选择这些寄存器组。

（3）程序状态字 PSW：程序状态字包含一些反映 CPU 状态的位，程序状态字可作为特殊功能寄存器进行访问。程序状态字包括进位标志、辅助进位标志、寄存器组选择（2 位）、溢出标志以及奇偶标志等，其余 2 位没有定义而留给用户定义。

（4）累加器 ACC：累加器 ACC 是大部分算术指令、数据传输及其他指令的源存储器和目的存储器。

（5）寄存器 B：寄存器 B 用于在执行乘除法运算指令时，提供第 2 个 8 位的参数。

（6）堆栈指针 SP：堆栈驻留在数据存储器空间并向上生长，通过 PUSH 和 POP 指令进行堆栈操作。当复位时，堆栈初始化到 0x07,如进行一次 PUSH 操作，则其值为 0x08,就会和第二个寄存器组的 R0 重合，所以 SP 应初始化到一个不同位置，即一个不被使用的数据存储器地址。

4.4.4 CC2530 主要特征外设

CC2530 有 21 个数字 I/O 引脚，能被配置为通用数字 I/O 口或作为外设 I/O 信号连接到 ADC、定时器或串口外设。

1. 输入/输出接口

CC2530 包括 3 组输入/输出（I/O）口，分别是 P0、P1、P2。其中，P0 和 P1 分别有 8 个引脚，P2 有 5 个引脚，共 21 个数字 I/O 引脚。这些引脚都可以用作通用的 I/O 端口，同时通过独立编程还可以作为特殊功能的输入/输出，通过软件设置还可以改变引脚的输入/输出硬件状态配置。

CC2530 的 I/O 引脚功能：①当用作输入口时，可选择输入上拉或下拉；②所有 I/O 引脚均可作为外部中断输入引脚；③外部中断接口也可以用于从休眠模式唤醒器件。

CC2530 的 I/O 寄存器有：P0、P1、P2、PERCFG、P0SEL、P1SEI、P2SEL、P0DIR、P1DIR、P2DIR、P0INP、P1INP、P2INP、P0IFG、P1IFG、P2IFG、PICTL、P1IEN。其中：Px（“x”为 0、1 或 2）为引脚输出，或输入引脚状态；PERCFG 为外设控制寄存器，用于选择哪个外设功能；PxSEL（“x”为 0、1 或 2）为端口功能选择寄存器，用于选择 I/O 口或者外设接口功能；PxDIR（“x”为 0、1 或 2）为端口方向寄存器，用于选择输入或者输出；PxINP（“x”为 0、1 或 2）为端口模式寄存器，用于选择输入上拉、下拉或者三态；PxIFG（“x”为 0、1 或 2）

为端口中断状态标志寄存器，当某I/O口有中断时，对应位置1；PICTL为端口中断控制，用于选择上升沿中断或者下降沿中断；P1IEN为中断使能寄存器，当某位被置1时，对应中断使能。

2. 直接存取（DMA）控制器

中断方式解决了高速内核与低速外设之间的矛盾，从而提高了单片机的效率。但在中断方式中，为了保证可靠地进行数据传送，必须花费一定的时间，如重要信息的保护以及恢复等，而它们都是与输入/输出操作本身无关的操作。因此对于高速外设，采用中断模式就会感到吃力。为了提高数据的存取效率，CC2530专门在内存与外设之间开辟了一条专用数据通道。这条数据通道在DMA控制器硬件的控制下，直接进行数据交换而不通过8051内核，不用I/O指令。

DMA控制器可以把外设（如ADC、射频收发器）的数据移到内存而不需要CC2530内核的干涉。这样，数据传输速度的上限取决于存储器的速度。当采用DMA方式传送时，由DMA控制器向8051内核发送DMA请求，内核响应DMA请求，这时数据输入/输出完全由DMA控制器指挥。

CC2530的DMA控制器主要具有以下特征：

- 5个独立的DMA通道；
- 3个可配置的通道优先级；
- 32个可配置的传输触发事件；
- 独立控制的源地址和目的地址；
- 单个传输、块传输或批传输数据模式；
- 数据传输长度可变；
- 可进行字操作和位操作。

3. 定时器

CC2530包含2个16位的定时器/计数器（Timer1和Timer2）和2个8位的定时器/计数器（Timer3和Timer4）。其中Timer2主要用于MAC的定时器，Timer1、Timer3、Timer4为支持典型的输入、捕获、输出比较与PWM功能的定时器/计数器。这些功能和标准的8051相似。下面重点介绍Timer2。

Timer2主要用于802.15.4 CSMA-CA算法与802.15.4 MAC层的计时。如果Timer2与休眠定时器一起使用，则当系统进入低功耗模块时，Timer2将提供定时功能，使用休眠定时器设置周期。

Timer2的特点如下：

- 16位定时/计数器，提供16 ms/320 ms的符号/帧周期；
- 可变周期，可精确到31.25 ns；
- 带2个16位比较功能定时器；
- 24位溢出计数；
- 带2个24位溢出比较功能；
- 帧首定界符捕捉功能；
- 定时器的启动/停止同步于外部32 kHz时钟并由休眠定时器提供定时；

- 比较和溢出产生中断；
- 具有 DMA 触发能力。

复位后，Timer2 处于定时器空闲模式，Timer2 停止。当 T2CTRL.RUN 设置为 1 时，Timer2 启动运行并进入运行模式。此时，Timer2 要么立即运行，要么同步于 32 kHz 时钟运行。可通过向 T2CTRL.RUN 写入 O 来停止正在运行的 Timer2。此时，Timer2 将进入空闲模式，Timer2 要么立即停止，要么同步于 32 kHz 时钟执行。

Timer2 不仅只用于定时，而且与普通的定时器一样，它也是一个 16 位的计数器。

4. 看门狗定时器（WTD）

在 CPU 可能受到一个软件颠覆的情况下，看门狗定时器（watch dog timer，WDT）可用作一种恢复的方法。当软件在选定时间间隔内不能清除 WDT 时，WDT 必须通过复位系统复位。看门狗可用于受到电气噪声、电源故障、静电放电等影响的应用，或需要高可靠性的环境。如果一个应用不需要看门狗功能，可以将 WDT 配置为一个间隔定时器，这样可以用于在所选定的时间间隔内产生中断。

WDT 的特性如下：

- 4 个可选的定时器间隔；
- 看门狗模式；
- 定时器模式；
- 在定时器模式下产生中断请求。

WDT 可以配置为看门狗定时或一个通用的定时器。WDT 模块的运行由 WDCTL 寄存器控制。看门狗定时器包括一个 15 位计数器，它的频率由 32 kHz 时钟源规定。注意，用户不能获得 15 位计数器的内容。在所有供电模式下，15 位计数器的内容保留，且当重新进入主动模式时，WDT 继续计数。

5. 14 位模/数转换器（ADC）

CC2530 的 ADC 支持 14 位的模/数转换，这跟一般单片机的 8 位 ADC 不同，ADC 框图如图 4-16 所示。这个 ADC 包括 1 个参考电压发生器和 8 个独立可配置通道，转换结果可通过 DMA 写到存储器中，并有多种操作模式。

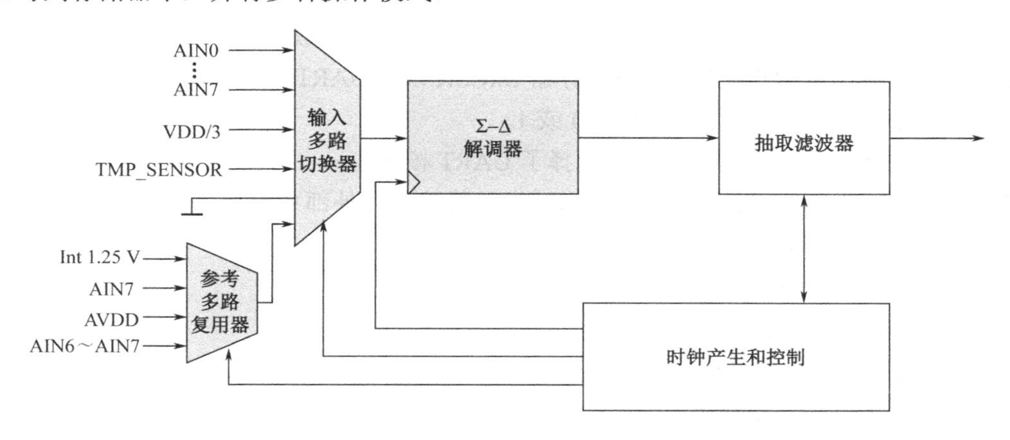

图 4-16　ADC 框图

CC2530 的 ADC 具有以下特征：

- ADC 转换位数 8～14 位可选；
- 8 个独立输入通道，可配置为单端输入或双端输入；
- 参考电压可选择内部、外部单端、外部双端或 AVDD5；
- 可产生中断；
- 转换完成可触发 DMA；
- 温度检测传感输入；
- 电池电压检测输入。

当使用 ADC 时，P0 口必须配置成 ADC 输入。在把 P0 相应的引脚当作 ADC 输入使用时，寄存器 ADCCFG 相应的位应设置为 1；若寄存器 ADCCFG 的各位初始值为 0，则 P0 相应的引脚不作为 ADC 输入使用。当 ADC 完成顺序模/数转换以及把结果送至内存（使用 DMA 模式）时，不需要 CPU 的干预。

6．串行通信接口（USART）

CC2530 有 2 个串行接口：USART0 和 USART1。它们可以在异步 UART 模式或同步 SPI 模式下独立操作。两个 USART 有相同的功能，对应分配到不同的 I/O 口，2 线制或 4 线制，硬件流控制。

UART 模式提供异步串行接口。在 UART 模式中，接口使用 2 线或者使用含有引脚 RXD、TXD、可选 RTS 和 CTS 的 4 线。UART 模式的操作具有下列特点：

- 8 位或 9 位负载数据；
- 奇校验、偶校验或无奇偶校验；
- 配置起始位和停止位电平；
- 配置 LSB 或 MSB 首先传送；
- 独立收发中断；
- 独立收发 DMA 触发；
- 奇偶校验和帧校验出错状态。

UART 模式提供全双工传送，接收器中的位同步不影响发送功能。传送一个 UART 字节包含 1 个起始位、8 个数据位、1 个作为可选项的第 9 位数据或者奇偶校验位再加上 1 个或 2 个停止位。注意，虽然真实的数据包含 8 位或者 9 位，但是，数据传送只涉及一个字节。

UART 操作由 USART 控制和状态寄存器 UxCSR 以及 UART 控制寄存器 UxUCR 来控制。这里的“x”是 USART 的编号，其值为 0 或 1。

当 UxCSR.MODE 设置为 1 时，就选择了 UART 模式。

在 SPI 模式中，USART 通过 3 线接口或者 4 线接口与外部系统通信。其中接口包含引脚 MOSI、MISO、SCK 和 SS_N。SPI 模式包含下列特征：

- 3 线（主要）或者 4 线 SPI 接口；
- 主模式和从模式；
- 可配置的 SCK 极性和相位；
- 可配置的 LSB 或 MSB 传送。

当 UxCSR.MODE 设置为 0 时，选中 SPI 模式。

在 SPI 模式中，USART 可以通过写 UxCSR.SLAVE 位来将 SPI 配置为主模式或者从模式。

7．AES-128 安全协处理器

CC2530 的数据加密由一个支持先进的高级加密技术标准 AES 的协处理器来实现。当该协处理器允许加密/解密时，可将 CPU 的使用率最小化。

AES-128 安全协处理器具有如下特征：

- 支持 IEEE 802.15.4 下的所有安全处理；
- ECB、CBC、CFB、OFB、CTR 和 CBC-MAC 多种加密模式；
- 硬件支持 CCM 加密模式；
- 128 位数据加密密钥；
- 具有 MDA 传输触发能力。

加密/解密一组信息时必须经过以下步骤：

（1）加载密钥；

（2）加载初始化向量（IV）；

（3）加密/解密上传和下载的数据。

AES 安全协处理器工作在 128 位。一组 128 位的数据下载到协处理器中加密，必须在下一组数据送至协处理器前完成加密。每组数据在送至协处理器加密前，必须给协处理器一个开始指令。

由于 AES 协处理器加密的数据都是以 128 位为一组的，因此当一组数据不足 128 位时，必须在后面添加 O 后才能把数据送至协处理器加密。CC2530 的内核 CPU 使用如下 3 个特殊功能寄存器与 AES 协处理器进行通信：

（1）ENCCS —— 加密控制和状态寄存器；

（2）ENCDI —— 加密输入寄存器；

（3）ENCDO —— 加密输出寄存器。

CPU 直接读/写寄存器状态；对输入/输出寄存器的访问，应使用 DMA 执行。当 AES 协处理器使用 DMA 时，必须使用 2 个 DMA 通道，一个用于数据输入，另一个用于数据输出。在把开始指令写入 ENCCS 寄存器前必须初始化 DMA 通道。开始指令写入 ENCCS 寄存器后，即使用 DMA 方式传送一次数据。在每一组数据传送完成后产生一个中断，该中断将把一个新的开始指令写入 ENCCS 寄存器。

当使用 CFB、OFB 和 CTR 模式时，128 位的数据组被划分为 4 块，每块为 32 位。在第 1 块 32 位数据块传送至 AES 协处理器加密完成后，AES 把已加密的数据传送出去，再把第 2 块 32 位数据块送至 AES 协处理器加密。就这样，一直完成 1 组 128 位数据的加密。解密过程与加密过程相同。

CBC 模式的加密首先也是将明文分成固定长度（128 位）的组，然后将前面一个加密块输出的密文与下一个要加密的明文块进行 XOR（异或）运算，再将运算结果用密钥进行加密，从而得到密文。第一个明文块加密时，因为前面没有加密的密文，所以需要一个初始化向量（IV）。

CBC-MAC 模式不同于 CBC 模式，除了最后一组数据之外，其他数据组都是一次性地将一组 128 位数据送至 AES 协处理器进行加密的。最后一组数据将用 CBC 模式加密；这组数据

是 MAC 信息，而 MAC 信息必须经过 MAC 的检验。CBC-MAC 加密过程与解密过程相似。

CCM 模式是 CBC-MAC 和 CTR 两种模式的结合，因此 CCM 的部分加密必须由软件完成。使用 CCM 模式加密数据，必须按如下步骤执行（密钥已加载）:

（1）数据认证，包括加载初始化向量；

（2）创建 BO 数据块；

（3）补满数据长度（如果数据位不够 128 位）等；

（4）数据加密。

4.4.5 CC2530 无线收发器

一个基于 IEEE 802.15.4 的 CC2530 无线收发器，其无线核心部分是 CC2420 射频（RF）收发器。CC2530 无线部分的特点如下：

- 2400～2483.5 MHz RF 收发器；
- 直接扩频序列收发器；
- 数据传输速率为 250 kb/s，芯片速率为 2 Mchip/s；
- QPSK 半波正弦调制；
- 极低的电流消耗（发送 18.8 mA，接收 17.4 mA）；
- 高的灵敏度（–95 dBm）；
- 临近信道冲突排斥（30 dB/45 dB）；
- 间隔信道冲突排斥（53 dB/54 dB）；
- 低电压（使用内部电压调节器时为 2.1～3.6 V）；
- 可编程的输出功率；
- 软件控制的同相/正交相（I/Q）信号的低中频（low-IF）接收器；
- 同相/正交相信号直接上转换器；
- 独立的发送和接收 FIFO：128 字节发送/接收数据 FIFO；
- 硬件支持 IEEE 802.15.4 MAC 层功能。

1. 频率和通道编程

CC2530 通过 7 位的频率设置字 FREQCTRL.FREQ[6:0]可以设置载波频率。改变在下一次重校准时发生。载波频率 f_c 的计算公式为：

$$f_c/\text{MHz} = 2\,394 + \text{FREQCTRL.FREQ[6:0]} \tag{4.1}$$

编程的步长为 1 MHz，IEEE 802.15.4-2006 在 2.4 GHz 频段给定了 16 个通道，数字从 11 到 26，5 MHz 的间距，其通道 k 的 RF 频率由如下公式给定：

$$f_c/\text{MHz} = 2\,405 + 5(k-11),\quad k = 11,12,\cdots,26 \tag{4.2}$$

对于通道 k 的操作，REQCTRL.FREQ 寄存器应设置为：

$$\text{FREQCTRL.FREQ} = 11 + 5\,(k-11) \tag{4.3}$$

2. IEEE 802.15.4-2006 帧格式

IEEE 802.15.4 帧格式如图 4-17 所示。从图 4-17 可以看到，IEEE 802.15.4 定义了物理层以及 MAC 层的通信数据格式。

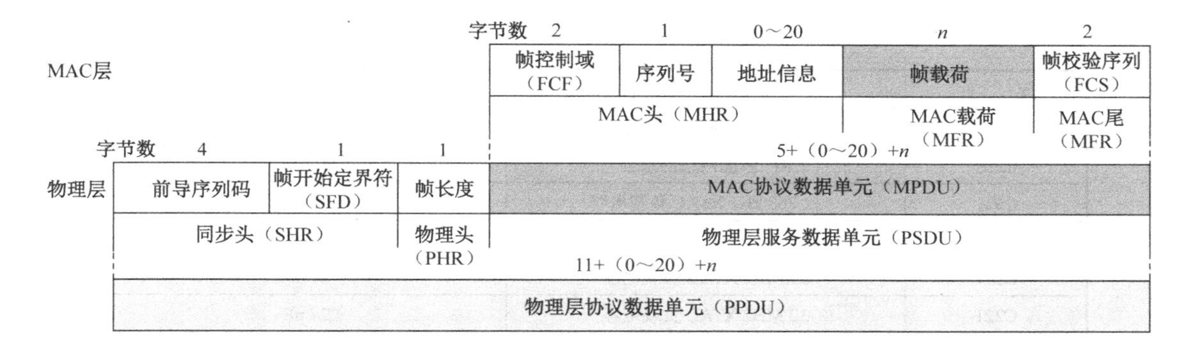

图 4-17 IEEE 802.15.4 帧格式

1）物理层

物理层由同步头、物理头和物理服务数据单元组成。同步头（SHR）由前导序列码和帧开始定界符（SFD）组成。在 IEEE 802.15.4 规范中，前导序列码由 4 字节的 0x00 组成；帧开始定界符为 1 字节，其值为 0xA7。

物理头仅包含帧长度区，帧长度区定义了 MPDU 的字节数。帧长度不包含帧长度区本身；但包含帧校验序列（FCS），即使帧校验序列是硬件自动插入的。

物理层服务数据单元（PSDU）包含 MAC 协议数据单元（MPDU），包含 MAC 的完整内容。

2）MAC 层

MAC 层包括以下几部分：MAC 头（MHR）、MAC 载荷以及 MAC 尾（MFR）。其中，MAC 头由帧控制域（FCF）、序列号和寻址信息组成。其中，帧控制域（FCF）的详细数据格式如图 4-18 所示；序列号由软件配置，不支持硬件设置。

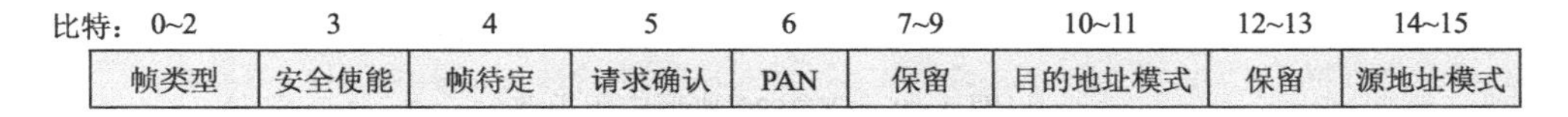

图 4-18 帧控制域详细数据格式

4.4.6 参考设计电路

CC2530 芯片操作只需极少的外部元件。图 4-19 所示是其典型的应用电路，外部元件的描述和典型值如表 4-3 所示。

表 4-3 外部元件描述和典型值

元 件	描 述	典 型 值
C251	RF 匹配网络的部分	18 pF
C261	RF 匹配网络的部分	18 pF
L252	RF 匹配网络的部分	2 nH
L261	RF 匹配网络的部分	2 nH
C262	RF 匹配网络的部分	1 pF

续表

元　件	描　述	典 型 值
C252	RF 匹配网络的部分	1 pF
C253	RF 匹配网络的部分	2.2 pF
C331	32.768 kHz XTAL 负载电容	15 pF
C321	32.768 kHz XTAL 负载电容	15 pF
C231	32 MHz XTAL 负载电容	27 pF
C221	32 MHz XTAL 负载电容	27 pF

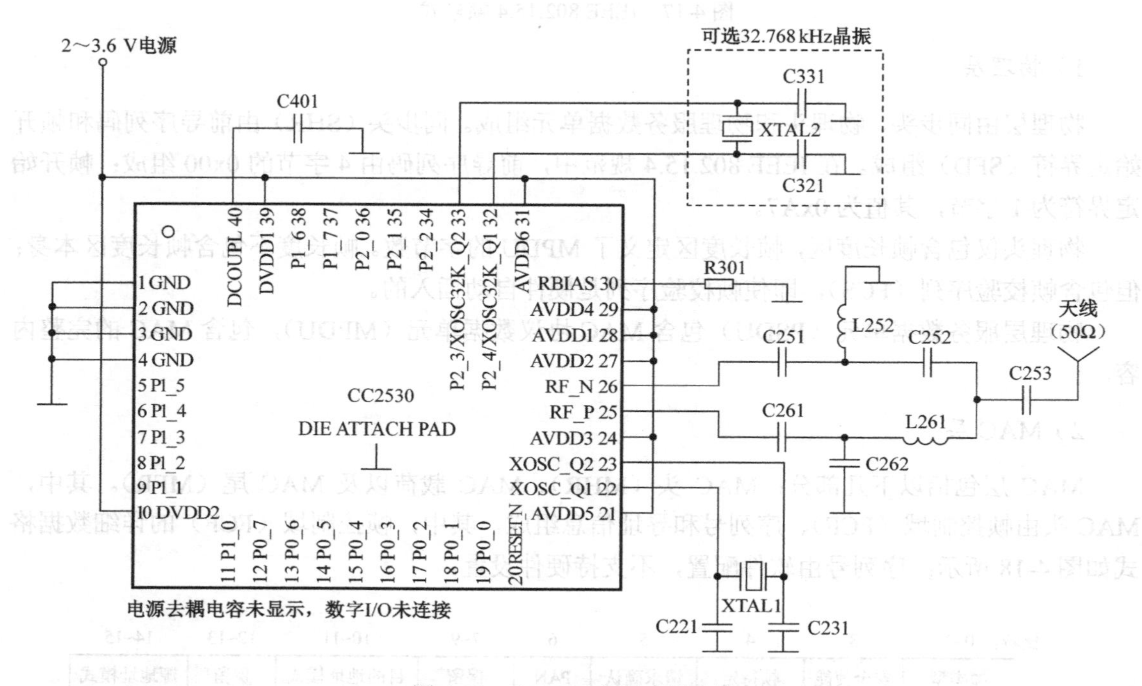

图 4-19　CC2530 典型应用电路

4.4.7　可用的软件

1. 用于评估的 SmartRF™ 软件

德州仪器（TI）公司的 SmartRF Studio 可用于评估无线电系统的性能和功能，对探索和了解 RF IC 产品很有帮助。在设计过程的早期阶段，该软件可帮助无线电系统的设计人员轻松地评估 RF IC。它对于产生配置数据和找到最佳外部组件值特别有用。

SmartRF Studio 软件可运行于 Microsoft Windows 95/98/NT/2000/XP。SmartRF Studio 软件可以从德州仪器网页 www.ti.com/smartrfstudio（http://www.ti.com/ litv/zip/swrc046m）上下载。该软件的功能有：

- 链路测试，在节点之间发送和接收数据包；
- 数据包错误率（PER）测试；
- 通过 USB 端口或并行端口与评估板通信；
- 一台计算机支持多达 8 个 USB 设备；

- 具有首选寄存器设置的普通视图；
- 可以读和写各个寄存器的寄存器视图，每个寄存器给出详细信息；
- 保存/打开文件的配置数据；
- 保存/加载文件的寄存器设置；
- 导出/导入文本文件的寄存器值；
- 导出寄存器设置到一个兼容 C 的软件结构。

2. RemoTI™ 网络协议

大多数现有的远程控制使用红外技术来和消费电子设备进行命令通信。但是，射频（RF）远程控制基于双向 RF 通信，使用非视距操作，提供更先进的功能。用于消费电子的 ZigBee 射频（RF4CE）是 ZigBee 联盟和 RF4CE 协会最新协商的结果，专门用于部署宽广范围的远程控制音频/视频消费电子产品，如 TV 和机顶盒。

RemoTI 网络协议就是按德州仪器 ZigBee RF4CE 标准执行的。它是一个完整的解决方案，为 TI 低功耗 RF 产品系列提供了硬件和软件支持。RemoTI 网络协议是一个黄金单元平台，即为了兼容标准，它用于测试 ZigBee RF4CE 标准的其他实现。

关于 TI 公司的 RemoTI 网络协议的更多信息，可从 TI 公司 RemoTI 网络协议网站 www.ti.com/remoti 查询、下载。

3. SimpliciTI™ 网络协议

SimpliciTI 网络协议是一个低功耗 RF 协议（用于低于 1 GHz、2.4 GHz 的 IC 和 IEEE 802.15.4 RF IC），针对简单、小型的 RF 网络。这一开放源码的软件是构建一个网络的良好开端，该网络中含有使用了 TI 低功耗 RF 片上系统（SoC）的由电池供电的设备。SimpliciTI 网络协议专门用于在一些 TI RF 平台上简单实现和部署的开箱即用的应用，它提供了一些实例应用程序。

SimpliciTI 网络协议的主要应用：

- 报警和安全：占位传感器、照明传感器、一氧化碳传感器、玻璃破损探测器；
- 烟雾探测器；
- 自动抄表：煤气表、水表、电子表；
- 动态 RFID 应用。

SimpliciTI 网络协议的主要功能：

- 低功耗：一个 TI 专有的低功耗网络协议。
- 灵活：直接设备到设备通信；简单的星状结构，具有存储和转发到终端设备的接入点；范围扩展，增加了 4 跳的范围。
- 简单：使用仅有 5 个命令的 API。
- 低数据率和低占空比。
- 易于使用。

关于 TI 公司的 SimpliciTI 网络协议的更多信息，可以通过德州仪器 SimpliciTI 网络协议网站 www.ti.com/simpliciti 查询、下载。

4. TIMAC 软件

TIMAC 软件是一个 IEEE 802.15.4 媒体访问控制软件栈，用于 TI 的 IEEE 802.15.4 收发

器和片上系统。

以下情况可以使用TIMAC：

- 需要一个无线点到点或点到多点解决方案，即多个传感器直接报告给一个主机；
- 需要一个标准化的无线协议；
- 有电池供电和（或）主电源供电的节点；
- 需要支持确认和重传；
- 要求低数据率（大约 100 kb/s 的有效数据率）。

TIMAC 的功能：

- 支持 IEEE 802.15.4 标准；
- 支持信标使能和非信标使能的系统；
- 多个平台；
- 便于部署应用程序。

TIMAC 软件栈经过认证并符合 IEEE 802.15.4 标准，免费为 TIMAC 软件分配目标代码。使用 TIMAC 软件不需要许可费。

关于 TIMAC 软件的更多信息，可从德州仪器 TIMAC 网络协议网站 www.ti.com/timac 查询、下载。

5. Z-Stack 软件

Z-Stack 软件是 TI 公司的 ZigBee 兼容协议栈，用于不断增加的 IEEE 802.15.4 产品和平台系列。Z-Stack 软件栈符合 ZigBee-2006 和 ZigBee-2007 规范，支持 ZigBee 和 ZigBee PRO 功能集。Z-Stack 软件中包括两个 ZigBee 应用规范——智能能源规范和家庭自动化规范，其他应用规范可以很容易地由用户实现。

Z-Stack 软件的主要特征包括：

- 完全兼容 ZigBee 和 ZigBee PRO 功能集；
- 广泛的实例应用程序，包括支持 ZigBee 智能能源规范和 ZigBee 家庭自动化规范；
- 支持无线下载和串行引导加载；
- 可以和 RF 前端（CC2590 和 CC2591）一起使用，分别支持 10 dBm 和 20 dBm 的输出功率，且提高了接收灵敏度。

Z-Stack 软件被 ZigBee 联盟评为黄金单元，ZigBee 和 ZigBee PRO 规范被全世界的 ZigBee 开发人员广泛使用。

Z-Stack 软件特别适合于：

- 智能能源（AMI）；
- 家庭自动化；
- 商业楼宇自动化；
- 医疗、辅助生活或个人健康和医院护理；
- 监测和控制应用；
- 无线传感网；
- 警报和安全；
- 资产跟踪；

- 要求有互操作性的应用程序。

关于 Z-Stack 软件的更多信息，可从德州仪器 Z-Stack 网络协议网站 www.ti.com/z-stack 查询、下载。

4.5 ZigBee 协议栈

4.5.1 Z-Stack 协议栈介绍

TI 公司在提供 ZigBee 无线单片机 CC2530 的同时，也提供了 Z-Stack 协议栈源代码，以方便设计人员将 Z-Stack 直接移植到 CC2530 上使用，使其支持 IEEE 802.15.4/ZigBee 协议。TI 也提供比较多的工具软件（如 CC2530 的 Flash 编程软件、包监视分析软件），以及一些在协议之上的应用案例、简单点对点通信软件、智能家居应用软件等。

为了使系统稳定可靠地运行，除了必须保证硬件的设计稳定可靠，满足需要的功能要求之外，软件的设计也同样重要。为了使整个系统能很好地正常工作，必须让软硬件协同操作，在 TI 的 Z-Stack 协议栈之上开发我们自己的软件系统，不愧为一种很好的、省力的方式。通过 IAR 软件打开 TI 的 Z-Stack 协议栈，其分层文件如图 4-20 所示。

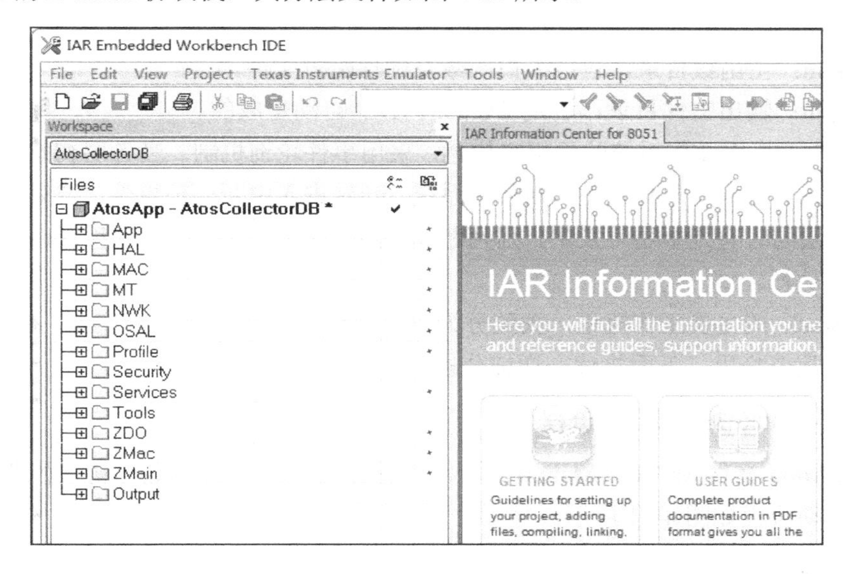

图 4-20　Z-Stack 协议栈分层文件

第一次打开工程，印象最深刻的就是左边一排文件夹，非常多，很庞杂，感觉无从下手。我们先不深入目录之下，先了解每个目录放的是什么内容，知道各个文件夹大概是什么功能，分布在 ZigBee 的哪一层，那么在以后的工作中无论是查询某些功能函数还是修改某些功能函数，甚至是添加或删除某些功能函数，就能顺利地找到在什么地方了，方便对 Z-Stack 协议栈软件的更深入的学习和了解。

下面对 Z-Stack 协议栈的文件夹进行介绍：

- App（Application Programming）：应用层目录，这是用户创建各种不同工程的区域，在这个目录中包含了应用层的内容和这个项目的主要内容，在协议栈里面一般是以操作系统的任务实现的。用户应用程序及接口，包括串口数据处理、无线接收数据处理、用户 LCD 显示处理、传感器数据读取和发送等。

- HAL（Hardware (H/W) Abstraction Layer）：硬件层目录，包含有与硬件相关的配置和驱动及操作函数。
- MAC：MAC 层目录，包含 MAC 层的参数配置文件以及 MAC 层 LIB 库的函数接口文件。
- MT（Monitor Test）：实现通过串口可控各层，与各层进行直接交互。
- NWK（ZigBee Network Layer）：网络层目录，包含网络层配置参数文件及网络层库的函数接口文件、APS 层库的函数接口。
- OSAL（Operating System (OS) Abstraction Layer）：协议栈的操作系统。
- Profile：AF（Application work）层目录，包含 AF 层处理函数文件。
- Security：安全层目录，包含安全层处理函数，如加密函数等。
- Services：地址处理函数目录，包括地址模式的定义及地址处理函数。
- Tools：工程配置目录，包括空间划分及 Z-Stack 相关配置信息。
- ZDO（ZigBee Device Objects）：ZDO 目录。
- ZMac：MAC 层目录，包括 MAC 层参数配置及 MAC 层 LIB 库函数回调处理函数。
- ZMain：主函数目录，包括入口函数及硬件配置文件。
- Output：输出文件目录，这是 EW8051 IDE 自动生成的。

Z-Stack 协议栈用操作系统的思想来构建，采用事件轮询机制。当各层初始化之后，系统进入低功耗模式。如果有事件发生，则唤醒系统，开始进入中断处理事件，结束后继续进入低功耗模式；如果同时有几个事件发生，则判断优先级，逐个处理事件。这种软件构架可以极大地降低系统的功耗。

整个 Z-Stack 的主要工作流程，大致分为系统启动，驱动初始化，OSAL 初始化和启动，进入任务轮询几个阶段，下面将逐一详细分析。

1. TI 的 Z-Stack 协议栈启动流程

可打开 ZMain 文件夹中的 ZMain.c 文件，查看 int main(void) 函数，协议栈即从此函数开始运行。其启动流程如图 4-21 所示。

1）系统初始化

系统上电后，通过执行 ZMain 文件夹中 ZMain.c 的 ZSEG int main( ) 函数实现硬件的初始化。硬件初始化需要根据 HAL 文件夹中的 hal_board_cfg.h 文件配置 8051 的寄存器。TI 官方发布 Z-Stack 的配置所针对的是 TI 官方的开发板 CC2530DB、CC2530EMK 等；如果采用其他开发板，则需要根据原理图设计改变 hal_board_cfg.h 文件配置，如按键多少及其对应的 I/O 口，LED 指示灯的多少及其对应的 I/O 口，串口的波特率及中断还是 DMA 操作方式，是否有 LCD 等。也可以通过宏定义的方式，将硬件的功能模块的操作放开或屏蔽掉。

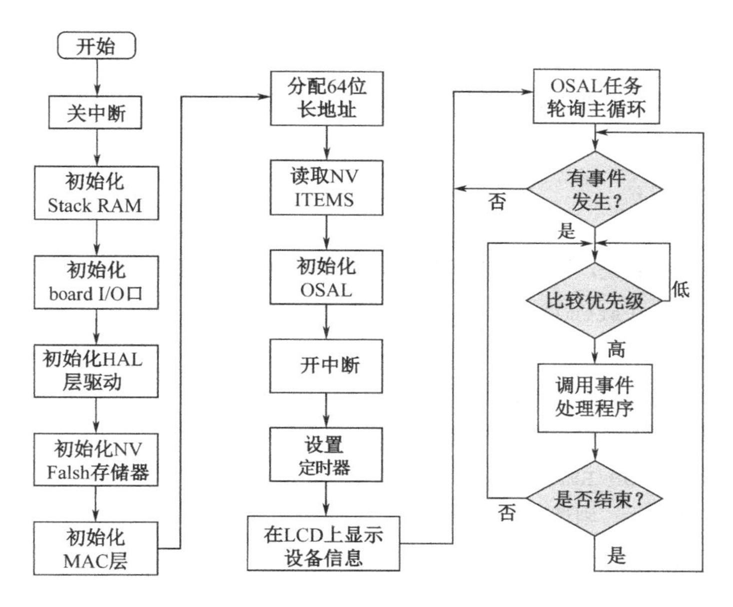

图 4-21　Z-Stack 协议栈启动流程

下面列出 main 函数，并在其调用的函数处对其进行注释说明：

```
int main( void ){
  //关全局中断
  osal_int_disable( INTS_ALL );
  //板相关的硬件初始化，如时钟、LED 等
  HAL_BOARD_INIT();
  //确保电源电压比正常运行的电压高
  zmain_vdd_check();
  //参数堆栈及返回地址堆栈清 0
  zmain_ram_init();
  //判别是上电复位、复位键复位还是看门狗复位
  InitBoard( OB_COLD );
  //初始话硬件抽象层驱动，如定时器、ADC、DMA、Flash、AES、LED、UART、KEY、SPI 和
    LCD 等
  HalDriverInit();
  //初始化 Flash 存储器系统
  osal_nv_init( NULL );
  //初始化基本的非易失性存储器的项目，初始化 Z-Stack 全局变量。如果一个项目在非易失性
    存储器中没有，则将默认值写入其中。
  zgInit();
  //初始化 MAC 层
  ZMacInit();
  //决定起始的扩展 IEEE 地址
```

```
    zmain_ext_addr();
  //如果无网络层，则调用 afInit()对无线射频部分进行初始化
  #ifndef NONWK
      afInit();
  #endif
    //初始化操作系统，初始化存储器系统、消息队列、定时器、电源管理系统、系统任务等
    osal_init_system();
    //开全局中断
    osal_int_enable( INTS_ALL );
    //进行板硬件的最后初始化,如键盘、摇杆等的初始化
    InitBoard( OB_READY );
    //如果使用 LCD，则调用用于 LCD 硬件的初始化
    #ifdef LCD_SUPPORTED
      zmain_lcd_init();
  #endif
    //显示 IEEE 地址等设备信息
    zmain_dev_info();
    //如果使用了看门狗，则将看门狗使能
  #ifdef WDT_IN_PM1
      WatchDogEnable( WDTIMX );
  #endif
  //启动操作系统，将不会从此函数返回
    osal_start_system(); // No Return from here
    //不会到达这里
    return ( 0 );
  }
```

当顺利完成上述初始化后，执行 osal_start_system( )函数开始运行 OSAL 系统。该任务调度函数按照优先级检测各个任务是否就绪：如果存在就绪的任务，则调用 tasksArr[ ]中相对应的任务处理函数去处理该事件，直到执行完所有就绪的任务；如果任务列表中没有就绪的任务，则可以使处理器进入休眠状态实现低功耗。任务调度流程如图 4-22 所示。osal_start_system( ) 一旦执行，则不再返回 main( ) 函数。

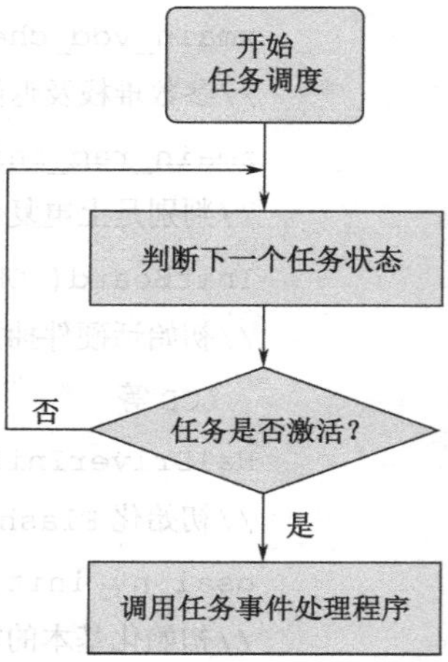

图 4-22　任务调度流程

2）OSAL 任务

OSAL 是协议栈的核心，Z-Stack 协议栈的任何一个子系统都作为 OSAL 的一个任务，因此在开发应用层的时候，必须通过创建 OSAL 任务来运行应用程序。通过 osalInitTasks( )函数创建 OSAL 任务，其中 TaskID 为每个任务的唯一标识号。任何 OSAL 任务必须分为两步：一是进行任务初始化；二是处理任务事件。任务初始化的主要步骤如下：

（1）初始化应用服务变量。const pTaskEventHandlerFn tasksArr[ ] 数组定义系统所提供的应用服务和用户服务变量，如 MAC 层服务 macEventLoop，用户服务 controlEpProcess、functionEpProcess 等。

（2）分配任务 ID 和分配堆栈内存。void osalInitTasks(void) 的主要功能，是通过调用 osal_mem_alloc( ) 函数给各个任务分配内存空间和给各个已定义的任务指定唯一的标识号。

（3）在 AF 层注册应用对象。通过填入 endPointDesc_t 数据格式的 EndPoint 变量，调用 afRegister( ) 在 AF 层注册 EndPoint 应用对象。通过在 AF 层注册应用对象的信息，告知系统 afAddrType_t 地址类型数据包的路由端点，如：用于发送周期信息的 SampleApp_Periodic_DstAddr 和发送 LED 闪烁指令的 SampleApp_Flash_DstAddr。

（4）注册相应的 OSAL 或者 HAL 系统服务。在协议栈中，Z-Stack 提供键盘响应和串口活动响应两种系统服务，但是任何 Z-Stack 任务均不自行注册系统服务，两者均需要由用户应用程序注册。值得注意的是，有且仅有一个 OSAL Task 可以注册服务。例如，要注册键盘活动响应，可调用 RegisterForKeys( ) 函数。

（5）处理任务事件。任务事件通过创建 "ApplicationName"_ProcessEvent( ) 函数来处理。一个 OSAL 任务除了强制事件（mandatory event）之外还可以定义 15 个事件。

- SYS_EVENT_MSG：一个强制任务事件 SYS_EVENT_MSG (0x8000)，被保留，必须通过 OSAL 任务设计。管理者应该处理系统信息子集，其下面只列出了部分信息，但其中包括最常用的几个信息的处理，可根据具体例子复制到自己的项目中使用。
- AF_DATA_CONFIRM_CMD：调用 AF_DataRequest()函数数据请求成功的指示。Zsuccess 确认数据请求传输成功，如果数据请求设置 AF_ACK_REQUEST 标志位，那么只有最终目的地址成功接收后，Zsuccess 确认信息才返回。如果数据请求没有设置 AF_ACK_REQUEST 标志位，那么数据请求只要成功传输到下一跳节点就返回 Zsuccess 确认信息。
- AF_INCOMING_MSG_CMD：AF 信息输入指示。
- KEY_CHANGE：键盘动作指示。
- ZDO_NEW_DSTADDR：匹配描述符请求响应指示，如自动匹配。
- ZDO_STATE_CHANGE：网络状态改变指示。

2. 网络层信息

ZigBee 设备有两种网络地址：一个是 64 位的 IEEE 地址，通常也叫作 MAC 地址或者扩展地址（extended address）；另一个是 16 位的网络地址，也叫作逻辑地址（logical address）或者短地址。64 位长地址是全球唯一的地址，并且终身分配给设备。这个地址可由制造商设定或者在安装时设置，是由 IEEE 来提供的。当设备加入 ZigBee 网络被分配一个短地址时，这个地址在其所在的网络中是唯一的，主要用来在网络中辨识设备、传递信息等。

协调器（coordinator）首先在某个频段发起一个网络，网络频段的定义放在 DEFAULT_CHANLIST 配置文件里。如果 ZDAPP_ CONFIG_ PANID 定义的 PAN ID 是 0xFFFF（代表所有的 PAN ID），则协调器根据它的 IEEE 地址随机确定一个 PAN ID；否则，根据 ZDAPP_CONFIG_ PANID 的定义建立 PAN ID。当节点为路由器（router）或者终端设备（end device）时，设备将会试图加入 DEFAULT_CHANLIST 所指定的工作频段。如果 ZDAPP_

CONFIG_PANID 没有设为 0xFFFF，则路由器或者终端会加入 ZDAPP_CONFIG_PANID 所定义的 PAN ID。

设备上电之后会自动形成或加入网络，如果想设备上电之后不马上加入网络或者在加入网络之前先处理其他事件，可以通过定义 HOLD_AUTO_START 来实现。通过调用 ZDApp_StartUpFromApp( ) 来手动定义多长时间之后开始加入网络。如果设备成功地加入网络，它会将网络信息存储在非易失性存储器（NV Flash）里，掉电后仍然保存。这样，当再次上电后，设备会自动读取网络信息，设备对网络就有一定的记忆功能。对 NV Flash 的动作，通过 NV_RESTORE( )函数和 NV_ITNT( )函数来执行。

有关网络参数的设置大多保存在协议栈 Tools 文件夹的 f8wConfig.cfg 里。

3．路由

Z-Stack 采用无线自组网，它按照平面距离矢量路由协议 AODV 来建立一个 ad hoc 网络，支持移动节点，当链接失败和数据丢失时能够自组织和自修复。当一个路由器接收到一个信息包之后，NMK 层将会进行以下的工作：首先确认目的地址，如果目的地址是该路由器的邻居，信息包将会直接传输给目的设备；否则，该路由器将会确认和目的地址相应的路由表条目，如果对于目的地址能找到有效的路由表条目，信息包将会被传递到该条目中所存储的下一跳地址；如果找不到有效的路由表条目，则路由探测功能将会被启动，信息包将会被缓存，直到发现一个新的路由信息。

ZigBee 终端设备不会执行任何路由函数，它只是简单地将信息传送给前面的可以执行路由功能的父设备。因此，如果一个终端设备想发送信息给另外一个终端设备，则在发送信息期间将会启动路由探测功能，找到相应的父路由节点。

另外，在工程文件夹 NWK 目录中的 nwk_globals.h 文件里有对网络拓扑结构的定义：

```
#define NWK_MODE              NWK_MODE_STAR  //星状网络
//#define NWK_MODE            NWK_MODE_TREE  //树状网络
//#define NWK_MODE            NWK_MODE_MESH  //网状网络
```

通过对 NWK_MODE 模式的设置，即可更改网络拓扑结构。

注：ZIGBEEPRO 在 Tools\f8wConfig.cfg 中定义。

在工程文件夹 Tools 中 f8wConfig.cfg 文件里有对网络组网号及无线通道号的定义，如：

```
-DZDAPP_CONFIG_PAN_ID=0x0001
```

通过修改-DZDAPP_CONFIG_PAN_ID 参数的设置，可为无线传感网节点分配不同的网络组网号。协调器将使用此值作为网络的 PAN ID 值，路由器和端节点将使用此 PAN ID 加入个人域网。

```
-DDEFAULT_CHANLIST=0x04000000  // 26 - 0x1A
```

4.5.2 ZigBee 设备类型

在 ZigBee 网络中存在三种逻辑设备类型：协调器（coordinator）、路由器（router）和终端设备（end device）。ZigBee 网络由一个协调器以及多个路由器和多个终端设备组成。

1. 协调器

协调器（coordinator）负责启动整个网络，它也是网络的第一个设备，协调器选择一个信道和一个网络 ID（也称之为 PAN ID，即 personal area network ID），随后启动整个网络。协调器也可以用来协助建立网络中安全层和应用层的绑定（binding）。

注意，协调器的角色主要涉及网络的启动和配置。一旦这些都完成后，协调器的工作就像一个路由器。

2. 路由器

路由器（router）的主要功能是：允许其他设备加入网络；多跳路由；协助其子设备（通常由电池供电）通信。通常，路由器希望一直处于活动状态，因此它必须使用主电源供电；但是当使用树状网络模式时，允许路由间隔一定的周期操作一次，这样就可以使用电池为其供电。

3. 终端设备

终端设备（end device）没有特定的维持网络结构的责任，它可以休眠或者唤醒，因此它可以是一个电池供电设备。通常，终端设备对存储空间（特别是 RAM）的需要比较小。

注意：在 Z-Stack 1.4.1 中，一个设备的类型通常在编译时通过编译选项 ZDO_COORDINATOR 和 RTR_NWK 来确定。所有的应用例子都提供独立的项目文件来编译每一种设备类型。

4. 栈配置

栈参数的集合需要被配置为一定的值，这些值合在一起被称为栈配置（stack profile）。ZigBee 联盟定义了这些由栈配置组成的栈参数。网络中的所有设备必须遵循同样的栈配置。为了促进互用性这个目标，ZigBee 联盟为 ZigBee2006 规范定义了栈配置。所有遵循此栈配置的设备可以在其他开发商开发的遵循同样栈配置的网络中使用。

4.5.3 寻址

ZigBee 设备有两种类型的地址：一种是 64 位 IEEE 地址，即 MAC 地址；另一种是 16 位网络地址。其中 64 位地址是全球唯一的地址，设备将在它的生命周期中一直拥有它，它通常由制造商设置或者被安装时设置，由 IEEE 来维护和分配；而 16 位网络地址是在设备加入网络后分配的，它在网络中是唯一的，用来在网络中鉴别设备和发送或接收数据。

1. 网络地址分配

ZigBee 使用分布式寻址方案来分配网络地址。这个方案保证在整个网络中所有分配的地址是唯一的。这一点是必须的，因为只有这样才能保证一个特定的数据包能够发给它指定的设备，而不出现混乱。同时，这个寻址算法本身的分布特性保证设备只能通过与他的父设备通信来接收一个网络地址，而不需要整个网络范围内通信的地址分配，这有助于网络的可测量性。

在每个路由加入网络之前，寻址方案需要知道和配置一些参数。这些参数是 MAX_ DEPTH、MAX_ROUTERS 和 MAX_CHILDREN。这些参数是栈配置的一部分，ZigBee2006 协议栈已经规定了这些参数的值：MAX_DEPTH=5，MAX_ROUTERS=6，MAX_CHILDREN=20。

MAX_DEPTH 决定了网络的最大深度。协调器位于深度 0，它的第一级子设备位于深度

1，它的子设备的子设备位于深度 2，以此类推。MAX_DEPTH 参数限制了网络在物理上的长度。

MAX_CHILDREN 决定了一个路由器节点或者一个协调器节点可以处理的子节点的最大个数。

MAX_ROUTERS 决定了一个路由器节点或者一个协调器节点可以处理的具有路由功能的子节点的最大个数。这个参数是 MAX_CHILDREN 的一个子集，终端节点使用 MAX_CHILDREN 减去 MAX_ROUTERS 后剩下的地址空间。

如果开发人员想改变这些值，则需要完成以下步骤：

（1）保证这些参数新的赋值合法。即整个地址空间不能超过 216，这就限制了参数能够设置的最大值。可以使用 projects\ZStack\tools 文件夹下的 CSkip.xls 文件来确认这些值是否合法。当在表格中输入了这些数据后，如果你的数据不合法，就会出现错误信息。

（2）当选择了合法的数据后，开发人员还要保证不再使用标准的栈配置，取而代之的是网络自定义栈配置（例如，在 nwk_globals.h 文件中将 STACK_PROFILE_ID 改为 NETWORK_SPECIFIC）。然后，nwk_globals.h 文件中的 MAX_DEPTH 参数将被设置为合适的值。

2. Z-Stack 寻址

为了向一个在 ZigBee 网络中的设备发送数据，应用程序通常使用 AF_DataRequest() 函数。以下代码将数据包发送给一个 afAddrType_t（在 ZComDef.h 中定义）类型的目的设备：

```
typedef struct
{
union
{
uint16 shortAddr;            //16 位网络短地址
} addr;
afAddrMode_t addrMode;
byte endPoint;
} afAddrType_t;
```

注意，除了网络地址之外，还要指定地址模式参数。目的地址模式可以设置为以下几个值：

```
typedef enum
{
afAddrNotPresent = AddrNotPresent,       //地址未指定
afAddr16Bit = Addr16Bit,                 //16 位网络地址
afAddrGroup = AddrGroup,                 //组地址
afAddrBroadcast = AddrBroadcast          //广播地址
} afAddrMode_t;
```

因为在 ZigBee 中数据包可以单点传送（unicast）、间接传送（indirect）和多点传送（multicast）或者广播传送，所以必须有地址模式参数。一个单点传送数据包只发送给一个设备，多点传送数据包则要传送给一组设备，而广播传送数据包则要发送给整个网络的所有节点。

1）单点传送（unicast）

单点传送是标准寻址模式，它将数据包发送给一个已知网络地址的网络设备。将地址模式（afAddrMode）设置为“Addr16Bit”，并且在数据包中携带目的设备地址。

2）间接传送（indirect）

当应用程序不知道数据包的目的设备在哪里时使用间接传送模式。将地址模式设置为“AddrNotPresent”，并且目的地址没有指定，而是从发送设备的栈的绑定表中查找目的设备。这个特点称为源绑定。当数据向下发送到达栈中时，从绑定表中查找并且使用该目的地址。这样，数据包将被处理成一个标准的单点传送数据包。如果在绑定表中找到多个设备，则向每个设备都发送一个数据包的拷贝。

上一版本的ZigBee（ZigBee04），有一个选项可以将绑定表保存在协调器中。发送设备将数据包发送给协调器，协调器查找它栈中的绑定表，然后将数据发送给最终的目的设备。这个附加的特性叫作协调器绑定（coordinator binding）。

3）广播传送（broadcast）

当应用程序需要将数据包发送给网络的每一个设备时，使用广播传送模式。将地址模式设置为“AddrBroadcast”，目的地址可以设置为以下面广播地址之一：

（1）NWK_BROADCAST_SHORTADDR_DEVALL(0xFFFF)——数据包将被传送到网络上的所有设备，包括休眠中的设备。对于休眠中的设备，数据包将被保留在其父节点中直到查询到该设备，或者消息超时（NWK_INDIRECT_MSG_TIMEOUT 在 f8wConifg.cfg 中）。

（2）NWK_BROADCAST_SHORTADDR_DEVRXON(0xFFFD)——数据包将被传送到网络上的所有在空闲时打开接收的设备，即除了休眠中设备之外的所有设备。

（3）NWK_BROADCAST_SHORTADDR_DEVZCZR(0xFFFC)——数据包发送给所有的路由器，包括协调器。

3. 组寻址

当应用程序需要将数据包发送给网络上的一组设备时，使用组寻址模式。将地址模式设置为“afAddrGroup”并且 addr.shortAddr 设置为组 ID。在使用这个功能之前，必须在网络中定义组。

注意：组可以用来关联间接寻址。在绑定表中找到的目的地址可能是单点传送地址，也可能是一个组地址。另外，广播传送可以看作组寻址的一个特例。

下面的代码描述一个设备怎样加入到一个 ID 为 1 的组当中：

```
aps_Group_t group;
// Assign yourself to group 1
group.ID = 0x0001;
group.name[0] = 0; // This could be a human readable string
aps_AddGroup( SAMPLEAPP_ENDPOINT, &group );
```

4. 重要设备地址

应用程序可能需要知道它的设备地址和父地址。使用下面的函数获取设备地址（在 Z-Stack

API 中定义)：

- NLME_GetShortAddr() —— 返回本设备的 16 位网络地址；
- NLME_GetExtAddr() —— 返回本设备的 64 位扩展地址。

使用下面的函数获取该设备的父设备的地址：

- NLME_GetCoordShortAddr() —— 返回本设备的父设备的 16 位网络地址；
- NLME_GetCoordExtAddr() —— 返回本设备的父设备的 64 位扩展地址。

4.5.4 绑定

绑定是一种两个（或多个）应用设备之间信息流的控制机制。在 ZigBee2006 发布版本中，它被称为资源绑定，所有的设备都必须执行绑定机制。

绑定允许应用程序发送一个数据包而不需要知道目的地址。APS 层从它的绑定表中确定目的地址，然后将数据继续向目标应用或者目标组发送。

注意：在 ZigBee 的 1.0 版本中，绑定表保存在协调器（coordinator）当中；而现在所有的绑定记录都保存在发送信息的设备当中。

1. 建立绑定表

有三种方法可以建立一个绑定表：

- ZigBee 设备对象绑定请求（ZigBee Device Object Bind Request）——一个启动工具可以告诉设备创建一个绑定记录。
- ZigBee 设备对象终端设备绑定请求（ZigBee Device Object End Device Bind Request）—— 两个设备可以告诉协调器它们想要建立一个绑定表记录。协调器用来协调并在两个设备中创建绑定表记录。
- 设备应用绑定管理器（Device Application Binding Manager）—— 一个设备上的应用程序建立或者管理一个绑定表。

1）ZigBee 设备对象绑定请求

任何一个设备都可以发送一个 ZDO 信息给网络中的另一个设备，用来建立绑定表。这被称为援助绑定，它可以为一个发送设备创建一个绑定记录。

一个应用程序可以通过 ZDP_BindReq()函数（在 ZDProfile.h 中）建立绑定，并在绑定表中包含两个请求（地址和终点）以及想要的群 ID。第一个参数（目标 dstAddr）是绑定源的短地址，即 16 位网络地址，它确定已经在 ZDConfig.h 允许了这个功能（ZDO_BIND_UNBIND_REQUEST）。也可以使用 ZDP_UnbindReq() 函数以同样的参数取消绑定记录。目的设备发回 ZigBee Device Object Bind 或者 Unbind Response 信息，该信息是 ZDO 代码根据动作的状态通过调用 ZDApp_BindRsq() 函数或者 ZDApp_UnbindRsq() 函数来分析和通知 ZDApp.c 的。

对于绑定响应，协调器返回的状态将是 ZDP_SUCCESS、ZDP_TABLE_FULL 或者 ZDP_NOT_SUPPORTED。对于解除绑定响应，协调器返回的状态将是 ZDP_SUCCESS、ZDP_NO_ENTRY 或者 ZDP_NOT_SUPPORTED。

2）ZigBee 设备对象终端设备绑定请求

这个机制是在指定的时间周期（timeout period）内，通过按下选定设备上的按钮或者通过类似的动作来绑定。协调器在指定的时间周期内搜集终端设备的绑定请求信息，然后以配置 ID（Profile ID）和群 ID（Cluster ID）协议为基础，创建一个绑定表记录作为结果。默认的设备绑定时间周期(APS_DEFAULT_MAXBINDING_TIME)是 16 秒（在 nwk_globals.h 中定义）；但是将它添加到 f8wConfig.cfg 中，则可以更改它。

应该注意到，所有的例程都有处理关键事件的函数。例如，在 TransmitApp.c 中的 TransmitApp_HandleKeys() 函数，它调用 ZDApp_SendEndDeviceBindReq()（在 ZDApp.c 中），搜集所有终端节点的请求信息，然后调用 ZDP_EndDeviceBindReq()函数将这些信息发送给协调器。

协调器调用 ZDP_IncomingData() 函数（在 DProfile.c 中）接收这些信息，然后调用 ZDApp_ProcessEndDeviceBindReq() 函数（在 ZDObject.c 中）分析这些信息，最后调用 ZDApp_EndDeviceBindReqCB 函数（在 ZDApp.c 中），这个函数再调用 ZDO_MatchEndDeviceBind() 函数（在 ZDObject.c 中）来处理请求。

当收到两个匹配的终端设备绑定请求后，协调器就在请求设备中启动创建源绑定记录的进程。如果在 ZDO 终端设备中发现了匹配的请求，协调器将执行下面的步骤：

- 发送一个解除绑定请求给第一个设备。这个终端设备锁定进程，这样解除绑定被首先发送，以去掉一个现有的绑定记录。
- 等待 ZDO 解除绑定的响应。如果响应的状态是 ZDP_NO_ENTRY，则发送一个 ZDO 绑定请求在源设备中创建一个绑定记录；如果状态是 ZDP_SUCCESS，则继续前进到第一个设备的群 ID。
- 等待 ZDO 绑定响应；如果收到了该响应，则继续前进到第一个设备的下一个群 ID。
- 当第一个设备完成后，用同样的方法处理第二个设备。
- 当第二个设备也完成之后，发送 ZDO 终端设备绑定请求给这两个设备。

3）设备应用绑定管理器

进入设备绑定记录的另一种方式是应用程序自己管理绑定表。这就意味着应用程序需要通过调用下面的绑定管理函数在本地进入并删除绑定记录：

- bindAddEntry() —— 在绑定表中增加一个记录；
- bindRemoveEntry() —— 从绑定表中删除一个记录；
- bindRomoveClusterIdFromList() —— 从一个现有的绑定表记录中删除一个群 ID；
- bindAddClusterIdToList() —— 向一个现有的绑定记录中增加一个群 ID；
- bindRemoveDev() —— 删除所有地址引用的记录；
- bindRemoveSrcDev() —— 删除所有源地址引用的记录；
- bindUpdateAddr() —— 将记录更新为另一个地址；
- bindFindExisting() —— 查找一个绑定表记录；
- bindIsClusterIdInList() —— 在绑定表记录中检查一个已经存在的群 ID；
- bindNumBoundTo() —— 拥有相同地址（源地址或者目的地址）的记录的个数；
- bindNumEntries() —— 绑定表中记录的个数；
- bindCapacity() —— 最多允许的记录个数；
- bindWriteNV() —— 在 NV 中更新表。

2. 配置源绑定

为了在设备中使能源绑定，应在 f8wConfig.cfg 文件中包含 REFLECTOR 编译标志。同时，在 f8wConfig.cfg 文件中查看配置项目 NWK_MAX_BINDING_ENTRIES 和 MAX_BINDING_CLUSTER_IDS。NWK_MAX_BINDING_ENTRIES 是限制绑定表中的记录的最大个数，MAX_BINDING_CLUSTER_IDS 是每个绑定记录的群 ID 的最大个数。绑定表在静态 RAM 中未分配，因此绑定表中记录的个数、每条记录中群 ID 的个数实际上都影响着使用 RAM 的数量。每一条绑定记录是 8 字节多（MAX_BINDING_CLUSTER_IDS×2 字节）。除了绑定表使用的静态 RAM 的数量之外，绑定配置项目也影响地址管理器中的记录的个数。

4.5.5 路由

路由对于应用层来说是完全透明的。应用程序只需简单地将去往任何设备的数据向下发送到栈中，栈就会负责寻找路径。通过这种方法，应用程序不知道操作是在一个多跳的网络当中的。

路由还能够使 ZigBee 网络自愈，即如果某个无线连接断开了，路由功能又能自动寻找一条新的路径避开那个断开的网络连接。这就极大地提高了网络的可靠性，同时也是 ZigBee 网络的一个关键特性。

1. 路由协议

ZigBee 执行用于 AODV 专用网络的路由协议，简化后用于传感器网络。ZigBee 路由协议有助于网络环境支持节点移动、连接失败和数据包丢失。

如果路由器从它自身的应用程序或者别的设备那里收到一个单点传送的数据包，则网络层（NWK layer）根据路由程序将它继续传递下去。如果目的节点是它相邻路由器中的一个，则该数据包直接被传送给目的设备。否则，路由器将要检索它的路由表中与所要传送的数据包的目的地址相符合的记录：如果存在与目的地址相符合的活动路由记录，则该数据包将被发送到存储在记录中的下一级地址中去；如果没有发现任何相关的路由记录，则路由器发起路径寻找，该数据包被存储在缓冲区中，直到路径寻找结束。

ZigBee 终端节点不执行任何路由功能。终端节点要向任何一个设备传送数据包，它只需简单地将数据向上发送给其父设备，由其父设备以它自己的名义执行路由。同样，任何一个设备要给终端节点发送数据，则发起路由寻找，终端节点的父节点都以它的名义来回应。

注意：ZigBee 地址分配方案，使得任何一个目的设备都可以根据它的地址得到一条路径。在 Z-Stack 中，如果万一正常的路径寻找过程不能启动（通常由于缺少路由表空间），那么 Z-Stack 拥有自动回退机制。

此外，在 Z-Stack 中，执行的路由已经优化了路由表记录。通常，每个目的设备都需要一条路由表记录。但是，通过把一个父节点的记录与其所有子节点的记录合并，既可以优化路径也可以不丧失任何功能。

ZigBee 路由器（包括协调器）执行下面的路由函数：①路径发现和选择（route discovery and selection）；②路径保持维护（route maintenance）；③路径期满（route expiry）。

1）路径发现和选择

路径发现是网络设备凭借网络相互协作而发现和建立路径的一个过程。路径发现可以由任意一个路由设备发起，并且对于某个特定的目的设备一直执行。路径发现机制寻找源地址和目的地址之间的所有路径，并且试图选择可能的最佳路径。

路径选择就是选出可能的最小成本的路径。每个节点通常持有跟它所有邻节点的“连接开销（link cost）”。通常，连接开销的典型函数是所接收到的信号的强度。沿着路径，求出所有连接的连接成本总和，便可以得到整个路径的“路径成本”。路由算法试图寻找到拥有最小路径成本的路径。

路径通过一系列的请求和回复数据包被发现。源设备通过向它的所有邻节点广播一个路由请求数据包来请求一个目的地址的路径。当一个节点接收到 RREQ 数据包时，它依次转发 RREQ 数据包；但是在转发之前，它要加上最新的连接成本，然后更新 RREQ 数据包中的成本值。这样，沿着所有它通过的连接，RREQ 数据包携带着连接成本的总和。这个过程一直持续到 RREQ 数据包到达目的设备。通过不同的路由器，许多 RREQ 副本都将到达目的设备。目的设备选择最好的 RREQ 数据包，然后给源设备发回一个路径答复数据包 RREP。

RREP 数据包是一个单点发送数据包，它沿着中间节点的相反路径传送，直到它到达原来发送请求的节点为止。

一旦一条路径被创建，数据包就可以发送了。如果一个节点与它的下一级相邻节点失去了连接（当它发送数据时，没有收到 MAC ACK），该节点就向所有等待接收它的 RREQ 数据包的节点发送一个路径错误数据包 RERR，将它的路径设为无效。各个节点根据收到的数据包 RREQ、RREP 或者 RERR 来更新它的路由表。

2）路径保持维护

网状网提供路径维护和网络自愈功能。中间节点沿着连接进行跟踪，如果一个连接被认定是坏链，那么上游节点将针对所有使用这条连接的路径启动路径修复。该节点发起重新发现直到下一次数据包到达该节点，标志路径修复完成；如果不能启动路径发现或者由于某种原因失败了，节点就向数据包的源节点发送一个 RERR，它将负责启动新路径的发现。这两种方法，路径都自动重建。

3）路径期满

路由表为已经建立连接路径的节点维护路径记录。如果在一定的时间周期内，没有数据沿着这条路径发送，则这条路径将被表示为期满。期满的路径一直保留到它所占用的空间要被使用为止。这样，路径在绝对不使用之前是不会被删除掉的。在配置文件 f8wConfig.cfg 中配置自动路径期满时间，设置 ROUTE_EXPIRY_TIME 为期满时间，单位为秒；如果设置为 0，则表示关闭自动期满功能。

2. 表存储

路由功能需要路由器保持维护一些表格：路由表（routing table）和路径发现表（route discovery table）。

1）路由表

每个路由器（包括协调器）都包含一个路由表。设备在路由表中保存数据包参与路由所需的信息。每条路由表记录都包含有目的地址、下一级节点和连接状态。所有的数据包都通过相邻的一级节点发送到目的地址。同样，为了回收路由表空间，可以终止路由表中的那些已经无用的路径记录。

路由表的容量是指一个设备路由表所拥有的一个自由路由表记录或者说它现有的一个与目的地址相关的路由表记录。在文件 f8wConfig.cfg 中配置路由表的大小，将 MAX_RTG_ENTRIES 设置为表的大小（不能小于 4）。

2）路径发现表

路由器设备致力于路径发现，并保持维护路径发现表。路径发现表用来保存路径发现过程中记录的临时信息，这些记录只在路径发现操作期间存在。一旦某个记录到期，它就可以被另一个路径发现使用。路径发现表的大小决定了在一个网络中可以同时执行的路径发现操作的最大个数，其值可以在 f8wConfig.cfg 文件中通过 MAX_RREQ_ENTRIES 进行设置。

路径设置快速参考表（routing settings quick reference）如表 4-4 所示。

表 4-4　路径设置快速参考表

项　目	设 置 方 法
设置路由表大小	MAX_RTG_ENTRIES，其值不能小于 4（f8wConfig.cfg 文件）
设置路径期满时间	ROUTE_EXPIRY_TIME，单位为秒；将其设置为零，则关闭路径期满（f8wConfig.cfg 文件）
设置路径发现表大小	MAX_RREQ_ENTRIES，网络中可以同时执行的路径发现操作的最大个数

4.5.6　其他配置

1. 配置信道（configuring channel）

每个设备都必须有一个 DEFAULT_CHANLIST（信道列表）来控制信道集合。对于一个 ZigBee 协调器，这个列表用来扫描噪声最小的信道；对于终端节点和路由器节点来说，这个列表用来扫描并加入一个存在的网络。

2. 配置 PAN ID 和要加入的网络（configuring PAN ID and network to join）

这个可选配置项用来控制 ZigBee 路由器和终端节点要加入哪个网络。文件 f8wConfig.cfg 中的 ZDO_CONFIG_PAN_ID 参数可以设置为一个 0～0x3FFF 之间的一个值，协调器使用这个值作为它要启动的网络的 PAN ID；而对于路由器节点和终端节点来说，只要加入一个已经用这个参数配置了 PAN ID 的网络即可。如果要关闭该功能，只需将这个参数设置为 0xFFFF。要进一步控制加入过程，则需要修改 ZDApp.c 文件中的 ZDO_NetworkDiscoveryConfirmCB 函数。

3. 最大有效载荷（maximum payload size）

对于一个应用程序，最大有效载荷的大小基于几个因素：MAC 层提供了一个有效载荷长度常数 102；NWK 层需要一个固定头大小、一个有安全的大小和一个没有安全的大小；APS 层必须有一个可变的基于变量设置的头大小，包括 ZigBee 协议版本、KVP 的使用和 APS 帧控制设置等。最后，用户不必根据前面的要素来计算最大有效载荷的大小。AF 模块提供一个 API，允许用户查询栈的最大有效载荷或者最大传送单元（MTU）。用户调用函数 afDataReqMTU（见 af.h 文件），该函数将返回 MTU 或者最大有效载荷的大小：

```
typedef struct
{
uint8 kvp;
APSDE_DataReqMTU_t aps;
}afDataReqMTU_t;
uint8 afDataReqMTU(afDataReqMTU_t* fields )
```

通常，对于 afDataReqMTU_t 结构只需设置“kvp”的值，这个值表明 KVP 是否被使用；而“aps”保留。

4．离开网络（leave network）

ZDO 管理器执行函数 ZDO_ProcessMgmtLeaveReq，这个函数提供对 NLME-LEAVE.request 原语的访问。NLME-LEAVE.request 原语设备移除其自身或者其一个子设备。ZDO_ProcessMgmtLeaveReq 根据提供给它的 IEEE 地址移除设备。如果设备要移除它自己，则需要等待大约 5 秒钟然后复位。一旦设备复位，它将重新回来，并处于空闲模式，它将不再试图连接或者加入网络。如果设备要移除它的子设备，它将从本地的连接表（association table）中删除该子设备。只有在它的子设备是个终端节点的情况下，NWK 地址才会被重新使用。如果子节点是个路由器设备，NWK 地址将不再使用。如果一个子节点的父节点离开了网络，子节点依然存在于网络中。

尽管 NLME-LEAVE.request 原语提供了一些可选参数，但是 ZigBee2006 却限制了这些参数的使用。在 ZDO_ProcessMgmtLeaveReq 函数中使用的可选参数“RemoveChildren”“Rejion”和“Silent”都应使用默认值；如果改变这些值，将会发生不可预料的结果。

5．描述符（descriptor）

ZigBee 网络中的所有设备都有一个描述符，用来描述设备类型和它的应用。这个信息可以被网络中的其他设备获取。

配置项在文件 ZDOConfig.h 和 ZDOConfig.c 中定义和创建。这两个文件还包含节点、电源描述符和默认用户描述符，通过确认改变这些描述符来定义你的网络。

6．非易失性存储项（non-volatile memory item）

1）网络层非易失性存储器（network layer non-volatile memory）

ZigBee 设备有许多状态信息需要被存储到非易失性存储空间中，这样能够让设备在意外复位或者断电的情况下复原；否则，它将无法重新加入网络或者起到有效作用。

为了启用这个功能，需要包含 NV_RESTORE 编译选项。注意：在一个真正的 ZigBee 网络中，这个选项必须始终启用；关闭这个选项的功能只有在开发阶段才使用。

ZDO 层负责保存和恢复网络层最重要的信息，包括最基本的网络信息（NIB，管理网络所需的最基本属性），子节点和父节点的列表，以及应用程序绑定表。此外，如果使用了安全功能，还要保存类似于帧个数这样的信息。

当一个设备复位后重新启动，这类信息就被恢复到设备当中。如果设备重新启动，这些信息可以使设备重新恢复到网络当中。在 ZDAPP_Init 中，函数 NLME_RestoreFromNV() 的调用指示网络层通过保存在 NV 中的数据重新恢复网络；如果网络所需的 NV 空间没有建立，这个函数的调用将同时初始化这部分 NV 空间。

2）应用的非易失性存储器（application non-volatile memory）

NV 同样可以用来保存应用程序的特定信息，用户描述符就是一个很好的例子。NV 中用户描述符 ID 项是 ZDO_NV_USERDESC（在 ZComDef.h 中定义）。在 ZDApp_Init()函数中，调用 osal_nv_item_init() 函数来初始化用户描述符所需的 NV 空间。如果针对 NV 项的 osal_nv_item_init() 函数是第一次调用，则该函数将为用户描述符保留空间，并且将它设置为默认值 ZDO_DefaultUserDescriptor。

当需要使用保存在 NV 中的用户描述符时，就像 ZDO_ProcessUserDescReq() 函数（在 ZDObject.c 中）一样，调用 osal_nv_read() 函数从 NV 中获取用户描述符。

如果要更新 NV 中的用户描述符，就像 ZDO_ProcessUserDescSet() 函数（在 ZDObject.c 中）一样，调用 osal_nv_write() 函数更新 NV 中的用户描述符。

记住：NV 中的项都是独一无二的。如果用户应用程序要创建自己的 NV 项，则必须从应用值范围 0x0201～0x0FFF 中选择 ID。

本章小结

传感网需要低功耗、短距离的无线通信技术。IEEE 802.15.4 标准和 ZigBee 协议是针对低速无线个人域网的无线通信标准，它们把低功耗、低成本作为设计的主要目标，旨在为个人或者家庭范围内不同设备之间低速联网提供统一的标准。由于 IEEE 802.15.4 标准和 ZigBee 协议的网络特征与无线传感网存在很多相似之处，所以很多研究机构把它作为无线传感网的无线通信平台。本章详细讲述了 ZigBee 协议的框架、特征和网络结构，以及 ZigBee 协议栈和典型芯片 CC2530，为以后的应用开发打下基础。

思考题

1．简述 IEEE 802.15.4 标准物理层功能和信道。
2．IEEE 802.15.4 中规定的 MAC 帧包括哪些类型？
3．简述 ZigBee 与 IEEE 802.15.4 标准的联系与区别。
4．ZigBee 协议的主要特征有哪些？
5．ZigBee 网络中的设备类型有几种？
6．简述 ZigBee 协议体系结构。
7．简述 CC2530 的主要功能。

第 5 章　无线传感网路由协议

路由协议用来解决数据传输路径问题，它完成将数据分组从源节点转发到目的节点的功能，是无线传感网的关键技术之一。与传统通信网络不同，无线传感网中没有基础设施和全网统一的控制中心，是一种分布式的自组织网络，必须采取分布式的方式获取网络拓扑信息。由于无线传感网是由大量的结构简单的低成本、能量受限、通信能力受限以及存储和处理能力受限的节点构成的，网络拓扑结构会发生动态变化，所以传统的自组织网络的路由协议不能直接使用，必须针对传感网的特点和应用设计高能效的无线传感网路由协议。

本章针对无线传感网的特点，分析无线传感网路由协议需考虑的因素以及分类方式，分别介绍能量感知路由协议、平面路由协议、层次路由协议、基于查询的路由协议和基于地理位置的路由协议，以及 QoS 路由协议和路由协议的自主切换技术。

5.1　概述

5.1.1　无线传感网路由协议的特点和要求

1．特点

无线传感网路由协议负责将分组从源节点通过网络转发到目的节点，它主要包括两个方面的功能：①寻找源节点和目的节点间的优化路径；②将数据分组沿着优化路径正确转发。传统无线网络的目标是提供高服务质量和公平高效地利用网络带宽，因此这些网络路由协议的主要任务是寻找源节点到目的节点间通信延迟小的路径，同时提高整个网络的利用率，避免产生通信拥塞并均衡网络流量等，而能量消耗问题不是这类网络考虑的重点。与传统网络相比，无线传感网节点能量有限（一般由电池供电），并且由于网络中节点数目往往过大，节点只能获取局部拓扑结构信息，因此要求路由协议不仅要高效地利用能量，还要在此基础上能够在只获取局部网络信息的情况下选择合适的路径。所以与传统网络的路由协议相比，无线传感网路由协议具有以下特点：

（1）能量优先。传统路由协议在选择最优路径时，很少考虑节点的能量消耗问题。而无线传感网中节点的能量有限，延长整个网络的生存期成为传感网路由协议设计的重要目标，因此需要考虑节点的能量消耗以及网络能量均衡使用的问题。

（2）基于局部拓扑信息。无线传感网为了节省通信能量，通常采用多跳的通信模式，而节点有限的存储资源和计算资源，使得节点不能存储大量的路由信息，不进行太复杂的路由计算。在节点只能获取局部拓扑信息和资源有限的情况下，如何实现简单、高效的路由机制是无线传感网的一个基本问题。

（3）以数据为中心。传统的路由协议通常以地址作为节点的标识和路由的依据，而无线传感网中大量节点随机部署，所关注的是监测区域的感知数据，而不是具体哪个节点获取的信息。

用户在使用传感网查询事件时，直接将所关心的事件通告给网络，而不是通告给某个确定编号的节点；网络在获得指定事件的信息后汇报给用户。这种以数据本身作为查询或传输线索的思想更接近于自然语言交流的习惯。所以，通常又说传感网是一个以数据为中心的网络。

（4）应用相关。传感网的应用环境千差万别，数据通信模式不同，没有一个路由机制适合所有的应用，这是传感网应用相关性的一个体现。

2. 要求

针对传感网路由机制的上述特点，在根据具体应用需求，设计与之适应的特定路由机制时，还要满足下面的传感网路由机制的要求：

（1）能量高效。传感器网络路由协议不仅要选择能量消耗小的消息传输路径，而且要从整个网络的角度考虑，选择使整个网络能量均衡消耗的路由。传感器节点的资源有限，传感器网络的路由机制要能够简单而且高效地实现信息传输。

（2）可扩展性。在无线传感网中，检测区域范围或节点密度不同，造成网络规模大小不同；节点失败、新节点加入以及节点移动等，都会使得网络拓扑结构动态发生变化，这就要求路由机制具有可扩展性，能够适应网络结构的变化。

（3）稳健性。能量用尽或环境因素造成传感器节点的失败，周围环境影响无线链路的通信质量以及无线链路本身的缺点等，这些无线传感网的不可靠特性要求路由机制具有一定的容错能力。

（4）快速收敛性。传感器网络的拓扑结构动态变化，节点能量和通信带宽等资源有限，因此要求路由机制能够快速收敛，以适应网络拓扑的动态变化，减少通信协议开销，提高消息传输的效率。

5.1.2 路由协议的分类

鉴于无线传感网的特殊性，为无线传感网设计其特有的路由协议具有非常重要的意义。目前研究人员已经提出了多种路由协议，各种路由协议在不同的应用环境和性能评价指标下各有千秋。针对不同应用环境中的各种路由协议，根据一些特定的标准对路由协议加以分类，主要有如下几种分类方法：

（1）按源节点获取路径策略，划分为主动路由协议、按需路由协议和混合路由协议。

主动路由协议也叫表驱动（table driven）路由协议，其路由发现策略与传统路由协议类似，节点通过周期性地广播路由信息分组，交换路由信息，主动发现路由。同时，节点必须维护去往全网所有节点的路由，并且每一个节点都要保存一个或更多的路由表来存储路由信息。当网络拓扑结构发生变化时，节点就在全网内广播路由更新信息，这样每一个节点就能连续不断地获得网络拓扑信息。它的优点是当节点需要发送数据分组时，只要去往目的节点的路由存在，所需的时延就会很小；缺点是需要花费较大开销，尽可能使得路由更新能够紧随当前拓扑结构的变化，浪费了一些资源来建立和重建那些根本没有被使用的路由。

按需路由协议也称被动路由协议，只有在源节点需要发送数据到目的节点时，源节点才发起创建路由的过程。因此，路由表的内容是按需建立的，它可能仅仅是整个拓扑结构信息的一部分，在通信过程中维护路由，通信完毕后便不再对其进行维护。按需路由的优点是不需要周期性地路由信息广播，路由表仅仅是局部路由，因而节省了一定的网络资源；缺点是在发送数据分组时，如果没有去往目的节点的路由，就需要计算路由，因此时延较大。

混合路由协议则综合利用了主动路由协议和按需路由协议两种方式。一般来说，对于经常被使用并且拓扑变化不大的网络部分，可以采用主动路由的方式建立并维护相应的路由信息；而对于传输数据较少或拓扑变化较快的网络部分，则采用按需路由的方式建立路由，以取得效用和时延的折中。

（2）按通信的逻辑结构，划分为平面路由协议和层次路由协议。

平面路由协议：网络中所有节点的地位都是平等的，所实现的路由功能也大致相同。当一个节点需要发送数据时，可能以其他节点为中继节点进行转发，最后到达目的节点。通常来说，在目的节点附近的节点参与数据中继的概率要比远离目的节点的节点参与数据中继的概率高。因此，目的节点附近的节点由于过于频繁地参与数据中继，会较快地耗尽能量。所以，平面路由协议的优点是网络中没有特殊节点，网络流量均匀地分散在网络中，路由算法易于实现；但缺点是可扩展性小，在一定程度上限制了网络的规模。

层次路由协议将若干个相邻节点构成一个簇，每一个簇有一个簇头。簇与簇之间可以通过网关通信。网关可以是簇头也可以是其他簇成员。网关之间的连接构成上层骨干网，所有簇间通信都通过骨干网转发。每个簇群内收集到的监控信息都交给簇头节点，簇头节点完成数据聚集和融合过程减少传播的信息量。相比于其他路由协议，层次型路由协议能满足传感网的可扩展性需求，能有效地减少传输节点的能量消耗，从而延长网络生命周期。但是，在此类协议中，簇头节点的能量消耗远大于其他节点，因此其网络协议需要采取选择满足条件的节点轮流担当簇头节点的方法来均衡能耗。

（3）按路由的发现过程，划分为基于地理位置和基于查询的路由协议。

基于地理位置的路由协议以位置信息为中心，利用节点的位置信息把查询或者数据转发给需要的地域，从而缩小了数据的传送范围。许多传感网的路由协议都假设节点的位置信息是已知的，所以可以方便地利用节点的位置信息将节点分为不同的域，并基于域进行数据传送，这样能缩小传送范围，减少中间节点的能耗，从而延长网络的生命周期。

基于查询的路由协议以数据为中心，对传感网中的数据用特定的描述方式命名，数据传送基于数据查询并依赖于数据命名，所有的数据通信都被限制在局部范围内。这种通信方式不再依赖于特定的节点，而是依赖于网络中的数据，从而减少了网络中传送的大量重复的冗余数据，降低了不必要的开销，从而延长了网络生命周期。

另外，还可以按路由选择是否考虑服务质量（QoS）约束来划分，基于 QoS 的路由协议是指在路由建立时，考虑时延、丢包率等 QoS 参数，从多条可行的路由中选择一条最适合 QoS 应用要求的路由。或者根据业务类型，选择能保证满足不同业务需求的 QoS 路由协议。由于无线传感网路由协议种类繁多，其分类方法也多种多样，除了上述介绍的分类方法之外，还可根据路径数量、应用场合、数据传输方式等方法来划分，这里就不再一一赘述。

5.2 能量感知路由协议

高效利用网络能量是传感网路由协议的一个重要特征。早期提出的传感网路由协议，为了强调能量效率的重要性，往往仅仅考虑了能量因素，可以将它们称为能量感知路由协议。该协议从数据传输中的能量消耗出发，讨论最优的能量消耗传输路径。

5.2.1 能量路由协议

能量路由协议是最早提出的传感网路由协议之一，它根据节点的可用能量（power available，PA）或传输路径上的能量需求，选择数据的转发路径。节点可用能量就是节点当前的剩余能量。

图 5-1 所示是能量路由算法示意图。网络中的大写字母表示节点符号，如节点 A；节点右侧括号内的数字表示节点的可用能量，如 PA=2，表示节点 A 的能量为 2；图中的双向线表示节点之间的通信链路，链路上的数字表示在该链路上发送数据所消耗的能量。源节点是一般功能的传感器节点，完成数据采集工作；汇聚节点是数据发送的目的节点。

在图 5-1 中，从源节点到汇聚节点的可能路径有：

路径 1：源节点—B—A—汇聚节点，路径上所有节点 PA 之和为 4，在该路径上发送分组需要的能量之和为 3；

路径 2：源节点—C—B—A—汇聚节点，路径上所有节点 PA 之和为 6，在该路径上发送分组需要的能量之和为 6；

路径 3：源节点—D—汇聚节点，路径上所有节点 PA 之和为 3，在该路径上发送分组需要的能量之和为 4；

路径 4：源节点—F—E—汇聚节点，路径上所有节点 PA 之和为 5，在该路径上发送分组需要的能量之和为 5。

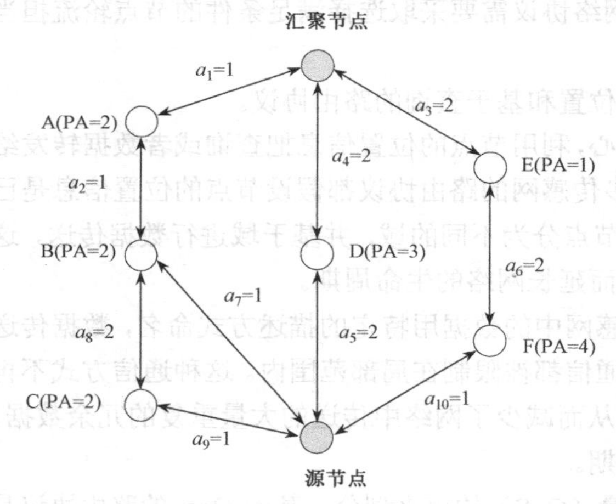

图 5-1 能量路由算法示意图

能量路由策略主要有以下几种：

（1）最大 PA 路由：从数据源到汇聚节点的所有路径中选取节点 PA 之和最大的路径。在图 5-1 中路径 2 的 PA 之和最大，但路径 2 包含了路径 1，因此它不是高效的，从而被排除，而选择路径 4。

（2）最小能量消耗路由：从数据源到汇聚节点的所有路径中选取节点耗能之和最小的路径。在图 5-1 中选择路径 1。

（3）最少跳数路由：选取从数据源到汇聚节点跳数最少的路径。在图 5-1 中选择路径 3。

（4）最大最小 PA 节点路由：每条路径上有多个节点，且节点的可用能量不同，从中选取每条路径中可用能量最小的节点来表示这条路径的可用能量。比如，路径 4 中节点 E 的可用能量最小为 1，所以该路径的可用能量是 1。最大最小 PA 节点路由策略就是选择路径可用能量最大的路径。在图 5-1 中选择路径 3。

上述能量路由算法需要节点知道整个网络的全局信息。由于传感网存在资源约束，节点只能获取局部信息，因此上述能量路由策略只是理想情况下的路由策略。

5.2.2 能量多路径路由协议

传统网络的路由机制往往选择源节点到目的节点之间跳数最少的路径传输数据；但在无线

传感网中，如果频繁使用同一条路径传输数据，就会造成该路径上的节点因能量消耗过快而过早失效，从而使整个网络分割成互不相连的孤立部分，减小了整个网络的生存期。所以，必须想办法避免这种情况的出现。也就是说在信息传输的过程中，要尽可能地保证每个节点都有较为公平的机会成为路径上的一环，各个节点在相对较长的时间内，能量消耗的比例较为一致。研究人员提出了一种能量多路径路由机制，该机制在源节点和目的节点之间建立多条路径，根据路径上节点的通信能量消耗以及节点的剩余能量情况，给每条路径赋予一定的选择概率，使得数据传输均衡消耗整个网络的能量，延长整个网络的生存期。

能量多路径路由协议包括路径建立、数据传播和路由维护三个过程。路径建立过程是该协议的重点内容。每个节点需要知道到达目的节点的所有下一跳节点，并计算选择每个下一跳节点传输数据的概率。概率的选择是根据本节点到目的节点的通信代价来计算的，在下面的描述中用 $\text{cost}(N_i)$ 表示节点 i 到目的节点的通信代价。因为每个节点到达目的节点的路径很多，所以这个代价的值是各个路径的加权平均值。能量多路径路由的主要过程描述如下：

（1）发起路径建立过程。目的节点向邻居节点广播路径建立消息，启动路径建立过程。路径建立消息中包含一个代价域，表示发出该消息的节点到目的节点路径上的能量信息，初始值设置为 0。

（2）判断是否转发路径建立消息。当节点收到邻居节点发送的路径建立消息时，对于发送该消息的邻居节点来说，只有在自己距源节点更近，而且距目的节点更远的情况下，才需要转发该消息，否则将丢弃该消息。

（3）计算能量代价。如果节点决定转发路径建立消息，需要计算新的代价值来替换原来的代价值。当路径建立消息从节点 N_i 发送到节点 N_j 时，该路径的通信代价值为节点 i 的代价值加上两个节点间的通信能量消耗，即：

$$C_{\text{N}_j,\text{N}_i} = \text{cost}(\text{N}_i) + \text{metric}(\text{N}_j,\text{N}_i) \tag{5.1}$$

式中，$C_{\text{N}_j,\text{N}_i}$ 表示节点 N_j 发送数据经由节点 N_i 路径到达目的节点的代价；$\text{metric}(\text{N}_j,\text{N}_i)$ 表示节点 N_j 到节点 N_i 的通信能量消耗，其计算公式如下：

$$\text{metric}(\text{N}_j,\text{N}_i) = e_{ij}^{\alpha} R_i^{\beta} \tag{5.2}$$

这里 e_{ij}^{α} 表示节点 N_j 和 N_i 直接通信的能量消耗，R_i^{β} 表示节点 N_i 的剩余能量，α、β 是常量。这个度量标准综合考虑了节点的能量消耗以及节点的剩余能量。

（4）节点加入路径条件。节点要放弃代价太大的路径，节点 N_j 将节点 N_i 加入本地路由表 FT_j 中的条件是：

$$\text{FT}_j = \{i \mid C_{\text{N}_j,\text{N}_i} \leqslant \alpha[\min_k(C_{\text{N}_j,\text{N}_k})]\} \tag{5.3}$$

其中，α 为大于 1 的系统参数。

（5）节点选择概率计算。节点为路由表中每个下一跳节点计算选择概率，节点选择概率与能量消耗成反比。节点 N_j 使用如下公式计算选择节点 N_i 的概率：

$$P_{\text{N}_j,\text{N}_i} = \frac{1/C_{\text{N}_j,\text{N}_i}}{\sum_{k\in \text{FT}_j}(1/C_{\text{N}_j,\text{N}_k})} \tag{5.4}$$

（6）代价平均值计算。节点根据路由表中每项的能量代价和下一跳节点选择概率计算本身到目的节点的代价 $\text{cost}(\text{N}_j)$。其定义为经由路由表中节点到达目的节点代价的平均值，即：

$$\mathrm{cost}(\mathrm{N}_j) = \sum_{k \in \mathrm{FT}_j} P_{\mathrm{N}_j,\mathrm{N}_i} C_{\mathrm{N}_j,\mathrm{N}_k} \tag{5.5}$$

节点 N_j 将用 $\mathrm{cost}(\mathrm{N}_j)$ 的值替换消息中原有的代价值，然后向邻居节点广播该路由建立消息。在数据传播阶段，对于接收的每个数据分组，节点根据概率从多个下一跳节点中选择一个节点，并将数据分组转发给该节点。路由的维护是通过周期性地从目的节点到源节点实施洪泛查询来维持所有路径的活动性。

能量多路径路由综合考虑了通信路径上的消耗能量和剩余能量，节点根据概率在路由表中选择一个节点作为路由的下一跳节点。由于这个概率是与能量相关的，可以将通信能耗分散到多条路径上，从而可实现整个网络的能量均衡，最大限度地延长网络的生存期。

5.3 平面路由协议

基于平面结构的路由协议是最简单的路由形式，其中每一个点都具有对等的功能。其优点是不存在特殊节点，路由协议的稳健性较好，通信流量被平均地分散在网络中；但其缺点是缺乏可扩展性，限制了网络规模。最有代表性的算法是洪泛法、闲聊法以及 SPIN 法。

1. 洪泛路由协议

洪泛（flooding）路由协议是一种最早的路由协议，接收到消息的节点以广播的形式转发报文给所有的邻居节点。源节点 S 希望发送数据给目的节点 D，首先要通过网络将数据分组传送给它的每一个邻居节点，各个邻居节点又将其传播给各自的邻居节点，直到数据遍历全网或者达到规定的最大跳数。

洪泛法的优点和缺点都十分突出。其优点是不用维护网络拓扑结构和路由计算，实现简单，适用于稳健性要求高的场合；但其缺点是存在信息内爆、重叠以及资源盲点等问题。

内爆现象如图 5-2 所示。节点 S 通过广播将数据发送给自己的邻居节点 A、B 和 C，A、B 和 C 又将同样的数据包转发给 D，这种将同一个数据包多次转发给同一个节点的现象就是内爆，这将极大地浪费节点能量。

重叠现象是无线传感网特有的，如图 5-3 所示。节点 A 和 B 感知范围发生了重叠，重叠区域的事件被相邻的两个节点探测到，那么同一事件被传给它们共同的邻居节点 C 多次，这也浪费能量。重叠现象是一个很复杂的问题，比内爆问题更难解决。

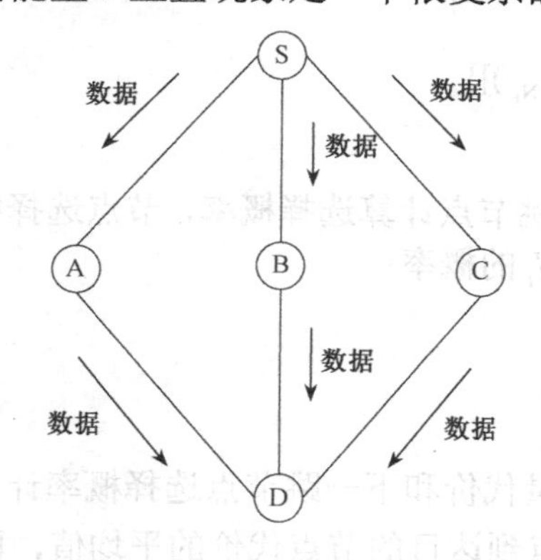

图 5-2　洪泛法的内爆现象

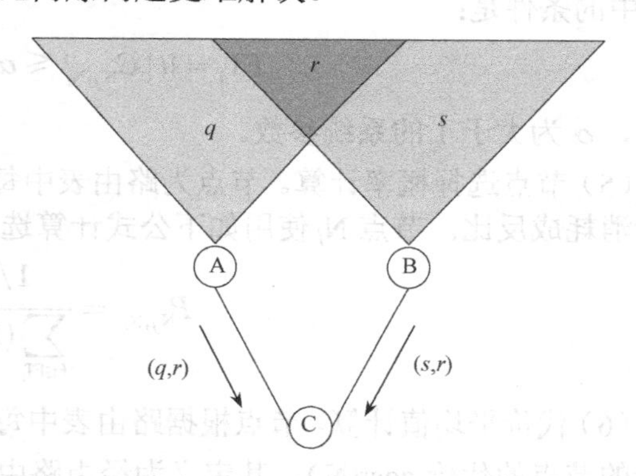

图 5-3　洪泛法的重叠现象

上述两种情况的出现，其实都带来了资源的盲目消耗这个本质的问题，这在资源受限的无线传感网中将会带来严重危害。

2. 闲聊路由协议

闲聊（gossiping）法是洪泛法的改进版本。为了减少资源的无谓消耗，闲聊法引入了随机发送数据的方法：当某一个节点发送数据时，不再像洪泛法那样给它的每个邻居节点都发送数据副本，而是随机选择某个邻居节点，向它发送一份数据副本；接收到数据的节点采用相同的方法，随机选择下一个接收节点发送数据。闲聊法协议过程如图 5-4 所示。需要注意的是，如果一个节点已收到了它的邻居节点 B 的数据副本，若再次收到，那么它会将此数据发回它的邻居节点 B。

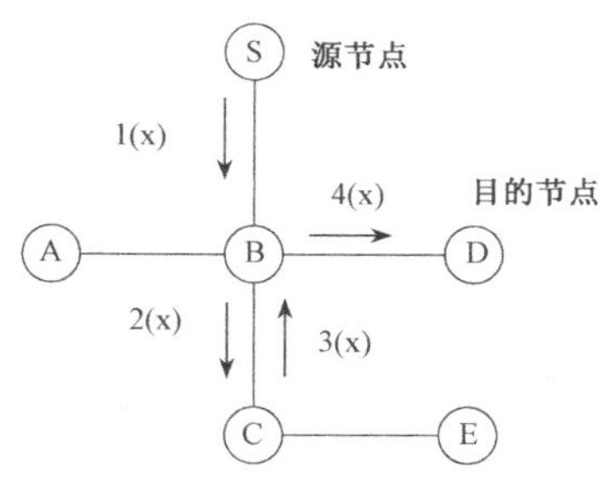

图 5-4 闲聊法协议过程

由于一般无线传感网的链路冗余度较大，适当选择转发的邻居数量，可以保证几乎所有节点都可以接收到数据包。

3. SPIN

SPIN（sensor protocol for information via negotiation，基于信息协商机制的传感网协议）是最早的一类无线传感器路由协议的代表，它主要是对洪泛路由协议的改进。SPIN 是一种以数据为中心的自适应路由协议。该协议考虑到了无线传感网中的数据冗余问题。邻近的节点所感知的数据具有相似性，通过节点间协商（negotiation）的方式减小网络中数据的传输数据量。节点只广播其他节点所没有的数据以减少冗余数据，从而有效减少能量消耗。

1）SPIN 工作原理

在介绍工作原理之前，先介绍 SPIN 中的基本概念。

元数据（mete data）。元数据是原始感知数据的一个映射，用来描述原始感知数据。元数据所需的数据位比原始感知数据要少，采用这种变相的数据压缩策略可以进一步减少通信过程中的能量消耗。

SPIN 采用三次握手协议来实现数据的交互，该协议在运行过程中使用三种报文数据，分别为 ADV、REQ 和 DATA。ADV 用于数据的广播，当某一个节点有数据可以共享时，用 ADV 数据包通知其邻居节点；REQ 用于请求发送数据，当某一个收到 ADV 的节点希望接收 DATA 数据包时，发送 REQ 数据包；DATA 为原始感知数据包，里面装载了原始感知数据。

SPIN 有两种工作模式：SPIN1 和 SPIN2。SPIN2 在 SPIN1 的基础上作了一些能量上的考虑，本质上还是一样的。

图 5-5 所示描述了 SPIN1 的工作过程。当节点 A 感知到新事件之后，主动给其邻居节点广播描述该事件的元数据 ADV 报文，收到该报文的节点 B 检查自己是否拥有 ADV 报文中所描述的数据，见图 5-5（a）。如果没有的话，节点 B 就向 A 发送 REQ 报文，在 REQ 报文列出需要 A 节点给出的数据列表，见图 5-5（b）。当节点 A 收到了 REQ 请求报文后，它就将相关的数据发送给节点 B，见图 5-5（c）。节点 B 发送 ADV 报文通知其邻居节点它有新的消息，见图 5-5（d）；由于 A 节点中保存有 ADV 的内容，A 节点不会响应 B 节点的 ADV 消息。协

议按照这样的方式进行，以实现 SPIN1 的算法。如果收到 ADV 报文的节点发现自己已经拥有了 ADV 报文中描述的数据，那么它不发送 REQ 报文，图 5-20（e）中就有一个节点没有发送 REQ 报文。最后，B 节点向发送了 REQ 报文的所有邻居节点发送相关数据，见图 5-5（f）。

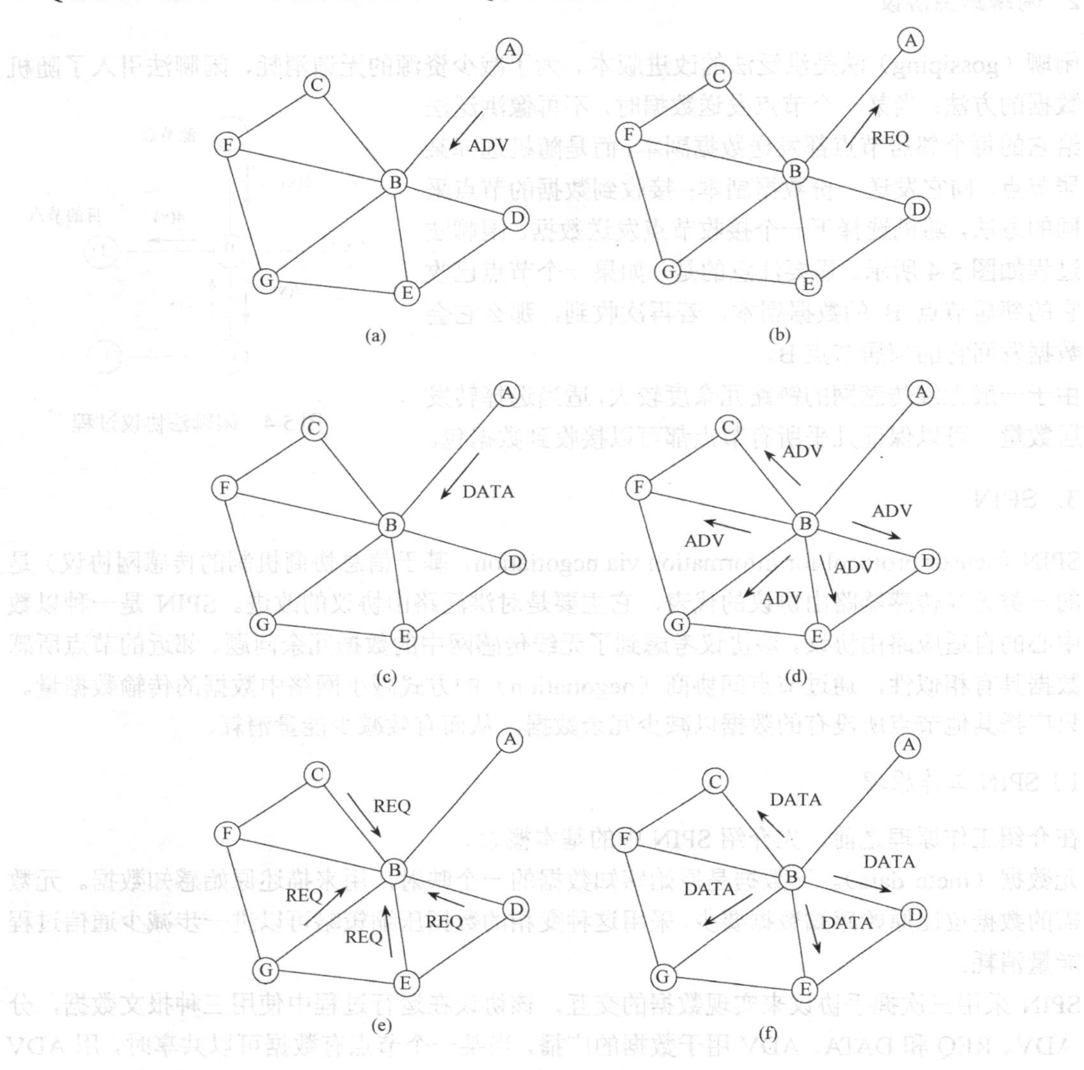

图 5-5　SPIN1 工作过程

SPIN 2 模式考虑了节点剩余能量值，若节点剩余能量低于某个门限值就不再参与任何报文的转发，仅能够接收来自其他邻居节点的报文和发出 REQ 报文。

2）SPIN 的特点

SPIN 下的节点不需要维护邻居节点的信息，在一定程度上能适应节点移动的情况。在能耗方面，SPIN 模式比传统模式减少一半以上。不过，该算法不能确保数据一定能到达目的节点，尤其不适用于高密度节点分布的情况。

SPIN 是一种不需要了解网络拓扑结构的路由协议，由于它几乎不需要了解“一跳”范围内的节点状态，网络的拓扑改变对它的影响有限，因此该协议也适合在节点可以移动的无线传感网中使用。SPIN 通过使用协商机制和能量自适应机制，节省了能量，解决了内爆和重叠的问题。SPIN 引入了元数据的概念，通过这种数据压缩方法来减少数据的传输量，是一种值得借鉴的方法。但是，在 SPIN 中出现了多个节点向同一个节点同时发送请求的情况，有关的退避机制需要考虑。

5.4 层次路由协议

在基于层次的路由协议中，网络被划分为大小不等的簇（cluster）。所谓簇，就是具有某种关联的网络节点的集合。每个簇由一个簇头（cluster head）和多个簇内成员（cluster member）组成。在分层的簇结构网络中，低一级网络的簇头是高一级网络中的簇内成员，由最高层的簇头与汇聚节点（sink node）通信。这类算法将整个网络划分为相连的区域。

在分簇的拓扑管理机制下，网络中的节点可以划分为簇头节点和簇内成员节点两大类。在每个簇内，根据一定的算法选取某个节点作为簇头，用于管理或控制整个簇内成员节点，协调成员节点之间的工作，负责簇内信息的收集和数据的融合处理以及簇间转发。层次路由的优点是适合大规模的传感器网络环境，可扩展性较好；但其缺点是簇头节点的可靠性和稳定性对全网性能的影响较大，信息的采集和处理也会消耗簇头节点的大量能量。下面介绍几种典型的层次路由协议：LEACH 协议、PEGASIS 协议以及 TEEN 协议。

5.4.1 LEACH 协议

LEACH（Low Energy Adaptive Clustering Hierarchy，低功耗自适应聚类分级）协议采用层次路由算法。它定义出了轮（round）的概念，每一轮有初始状态和稳定运行状态两种模式。初始状态用来根据算法随机选择簇头节点，同时广播自己成为簇头节点的事实，其他节点收到广播信号后通过判断信号的强弱来决定加入哪个簇，并告知簇头节点。稳定工作时，节点将信息传递给簇头节点，然后簇头节点将信息传递给汇聚节点。当一轮完成后重新选举簇头。该算法通过轮流担任簇头的方式来均等消耗能量，达到延长网络生存周期的目的。但是因为每一个节点都可以成为簇头，也就都可以将数据直接传给汇聚节点，故该算法只是适用于单跳的小型网络。

LEACH 节约能量的主要原因就是它运用了数据压缩技术和分簇动态路由技术，通过本地的联合工作来提高网络的可扩展性和稳健性，通过数据融合来减少发送的数据量，通过把节点随机的设置成“簇头节点”来达到在网络内部负载均衡的目的，防止簇头节点的过快死亡。

1. 分簇式路由协议的工作原理

通过等概率地随机循环选择簇头，将整个网络的能量负载平均分配到每个传感器节点，从而达到降低网络能量耗费、延长网络生命周期的目的。分簇式路由协议的执行过程是以轮(round)为单位的，每轮循环的基本过程是：

（1）簇的建立阶段。每个节点选取一个介于 0 和 1 之间的随机数，如果这个数小于某个阈值，该节点就成为簇头。然后，簇头向所有节点广播自己成为簇头的消息。每个节点根据接收到广播信号的强弱来决定加入哪个簇，并回复该簇的簇头。

（2）数据传输阶段。簇内的所有节点按照 TDMA（时分复用）时隙向簇头发送数据。簇头将数据融合之后把结果发给汇聚节点。

（3）重新成簇。在持续工作一段时间之后，网络重新进入启动阶段，进行下一轮的簇头选取并重新建立簇。

2. LEACH 协议工作原理

LEACH 协议的工作分为两个阶段：簇的建立阶段和稳定阶段。

1）簇的建立阶段：负责簇的形成和簇头的选举

在 LEACH 协议中，节点决定自己是否成为簇头的算法如下：每个传感器节点产生一个 0～1 之间的随机数，如果这个数小于概率值 $T(n)$，则发布自己是簇头的公告消息。在每轮循环中，如果节点已经当选过簇头，则设 $T(n)=0$，这样该节点不会再次当选为簇头。对于未当选过簇头的节点，则将以 $T(n)$ 的概率当选；随着当选过簇头的节点数目增加，剩余节点当选簇头的阈值 $T(n)$ 随之增大，它们产生小于 $T(n)$ 的随机数的概率随之增大，所以当选簇头的概率就增大。当只剩下一个节点未当选时，$T(n)=1$，表示这个节点一定当选。概率 $T(n)$ 表达式为：

$$T(n)=\begin{cases}\dfrac{p}{1-p\times[r\bmod(1/p)]}, & n\in G\\ 0, & \text{其他}\end{cases} \tag{5.6}$$

式中，p 是簇头占所有节点的百分比，即节点当选簇头的概率；r 是目前循环进行的轮数；G 是最近 $1/p$ 轮中还未当选过簇头的节点集合。

所有被推选出的簇头都向网络中的其他节点广播一个通告来宣布自己的簇头角色。而所有其他节点在收到这些通告之后，会根据通告的强度来决定自己到底加入哪个簇。簇头节点在收到愿意加入本簇的节点的回应信息后，就会根据簇内节点的数目创建一个 TDMA 表为每个簇内节点分配一个传输时隙。最后簇头节点将这张表的信息以广播的方式告知簇内的成员。同时，不同的簇用不同的 TDMA 通信方式，这样就减少了不同簇的节点之间的干扰。

2）稳定阶段：负责收集数据和给簇头传输数据

簇头节点在收到簇内成员的数据之后会对这些数据进行聚合后传送给汇聚节点。经过一段时间之后，网络就会再一次回到协议的建立阶段，开始新一轮的工作。

3. LEACH 协议的特点

相比于其他路由协议，LEACH 协议具有以下优点：

（1）利用了将区域划分成簇、簇内本地化协调和控制的形式有效地进行了数据收集。大多数节点只需将短距离的数据传输到簇头节点，仅有小部分的节点（簇头节点）负责远距离的数据传送到汇聚节点，从而节省更多节点的能量。

（2）独特的选簇算法，保证簇头位置的随机轮换，节点是否决定要成为簇头要看其是否在 $1/p$ 轮中当选过簇头。同时，所作决定是独立于其他节点而不需要协商的。这种机制保证了能量消耗平均分布于全网。

（3）首次运用了数据融合的方式，本地数据融合大大减小了簇头节点传送到汇聚节点的数据量，进一步减少了能量消耗，提高了网络寿命。

但 LEACH 协议也存在以下不足：

（1）由于簇头节点负责接收簇内成员节点发送的数据，进行数据融合，然后将数据传送到基站，簇头消耗能量比较大，是网络中的瓶颈。

（2）LEACH 协议中簇头是随机循环选举的，有可能簇头位于网络的边缘或者几个簇头相邻较近，某些节点不得不传输较远的距离来与簇头通信，这就导致所消耗的能耗大大增加。

（3）簇头选举没有根据节点的剩余能量以及位置等因素，会导致有的簇过早死亡，簇与簇之间节点的能量消耗不均衡。

（4）LEACH 协议要求节点之间以及节点与汇聚节点之间均可以直接通信，网络的扩展性不强，故不适用于大型网络。对于大型网络而言，对离簇头较远的簇内节点和离汇聚节点较远的簇头而言，传输所消耗的能量大大增加。这样，簇头节点能耗分布不均匀，导致某些节点快速死亡，从而降低了网络的性能。

5.4.2 PEGASIS 协议

PEGASIS（Power-Efficient Gathering in Sensor Information Systems，高能效采集传感器信息系统）协议并不是严格意义上的分簇路由协议，它只是借鉴了 LEACH 中分簇算法的思想。PEGASIS 协议中的簇是一条基于地理位置的链。其成簇的基本思想是，假设所有节点都是静止的，根据节点的地理位置形成一条相邻节点之间距离最短的链。这类似于旅行商问题，是一个经典的 NP 问题。其算法是假设节点通过定位装置或者通过发送能量递减的测试信号来发现距自己最近的邻居节点，然后从距汇聚节点最远的节点开始，采用贪婪算法（又称贪心算法）来构造整条链。与 LEACH 算法相比，PEGASIS 中的通信只限于相邻节点之间。这样，每个节点都以最小功率发送数据，并且每轮只随机选择一个簇头与汇聚节点通信，减少了数据通信量。采取这种协议算法使 PEGASIS 支持的传感网的生命周期是 LEACH 的近两倍。

PEGASIS 的模型假设如下：

（1）节点都知道其他节点的位置信息，每个节点都具有直接和汇聚节点（基站）通信的能力；

（2）传感器节点不具有移动性；

（3）其他的假设和 LEACH 中的相同。

该路由协议使用贪婪算法（greedy algorithm）来形成链（如图 5-6 所示），在每一轮通信之前才形成链。为确保每个节点都有其相邻节点，链从离基站最远的节点开始构建，链中邻居节点的距离会逐渐增大，因为已经在链中的节点不能再次被访问。当其中一个节点失效时，链必须重构。

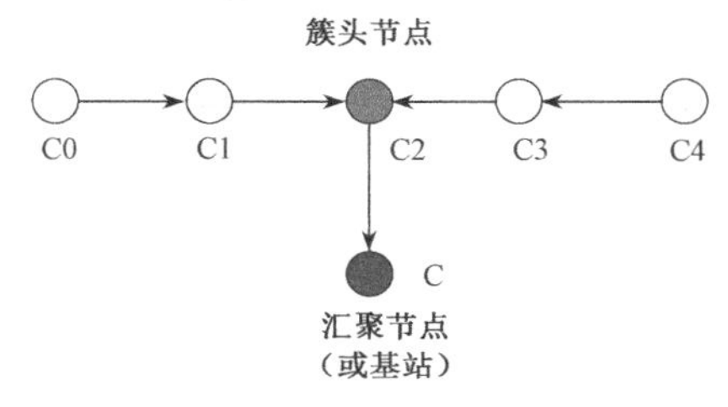

图 5-6　PEGASIS 数据传输链的形成

PEGASIS 协议中数据的传输使用 Token 令牌机制，Token 很小，故耗能较少。在一轮中，簇头用 Token 控制数据从链尾开始传输。在图 5-6 中，C2 为簇头，将 Token 沿着链传输给 C0，C0 传送数据给 C1；C1 将 C0 数据与自身数据进行融合形成一个相同长度的数据包，再传给 C2。此后，C2 将 Token 传给 C3，并以同样的方式收集 C3 和 C4 的数据。这些数据在 C2 处进行融合后，被发送给基站。网络中某些节点可能因与邻居节点距离较远而消耗能量较大。可以通过设置一个门限值限定此节点作为接头。当该链重构时，此门限值可被改变，以重新决定哪些节点可作为簇头，从而增强网络的稳健性。

5.4.3 TEEN 协议

TEEN（Threshold-sensitive Energy-Efficient sensor Network，阈值敏感的高效传感器网络）协议采用类似 LEACH 的分簇算法，只是在数据传送阶段使用不同的策略。根据数据传输模式的不同，通常可以简单地把传感器网络分为主动型（preactive）和响应型（reactive）两种类型。主动型网络不断采集被监测对象的相关信息，并以特定时间间隔向汇聚节点发送这些信息；响应型网络主要用来监测某个特定事件的发生，传感器节点只有在节点检测到相关事件时才会向汇聚节点发送信息，如对灾害的监测、暖通空调设备的防冻监测等。对于监测特定的事件，适合使用响应型无线传感网。

TEEN 协议是专门为响应型应用环境下的网络路由协议，它利用过滤方式来减少数据传输量。TEEN 和 LEACH 的实现机制是相似的，只是 LEACH 适用于主动型网络。与 LEACH 一样，TEEN 也采用分簇结构和近于相同的运行方式，具体做法是在协议中设置了硬、软两个阈值，以减少发送数据的次数。

在应用 TEEN 协议实现簇的建立过程中，随着簇头节点的选定，簇头除了通过时分多路访问方式调度数据外，同时向簇内成员广播发送有关数据的硬阈值和软阈值参数。这两个参数用来决定是否发送监测数据，硬阈值用于监视被监测值的绝对大小，软阈值用于监视被监测值的变化幅度。在传感器节点簇进入稳定工作阶段后，传感器节点不断感知和监测周围环境中的被监测参量。当首次监测到数据超过硬阈值时，便向簇头传送数据，同时将该监测数据保存为监测值(sensor value)。此后，只有在监测到的数据值比硬阈值大，并且与所保存的监测值 SV 之差的绝对值不小于软阈值时，节点才向簇头上传数据，同时将当前监测数据保存为 SV。TEEN 协议通过调节两个阈值的大小，可以在精度要求和系统能耗之间取得合理的平衡。采用这样的方法，可以监视一些突发事件和热点地区，减少网络通信量。

如果一轮的运行已经结束，开始了新的一轮，并且在初始化阶段中，簇头已经确定，则该簇头将重新设定和发布硬阈值和软阈值参数。这一过程如图 5-7 所示。

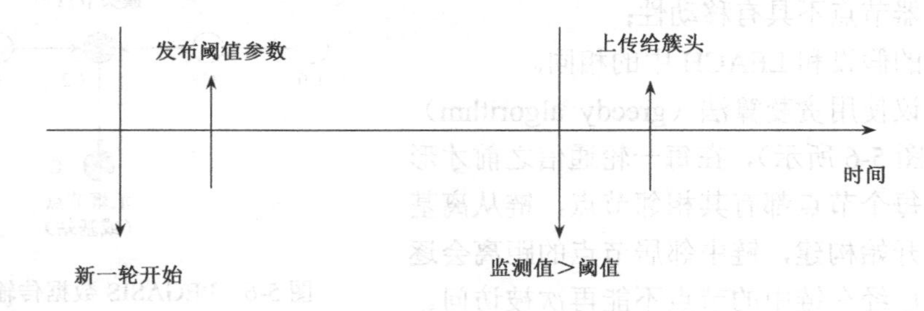

图 5-7　TEEN 协议操作过程

TEEN 路由协议适用于对一些事件的实时感知侦测，并利用软阈值、硬阈值设置来较大幅度地减小数据传输量。在轮的更替中，随着簇头的变化，用户可以根据需要重新设定软、硬阈值参数值来控制数据传输的次数。

TEEN 路由协议同 LEACH 协议类似，协议实现的一个前提就是网络中所有的节点都能够与网关节点直接建立通信，这就限制了该协议仅适合于小规模的无线传感网。

5.5 基于查询的路由协议

在需要不断查询传感器节点采集的数据的应用中，通信流量主要产生于查询节点和传感器节点之间的命令和数据传输。同时，传感器节点的采样信息通常要在传输路径上进行数据融合，并通过减少通信流量来节省能量。

5.5.1 定向扩散路由协议

定向扩散（directed diffusion，DD）路由协议是一种基于查询的路由方法，这和传统路由算法的概念不同。DD 算法是一种基于数据相关的路由算法，汇聚节点周期性地通过洪泛的方式广播一种称为“兴趣”的数据包，告诉网络中的节点它需要收集什么样的信息。“兴趣”在网络中扩散的时候同时也建立了路由路径，采集到和“兴趣”相关的数据的节点通过“兴趣”扩散阶段所建立的路径将采集到的“兴趣”数据传送到汇聚节点。在“兴趣”消息的传播过程中，协议逐跳地在各个传感器节点上建立反向的从数据源到汇聚节点的数据传输梯度（gradient），传感器节点将采集到的数据沿着梯度方向传送到汇聚节点。

定向扩散路由机制包括周期性的兴趣扩散、梯度建立、数据传播与路径加强等阶段。当然，在梯度建立后或者路径加强后都不可避免地要进行数据传输，这也是路由协议的最终目的。广义来说，数据传输也算是该路由机制中的一个阶段。图 5-8 所示为 DD 协议几个阶段的数据传播路径和方向。

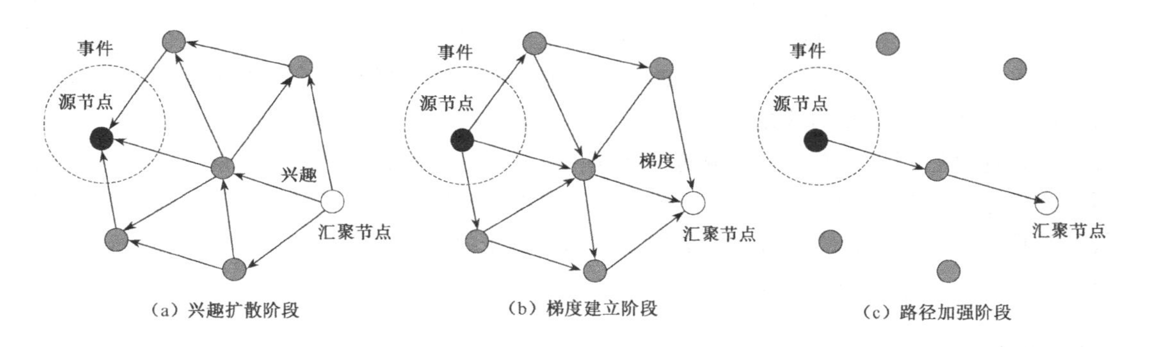

图 5-8 协议几个阶段的数据传播

1. 兴趣扩散阶段

在 DD 协议中，首先要描述需要感知的任务，并选择一个简单的属性组命名机制来描述兴趣消息和分组数据。在兴趣扩散阶段，汇聚节点周期性地向邻居节点广播兴趣消息。兴趣消息中包括任务类型、事件区域、数据发送速率、时间戳等参数。每个节点都在本地保存一个兴趣列表，对于每一个“兴趣”，列表中都有一个表项来记录该消息的邻居节点、数据发送速率和时间戳等任务相关的信息，以建立该节点向汇聚节点传递数据的梯度关系。一个“兴趣”可能对应多个邻居节点，一个邻居节点对应一个梯度信息。通过定义不同的梯度相关参数，可以满足不同的应用需求。每个表项中还有一个字段用来表示该表项的有效时间值，超过这个时间后，节点将删除这个表项。

节点接收到邻居节点的兴趣消息时，首先检查兴趣列表中是否存有其参数类型与所收到兴趣相同的表项，而且其对应的发送节点也是该邻居节点。如果有对应的表项，就更新该项的有效时间值；如果只是参数类型相同，但不包含发送该兴趣消息的邻居节点，就在相应表项中添加这个邻居节点。对于任何其他的情况，都需要建立一个新表项来记录这个新的兴趣。如果收到的兴趣消息和节点刚刚转发的兴趣消息是一样的，为避免消息循环，则丢弃该信息；否则，转发所收到的兴趣消息。

2．梯度建立阶段

DD 协议需要在传感器节点和汇聚节点之间建立梯度，以保证可靠的数据传输。网络中的节点从邻居节点接收到一个兴趣消息时，无法判断此消息是否是已处理过的，或者是否和另一个方向的邻居节点发来的兴趣消息相同；所以当兴趣消息在整个网络扩散时，相邻的节点彼此都建立一个梯度。这样的优点是加快了无效路径的修复，有利于路径的加强，从而不会产生持久的环路，但同时也会导致一个节点可能接收到多个相同的兴趣消息，造成消息在网络中的泛滥。

3．数据传播阶段

当传感器节点采集到与兴趣匹配的数据时，就把数据发送到梯度上的邻居节点，并按照梯度上的数据传输速率设定传感器模块采集数据的速率。由于可能会从多个邻居节点收到兴趣消息，而且节点会向多个邻居节点发送数据，汇聚节点可能会接收到经过多个不同路径的相同数据。中间节点在收到其他节点转发的数据后，首先查询兴趣列表的表项。如果没有匹配的兴趣表项，就丢弃数据；如果存在相应的兴趣表项，则检查与这个兴趣对应的数据缓冲区，其中数据缓冲区保存了最近转发的数据。如果在数据缓冲区中有与接收到的数据匹配的副本，则说明已经转发过这个数据了，为避免出现传输环路，将丢弃这个数据。否则，检查该兴趣表项中的邻居节点信息。如果设置的邻居节点的数据发送速率大于等于接收的数据速率，则全部转发所接收的数据。如果记录的邻居节点的数据发送速率小于接收的数据速率，则按照比例转发。对于转发的数据，数据缓冲区将保留一个副本，并记录转发时间。

4．路径加强阶段

定向扩散路由机制通过正向加强机制来建立优化路径，并根据网络拓扑的变化修改数据转发的梯度关系。兴趣扩散阶段要建立源节点到汇聚节点的数据传输路径，数据源节点将以较低的速率采集和发送数据，称这个阶段建立的梯度为探测梯度（probe gradient）。汇聚节点在收到从源节点发来的数据后，启动建立汇聚节点到源节点的加强路径的过程，后续数据将沿着加强路径以较高的数据速率进行传输，加强后的梯度被称为数据梯度（data gradient）。

定向扩散路由是一种以数据为中心的经典的路由机制。为了动态适应节点失效、拓扑变化等情况，定向扩散路由周期性地进行兴趣扩散、梯度建立、数据传播与路径加强 4 个阶段的操作。但是，定向扩散路由在路由建立时需要有一个扩散的洪泛传播，其能量和时间开销都比较大，尤其是当底层 MAC 协议采用了休眠机制时，可能会造成兴趣建立的不一致。

在 DD 路由协议中，为了对失效路径进行修复和重建，规定已经加强过的路径上的节点都可以触发和启动路径的加强过程。如图 5-9 所示，节点 C 能正常收到来自邻居节点的事件，可是长时间没有收到来自数据源的事件，节点 C 就断定它和数据源之间的路径出现故障。节点 C 就主动触发一次路径加强过程，重新建立它和数据源之间的路径。

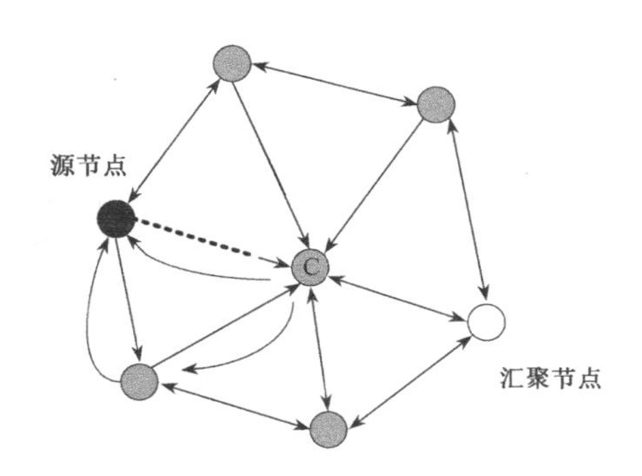

图 5-9 路径的本地修复

在 DD 算法中采用了数据融合的方法，数据融合包括梯度建立阶段兴趣消息的融合和数据发送阶段的数据融合，这两种融合方法都需要缓存数据。DD 中的兴趣融合基于事件的命名方式，类型相向、监测区域完全覆盖的兴趣在某些情况下可以融合为一个兴趣；DD 中数据融合采用的是抑制副本的方法，即记录转发过的数据，收到重复的数据不予转发。其中采用的这些数据融合方法实现起来简单，与路由技术结合能够有效地减小网络中的数据量，节省节点能量、提高带宽利用率。

5.5.2 谣传路由机制

在有些传感器网络的应用中，数据传输量较小或者已知事件区域，如果采用定向扩散路由，需要经过查询消息的洪泛传播和路径增强机制才能确定一条优化的数据传输路径。因此，在这类应用中，定向扩散路由并不是高效的路由机制。谣传路由（rumor routing）适用于数据传输量较小的无线传感网。

谣传路由机制引入了查询消息的单播随机转发，克服了使用洪泛方式建立转发路径所带来的开销过大问题。它的基本思想是：事件区域中的传感器节点产生代理（agent）消息，代理消息沿随机路径向外扩散传播，同时汇聚节点发送的查询消息也沿随机路径在网络中传播。当代理消息和查询消息的传输路径交叉在一起时，就会形成一条汇聚节点到事件区域的完整路径。

谣传路由的原理图如图 5-10 所示。其中灰色区域表示发生事件的区域；圆点表示传感器节点，黑色圆点表示代理消息经过的传感器节点，灰色节点表示查询消息经过的传感器节点；连接灰色节点和部分黑色节点的路径表示事件区域到汇聚节点的数据传输路径。

谣传路由机制的工作过程如下：

（1）每个传感器节点维护一个邻居列表和一个事件列表。事件列表的每个表项都记录事件相关的信息，包括事件名称、到事件区域的跳数和到事件区域的下一跳邻居等信息。当传感器节点在本地监测到一个事件发生时，就在事件列表中增加一个表项，设置事件名称、跳数（为零）等，同时根据一定的概率产生一个代理消息。

（2）代理消息是一个包含生命期等事件相关信息的分组，用来将携带的事件信息通告给它传输经过的每一个传感器节点。对于收到代理消息的节点，首先检查事件列表中是否有该事件相关的表项。如果列表中存在相关表项，就比较代理消息和表项中的跳数值：如果代理中的跳数小，就更新表项中的跳数值；否则，更新代理消息中的跳数值。如果事件列表中没有该事件相关的表项，就增加一个表项来记录代理消息携带的事件信息。然后，节点将代理消息中的生存值减 1，在网络中随机选择邻居节点转发代理消息，直到其生存值减小为零。通过代理消息在其有限生存期的传输过程，形成一段到达事件区域的路径。

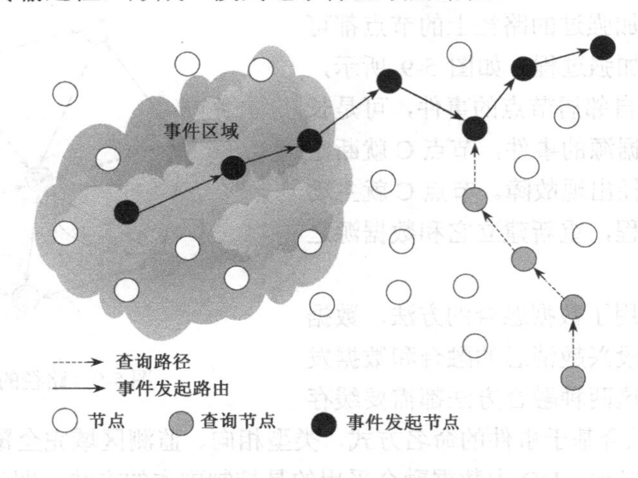

图 5-10　谣传路由原理图

（3）网络中的任何节点都可能生成一个对特定事件的查询消息。如果节点的事件列表中保存有该事件的相关表项，则说明该节点在到达事件区域的路径上，它就沿着这条路径转发查询消息。否则，节点随机选择邻居节点转发查询消息。查询消息经过的节点按照同样方式转发，并记录查询消息中的相关信息，形成查询消息的路径。查询消息也具有一定的生存期，以解决环路问题。

（4）如果查询消息和代理消息的路径交叉，交叉节点会沿查询消息的反向路径将事件信息传送到查询节点。如果查询节点在一段时间没有收到事件消息，就认为查询消息没有到达事件区域，可以选择重传、放弃或者洪泛查询消息的方法。由于洪泛查询机制的代价过高，一般作为最后的选择。与定向扩散路由相比，谣传路由可以有效地减少路由建立的开销。但是，由于谣传路由使用随机方式生成路径，所以数据传输路径不是最优路径，并且可能存在路由环路问题。

5.6　基于地理位置的路由协议

在无线传感网中，节点通常需要获取它的位置信息，这样它采集的数据才有意义。比如在森林防火的应用中，消防人员不仅要知道森林中发生火灾事件，而且还要知道火灾的具体位置。地理位置路由假设节点知道自己的地理位置信息，以及目的节点或者目的区域的地理位置，利用这些地理位置信息作为路由选择的依据，节点按照一定策略转发数据到目的节点。地理位置的精确度和代价相关，在不同的应用中会选择不同精确度的位置信息来实现数据的路由转发。

5.6.1　GEAR 路由协议

在数据查询类应用中，汇聚节点需要将查询命令发送到事件区域内的所有节点，采用洪泛方式将查询命令传播到整个网络，建立汇聚节点到事件区域的传播路径，这种路由建立过程的开销很大。GEAR（geographical and energy aware routing）路由机制根据事件区域的地理位置信息，建立汇聚节点到事件区域的优化路径，避免了洪泛传播方式，从而减少了路由建立的开销。

GEAR 路由协议假设已知事件区域的位置信息，每个节点知道自己的位置信息和剩余能量信息，并通过一个简单的 Hello 消息交换机制就知道所有邻居节点的位置信息和剩余能量信息。在 GEAR 路由中，节点间的无线链路是对称的。

GEAR 路由中查询消息传播包括两个阶段：首先汇聚节点发出查询命令，并根据事件区域的地理位置将查询命令传送到区域内离汇聚节点最近的节点；然后从该节点将查询命令传播到区域内的其他所有节点。监测数据沿查询消息的反向路径向汇聚节点传送。

1. 查询消息传送到事件区域

GEAR 路由协议用实际代价（learned cost）和估计代价（estimate cost）两种代价值表示路径代价。当没有建立从汇聚节点到事件区域的路径时，中间节点使用估计代价来决定下一跳节点。估计代价定义为归一化的节点到事件区域的距离以及节点的剩余能量两部分，节点到事件区域的距离用节点到事件区域几何中心的距离来表示。由于所有节点都知道自己的位置和事件区域的位置，因而所有节点都能够计算出自己到事件区域几何中心的距离。

节点计算自己到事件区域估计代价的公式如下：

$$c(\mathrm{N},\mathrm{R}) = \alpha d(\mathrm{N},\mathrm{R}) + (1-\alpha)e(\mathrm{N}) \tag{5.7}$$

式中，$c(\mathrm{N},\mathrm{R})$ 为节点 N 到事件区域 R 的估计代价，$d(\mathrm{N},\mathrm{R})$ 为节点 N 到事件区域 R 的距离，$e(\mathrm{N})$ 为节点 N 的剩余能量，α 为比例参数。注意式（5.7）中的 $d(\mathrm{N},\mathrm{R})$ 和 $e(\mathrm{N})$ 都是归一化后的参数值。查询信息到达事件区域后，事件区域的节点沿查询路径的反方向传输监测数据，数据消息中“捎带”每跳节点到事件区域的实际能量消耗值。对于数据传输经过的每个节点，首先记录捎带信息中的能量代价，然后将消息中的能量代价加上它发送该消息到下一跳节点的能量消耗，替代消息中的原有“捎带”值来转发数据。节点下一次转发查询消息时，用刚才记录的到事件区域的实际能量代价代替式（5.7）中的 $d(\mathrm{N},\mathrm{R})$，计算它到汇聚节点的实际代价。节点用调整后的实际代价选择到事件区域的优化路径。

从汇聚节点开始的路径建立过程采用贪婪算法，节点在邻居节点中选择到事件区域代价最小的节点作为下一跳节点，并将自己的路由代价设为该下一跳节点的路由代价加上到该节点一跳通信的代价。如果节点的所有邻居节点到事件区域的路由代价都比自己的大，则陷入了路由空洞（routing void）。如图 5-11 所示。其中节点 C 是节点 S 的邻居节点中到目的节点 T 代价最小的节点，但节点 G、H、I 为失效节点，节点 C 的所有邻居节点到节点 T 的代价都比节点 C 大。可采用如下方式解决路由空洞问题：节点 C 选取邻居中代价最小的节点 B 作为下一跳节点，并将自己的代价值设为 B 的代价加上节点 C 到节点 B 一跳通信的代价，同时将这个新代价值通知节点 S。当节点 S 再转发查询命令到节点 T 时就会选择节点 B 而不是节点 C 作为下一跳节点。

2. 查询消息在事件区域内传播

当查询命令传送到事件区域后，可以通过洪泛方式传播到事件区域内的所有节点。但当节点密度比较大时，洪泛方式开销比较大，这时可以采用迭代地理转发策略，如图 5-12 所示。事件区域内首先收到查询命令的节点将事件区域分为若干子区域，并向所有子区域的中心位置转发查询命令。在每个子区域中，最靠近区域中心的节点（如：图 5-12 中节点 N_i）接收查询命令，而且将自己所在的子区域再划分为若干子区域并向各个子区域中心转发查询命令。该消息传播过程是一个迭代过程，当节点发现自己是某个子区域内唯一的节点，或者某个子区域没有节点存在时，就停止向这个子区域发送查询命令。当所有子区域转发过程全部结束时，整个迭代过程终止。

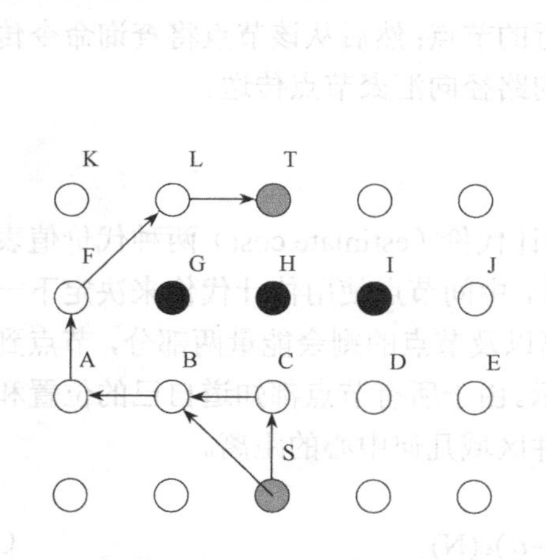

图 5-11　贪婪算法的路由空洞

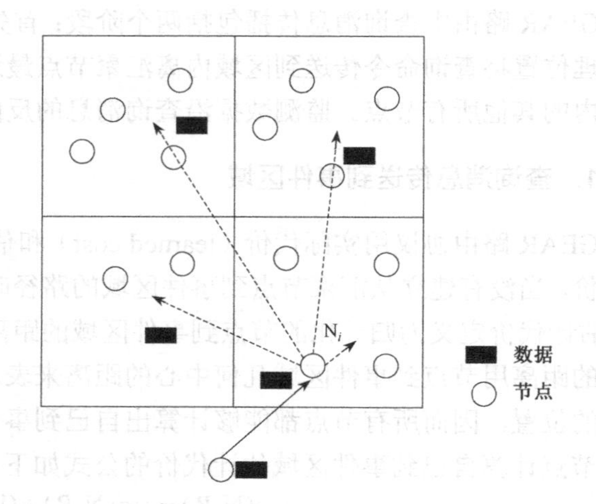

图 5-12　区域内的迭代地理转发

洪泛机制和迭代地理转发机制各有利弊。当事件区域内节点较多时，迭代地理转发的消息转发次数少；而节点较少时，使用洪泛策略的路由效率高。GEAR 路由可以使用如下方法在两种机制中作出选择：当查询命令到达区域内的第一个节点时，如果该节点的邻居数量大于一个预设的阈值，则使用 迭代地理转发机制，否则使用洪泛机制。

GEAR 路由协议通过定义估计路由代价为节点到事件区域的距离和节点剩余能量，并利用捎带机制获取实际路由代价，进行数据传输的路径优化，从而形成能量高效的数据传输路径。GEAR 路由协议采用的贪婪算法是一个局部最优的算法，适合无线传感网中节点只知道局部拓扑信息的情况；其缺点是由于缺乏足够的拓扑信息，路由过程中可能遇到路由空洞，反而降低了路由效率。如果节点拥有相邻两跳节点的地理位置信息，可以大大减小路由空洞的产生概率。GEAR 路由协议中假设节点的地理位置固定或变化不频繁，适用于节点移动性不强的应用环境。

5.6.2　GAF 路由协议

GAF（geographic adaptive fidelity，地域自适应保真）算法是基于有限能量和位置信息的路由算法。它原本是为移动 ad hoc 网络设计的，但同样可以应用于传感器网络，因为它的虚拟网格思想为分簇机制提供了新思路。GAF 算法在不影响路由有效性的情况下，通过关闭一些不需要的节点来节省能量，同时还考虑了所有节点能量消耗的均衡性。

在 GAF 路由协议中，网络被划分为若干固定区域，形成了一个虚拟网格。节点通过 GPS 定位获取自己在网格中所处的“位置”，如果两个节点处在相同的“位置”，则认为它们在路由时是等价的，前提是它们分组转发能耗水平相等。等价节点中只需有一个处于工作状态，其余节点可以进入休眠状态，如图 5-13 所示。GAF 通过采用这种办法来节约能量，因而能够有效地延长网络的生命周期。

图 5-14 所示为 GAF 路由协议的栅格结构。其中的节点 2、3、4 在同一个栅格 B 中，因此只需保留其中一个节点处于工作状态，另外两个可以处于休眠状态。而这在 ad hoc 网络中是

绝对不可取的；因为在 ad hoc 网络中，即使是同一个栅格内的节点，也还是代表了不同的移动终端，根本不能相互代替。但在无线传感网中，这就是一个优点，相当于用 1 个节点代表了 3 个节点，类似于层次路由中的簇头节点，但这个类似于簇头的代表节点却不进行栅格内的数据融合。节点间的数据通信只能在相邻栅格间进行，即 A 栅格内的节点 1 只能与 B 栅格内的 2、3、4 节点通信，而不能直接和 C 栅格内的节点 5 通信。

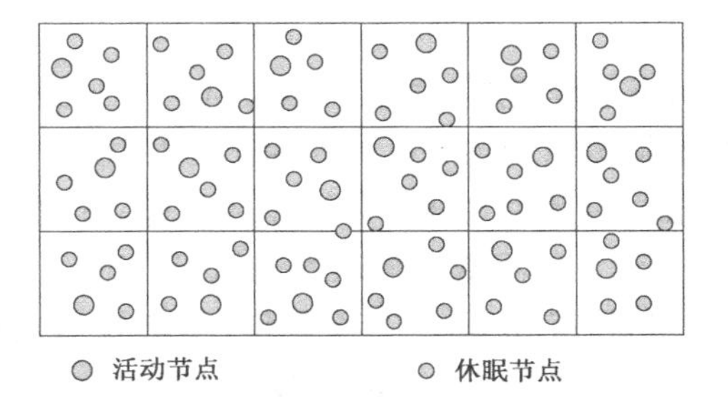

图 5-13　GAF 协议虚拟网格

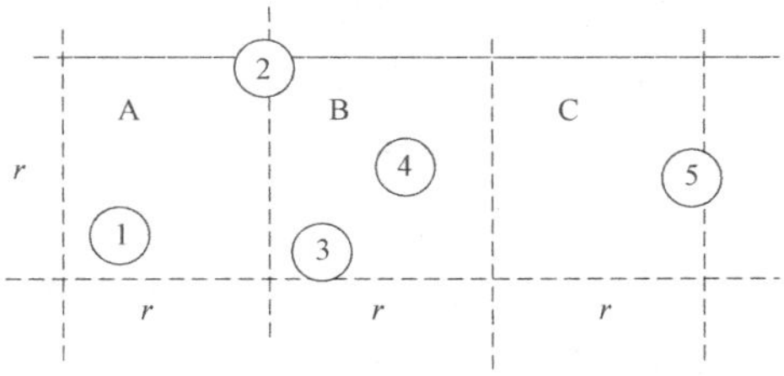

图 5-14　GAF 路由协议的栅格结构

虽然 GAF 按栅格选择代表节点的方法和 SOA 选择静止节点作为转发点的方法不同，但两者都是在全部节点中选择部分节点，相当于从整个集合中选择子集，并且都根据节点的当前状态来决定是否选择该节点作为转发节点，它们都能有效地延长网络的生存时间。

GAF 算法的执行过程包括两个阶段：

（1）第一阶段是虚拟网格的划分。根据节点的位置信息和通信半径，将网络区域划分成若干虚拟网格，保证相邻单元格中的任意两个节点都能够直接通信。假设节点已知整个监测区域的位置信息和本身的位置信息，则可以通过计算得知自己属于哪个网格。

（2）第二阶段是虚拟网格中簇头节点的选择。节点周期性地进入休眠和工作状态，从休眠状态唤醒之后与本单元其他节点交换信息，以确定自己是否需要成为簇头节点。

每个节点都处于发现（discovery）、活动（active）以及休眠（sleeping）3 种状态，如图 5-15 所示。在网络初始化时，所有节点都处于发现状态，每个节点都通过发送消息通告自己的位置、ID 等信息。经过这个阶段，节点能得知同一单元格内其他节点的信息。然后，每个节点将自身定时器设置为某个区间内的随机值 T_a。一旦定时器超时，节点就发送消息，声明它进入活动状态，并成为簇头节点。节点如果在定时器超时之前收到来自同一单元格内其他节点成为簇头的声明，说明它自己这次竞争簇头失败，从而转入休眠状态。成为簇头的节点设置定时器 T_a，T_a 代表它处于活动状态的时间。在 T_a 超时之前，簇头节点定期发送广播包声明自己处于活动状态，以抑制其他处于发现状态的节点进入活动状态。在 T_a 超时后，簇头节点重新回到发现状态。处于休眠状态的节点设置定时器为 T_s，并在 T_s 超时后，节点重新回到发现状态。当处于活动状态或发现状态的节点发现本单元格中出现了更适合成为簇头的节点时，会自动进入休眠状态。

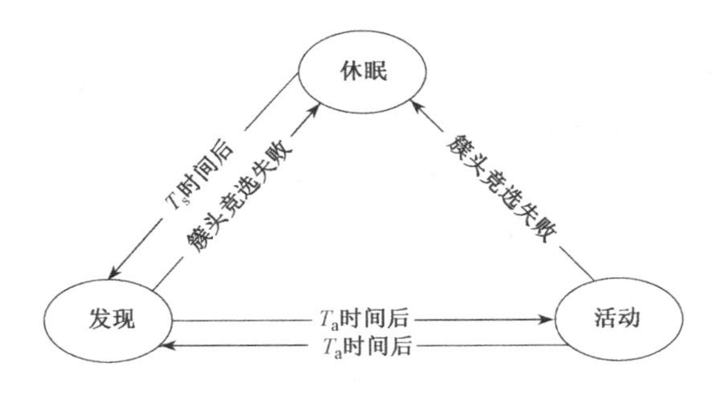

图 5-15　节点状态

由于节点处于监听状态也会消耗很多能量，让节点尽量处于休眠状态成为传感器网络拓扑算法中经常采用的方法。GAF 是较早采用这种方法的算法。但由于传感器节点自身体积和资源受限，GAF 对传感器节点提出的要求较高；而且 GAF 算法是基于平面模型的，没有考虑到实际网络中节点之间距离的邻近并不能代表节点之间可以直接通信的问题，因此存在一些不足。

5.6.3 GPSR 路由协议

GPSR（greedy perimeter stateless routing，无状态的贪婪周边路由）协议是一个典型的基于位置的路由协议。使用该协议，网络中的所有传感器节点均知道自身的坐标位置信息，而且这些坐标位置被统一编址，传感器节点按照贪婪算法尽量地沿直线将数据传送出去。采集到数据的节点经过判别哪个相邻节点与目的节点的距离最近，就将数据传送给该邻居节点。

数据可以使用两种模式来传送：贪婪转发模式和周边转发模式。当使用贪婪转发模式时，接收到数据的传感器节点查询它的邻居节点表，如果某个邻居节点与网关节点的距离小于自身节点到网关节点的距离，就保持当前的数据模式，同时将数据转发给选定的邻居节点；如果满足不了上述要求，就将数据模式改为周边转发模式。

在传送的数据包中包括目的节点的位置信息，中继转发节点利用贪婪转发模式来确定下一跳的节点，这个节点是距离目的节点最近的那个邻居节点。用这种方式连续不断地选择距目的节点更近的节点进行数据中继转发，直至将数据传送给目的节点为止。

贪婪转发路由过程如图 5-16 所示。设定中继节点 A 接收到一个到目的节点 D 的数据包，节点 A 的传输覆盖范围是以 A 点为圆心的虚线圆区域；又以 D 点为圆心、线段 DB 为半径画圆弧（该圆弧过节点 B）。由于节点 B 与目的节点 D 之间的距离小于 A 节点所有的其他邻节点与节点 D 之间的距离，因此选节点 B 作为下一跳节点。按照这种方式继续前向转发传递数据，直到目的节点 D 获得数据为止。

使用贪婪转发策略会出现路由空洞，产生空洞的情况如图 5-17 所示。其中，给定网络特定的拓扑及传感器节点的位置分布，节点 T 到目的节点 D 的距离要小于相邻两个节点 U、V 到目的节点 D 的距离。将数据由节点 T 转发给目的节点 D，有两条路径：T-U-W-D 和 T-V-X-D；但是使用贪婪转发策略进行数据转发时，就不会选择 U 或 V 作为下一跳的节点，因为节点 T 到目的节点 D 的距离要小于 U 或 V 各自到 D 的距离，这样就出现了空洞，导致数据无法传输。要解决空洞现象，可以使用周边转发机制，这里的阐述就从略了。

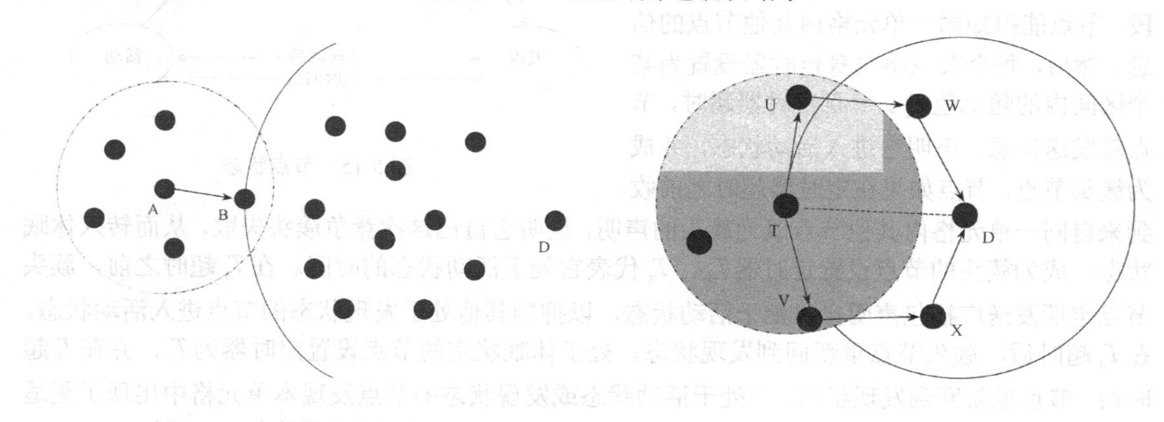

图 5-16　贪婪转发路由过程　　　　图 5-17　贪婪转发产生的路由空洞

使用 GPSR 协议避免了在节点中建立、维护和存储路由表的工作，仅使用直接毗邻的节点进行路由选择。另外，路由选择中是使用接近于最短欧氏距离的路由，数据传输时延小，实时性增强。

5.6.4 GEM 路由协议

GEM（graph embedding）路由协议是一种适用于数据中心存储方式的基于地理位置的路由协议。其基本思想是建立一个虚拟极坐标系统来表示实际的网络拓扑结构，由于汇聚节点将角度范围分配给每个子节点，如[0，90]，每个子节点得到的角度范围正比于以该节点为根的子树大小，子节点按照同样的方式将自己的角度范围分配给它的子节点，这个过程一直持续进行，直到每个子节点都分配到一个角度范围。这样，节点可以根据一个统一规则（如顺时针方向）为子节点设定角度范围，使得同一级节点的角度范围顺序递增或递减，于是到汇聚节点跳数相同的节点就形成了一个环形结构，整个网络则形成一个以汇聚节点为根的带环树。

GEM 路由工作机制：节点在发送消息时，如果目的节点位置的角度不在自己的角度范围内，就将消息传送给父节点。父节点按照同样的规则处理，直到该消息到达角度范围包含目的节点位置的某个节点，这个节点是源节点和目的节点的共同祖先。消息再从这个节点向下传送，直至到达目的节点，如图 5-18(a)所示。上述算法需要上层节点转发消息，开销比较大，可对其作适当改进。节点在向上传送消息之前首先检查邻居节点是否包含目的节点位置的角度。如果包含，则直接传送给该邻居节点而不再向上传送，如图 5-18(b)所示。更进一步的改进算法是可利用前面提到的环形结构，节点检查相邻节点的角度范围是否离目的地的位置更近，如果更近就将消息传送给该邻居节点，否则才向上层传送，如图 5-18(c)所示。

GEM 路由协议不依赖于节点精确的位置信息，所采用的虚拟极坐标方法能够简单地将网络实际拓扑信息映射到一个易于进行路由处理的逻辑拓扑中，而且不改变节点间的相对位置。但是由于采用了带环树结构，当实际网络拓扑发生变化时，树的调整比较复杂，因此 GEM 路由协议适用于拓扑结构相对稳定的无线传感网。

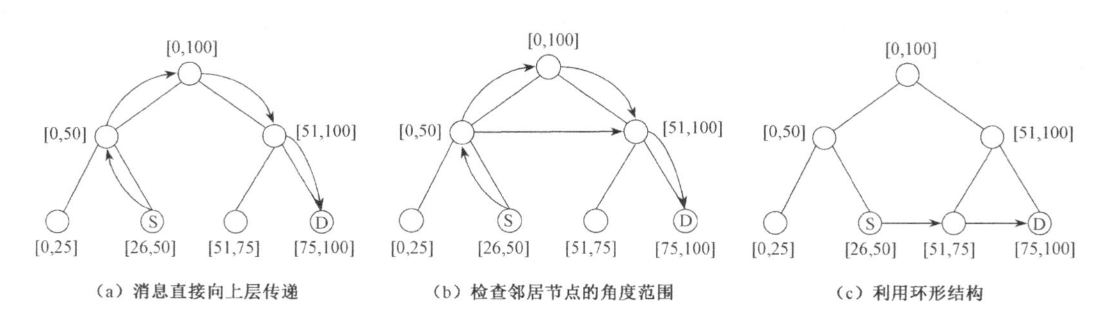

图 5-18　GEM 路由机制

5.7 基于 QoS 的路由协议

无线传感网的某些应用对通信质量有较高要求，如高可靠性和实用性等；而由于网络链路的稳定性难以保证，通信信道质量比较低，拓扑变化比较频繁，要在无线传感网中实现一定服务质量（QoS）的保证，就需要设计基于 QoS 的路由协议。

5.7.1 SPEED 协议

SPEED 协议是一种实时有效的可靠路由协议，在一定程度上实现了端到端的传输速率保证、网络拥塞控制以及负载平衡机制。该协议首先在相邻节点之间交换传输延迟，以得到网络负载情况。然后利用局部地理信息和传输速率信息选择下一跳节点，同时通过邻居反馈机制保证网络传输畅通，并通过反向压力路由变更机制避开延迟太大的链路和“洞”现象。SPEED 协议主要由四部分组成：延迟估计机制、SNGF 算法、邻居反馈策略和反向压力路由变更机制。

1. 延迟估计机制

在 SPEED 协议中，延迟估计机制用来得到网络的负载状况，判断网络是否发生拥塞。节点记录到邻居节点的通信延迟，以表示网络的局部通信负载。具体过程是：发送节点给数据分组并加上时间戳；接收节点计算从收到数据分组到发出 ACK 的时间间隔，并将其作为一个字段加入 ACK 报文；发送节点收到 ACK 后，从收发时间差中减去接收节点的处理时间，得到一跳的通信延迟。

2. SNGF 算法

SNGF 算法用来选择满足传输速率要求的下一跳节点。邻居节点分为两类，即比自己距离目标区域更近的节点和比自己距离目标区域更远的节点，前者称为“候选转发节点集合(FCS)”。节点计算到其 FCS 集合中的某个节点的传输速率。FCS 集合中的节点又根据传输速率是否满足预定的传输速率阈值，再分为两类：大于速率阈值的邻居节点和小于速率阈值的邻居节点。若 FCS 集合中有节点的传输速率大于速率阈值，则在这些节点中按照一定的概率分布选择下一跳节点。节点的传输速率越高，被选中的概率就越大。

3. 邻居反馈策略

当 SNGF 路由算法中找不到满足传输速率要求的下一跳节点时，为保证节点间的数据传输满足一定的传输速率要求，引入邻居反馈机制（neighborhood feedback loop，NFL），如图 5-19 所示。

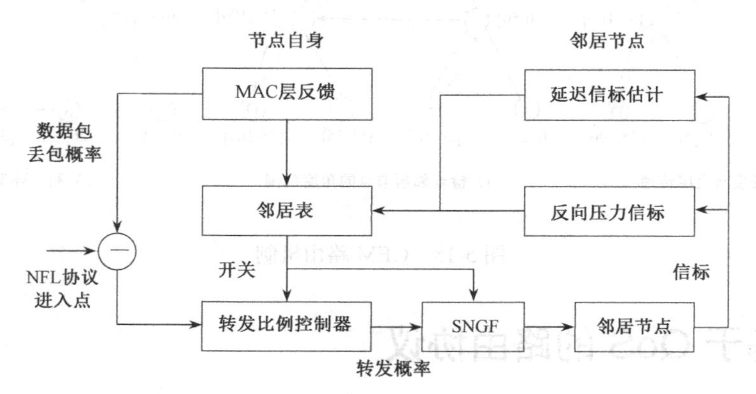

图 5-19 邻居反馈机制

由图 5-19 可见，MAC 层收集差错信息，并把到邻居节点的传输差错率通告给转发比例控制器；转发比例控制器根据这些差错率计算出转发概率。方法是：节点首先查看 FCS 集合的节点，若某节点的传输差错率为零（存在满足传输要求的节点），则设置转发概率为 1，即全部转发；若 FCS 集合中所有节点的传输差错率大于零，则按一定的公式计算转发概率。

对于满足传输速率阈值的数据，按照 SNGF 算法决定的路由传输给邻居节点，而不满足传输速率阈值的数据传输则由邻居反馈机制计算转发概率。这个转发概率表示网络能够满足传输速率要求的程度，因此节点将按照这个概率进行数据转发。

4. 反向压力路由变更机制

反向压力路由变更机制在 SPEED 协议中用来避免拥塞和“空洞”现象。当网络个某个区域发生事件时，节点不能满足传输速率要求，体现在通信数据量突然增多，传输负载突然加入，此时节点就会使用反向压力信标消息向上一跳节点报告拥塞，以此表明拥塞后的传输延迟，上一跳节点则会按照上述机制重新选择下一跳节点。

5.7.2 SAR 协议

SAR（sequential assignment routing，有序分配路由）协议也是一个典型的具有 QoS 意识的路由协议。该协议通过构建以汇聚节点的单跳邻居节点为根节点的多播树来实现传感器节点到汇聚节点的多跳路径，即汇聚节点的所有一跳邻居节点都以自己为根创建生成树，在创建生成树过程中考虑节点的时延、丢包率等 QoS 参数的多条路径。节点发送数据时选择一条或多条路径进行传输。

SAR 的特点是路由决策不仅要考虑每条路径的能源，还要涉及端到端的延迟需求和待发送数据包的优先级。仿真结果表明，与只考虑路径能量消耗的最小能量度量协议相比，SAR 的能量消耗较少。该算法的缺点是不适用于大型的和拓扑频繁变化的网络。

5.7.3 ReInForM 协议

ReInForM（Reliable Information Forwarding using Multiple paths）路由从数据源节点开始，考虑可靠性要求、信道质量以及传感器节点到汇聚节点的跳数，决定需要的传输路径数目，以及下一跳节点数目和相邻的节点，实现满足可靠性要求的数据传输。

ReInForM 路由的建立过程是：首先源节点根据传输的可靠性要求计算需要的传输路径数目；然后在邻居节点中选择若干节点作为下一跳转发节点，并将每个节点按照一定比例分配路径数目；最后，源节点将分配的路径作为数据报头中的一个字段发给邻居节点。邻居节点在接收到源节点的数据后，将自身视作源节点，重复上述源节点的选路过程。

5.8 路由协议自主切换

前面已经提到过，无线传感网中的路由协议和具体应用紧密相关，没有一个能适用于所有应用的路由协议。而传感器网络可能需要在相同监测区域内完成不同的任务，此时如果为每种任务部署专门的传感器网络，将增加传感器网络的成本。为了能够适用于多种任务，传感器网络需要根据应用环境和网络条件自主选择适用的路由协议，并在各个路由协议之间自主切换。

路由协议自主切换正是为了这个目的而引入的。

路由协议自主切换机制是根据应用变化自主选择合适的路由协议，并将这一过程封装起来，向上层应用提供统一的可编程路由服务。一个路由服务的通信模型如图 5-20 所示，其中上层通过路由服务接口配置路由服务，路由服务根据此配置以及具体的网络情况自主地选择合适的协议。

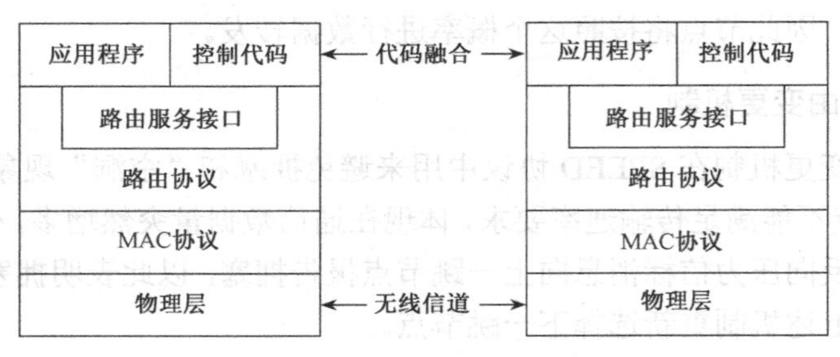

图 5-20　路由服务通信模型

有人提出了一个可编程的传感器网络框架，包括目前的主流路由协议。这个框架的体系结构如图 5-21 所示。其中，路由服务将路由协议封装为状态收集模块和数据转发模块，并提供给上层一个统一的网络层接口；配置服务根据上层应用的要求为不同模块选择不同的路由协议，并将这些配置信息传达到整个网络，以保持路由协议在网络中的一致。

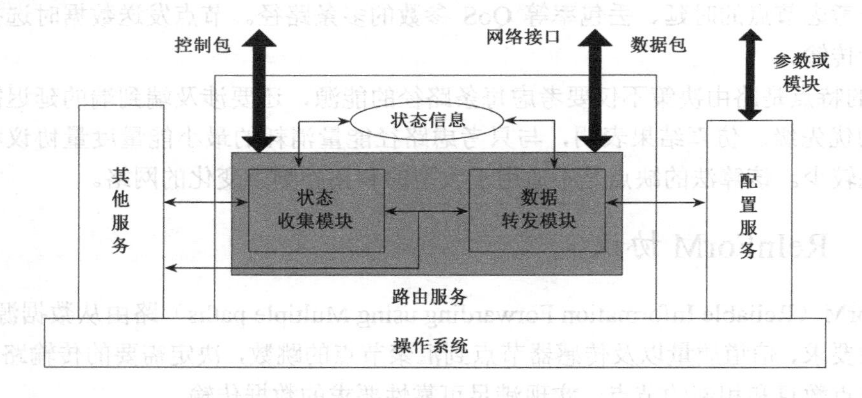

图 5-21　可编程路由体系结构

在路由服务中通过定义三种组件来描述路由协议：状态信息、访问模式和选路标准。状态信息用来搜集局部网络信息，访问模式描述路由的转发方式，选路标准描述下一跳节点的选择标准。这三种组件的具体内容如表 5-1 所示。

表 5-1　路由配置组件和内容

组件名称	组 件 内 容	对应报文类型
状态信息	邻居节点描述(如 ID、位置等)	Hello 分组
	邻居节点兴趣(如事件类型、报告频率等)	查询分组
	邻居链路可用性(如链路类型、传输速率等)	数据包捎带
	邻居节点最新数据拷贝(如数据内容、时间戳等)	数据分组
访问模式	洪泛、受限洪泛、单一路径、多路径等	
选路标准	是否检验报文头、如何选择邻居、QoS 选项等	

汇聚节点首先完成路由服务的配置，然后利用配置服务将路由配置信息传播到整个网络。配置服务通过洪泛或者受限洪泛的方法传送配置信息。为了减少传输的数据量，同时也减少其他节点配置路由的计算量，可将路由服务的一些公共部分，如状态信息收集、选路标准等做到操作系统中。这样，只需传送少量配置信息，而且所生成的路由协议代码量也比较少。由于无线传感网的信道错误率较高，同时MAC层的延迟比较大，所以，如何保证路由配置在网络中的一致性也是重要的问题。可以使用配置版本机制实现一致性控制。

由于无线传感网资源有限且与应用高度相关，研究人员采用多种策略来设计路由协议，其中较好的协议应具有以下特点：

（1）针对能量高度受限的特点，高效利用能量几乎是设计的第一策略；

（2）针对包头开销大、有通信能耗、节点有合作关系、数据有相关性、节点能量有限等特点，采用数据聚合、过滤等技术；

（3）针对流量特征、通信耗能等特点，采用通信量负载平衡技术：

（4）针对节点少移动的特点，不维护其移动性；

（5）针对网络相对封闭、不提供计算等待点，只在汇聚节点考虑与其他网络的互连；

（6）针对网络节点不常编址的特点，采用基于数据或基于位置的通信机制；

（7）针对节点易失效的特点，采用多路径机制。

通过对当前的各种路由协议进行分析与总结，可以看出将来无线传感网路由协议采用的某些研究策略与发展趋势：

（1）减少通信量以节约能量。由于无线传感网中数据通信最为耗能，因此应在协议中尽量减少数据通信量。例如，可在数据查询或者数据上报中采用某种过滤机制，抑制节点上传不必要的数据；采用数据聚合机制，在数据传输到汇聚节点前就完成可能的数据计算。

（2）保持通信量负载平衡。通过更加灵活地使用路由策略让各个节点分组数据传输，平衡节点的剩余能量，以提高整个网络的生存时间。例如，可在分层路由中采用动态簇头，在路由选择中采用随机路由而非稳定路由，在路径选择中考虑节点的剩余能量。

（3）路由协议应具有容错性。由于无线传感网节点容易发生故障，因此应尽量利用节点易获得的网络信息计算路由，以确保在路由出现故障时能够尽快得到恢复，并采用多路径传输来提高数据传输的可靠性。

（4）路由协议应具有安全机制。由于无线传感网的固有特性，其路由协议极易受到安全威胁，尤其是在军事应用中。目前的路由协议很少考虑安全问题，因此在一些应用中必须考虑设计具有安全机制的路由协议。

（5）无线传感网路由协议将继续向基于数据、基于位置的方向发展，这是无线传感网一般不统一编址和以数据、位置为中心的特点所决定的。

本章小结

本章介绍了无线传感网的路由协议。由于传感器节点能量有限，且只具有局部网络信息，无线传感网路由协议具有很多传统网络路由协议所没有的特点。首先，无线传感网路由协议关心整个网络能量的均衡消耗，由于节点的能量有限，只有降低整个协议的能量开销，并且尽量在节点间均衡消耗能量，才能尽可能地延长网络生存期；其次，无线传感网路由是以数据为中心的路由，不再采用传统网络中以地址为中心的路由，而是根据感兴趣的数据建立数据源到汇聚节点或者管理节点的路径；最后，无线传感网路由协议具有应用相关性，不同应用中的路由协议可能差别很大，因而没有一个通用的路由协议。

目前提出的无线传感网路由协议大致可以分为五大类：能量感知路由协议，平面路由协议，层次路由协议，基于查询的路由协议以及基于地理位置的路由协议。最近几年，很多研究者提出了基于 QoS 保证的路由协议，要求网络提供服务质量保障。其中，能量感知路由协议从节点的能量利用效率及网络生存期的角度考虑路由选择，其基本思想是根据节点剩余能量定义节点的优先级，控制整个网络能量的均衡消耗。平面路由协议和层次路由协议是根据网络的层次结构来划分的，该协议结构简单，稳健性好，适合小规模网络。层次路由协议是将大规模网络划分为小的网络，每个小网络由簇头节点管理，因而可扩展性较好，适合大规模的传感网络；但其缺点是簇头节点的可靠性和稳定性对全网性能的影响较大。基于查询的路由协议将路由建立与数据查询过程相结合，充分考虑了数据查询类应用的特点。基于地理位置的路由协议利用节点的地理位置建立数据源到汇聚节点或者管理节点的优化传输路径。

思考题

1．无线传感网路由协议的设计应考虑哪些因素？
2．简述无线传感网的路由建立过程。
3．无线传感网路由协议的分类方法有哪些？
4．平面路由协议有哪些?它们的内容分别是什么？
5．层次路由协议有哪些?它们的内容分别是什么？
6．能量感知路由的基本原理是什么？
7．定向扩散路由的基本原理是什么？
8．简述层次路由协议 LEACH 协议的原理和工作过程。
9．地理位置路由有哪些?它们的内容分别是什么？
10．什么是路由空洞？简述路由空洞产生的原因。
11．简述基于 QoS 的路由协议的主要应用。

第6章　定位技术

无线传感器节点的位置信息对于传感网来说至关重要，事件发生的位置或获取信息的节点位置是传感器节点监测消息中所包含的重要信息，没有位置信息的监测数据往往毫无意义。在无线传感网的各种应用中，监测到事件后关心的一个重要问题就是该事件发生的位置。无线传感网节点通常随机布置，无法事先知道自身位置，因此传感器节点必须能够在布放后实时地进行定位。传感器节点是根据少数已知位置的节点按照某种定位算法来确定自身位置的，并且通过相互协作的方式，实现网络中全部节点的定位。

本章先介绍无线传感网的节点定位的基本概念；再介绍常用的测距方法（RSSI、ToA、TDoA和AoA），以及基于测距的定位算法（三边测量法、三角测量法和极大似然估计法）和无须测距的定位算法（质心算法和DV-Hop算法等）；最后简介定位技术的典型应用。

6.1　节点定位概述

无线传感器节点通常随机布放在不同的环境中执行各种监测任务，以自组织的方式相互协调工作。最常见的例子是用飞机将传感器节点布放到指定的区域中。随机布放的传感器节点无法事先知道自身位置，因此传感器节点必须能够在布放后实时地进行定位。传感器节点的自身位置就是根据少数已知位置的节点按照某种定位机制来确定的。只有在传感器节点自身正确定位之后，才能确定传感器节点监测到的事件发生的具体位置，这需要监测到该事件的多个传感器节点之间的相互协作，并利用它们自身的位置信息，使用特定定位机制确定事件发生的位置。

在无线传感网中，传感器节点自身的正确定位正是提供监测事件位置信息的前提。定位信息除用来报告事件发生的地点外，还具有下列用途：目标跟踪，实时监视目标的行动路线，预测目标的前进轨迹；协助路由，如直接利用节点位置信息进行数据传递的基于地理位置的路由协议，避免信息在整个网络中的扩散，并可以实现定向的信息查询；进行网络管理，利用传感器节点传回的位置信息构建网络拓扑图，并实时统计网络覆盖情况，对节点密度低的区域采取必要的措施等。因此，在无线传感网中，传感器节点的精确定位对各种应用有着重要的作用。

全球定位系统（Global Positioning System，GPS）是目前应用最广泛、最成熟的定位系统。它通过卫星的授时和测距对用户节点进行定位，具有定位精度高、实时性好、抗干扰能力强等优点；但是GPS定位适应于无遮挡的室外环境，用户节点通常能耗高，体积大，成本也比较高，需要固定的基础设施等，这使得它不适用于低成本、自组织的传感网。在机器人领域中，机器人节点的移动性和自组织等特性，其定位技术与传感网的定位技术具有一定的相似性；但是机器人节点通常携带充足的能量供应和精确的测距设备，系统中机器人的数量很少，所以这些机器人定位算法也不适用于传感网。

受到成本、功耗、扩展性等问题的限制，为每个传感器安装GPS模块等这些传统定位手段并不实际，甚至在某些场合可能根本无法实现，因此必须采用一定的机制与算法实现传感器节点的自身定位。

1. 定位的含义

无线传感网定位问题是指网络通过特定方法提供节点的位置信息。其定位方式可分为节点自身定位和目标定位。节点自身定位是确定网络节点的坐标位置的过程，目标定位是确定网络覆盖区域内一个事件或者一个目标的坐标位置。节点自身定位是网络自身属性的确定过程，可以通过人工标定或者各种节点的自定位算法完成；目标定位则以位置已知的网络节点为参考，确定事件或者目标在网络覆盖范围内所在的位置。

位置信息有多种分类方法。通常，位置信息有物理位置和符号位置两大类。物理位置指目标在特定坐标系下的位置数值，表示目标的相对或者绝对位置；符号位置指目标与一个基站或者多个基站接近程度的信息，表示目标与基站之间的连通关系，提供目标大致的所在范围。在很多传感网应用场合中，必须知道各节点物理位置的坐标信息，通过人工测量或配置来获得节点坐标的方法往往不可行。通常，传感网能够通过网络内部节点之间的相互测距和信息交换，形成一套全网节点的坐标。这才是经济和可行的定位方案。

从广义上来讲，无线传感网的定位问题包括传感器节点的自身定位和对监控目标的定位。目标定位侧重于传感网在目标跟踪方面的应用，是对监控目标的位置估计，它以先期的节点自身定位为基础。从不同的角度出发，无线传感网的定位方法可以进行如下分类：

（1）根据是否依靠测量距离，分为基于测距的定位和无须测距的定位。

（2）根据部署的场合不同，分为室内定位和室外定位。

（3）根据信息收集的方式，网络收集传感器数据用于节点定位的，被称为被动定位；节点主动发出信息用于定位的，被称为主动定位。

2. 基本术语

在传感网节点的定位技术中，根据节点是否已知自身的位置，将传感器节点分为信标节点和未知节点。信标节点有时也被称为锚点，在网络节点中所占的比例很小，可以通过携带 GPS 定位设备等手段获得自身的精确位置；信标节点是未知节点实现定位的参考点。除了信标节点以外的其他传感器节点就是未知节点，它们通过信标节点的位置信息来确定自身位置。

假设某地域内有 N 个传感器节点，存在某种机制使各节点通过通信和感知可找到自己的邻居节点，并估计出它们之间的距离，或识别出邻居节点的数目。每一对邻居的关系对应网络图 G 的边 $e=(i,j)$，设 r_{ij} 为节点 i、j 间的测量距离，d_{ij} 为真实距离。定位的目的在于，在给定所有邻居对之间的距离测量值 r_{ij} 的基础上，计算出每个节点的坐标 p_i 和 p_j，使其与测距结果相一致，即：对于 $\forall e \in G$，使得 $\|p_i - p_j\| = d_{ij}$。下面给出传感网定位问题的一些基本术语。

（1）信标节点：指通过其他方式预先获得位置坐标的节点，有时也被称作锚点。网络中相应的其余节点被称为非锚点。

（2）测距：指两个相互通信的节点通过测量的方式来估计出彼此之间的距离或角度。

（3）连接度：包括节点连接度和网络连接度两种含义。节点连接度是指节点可探测发现的邻居节点个数；网络连接度是所有节点的邻居节点数目的平均值，它反映了传感网节点配置的密集程度。

（4）邻居节点：传感网节点通信半径范围以内的所有其他节点，被称为该节点的邻居节点。

（5）接收信号强度指示（received signal strength indication，RSSI）：节点接收到无线信号的强度大小。

（6）到达角（angle of arrival，AoA）：节点接收到的信号相对于自身轴线的角度。

（7）视距（line of sight，LoS）：如果传感网的两个节点之间没有障碍物，能够实现直接通信，则称这两个节点间存在视线关系。

（8）非视距（none line of sight，NLoS）：传感网两个节点之间存在障碍物，影响了它们直接的无线通信。

3．定位性能的评价指标

衡量定位性能有多个指标，除了一般性的位置精度指标以外，对于资源受限的传感网，还有覆盖范围、刷新速度和功耗等其他指标。

（1）定位精度。定位精度指所提供的位置信息的精确程度，它分为相对精度和绝对精度。绝对精度指以长度为单位度量的精度。例如，GPS 的精度为 1～10 m，现在使用 GPS 导航系统的精度约为 5 m；一些商业的室内定位系统提供 30 cm 的精度，可以用于工业环境、物流仓储等场合。相对精度通常以节点之间距离的百分比来定义。例如，若两个节点之间距离是 20 m，定位精度为 2 m，则相对定位精度为 10%。由于有些定位方法的绝对精度会随着距离的变化而变化，因而使用相对精度可以很好地表示精度指标。设节点 i 的估计坐标与真实坐标在二维情况下的距离差值为 Δd_i，则 N 个未知位置节点的网络平均定位误差为

$$\varDelta = \sum_{i=1}^{N} \Delta d_i / N \tag{6.1}$$

（2）覆盖范围：覆盖范围和定位精度是一对矛盾的指标。例如，超声波可以达到分米级精度，但是它的覆盖范围只有 10 多米；Wi-Fi 和蓝牙的定位精度为 3 m 左右，覆盖范围可以达到 100 m 左右；GSM 系统能覆盖千米级的范围，但是精度只能达到 100 m。由此可见，覆盖范围越大，提供的精度就越低；提供大范围内的高精度通常是难以实现的。

（3）刷新速度：刷新速度是指提供位置信息的频率。例如，如果 GPS 每秒刷新 1 次，则这种频率对于车辆导航已经足够了，能让人体验到实时服务的感觉。对于移动的物体，如果位置信息刷新较慢，就会出现严重的位置信息滞后，直观上感觉已经前进了很长距离，提供的位置还是以前的位置。因此，刷新速度会影响定位系统实际工作提供的精度，它还会影响位置控制者的现场操作。如果刷新速度太低，可能会使得操作者无法实施实时控制。

（4）功耗：功耗作为传感网设计的一项重要指标，对于定位这项服务功能，需要计算为此所消耗的能量。采用的定位方法不同，功耗的差别会很大；其主要原因是定位算法的复杂度不同，需要为定位提供的计算和通信开销方面存在数量上的差别，导致完成定位服务的功耗有所不同。

（5）代价：定位系统或算法的代价可从几个不同方面来评价。时间代价包括一个系统的安装时间、配置时间和定位所需时间；空间代价包括一个定位系统或算法所需的基础设施和网络节点的数量、硬件尺寸等；资金代价则包括实现一种定位系统或算法的基础设施、节点设备的总费用。

传感网定位系统需要比较理想的无线通信环境和可靠的网络节点设备。但是在真实应用场合，通常会存在许多干扰因素。因此，传感网定位系统的软硬件必须具有很强的容错性，能够通过自动纠正错误，以克服外界的干扰因素，减小各种误差的影响。

定位实时性更多体现在对动态目标的位置跟踪中，由于动态目标具有一定的运动速度和加速度，并且在不断地变换位置，因而在运用传感网实施定位时，要尽量缩短定位计算过程的时间间隔。这就要求定位系统能以更高的频率采集和传输数据，其定位算法能在较少信息的辅助下，输出满足精度要求的定位结果。

6.2 基于测距的定位算法

基于测距的定位是通过测量节点之间的距离并根据几何关系计算出网络节点的位置。解析几何里有多种方法可以确定一个点的位置。比较常用的方法是多边定位和角度定位。这里重点介绍通过距离测量的方式，它可以用来计算传感网中某一未知位置的节点坐标。

6.2.1 测距方法

定位计算通常需要预先知道节点与其邻居之间的距离或角度信息。目前常用的节点间距离或角度的测量技术有RSSI、ToA、TDoA和AoA。

1. 接收信号强度指示（RSSI）

基于RSSI的定位算法，是通过测量发送功率与接收功率计算传播损耗。利用理论和经验模型，将传播损耗转化为发送器与接收器的距离。该方法易于实现，无须在节点上安装辅助定位设备。当遇到非均匀传播环境，有障碍物造成多径反射或信号传播模型过于粗糙时，RSSI测距精度和可靠性降低，有时测距误差可达到50%。一般将RSSI和其他测量方法综合运用来进行定位。

无线信号的发射功率和接收功率之间的关系为

$$P_r = P_t / r^n \tag{6.2}$$

式中，P_r是无线信号的接收功率；P_t是无线信号的发射功率；r是收发节点之间的距离；n是传播因子，其数值取决于无线信号传播的环境。如果将功率转换为分贝（dBm）的表达形式，可以直接写成

$$P_r(\text{dBm}) = P_t(\text{dBm}) - 10n\lg r \tag{6.3}$$

的形式。式（6.3）表明，在一定的发射功率下，接收信号强度和无线信号传输距离之间存在理论关系，因而可以直接通过信号强度估算节点间的距离值。

RSSI法由于实现简单，已被广泛采用；但使用时应注意遮盖或折射现象引起的接收端产生的严重的测量误差。

2. 到达时间（ToA）

ToA方法通过测量传输时间来估算两节点之间的距离，精度较好；但由于无线信号的传输速度快，时间测量上的很小误差就会导致很大的误差值，所以要求传感器节点有较强的计算能

力。它和 TDoA 这两种基于时间的测距方法适用于多种信号，如射频、声学、红外和超声波信号等。

ToA 机制是在已知信号的传播速度时，根据信号的传播时间来计算节点间的距离。图 6-1 所示为 ToA 测距的简单实现过程示例，其中采用伪噪声序列信号作为声波信号，根据声波的传播时间来测量节点之间的距离。

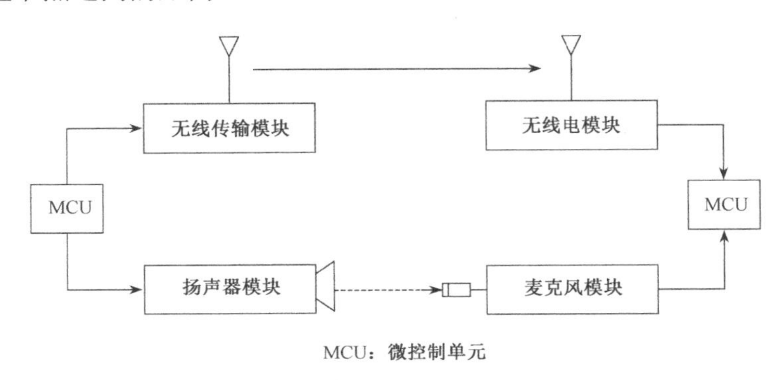

MCU：微控制单元

图 6-1　ToA 测距的简单实现过程示例

假设两个节点预先实现了时间同步，在发送节点发送伪噪声序列信号的同时，无线传输模块通过无线电同步消息通知接收节点伪噪声序列信号发送的时间，接收节点的麦克风模块检测到伪噪声序列信号后，根据声波信号的传播时间和速度来计算节点间的距离。节点在计算出多个邻近的信标节点后，利用多边测量算法和极大似然估计算法算出自身的位置。

ToA 采用的声波信号进行到达时间测量。由于声波频率低，速度低，因此对节点硬件的成本和复杂度的要求很低，但声波的传播速度易受大气条件的影响。ToA 算法的定位精度高，但要求节点间保持精确的时间同步，对传感器节点的硬件和功耗提出了较高的要求。

3．到达时间差（TDoA）

在基于 TDoA 的定位机制中，发射节点同时发射两种不同传播速度的无线信号，接收节点根据两种信号到达的时间差以及这两种信号的传播速度计算两个节点之间的距离。

如图 6-2 所示，发射节点同时发射无线射频信号和超声波信号，接收节点记录下这两种信号的到达时间 T_1、T_2，已知无线射频信号和超声波的传播速度为 c_1、c_1，那么两点之间的距离为 $(T_2-T_1)S$，其中 $S=c_1c_2/(c_1-c_2)$。

由于无线射频信号的传播速度要远大于超声波的传播速度，因而未知节点在收到无线射频信号时，会同时打开超声波信号接收机。根据两种信号的到达时间间隔和各自的传播速度，未知节点算出和该信标节点之间的距离，然后通过比较到各个邻近信标节点的距离，选择出离自身最近的信标节点，从该信标节点广播的信息中取得自身的位置。

TDoA 技术对节点硬件的要求高，它对成本和功耗的要求对低成本、低功耗的传感网设计提出了挑战。当然，TDoA 技术的测距误差小，具有较高精度。

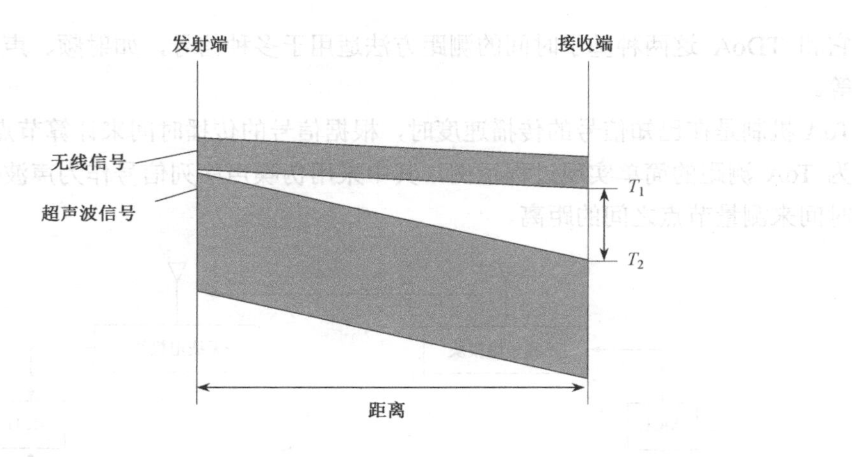

图 6-2　TDoA 测距原理示例

4．到达角（AoA）

AoA 方法通过配备特殊天线来估测其他节点发射的无线信号的到达角。它的硬件要求较高，每个节点要安装昂贵的天线阵列和超声波接收器。

在基于 AoA 的定位机制中，接收节点通过天线阵列或多个超声波接收机来感知发射节点信号的到达方向，计算接收节点和发射节点之间的相对方位和角度，再通过三角测量法计算节点的位置。

如图 6-3 所示，接收节点通过麦克风阵列，探测发射节点信号的到达方向。AoA 定位不仅能够确定节点的坐标，还能够确定节点的方位信息；但是 AoA 测距技术易受外界环境的影响，且需要额外硬件，因此它的硬件尺寸和功耗指标并不适用于大规模的传感网。

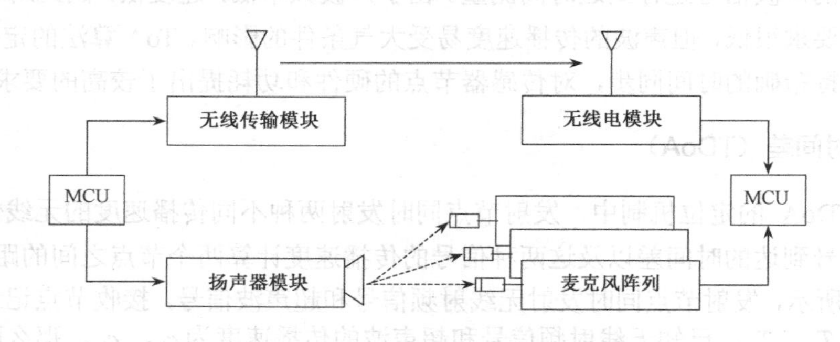

图 6-3　AoA 测角原理的过程示例

以上测距方法考虑的是如何得到相邻节点之间的观测物理量，有些算法还需要通过间接计算，获得信标节点与其他相连节点之间的距离。所谓相连，是指无线通信可达，即互为邻居节点。通常，此类算法从信标节点开始有节制地发起洪泛，节点间共享距离信息，以较小的计算代价确定各节点与信标节点之间的距离。

6.2.2　节点定位计算方法

在传感器节点定位过程中，未知节点在获得对于邻近信标节点的距离或者邻近的信标节点与未知节点之间的相对角度后，通常使用下列方法计算自己的坐标。

1．三边测量法

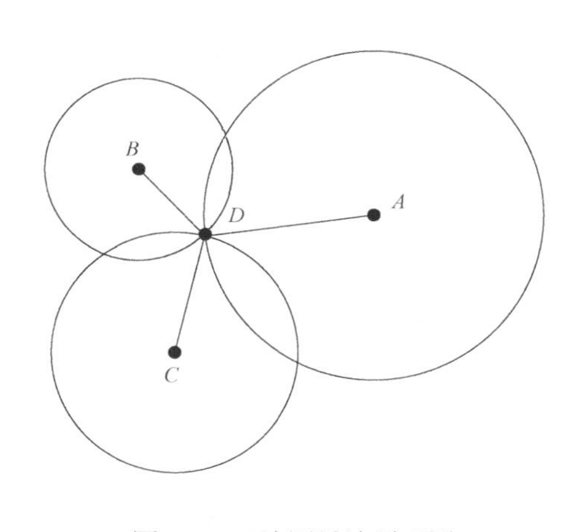

图 6-4　三边测量法原理图

三边测量法（trilateration）原理图如图 6-4 所示。已知 A、B、C 三个节点的坐标分别为 (x_a,y_a)、(x_b,y_b) 和 (x_c,y_c)，它们到未知节点 D 的距离分别为 d_a、d_b、d_c，假设节点 D 的坐标为 (x,y)，那么存在以下公式：

$$\begin{cases}\sqrt{(x-x_a)^2+(y-y_a)^2}=d_a\\ \sqrt{(x-x_b)^2+(y-y_b)^2}=d_b\\ \sqrt{(x-x_c)^2+(y-y_c)^2}=d_c\end{cases}\tag{6.4}$$

由式（6.4）可以得到节点 D 的坐标为：

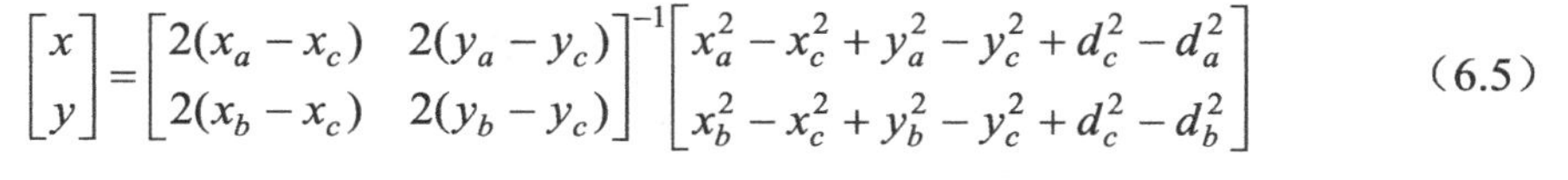

$$\begin{bmatrix}x\\y\end{bmatrix}=\begin{bmatrix}2(x_a-x_c) & 2(y_a-y_c)\\2(x_b-x_c) & 2(y_b-y_c)\end{bmatrix}^{-1}\begin{bmatrix}x_a^2-x_c^2+y_a^2-y_c^2+d_c^2-d_a^2\\x_b^2-x_c^2+y_b^2-y_c^2+d_c^2-d_b^2\end{bmatrix}\tag{6.5}$$

2．三角测量法

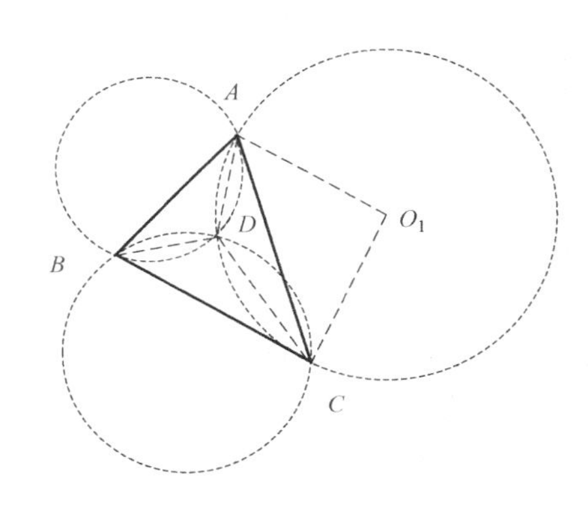

图 6-5　三角测量法原理图

三角测量法（triangulation）原理图如图 6-5 所示。已知 A、B、C 三个节点的坐标分别为 (x_a,y_a)、(x_b,y_b) 和 (x_c,y_c)，节点 D 相对于节点 A、B、C 的角度分别为 $\angle ADB$、$\angle ADC$ 和 $\angle BDC$，假设节点 D 的坐标为 (x,y)。

对于节点 A、C 和角 $\angle ADC$，如果弧段 AC 在$\triangle ABC$ 内，那么能够唯一确定一个圆，设圆心为 $O_1(x_{O1},y_{O1})$，半径为 r_1，那么 $\alpha=\angle AO_1C=2\pi-2\angle ADC$，并存在下列公式：

$$\begin{cases}\sqrt{(x_{O1}-x_a)^2+(y_{O1}-y_a)^2}=r_1\\ \sqrt{(x_{O1}-x_b)^2+(y_{O1}-y_b)^2}=r_1\\ (x_a-x_c)^2+(y_a-y_c)^2=2r_1^2-2r_1^2\cos\alpha\end{cases}\tag{6.6}$$

由式（6.6）能够确定圆心 O_1 点的坐标和半径。同理，对 A、B、$\angle ADB$ 和 B、C、$\angle BDC$ 可分别确定相应的圆心 $O_2(x_{O2},y_{O2})$、半径 r_2、圆心 $O_3(x_{O3},y_{O3})$ 和半径 r_3。最后利用三边测量法，由三个圆心点及其半径确定 D 点坐标。

3．极大似然估计法

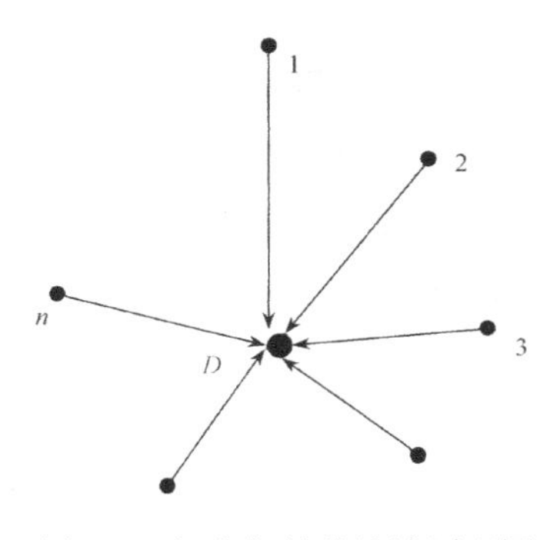

图 6-6　极大似然估计法原理图

极大似然估计法（maximum likelihood estimation，MLE）原理图如图 2.4 所示。已知 1，2，3，…等 n 个节点的坐标分别为 (x_1,y_1)，(x_2,y_2)，(x_3,y_3)，…，(x_n,y_n)，它们到未知

节点 D 的距离分别为 d_1，d_2，d_3，…，d_n，假设未知节点的坐标为 (x,y)，那么存在下列公式：

$$\begin{cases}(x_1-x)^2+(y_1-y)^2=d_1^2\\(x_2-x)^2+(y_2-y)^2=d_2^2\\\quad\vdots\\(x_n-x)^2+(y_n-y)^2=d_n^2\end{cases}\tag{6.7}$$

从式（6.7）第一个方程开始分别减去最后一个方程，得：

$$\begin{cases}x_1^2-x_n^2-2(x_1-x_n)x+y_1^2-y_n^2-2(y_1-y_n)y=d_1^2-d_n^2\\x_2^2-x_n^2-2(x_2-x_n)x+y_2^2-y_n^2-2(y_2-y_n)y=d_2^2-d_n^2\\\quad\vdots\\x_{n-1}^2-x_n^2-2(x_{n-1}-x_n)x+y_{n-1}^2-y_n^2-2(y_{n-1}-y_n)y=d_{n-1}^2-d_n^2\end{cases}\tag{6.8}$$

式（6.8）的线性方程表示方式为 $\boldsymbol{AX}=\boldsymbol{b}$，其中：

$$\boldsymbol{A}=\begin{bmatrix}2(x_1-x_n) & 2(y_1-y_n)\\\vdots & \vdots\\2(x_{n-1}-x_n) & 2(y_{n-1}-y_n)\end{bmatrix},\ \boldsymbol{b}=\begin{bmatrix}x_1^2-x_n^2+y_1^2-y_n^2+d_n^2-d_1^2\\\vdots\\x_{n-1}^2-x_n^2+y_{n-1}^2-y_n^2+d_n^2-d_{n-1}^2\end{bmatrix},\ \boldsymbol{X}=\begin{bmatrix}x\\y\end{bmatrix}$$

使用标准的最小均方差估计方法可得到节点的坐标为：

$$\hat{\boldsymbol{X}}=(\boldsymbol{A}^{\mathrm{T}}\boldsymbol{A})^{-1}\boldsymbol{A}^{\mathrm{T}}\boldsymbol{b}\tag{6.9}$$

6.3 无须测距的定位算法

无须测距的定位技术不需要直接测量距离和角度信息。它不是通过测量节点之间的距离来定位的，而是仅根据网络的连通性确定网络中节点之间的跳数，同时根据已知位置的参考节点的坐标等信息估计出每一跳的大致距离，然后估计出节点在网络中的位置。

无须测距的定位算法无须测量节点间的绝对距离或方位，降低了对节点硬件的要求。目前主要有两类无须测距的定位方法：一类是先对未知节点和信标节点之间的距离进行估计，然后利用多边定位等方法完成对其他节点的定位；另一类是通过邻居节点和信标节点来确定包含未知节点的区域，然后将这个区域的质心作为未知节点的坐标。无须测距的定位方法精度低，但能满足大多数应用的要求。

无须测距的定位算法主要有质心算法、DV-Hop 算法、DV-Distance 算法、APIT 算法等，下面分别加以介绍。

1．质心算法

在计算几何学里，多边形的几何中心被称为质心，多边形顶点坐标的平均值就是质心节点的坐标。假设多边形顶点位置的坐标向量表示为 $\boldsymbol{p}_i=(x_i,y_i)^{\mathrm{T}}$，则这个多边形的质心坐标 $(\overline{x},\overline{y})$ 计算方法如下：

$$(\overline{x},\overline{y})=\left(\frac{1}{n}\sum_{i=1}^{n}x_i,\ \frac{1}{n}\sum_{i=1}^{n}y_i\right)\tag{6.10}$$

例如，如果四边形 $ABCD$ 的顶点坐标分别为 (x_1,y_1)，(x_2,y_2)，(x_3,y_3)，(x_4,y_4)，则它的质心坐标计算如下：

$$(\bar{x},\bar{y})=\left(\frac{x_1+x_2+x_3+x_4}{n},\ \frac{y_1+y_2+y_3+y_4}{n}\right)$$

这种方法的计算与实现都非常简单，可以根据网络的连通性确定信标节点周围的信标参考节点，直接求解信标参考节点所构成的多边形的质心。

在传感网的质心定位系统的实现中，信标节点周期性地向邻近节点广播分组信息，该信息包含了信标节点的标识和位置。在未知节点接收到来自不同信标节点的分组信息数量超过某一门限或在接收了一定时间之后，就可以计算这些信标节点所组成的多边形的质心，并以此确定自身位置。

由于质心算法完全基于网络连通性，不需要信标节点和未知节点之间的协作和交互式通信协调，因而易于实现。

质心定位算法虽然实现简单、通信开销小，但仅能实现粗精度定位，并且需要信标节点具有较高的密度，各信标节点部署的位置也对定位效果有影响。

2. DV-Hop 算法

DV-Hop（distance vector-hop，距离向量–跳数）算法定位机制非常类似于传统网络中的距离向量路由机制。在距离向量定位机制中，未知节点首先计算与信标节点的最小跳数，然后估算平均跳数的距离，利用最小跳数乘以平均每跳距离，得到未知节点与信标节点之间的估计距离，再利用三边测量法或极大似然估计法计算未知节点的坐标。DV-Hop 算法的定位过程分为以下三个阶段：

1）计算未知节点与信标节点的最小跳数

信标节点向邻居节点广播自身的位置信息的分组，其中包括跳数字段，初始化为 0。接收节点先记录到每个信标节点的最小跳数，忽略来自同一个信标节点的最大跳数的分组；然后将跳数值加 1，并转发给邻居节点。通过这种方法，网络中的所有节点能够记录下到每个信标节点的最小跳数。如图 6-7 所示，信标节点 A 广播的分组以近似于同心圆的方式在网络中逐次传播，图中的数字代表距离信标节点 A 的跳数。

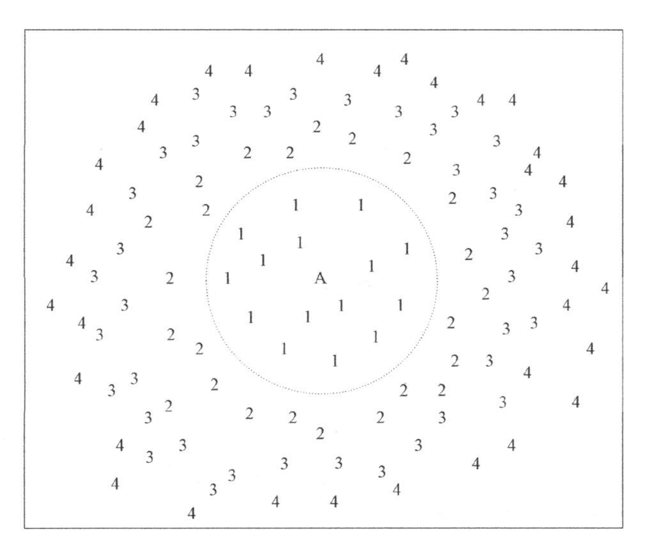

图 6-7　信标节点广播分组传播过程图示

2）计算未知节点与信标节点的实际跳数距离

每个信标节点根据第一阶段记录的其他信标节点的位置信息和相距跳数，利用下式估算平均跳数的实际平均距离值：

$$\text{HopSize}_i=\frac{\sum_{j\neq i}\sqrt{(x_i-x_j)^2+(y_i-y_j)^2}}{\sum_{j\neq i}h_j} \tag{6.11}$$

式中，(x_i,y_i)，(x_j,y_j)分别是信标节点i,j的坐标；h_j是信标节点i与j之间的跳数。

然后，信标节点将计算的每跳平均距离用带有生存期字段的分组广播到网络中，未知节点仅记录接收到的每一跳平均距离，并转发给邻居节点。这个策略确保了绝大多数节点从最近的信标节点接收每跳平均距离值。未知节点接收到每跳距离平均值后，根据记录的跳数，计算到每个信标节点的跳段距离：

$$D_i=\text{hops}\times\text{HopSize}_\text{i} \tag{6.12}$$

3）利用三边测量法或极大似然估计法计算自身位置

未知节点利用第二阶段中记录的每个信标节点的跳段距离，利用三边测量法或极大似然估计法计算自身坐标。

图 6-8 所示给出了 DV-Hop 算法示例。经过第一阶段和第二阶段，能够计算出信标节点L_1、L_2、L_3间的实际距离和跳数，那么信标节点L_2计算的每跳平均距离为$(40\text{ m}+75\text{ m})/(2+5)=16.42\text{ m}$。假设未知节点 A 从$L_2$获得每跳平均距离，则节点 A 与三个信标节点之间的距离分别为：L_1，$3\times16.42\text{ m}$；L_2，$2\times16.42\text{ m}$；L_3，$3\times16.42\text{ m}$。最后利用三边测量法计算出节点 A 的坐标。

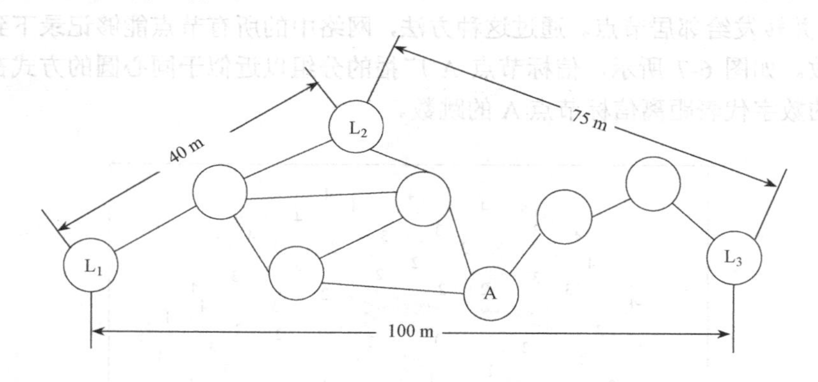

图 6-8　DV-Hop 算法示例

3. DV-Distance 算法

DV-Distance 算法类似于 DV-Hop 算法，它们之间的区别就在于：DV-Hop 算法是通过节点的平均每跳距离和跳数算出节点间的距离；而 DV-Distance 算法是通过节点间使用射频通信来测量出节点间的距离，即利用 RSSI 来测量节点间的距离，然后再应用三角测量法计算出节点的位置。

与 DV-Hop 算法相比，DV-Distance 算法对传感器节点的功能要求比较低，不要求节点能够储存网络中各个节点的位置信息，同时还较大幅度地减少了节点间的通信量，也就降低了节点工作的能源消耗。不足之处在于，因为它直接测量节点间的距离，这样对距离的敏感性要求较高，尤其对测距的误差很敏感，因此算法的误差较大。

4. APIT 算法

ATPT（approximate point-in triangulation test，近似三角形内点测试）算法首先确定多个包含未知节点的三角形区域，这些三角形区域的交集是一个多边形，它确定了更小的包含未知节点的区域；然后计算这个多边形区域的质心，并将质心作为未知节点的位置。

未知节点首先收集其邻近信标节点的信息，然后从这些信标节点组成的集合中任意选取三个信标节点。假设集合中有 n 个元素，那么共有 C_n^3 种不同的选取方法，确定 C_n^3 个不同的三角形，逐一测试未知节点是否位于每个三角形内部，直到穷尽所有 C_n^3 种组合或达到定位所需的精度。最后，计算包含目的节点所有三角形的重叠区域，将重叠区域的质心作为未知节点的位置。APIT 定位原理图如图 6-9 所示，阴影部分区域是包含未知节点的所有三角形的重叠区域，黑点指示的质心位置作为未知节点的位置。

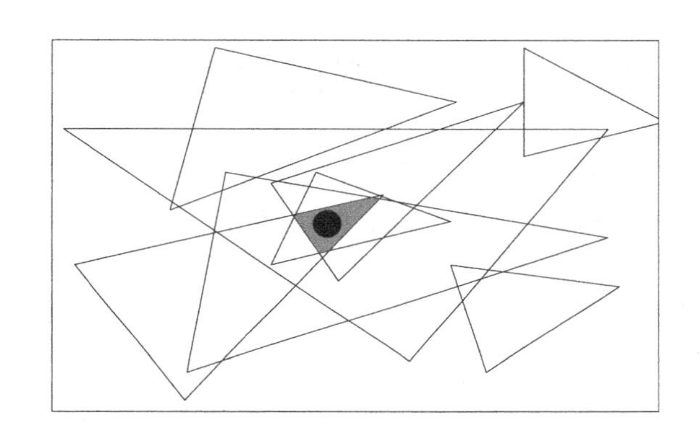

图 6-9　APIT 定位原理图

APIT 算法的理论基础是最佳三角形内点测试法（perfect point-in triangulation test，PIT），PIT 原理如图 6-10 所示。假如存在一个方向：节点 M 沿着这个方向移动会同时远离或接近顶点 A、B、C，那么节点 M 位于△ABC 外；否则，节点 M 位于△ABC 内。

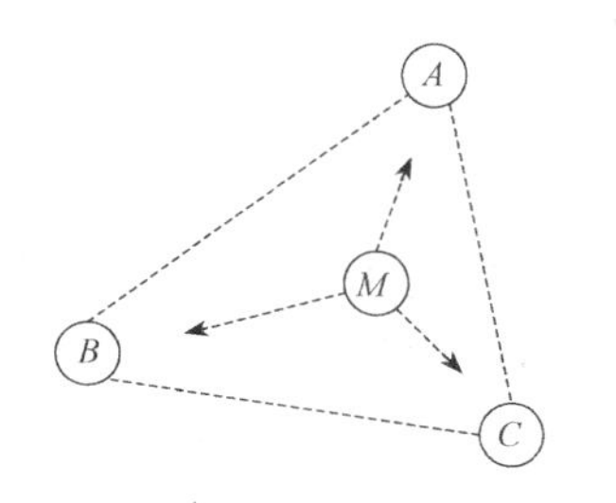

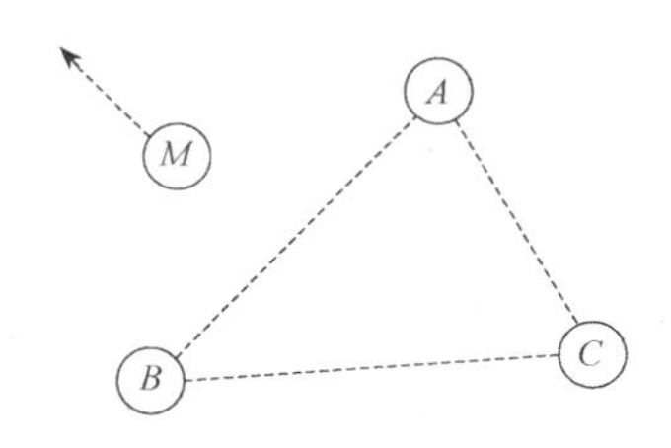

图 6-10　PIT 原理

在传感网中，信标节点通常是静止的。为了在静态的环境中观察三角形内点测试，提出了近似的三角形内点测试法：假如在节点 M 的所有邻居节点里，相对于节点 M 没有同时远离或靠近三个信标节点 A、B、C，那么节点 M 在△ABC 内；否则，节点 M 在△ABC 外。

近似的三角形内点测试法利用网络中相对较高的节点密度来模拟节点移动，利用无线信号的传播特性来判断是否远离或靠近信标节点。通常在给定方向上，一个节点离另一个节点越远，所接收到的信号的强度越弱。邻居节点通过交换各自接收到信号的强度，判断距离某一信标节点的远近，从而模仿 PIT 中的节点移动。

APIT 定位的具体步骤如下：

（1）收集信息：未知节点收集邻近信标节点的信息，如位置、标识号、接收到的信号强度等，邻居节点之间交换各自接收到的信标节点的信息；

（2）APIT 测试：测试未知节点是否在不同的信标节点组合成的三角形内；

（3）计算重叠区域：统计包含未知节点的三角形，计算所有三角形的重叠区域；

（4）计算未知节点位置：计算重叠区域的质心位置，以此作为未知节点的位置。

在无线信号传播模式不规则和传感器节点随机部署的情况下，APIT 算法的定位精度高，性能稳定；但 APIT 测试对网络的连通性提出了较高的要求。相对于计算简单的质心定位算法，APIT 算法精度高，对信标节点的分布要求低。

6.4 定位技术的典型应用

位置信息有很多用途，在某些应用中可以起到关键性的作用。定位技术的用途大体可分为导航、跟踪、虚拟现实、网络路由等。

导航是定位最基本的应用，在军事上具有重要用途。导航就是及时掌握移动物体在坐标系中的位置，并且了解其所处的环境，从而进行路径规划、指导移动物体成功地到达目的地。最著名的定位系统是已经获得广泛应用的 GPS 导航系统。GPS 系统在户外空旷的地方有很好的定位效果，已经成功应用于车辆、船舶等交通工具；但是其室内的定位效果不理想，甚至会完全失效。GPS 的定位精度最高可达到 1 m，目前一般提供 10 m 左右的精度。现在车辆、船舶、飞机等很多交通工具都已经配备了 GPS 导航系统。

除了导航以外，定位技术还有很多应用。例如，办公场所的物品和人员跟踪需要室内的精度定位。传感网具有覆盖室内、室外的能力，为解决室内的高精度定位的难题提供了新途径。

基于位置的服务（location-based service，LBS）是利用一定的技术手段，通过移动网络来获取移动终端用户的位置信息，在电子地图平台的支持下为用户提供相应服务的一种业务。LBS 是移动互联网和定位服务的融合业务，它可以支持查找最近的宾馆、医院、车站等应用，为人们的出行活动提供便利。

跟踪是目前快速增长的一种应用业务。跟踪需要实时地了解物体所处的位置和移动的轨迹。物品跟踪在工厂生产、库存管理和医院仪器管理等场合有广泛而迫切的应用需求，主要是通过具有高精度定位能力的标签来实现跟踪管理的。人员跟踪可以用于照顾儿童等，在超级市场、游乐场和监狱之类地方，使用跟踪人员位置的标签，可以很快找到相关的人员。

虚拟现实仿真系统中需要实时定位物体的位置和方向，参与者在场景中做出的动作，需要通过定位技术来识别并输入到系统回路中，定位的精度和实时性将直接影响到参与者的真实感。

位置信息也为基于地理位置的路由协议提供了支持。基于地理位置的传感器网络路由是一种较好的路由方式，具有很多独特的优点。假设传感网掌握每个节点的位置，或者至少了解相邻节点的位置，那么网络就可以运行这种基于坐标位置的路由协议，完成路径优化选择的过程。在无线传感网中，这种路由方式可以提高网络系统的性能和安全性，并节省网络节点的能量。

本章小结

定位技术是无线传感网的关键支撑技术之一。位置信息是传感器节点消息中不可缺少的部分，是事件位置报告、目标跟踪、地理路由、网络管理等系统功能的前提。为了提供有效的位置信息，随机部署的传感器节点必须能够在布置后实时地进行定位，这也是传感网的基本功能之一。

根据节点位置是否确定，传感器节点分为信标节点和未知节点。未知节点的定位，就是根据少数信标节点按照某种定位机制确定自身的位置。

在传感网定位过程中，通常会使用到三边测量法、三角测量法或极大似然估计法计算节点位置。根据定位过程中是否实际测量节点间的距离或角度，把传感网的定位算法分为基于测距的定位算法和无须测距的定位算法。

基于测距的定位机制是通过测量相邻节点间的实际距离或方位来计算未知节点的坐标值，通常采用测距、定位和修正等步骤。基于测距的定位算法，其测距方法有 ToA、TDoA、AoA 以及 RSSI 等几种形式。基于测距的定位机制通过实际测量节点间的距离或角度，通过几何方法得到未知节点的位置，通常其定位精度相对较高；但对节点的硬件也提出了很高的要求，定位过程中消耗的能量较多。

无须测距的定位机制无须实际测量节点间的绝对距离或方位就能够计算未知节点的位置，目前主要有质心算法、DV-Hop 算法、APIT 算法等。无须测距的定位机制无须测量节点间的绝对距离或方位，因而对节点硬件的要求较低，使得节点成本更适合于大规模的传感网。无须测距的定位机制，其定位性能受外界环境的影响较小，定位误差相应较大，但其定位精度能够满足多数传感网使用的要求，是目前重点关注的定位机制。

思考题

1. 无线传感网定位技术的含义是什么？
2. 简述无线传感网的定位方法和分类。
3. 简述基于测距的定位算法和与无须测距的定位算法的优缺点。
4. 基于测距的定位算法的测距方法有哪几种？其特点分别是什么？
5. 简述以下术语的含义：锚点、测距、连接度、到达时间差、接收信号强度指示、视距。
6. 简述 ToA、TDoA、AoA、RSSI 测距的原理。
7. 如何定义无线传感网的平均定位误差？
8. 如何评价一种无线传感网定位系统的性能?
9. 简述质心定位算法的原理及特点。
10. 简述 DV-HoP 定位技术的工作原理，并举例说明 DV-Hop 算法的定位实现过程。
11. 利用所学知识设计一个室内定位系统。要求依据场景来确定定位算法，给出实施过程。

第7章　同步技术

同步技术是无线传感网的主要支撑技术之一。对于分布式无线传感网应用，不同的节点都有自己的本地时钟，需要协同工作来使节点的时间同步，以完成复杂的任务。时间同步技术是保证网络正常运行的必要条件，并且同步精度直接影响所提供服务的质量。

本章先介绍无线传感网时间同步的重要性和无线传感网时间同步协议的特点，然后讨论RBS、Tiny-sync/Mini-sync 以及 TPSN 同步机制的工作原理和算法。

7.1　无线传感网时间同步的重要性和时间同步协议

7.1.1　时间同步的重要性

无线传感网的同步管理主要是指时间上的同步管理。在分布式的无线传感网应用中，每个传感器节点都有各自的本地时钟。不同节点的晶体振荡器频率存在偏差，湿度和电磁波干扰等也会造成网络节点之间的运行时间的偏差。有时传感器网络的单个节点的能力有限，或者由于某些应用的需要，使得整个系统所要实现的功能要求网络内所有节点相互配合来共同完成，因而分布式系统的协同工作需要节点间的时间同步。因此，时间同步机制是分布式系统基础框架中的一个关键机制。

在分布式系统中，时间同步涉及"物理时间"和"逻辑时间"两个不同的概念。"物理时间"表示人类社会使用的绝对时间；而"逻辑时间"体现了事件发生的顺序关系，是一个相对的概念。分布式系统通常需要一个表示整个系统时间的全局时间。全局时间根据需要可以是物理时间，也可以是逻辑时间。

时间同步机制在传统网络中已经得到了广泛应用。例如，网络时间协议（network time protocol，NTP）是因特网采用的时间同步协议，GPS 和无线测距等技术也可以用来提供网络的全局时间同步。

在传感网的很多应用中，同样需要时间同步机制。例如，在节点时间同步的基础上，可以远程观察卫星和导弹发射的轨道变化情况等。另外，时间同步能够用来形成分布式波束系统，构成 TDMA 调度机制，实现多传感器节点的数据融合，以及用时间序列的目标位置来估计目标的运行速度和方向，或者通过测量声音的传播时间来确定节点到声源的距离或声源的位置。

概括起来说，无线传感网时间同步机制的意义和作用主要体现在如下两方面：

首先，传感器节点通常需要彼此协作，去完成复杂的监测和感知任务。数据融合是协作操作的典型例子，不同的节点采集的数据最终融合并形成一个有意义的结果。例如，在车辆跟踪系统中，传感器节点记录车辆的位置和时间，并传送给网关汇聚节点，然后结合这些信息来估计车辆的位置和速度。如果传感器节点缺乏统一的时间同步，则对车辆的位置估计将是不准确的。

其次，无线传感网的一些节能方案是利用时间同步来实现的。例如，传感器可以在适当的时候休眠，在需要时再被唤醒。在应用这种节能模式时，网络节点应该在相同的时间休眠或被唤醒。也就是说，在数据到来时节点的接收器并没有关闭。在这里，无线传感网时间同步机制的设计目的，是为网络中所有节点的本地时钟提供共同的时间戳。

最近，美军装备了枪声定位系统，用于打击恐怖分子和战场上的狙击手。部署在街道或道路两侧的声响传感器，能够检测轻武器射击时产生的枪口爆炸波，以及子弹飞行时产生的震动冲击波。这些声波信号通过传感网传送给附近的计算机，能够计算出射手的坐标位置。这里，相关的声波到达时间（ToA）的测量，要求以一个共同的网络时间值实现传感网的精确时间同步。另外，通过试验发现，射手的定位误差除了会受到传感器节点本身测量的位置坐标误差的影响外，也会受到不可能绝对精确的时间同步的影响。

7.1.2 时间同步协议

由于传感网节点的造价不能太高，节点的体积微小，除了本地振荡器和无线通信单元以外不能安装更多的用于同步的器件，因此其价格和体积成为传感网时间同步的主要限制条件。

无线传感网中的多数节点是无人值守的，仅携带少量、有限的能量，即使是进行侦听通信也会消耗能量，因而运行时间的同步协议必然要考虑消耗的能量。现有网络的时间同步机制往往关注最小化同步误差来达到最大的同步精度方面，而很少考虑计算和通信的开销问题，也没有考虑设备所消耗的能量。这是因为传统有线网络中的计算机性能与传感网节点完全不同，它们可以由交流电供电。

例如，网络时间协议（NTP）在因特网得到了广泛使用，具有精度高、稳健性好和易扩展等优点。但是它依赖的条件在传感网中难以得到满足，因而不能直接移植运行，这主要是由于以下原因：

（1）NTP 应用在已有的有线网络中，它假定网络链路失效的概率很小；而在传感网中，无线链路的通信质量受环境影响较大，甚至时常会有通信中断的情况。

（2）NTP 的网络结构相对稳定，便于为不同位置的节点手工配置时间服务器列表；而传感网的拓扑结构是动态变化的，简单的静态手工配置无法适应这种变化。

（3）NTP 中时间基准服务器间的同步无法通过网络自身来实现，需要其他基础设施的协助，如 GPS 系统和无线电广播报时系统；而在传感网的有些应用中，无法取得相应基础设施的支持。

（4）NTP 需要通过频繁交换信息来不断校准时钟频率偏差所带来的误差，并通过复杂的修正算法，消除时间同步消息在传输和处理过程中受到的非确定因素干扰，CPU 的使用、信道侦听和占用都不受任何约束；而传感网存在资源约束，必须考虑能量消耗。

另外，GPS 系统虽然能够以纳秒级的精度与世界标准时间 UTC 保持同步，但需要配置高成本的接收机，同时无法在室内、森林或水下等有障碍的环境中使用。如果是用于军事目的，没有主控权的 GPS 系统也是不可依赖的。在传感网络中只可能为极少数节点配备 GPS 接收机，这些节点可以为传感网提供基准时间。

因此，传感网的特点以及它在能量、价格和体积等方面的约束，使得 NTP、GPS 等现有时间同步机制并不适用于通常的传感网，需要专门的时间同步协议才能使其正常工作。目前已有几种成熟的传感网时间同步协议或机制，其中 RBS（Reference Broadcast Synchronization）、Tiny-sync/Mini-sync 和 TPSN（Timing-sync Protocol for Sensor Networks）被认为是三种最基本的传感网时间同步机制。

RBS 同步协议的基本思想是多个节点接收同一个同步信号，然后在多个收到同步信号的节点之间进行同步。这种同步算法消除了同步信号发送方的时间不确定性。RBS 同步协议的优点是时间同步与 MAC 层协议分离，它的实现不受限于应用层是否可以获得 MAC 层时间戳，协议的互操作性较好。但这种同步协议的缺点是协议开销较大。

Tiny-sync/Mini-sync 是两种简单的轻量级时间同步机制。这两种算法假设节点的时钟漂移遵循线性变化，因此两个节点之间的时间偏移也是线性的，通过交换时标分组来估计两个节点间的最优匹配偏移量。为了降低算法的复杂度，通过约束条件丢弃冗余分组。

TPSN 时间同步协议采用层次结构，能够实现整个网络节点的时间同步。所有节点按照层次结构进行逻辑分级，表示节点到根节点的距离，通过基于发送者–接收者的节点对方式，每个节点与上一级的一个节点进行同步，最终所有节点都与根节点实现时间同步。

7.2 RBS 同步机制

RBS 协议是基于接收者和接收者时间同步机制的代表协议，其基本原理如图 7-1 所示。发送节点广播一个参考（reference）分组，广播域中两个节点都能够接收到这个分组，每个接收节点分别根据自己的本地时钟记录接收到参考分组的时刻，然后交换它们记录的参考分组的接收时间。两个接收时间的差值相当于两个接收节点间的时间差值，其中一个节点根据这个时间差值更改它的本地时间，从而达到两个接收节点的时间同步。

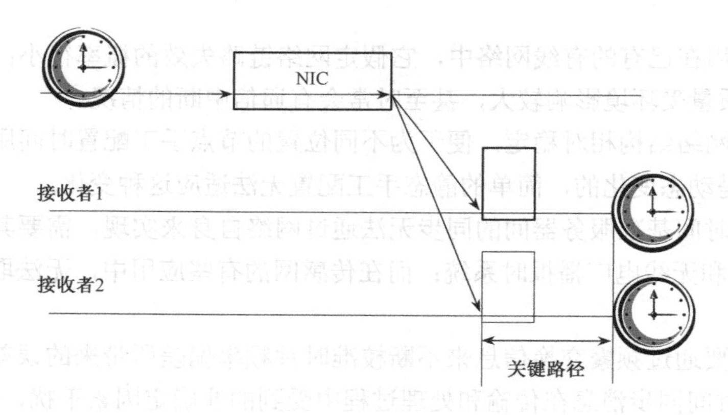

图 7-1　RBS 时间同步机制的基本原理

RBS 机制中不是通告发送节点的时间值，而是通过广播同步参考分组来实现接收节点间的相对时间同步，参考分组本身不需要携带任何时标，也不需要知道是何时发送出去的。

影响 RBS 机制性能的主要因素包括接收节点间的时钟偏差、接收节点的非确定性因素、接收节点的个数等。为了提高时间同步的精度，RBS 机制采用了统计技术，通过多次发送参考消息来获得接收节点之间时间差异的平均值。对于时钟偏差问题，采用了最小平方的线性回归方法进行线性拟合，直线的斜率就是两个节点的时钟偏差，直线上的点就表示节点间的时间差。

无线传感网的范围常常比单个节点的广播范围还要大，在这种情况下，RBS机制也能发挥作用。如图 7-2 所示，节点 A 和 B 同时发送一个同步脉冲，它们之间不能直接互相通信，但是它们都可以跟节点 4 通信，节点 4 就可以把它们的时钟信息关联起来。

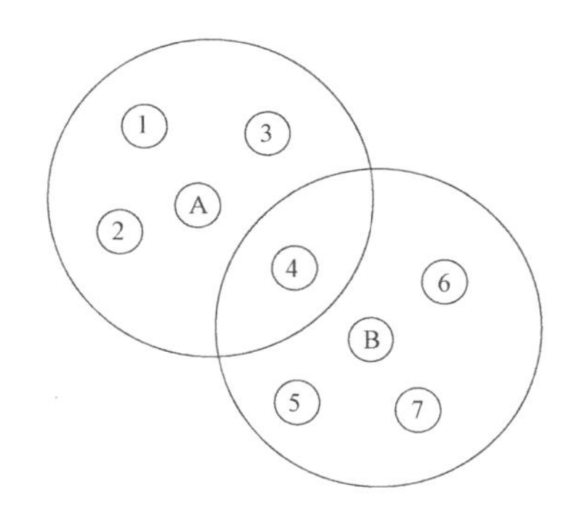

图 7-2　RBS 多跳时间同步的简单拓扑结构图

7.3　Tiny-sync/Mini-sync 同步机制

在通常情况下，节点 i 的硬件时钟是时间 t 的单调非递减函数。用来产生实时时间的晶体频率依赖于周围环境条件，在相当长一段时间内可以认为保持不变。由于节点之间时钟频偏和时钟相偏往往存在差异，但是它们时钟频偏或相偏之间的差值在一段时间内保持不变，根据节点之间的线性相关性，可以得出：

$$t_1(t) = a_{12}t_2(t) + b_{12} \tag{7.1}$$

式中，a_{12} 和 b_{12} 分别表示两个时钟之间的相对时钟频偏和相对时钟相偏。Tiny-sync 算法和 Mini-sync 算法采用传统的双向消息设计来估计节点时钟间的相对漂移和相对偏移。节点 1 给节点 2 发送探测消息，时间戳是 t_0，节点 2 在接收到消息后产生时间戳 t_b，并且立刻发送应答消息。最后节点 1 在收到应答消息时产生时间戳 t_r，利用这些时间戳的绝对顺序和上面的等式可以得到下面的不等式：

$$\begin{cases} t_0(t) < a_{12}t_b(t) + b_{12} \\ t_r(t) > a_{12}t_b(t) + b_{12} \end{cases} \tag{7.2}$$

三个时间戳（t_0、t_b、t_r）叫作数据点，Tiny-sync 和 Mini-sync 利用这些数据点进行工作。随着数据点数目的增大，算法的精确度也提高。每个数据点遵循相对漂移和相对偏移的两个约束条件。图 7-3 所示描述了数据点加在 a_{12} 和 b_{12} 上的约束。Tiny-sync 中每次获得新的数据点时，首先和以前的数据点比较：如果新的数据点计算出的误差大于以前数据点计算出的误差，则抛弃新的数据点；否则就采用新的数据点，而抛弃旧的数据点。这样时间同步总共只需存储 3～4 个数据点，就可以实现一定精度的时间同步。

如图 7-4 所示，在收到 (A_1, B_1) 和 (A_2, B_2) 后，计算出频偏和相偏的估计值，在收到数据点 (A_3, B_3) 之后，约束 A_1、B_1、A_3、B_3 被储存，A_2、B_2 被丢弃了；但是后来接收到的数据点 (A_4, B_4) 可以和 (A_2, B_2) 联合而构成更好的估计，而此时 (A_2, B_2) 已经丢弃，只能获得次优估计。

Mini-sync 算法是为了克服 Tiny-sync 算法中丢失有用数据点的缺点而提出的，该算法建立约束条件来确保仅丢掉将来不会有用的数据点，并且每次获取新的数据点后都更新约束条件；因为只要 A_j 满足 $m(A_i, A_j) > m(A_i, A_k)$（$1 \leqslant i < j < k$）这个条件，就表示这个数据点是以后有用的数据点，这里 $m(A, B)$ 表示通过点 A 和 B 的直线的斜率。

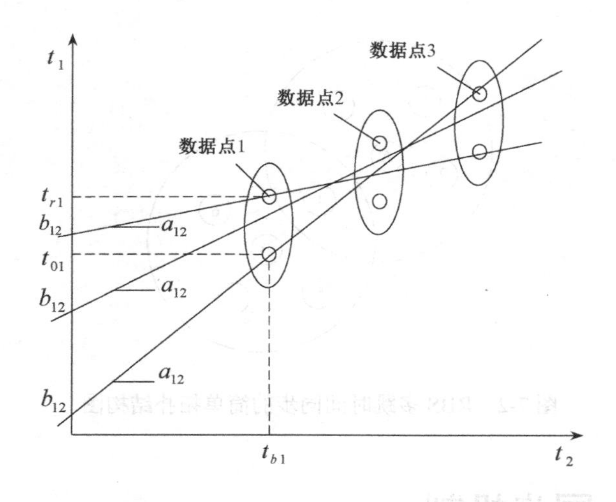

图 7-3 探测信息的数据点关系

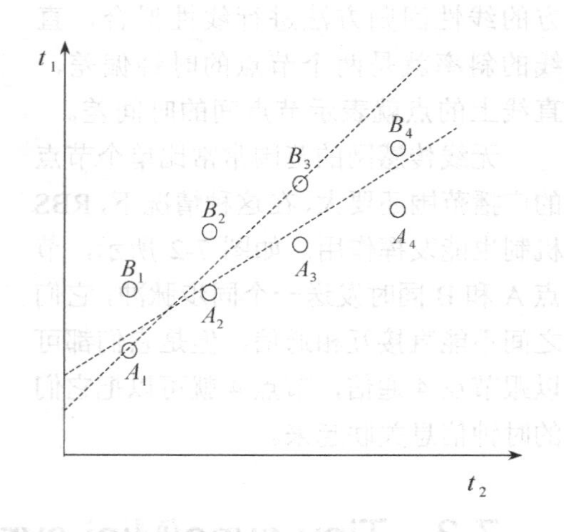

图 7-4 Tiny-sync 方法丢失有用数据点的情况

7.4 TPSN 时间同步协议

传感网的 TPSN 时间同步协议类似于传统网络的 NTP 协议，其目的是提供传感网全网范围内节点间的时间同步。在网络中有一个节点可以与外界通信，从而获取外部时间，这种节点称为根节点。根节点可装配诸如 GPS 接收机之类的复杂硬件部件，并作为整个网络系统的时钟源。

TPSN 协议采用层次型网络结构，首先将所有节点按照层次结构进行分级，然后每个节点与上一级的一个节点进行时间同步，最终所有节点都与根节点进行时间同步；节点对之间的时间同步是基于发送者—接收者的同步机制。

1．TPSN 协议的操作过程

TPSN 协议假设每个传感器节点都有唯一的标识号 ID，节点间的无线通信链路是双向的，通过双向的消息交换实现节点间的时间同步。TPSN 协议将整个网络内的所有节点按照层次结构进行管理，负责生成和维护层次结构。很多传感网依赖网内处理，需要类似的层次型结构，如 TinyDB 需要数据融合树。这样，整个网络只需生成和维护一个共享的层次结构。TPSN 协议包括如下两个阶段：第一个阶段生成层次结构，每个节点部被赋予一个级别，根节点被赋予最高级别第 0 级，第 i 级的节点至少能够与一个第（$i-1$）级的节点通信；第二个阶段实现所有树节点的时间同步，第 1 级节点同步到根节点，第 i 级的节点同步到第（$i-1$）级的一个节点，最终所有节点都同步到根节点，实现整个网络的时间同步。下面详细说明该协议的两个阶段的实施细节。

第一阶段被称为“层次发现阶段”。首先，在网络部署后，根节点通过广播“级别发现”分组，启动层次发现阶段。级别发现分组包含发送节点的 ID 和级别。根节点的邻居节点在收到根节点发送的分组后，将自己的级别设置为分组中的级别加 1，即为第 1 级，建立它们自己的级别；然后广播新的级别发现分组，其中包含的级别为 1。节点收到第 i 级节点的广播分组后，记录发送这个广播分组的节点 ID，设置自己的级别为（$i+1$），广播级别被设置为（$i+1$）的分组。这个过程持续进行，直到网络内的每个节点都被赋予了一个级别。节点一旦建立自己的级别，就忽略任何其他级别的发现分组，以防止网络产生洪泛拥塞。

第二个阶段被称为“同步阶段”。在层次结构建立以后，根节点通过广播时间同步分组启动同步阶段。第 1 级节点收到这个分组后，各自分别等待一段随机时间，通过与根节点交换消息来同步到根节点。第 2 级节点侦听到第 1 级节点的交换消息后，后退和等待一段随机时间，并与它在层次发现阶段记录的第 1 个级别的节点交换消息以进行同步。等待一段时间的目的是保证第 2 级节点在第 1 级节点的时间同步完成后才启动消息交换。最后每个节点与层次结构中最靠近的上一级节点进行同步，从而使所有节点都同步到根节点。

2．相邻级别节点间的同步机制

相邻级别的两个节点之间通过交换两个消息实现时间同步，如图 7-5 所示。其中，节点 S 属于第 i 级节点，节点 R 属于第（$i-1$）级节点，T_1 和 T_4 表示节点 S 本地时钟在不同时刻测量的时间，T_2 和 T_3 表示节点 R 本地时钟在不同时刻测量的时间，$\varDelta$ 表示两个节点之间的时间偏差，d 表示消息的传播时延（假设来回消息的延迟是相同的）。

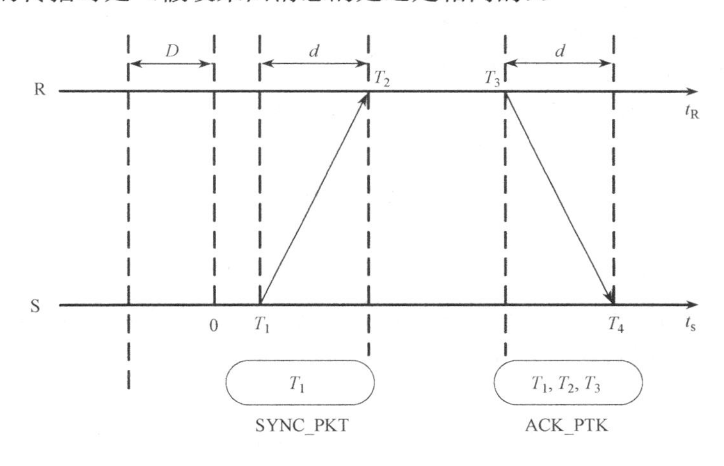

图 7-5　TPSN 机制实现相邻级别节点间同步的消息交换

节点 S 在 T_1 时间发送同步请求分组给节点 R，分组中包含 S 的级别和 T_1 时间。节点 R 在 T_2 时间收到分组，$T_2=(T_1+d+\varDelta)$，然后在 T_3 时间发送应答分组给节点 S，分组中包含节点 R 的级别和 T_1、T_2 和 T_3 信息。节点 S 在 T_4 时间收到应答，$T_4=(T_3+d-\varDelta)$。因此，可以推导出如下算式：

$$\varDelta=\frac{(T_2-T_1)-(T_4-T_3)}{2} \tag{7.3}$$

$$d=\frac{(T_2-T_1)+(T_4-T_3)}{2} \tag{7.4}$$

节点 S 在计算时间偏差之后，将它的时间同步到节点 R。

在发送时间、访问时间、传播时间和接收时间四个消息延迟组成部分中，访问时间往往是无线传输消息时延中最不确定性的因素。为了提高两个节点间的时间同步精度，TPSN 协议在 MAC 层消息开始发送到无线信道的时刻，才给同步消息加上时标，消除了访问时间带来的时间同步误差。

TPSN 协议能够实现全网范围内节点间的时间同步，只是同步误差与跳数距离成正比增长。它能够实现短期间的全网节点时间同步，如果需要长时间的全网节点时间同步，则需要周期性地执行 TPSN 协议以进行重同步；两次时间同步的时间间隔应当根据具体应用确定。

7.5 时间同步的应用示例

本节介绍一个例子，说明磁阻传感网如何对机动车辆进行测速。为了实现这个功能，网络必须先完成时间同步。由于对机动车辆的测速需要两个探测传感器节点的协同工作，测速算法提取车辆经过每个节点的磁感应信号的脉冲峰值，并记录时间。将两个节点之间的距离 d 除以两个峰值之间的时差 Δt，就可以得出机动目标通过这一路段的速度 $v\,(=d/\Delta t)$。

时间同步是测速算法对探测节点的要求，即测速系统的两个探测节点要保持时间上的高度同步，以保证测量速度的精确性。在系统设计中，可以采用由网关汇聚节点周期性地发布同步命令的方法，来解决网络内各传感器节点的时间同步问题，例如每 4 分钟发布一次。同步命令发布的优先级可以低于处理接收数据的优先级，以防丢失所测量的数据。

机动车辆测速技术应用的主要设计步骤如下：

（1）由网关发出指令，指定两个测速的磁阻传感器节点，实现网络时间同步。然后发出测速过程开始的命令，两个测速节点上报目标通过的时刻。

（2）网关汇聚节点根据传感网两个节点之间的距离、机动车辆通过节点的时刻差值，计算出车辆运行的速度。

测速算法的精度主要取决于一对传感器节点的时间同步精度和传感器感知的一致性指标。这里实现的 TPSN 时间同步协议的根节点被指定为网关节点，即根据有线网络上的主机时钟来同步所有的传感器节点时钟，网关节点充当“时标”节点，周期性地广播时钟信号，使得网络内的其他节点被同步。

由于测速过程需要一对传感器节点，这两个传感器节点最好安装在道路的中间，这样可以增大传感信号的输出，并且两个节点之间要相隔一定的距离。

本章小结

时间同步是分布式系统的基础，特别是对于无线传感网。由于无线传感网的特殊性，传统的时间同步方法需要改进才能适应无线传感网的要求。

本章使用了一个完整的适用于无线传感网的时间同步方案，在拓扑建立、同步请求、同步周期确定等方面都考虑到了无线传感网的特殊要求，并且在同步精度方面也得到了保证。事实证明，基于层次结构的传感网时间同步是可行的，它适用于实际应用中的无线传感网。

思考题

1．无线传感网时间同步的作用是什么？

2．无线传感网常见的时间同步机制有哪些？

3．简述 TPSN 时间同步协议的工作原理。

第8章 安 全 技 术

无线传感网是一个与应用相关的网络，传感器节点通常随机布置在复杂的监测环境中，由于节点的限制而不能采取更复杂的安全算法，使无线传感网面临更加复杂的一系列安全问题，如节点硬件的安全、软件安全、数据传输的安全等。

本章简要分析无线传感网安全所面临的主要问题，并介绍一些简单的安全防护技术。

8.1 概述

无线传感网具有通信能力受限，电源能量受限，计算能力和存储能力受限，以及传感器节点配置密集和网络拓扑结构灵活多变等特点，对安全方案的设计提出了一系列挑战。无线传感网的安全和一般网络安全的出发点是相同的，都要解决保密性、完整性、可用性、新鲜性和认证等问题。

（1）保密性。无线传感器节点所传输的数据，要求只有合法的节点才能理解所接收的信息，而非法节点即使获得数据也无法理解数据所包含的信息。这就要求必须将数据加密后传输，使得合法用户通过解密获知信息，而非法获得者由于不知道密钥，从而不能破译信息。

（2）完整性。无线传感器节点在接收到一个数据包时，能够确认此数据包和发送时一致，没有被中间节点篡改或者在传输过程中出错。

（3）点到点的认证。无线传感器节点在接收到另一个节点发送来的消息时，能够确认这个数据包是从该节点发送出的，而不是其他节点冒充的。

（4）新鲜性。数据本身具有时效性，无线传感器节点能够判断最新接收到的数据包是否为发送者最新产生的数据包。造成新鲜性问题的原因一般有两种：一是由网络多路径延迟导致数据包的接收错序而引起的；二是由恶意节点的重放攻击（replay attack）引起的。

（5）组播/广播认证。组播/广播认证问题解决的是无线传感网单一节点向一组节点/所有节点发送统一告示的认证安全问题。广播表示发送者是一个，而接收者是很多个，所以认证方法与点到点通信的方式完全不同。

（6）可扩展性。无线传感网的可扩展性表现在传感器节点数目、网络覆盖区域、生命周期、时间延迟、感知精度等方面。因此，安全解决方案必须提供支持该可扩展性的安全机制和算法，使无线传感网保持良好的工作状态。

（7）可用性。要充分考虑无线传感网资源有限的特点，各种安全协议和算法的设计不应当太复杂，并尽可能地避开公钥运算，降低对计算开销、存储容量和通信能力的要求，从而使得能量消耗最小化，延长网络的生命周期，并能够有效防止攻击者对传感器节点资源的恶意消耗。

（8）安全管理。安全管理包括安全引导和安全维护两个部分。安全引导是无线传感网系统从分散的、独立的、没有安全通道保护的个体集合按照预定的协议机制逐步形成完整的、具有安全信道保护的、连通的安全网络的过程。在 Internet 中安全引导过程包括通信双方的身份认证、安全通信加密密钥认证、密钥的协商等，安全协议是网络安全的基础和核心部分。对于无线传感网来说，安全引导过程可以说是最重要、最复杂、最富有挑战性的内容，因为无线传感网面临资源的约束，使得传统的安全引导方法不能直接应用于无线传感网。而安全维护主要研究通信中的密钥更新，以及网络变更所引起的安全变更。

（9）真实性。真实性指保证接收者所收到的信息来自发送者节点，而非入侵节点。接收者只有通过数据源才能确信消息是从正确的节点发送过来的。

（10）语义安全性。所谓语义安全性，是指即使攻击者得到同一个数据包的多个密文，也无法得到明文而获取数据包的确切信息。

（11）稳健性。无线传感器节点一般被部署在恶劣环境、无人区域或敌方阵地中，外部环境条件具有不确定性。另外，随着旧节点的失效或新节点的加入，网络的拓扑结构不断发生变化。因此，无线传感网必须具有很强的适应性，使得单个节点或者少量节点的变化不会威胁整个网络的安全。

8.2 无线传感网的安全分析

无线传感网自身的一些特点，如广播性和网络部署区域的开放性，使得无线传感网存在着安全隐患，容易受到安全攻击和威胁。无线传感网的广播性是指无线传感网的通信信号在物理空间上是暴露的，只要调制方式、频率、振幅、相位都和发送信号匹配，任何设备都可以获得完整的通信信号。而网络部署区域的开放性是指无线传感网通常部署在应用者不便监控的区域内，其物理安全得不到保障，存在受到无关人员或者敌方破坏的可能性。以下从分层的通信协议来分析安全攻击及其防御。

8.2.1 物理层的攻击与防御

1. 拥塞控制

拥塞攻击是指攻击者在知道目标网络通信频段的中心频率后，通过在这个频点附近发射无线电波进行干扰。攻击节点通过在无线传感网工作频段上不断发送无用信号，可以使攻击节点通信半径内的传感器节点都无法正常工作。

拥塞攻击对单频点无线通信网络非常有效；为抵御单频点的拥塞攻击，可使用宽频和跳频方法。对于全频段持续拥塞攻击，转换通信模式是唯一能够使用的方法，光通信和红外线通信都是有效的备选方法。鉴于全频段拥塞攻击实施困难而攻击者一般不采用的事实，无线传感网还可以采用不断降低自身工作的占空比来抵御使用能量有限的持续拥塞攻击；在检测到所在空间遭受攻击以后，网络节点将通过统一的策略跳转到另外一个频率进行通信；采用高优先级的数据包通知基站遭受局部拥塞攻击，由基站映射出受攻击地点的外部轮廓，并将拥塞区域通知整个网络，在进行数据通信时，节点将拥塞区域视为路由洞，绕过拥塞区域将数据传到目的节点。

2. 物理破坏

由于节点大多部署在工作人员无法监控到的地方，敌方可以捕获节点，获取加密密钥等敏感信息，从而可以不受限制地访问上层的信息。

针对无法避免的物理破坏，可以采用的防御措施有：

（1）增加物理损害感知机制，节点在感知到被破坏后，可以销毁敏感数据、脱离网络、修改安全处理程序等，从而保护网络其他部分免受安全威胁。

（2）对敏感信息进行加密存储，通信加密密钥、认证密钥和各种安全启动密钥需要进行严密的保护，在实现时应尽量将其放在易失存储器上；若不能，则首先进行加密处理。

8.2.2 链路层的攻击与防御

1. 碰撞攻击

在无线传感网环境中，如果两个设备同时进行发送，它们的输出信号会因为相互叠加而不能被分离出来。任何数据包只要有一个字节的数据在传输过程中发生了冲突，则整个数据包都会被丢弃。这种冲突在链路层协议中称为碰撞。若敌人在正常节点发包时发送另外一个数据包，则会使得输出信号会转为相互叠加而不能够被分离出来。

针对碰撞攻击，可以采用纠错编码、信道监听和重传机制来防御，也可以使用纠错编码来恢复所收到的出错数据包；或者使用信道监听和重传机制来避免数据包对信道需求的冲突，并在冲突后按照某种策略选择数据包的重传时间。

2. 耗尽攻击

耗尽攻击指利用协议漏洞，通过持续通信的方式使节点能量资源耗尽。例如，利用链路层的错包重传机制，使节点不断重发同一数据包，耗尽节点资源。

应对耗尽攻击的一种方法是限制网络发送速度，节点丢弃多余的请求；另一种方法是对同一数据包的重传次数进行限制。

3. 非公平竞争

若网络数据包在通信机制上存在优先级控制，可以不断发送高优先级的数据包占据信道，导致其他节点在通信过程中处于劣势。

这是一种弱 DoS（denial of service，拒绝服务）攻击方式。一种缓解的方案是采用短包策略，即在 MAC 层中不允许使用过长的数据包，以缩短每包占用信道的时间。另外，可以不采用优先级策略，而采用竞争或时分复用方式实现数据传输。

8.2.3 网络层的攻击与防御

无线传感网中的每个节点既是终端节点，也是路由节点，更易受到攻击；关于网络层（路由层）的攻击更加复杂，首先看一下攻击模型。根据攻击能力的不同，可以将攻击者分为两类：尘埃级（mote-class）的攻击和便携电脑级（laptop-class）的攻击。尘埃级的攻击者，其能力与传感器节点类似；而便携电脑级的攻击者通常具有更强的电池能量、CPU 计算能力以及精良的无线信号发送设备和天线。根据攻击者的位置，可以将攻击者分为外部攻击者和内部攻击者。外部攻击者位于无线传感网的外部；而内部攻击者是已经获得授权加入无线传感网中但是妥协了的节点，妥协的原因可能是运行了恶意代码，或者被敌手捕获等。由于内部攻击者是由网络内部的节点发起的一种攻击，因此是最棘手的攻击者。下面介绍无线传感网路由层遭受的攻击与威胁。

1. 虚假路由信息

通过欺骗、更改和重发路由信息，攻击者可以创建路由环，吸引或者拒绝网络信息通信量，延长或者缩短路径，形成虚假的错误消息，分割网络，增加端到端的时延等。

2. 选择性转发（selective forwarding)

节点在收到数据包后，有选择地转发或者根本不转发所收到的数据包，导致数据包不能到达目的地。其解决办法是使用多径路由，这样即使攻击者不转发数据包，数据包仍然可以从其他路径到达目的节点，并通过对比可以发现某些中间数据包，从而推测选择性转发的攻击点。

3. 槽洞（sinkhole）攻击

攻击者通过声称自己电源充足、可靠而且高效等手段，吸引周围的节点选择它作为其路由路径中的节点，然后和其他的攻击（如选择性攻击、更改数据包内容等）结合起来，达到攻击的目的。由于传感器网络固有的通信模式，即通常所有的数据包都发到同一个目的地，因此特别容易受到这种攻击的影响。槽洞攻击对于那些需要广告某些信息的协议很难防御，因为这些信息难以确认。使用基于地理位置的路由协议可以解决槽洞攻击。该协议中每个节点都保持自己绝对或是彼此相对的位置信息，节点之间按需形成地理位置拓扑结构，由于流量自然地注射到基站的物理位置，别的位置很难吸引流量，因而不能创建槽洞。

4. 女巫（sybil）攻击

在这种攻击中，单个节点以多个身份出现在网络中的其他节点面前，使其更容易被称为路由路径中的节点，然后和其他攻击方法结合使用，达到攻击的目的。对女巫攻击的一个解决办法是每个节点都与可信任的基站共享一个唯一的对称密钥，两个需要通信的节点可以使用类似于 Needham-Schroeder 的协议确认对方身份和建立共享密钥。然后相邻节点可通过协商的密钥实现认证和加密链路。为防止一个内部攻击者与网络中的所有节点建立共享密钥，基站可以给每个节点允许拥有的邻居数目设一个阈值（正常的通信范围内节点的邻居数目）。

5. 虫洞（wormhole）攻击

这种攻击通常需要两个恶意节点相互串通，合谋进行攻击。一般情况下，一个恶意节点位于汇聚节点附近，另一个恶意节点离汇聚节点较远。较远的那个节点声称自己和汇聚节点附近的节点可以建立低时延和高带宽的链路，从而吸引周围节点将数据包发到这里。在这种情况下，远离汇聚节点的那个恶意节点其实也是一个槽洞。虫洞攻击可以和其他攻击（如选择转发、女巫攻击等）结合使用。这是对路由协议的最直接的攻击方式，通过哄骗、修改或者重放路由信息，攻击者能够使传感器网络产生路由环，吸引或抑制网络流量，延伸或缩短源路由，产生虚假错误消息，分割网络，增加端到端的延迟等。基于地理位置的路由协议可以解决虫洞攻击。该协议中每个节点都保持自己绝对或是彼此相对的位置信息，节点之间按需形成地理位置拓扑结构，当攻击者试图跨越物理拓扑时，局部节点可以通过彼此之间的拓扑信息来识破这种破坏，因为“邻居”节点将会注意到两者之间的距离远远超出正常的通信范围。

6. Hello flood 攻击

很多协议要求节点广播 Hello 信息包来确定邻居节点，认为接收到 Hello 信息包的节点在发送者正常的无线通信范围内。然而，一个便携电脑级的攻击者能够以足够大的发射功率发送 Hello 信息包，使得网络中所有节点认为该恶意节点是其邻居节点。事实上，由于该节点离恶意节点距离较远，以普通的发射功率传输的信息包根本到不了目的地。对于该攻击的一个可能的解决办法，是通过信任基站使用身份确认协议认证每一个邻居的身份，基站限制节点的邻居个数，当攻击者试图发起 Hello flood 攻击时必须被大量邻居认证，这将引起基站的注意。

7. 告知收到欺骗

该攻击方式充分利用无线通信的特性，其目标是使发送者认为弱链路很强或者“死”节点是“活”的。例如，源节点向某一邻居节点发送信息包，当攻击者侦听到该邻居处于“死”或“将死”状态时，便冒充该邻居向源节点回复一个消息，告知收到信息包，源节点误认为该节点处于“活”状态，这样发往该邻居的数据相当于进入了“黑洞”。

8.2.4 传输层的攻击与防御

1. 洪泛攻击与防御

洪泛攻击是指攻击者不断地要求与邻居节点建立新的连接，从而耗尽邻居节点用来建立连接的资源，使得其他合法的对邻居节点的请求不得不被忽略。解决这个问题可以采用客户端迷题技术。它的思路是：在建立新的连接前，服务节点要求客户节点解决一个迷题，而合法节点解决迷题的代价远远小于恶意节点的解题代价。

2. 可靠性攻击与防御

在通信可靠性攻击中，攻击者可以不断发送伪造信息给进行通信的节点，这些信息是标有序号和控制标记的。通信节点收到伪造信息后要求重传丢失的信息，如果攻击者可以维持较低的时序，它就可以阻止通信两端交换有用信息，使得它们在无止境地回复同步协议中消耗能量，从而造成网络的不可用。对于这种攻击的应对方法就是对所有的包交换进行认证，包括传输协议头中的控制字段，假设攻击者不能伪造认证机制，那么节点就能监测到并丢弃恶意的数据包。

8.3 无线传感网的安全防护技术

无线传感网安全实质上就是要防止各种类型的攻击，实现无线传感网的安全目标。对于无线传感网安全体系来说，就是将传感网中的各项安全防范单元按照一定的规则关系有机组合起来，以实现一定的安全目标。数据加密和节点认证是防止攻击的主要手段。本节介绍在无线传感网中已提议并实现的安全体系结构以及安全防护技术。

8.3.1 安全框架

SPINS 安全协议族是最早的无线传感网的安全框架之一，主要由安全网络加密协议（secure network encryption protocol，SNEP）和认证流广播（micro timed efficient streaming loss-tolerant authentication protocol，μTESLA 协议）两部分组成。SNEP 提供双向通信认证、数据机密性、数据新鲜度（fresh data）等安全服务；μTESLA 协议则提供对广播消息的数据认证服务。

SNEP 的协议框架并没有定义实施该安全机制的实体属于网络中的哪一个层次：链路层，网络层，还是应用层。有人把 SNEP 作为网络层的实现协议，而把 μTESLA 协议作为应用层组播协议，这种划分有一定的道理，但并不是绝对的划分方法。在 SNEP 中，通信双方共同维护和共享两个计数器为 CTR 的分组密码，每发送一块数据后，通信双方各自增加计数器，发送消息时不用发送计数器值，从而能够节省能量。SNEP 采用消息认证码（MAC），实现通信双方的认证和数据完整性服务。μTESLA 协议是为低功耗设备专门设计的实现广播认证的微型化 TESLA 协议，它克服了 TESLA 协议计算量大、占用包数据量大和耗费内存大的缺点，继承了中间节点可相互认证的优点（可提高路由效率），通过延迟对称密钥的公开，实现广播认证机制。

SPINS 提供点到点的加密和消息的完整性保护，通过消息认证码实现双方认证和保证消息的完整性。消息验证码由密钥、计数器值和加密数据混合计算得到。用计数器值和密钥加密数据，节点之间的计数器值不用加密交换。有两种方法防止 DoS 攻击：一是节点间的计数器进行同步；二是对报文添加另一个不依赖于计数器的消息认证码。SNEP 的特点是保证了语义安全、数据认证、回放攻击保护和数据的弱新鲜性，并且保持较小的通信量。

SPINS 实现了认证路由机制和节点到节点间的密钥合作协议，在 30 字节的包中仅有 6 字节用于认证、加密和保证数据的新鲜性；它的缺点是没有详细地给出无线传感网的安全机制。

8.3.2 安全协议与防护技术

本地加密与认证协议（localized encryption and authentication protocol，LEAP）是无线传感网的一个密钥管理协议。LEAP+支持每个节点建立 4 种密钥：与中心节点共享的单独密钥；每个相邻节点共享的成对密钥；与一组相邻节点共享的分群密钥；与所有网络节点共享的全网密钥。它使用这 4 种密钥来提高很多协议的安全性。该协议采用单向密钥链，实现高效弱本地广播认证；其密钥共享方法支持网内处理，同时将节点失密引起的安全影响限制在失密节点的直接相邻区域内；它采用的密钥建立堆积和密钥更新规程是高效的，对每个节点的存储要求也很低。LEAP+提供多种密钥机制，用于实现无线传感网的机密性认证，能够防止对无线传感网的许多攻击。

1. 认证和访问控制技术

无线传感网认证技术主要包含内部实体之间认证、网络对用户的认证和广播认证三种。

1）无线传感网内部实体之间认证

无线传感网密钥管理是网络内部实体之间能够相互认证的基础。内部实体之间认证是基于对称密码学的，具有共享密钥的节点之间能够实现相互认证。另外，基站作为所有传感器节点信赖的第三方，各个节点之间可以通过基站进行相互认证。

2）无线传感网对用户的认证

用户是无线传感网外部的能够使用无线传感网数据的实体。当用户访问无线传感网，并向网络发送请求时，必须要通过无线传感网的认证。

（1）直接基站请求认证：用户请求总是开始于基站，相应的C/S协议实现用户和基站之间相互认证。成功认证之后，基站才将用户请求转发给无线传感网。

（2）路由基站请求认证：用户请求开始于某些传感器节点，传感器节点不能对请求进行认证，它们将认证信息路由到基站，由基站来进行用户认证。基站为传感器网络和用户建立信任关系。

（3）分布式本地认证请求：用户请求由用户通信范围内的传感器节点协作认证，如若认证通过，这些传感器节点将通知网络的其他部分此请求是合法的。

（4）分布式远程请求认证：请求的合法性仅由网络中指定的几个传感器节点验证。这些传感器节点可能分布在某些指定的位置。用户请求认证信息将被路由到这些节点。

3）无线传感网广播认证

由于无线传感网的“一对多”和“多对一”通信模式，广播是能量节约的主要通信方式。为了保证广播实体和消息的合法性，研究无线传感网广播认证具有重要的意义。在无线传感网安全协议SPINS中，提议μTESLA作为无线传感网广播认证协议。

2. 安全通信与安全路由技术

路由协议是无线传感网关键技术之一。由于无线传感网节点的受限，所提出的路由协议都非常简单，主要是以能量高效为设计目的，很少考虑安全问题。事实上，无线传感网路由协议容易受到各种攻击。敌人能够捕获节点而对网络路由协议进行攻击，如依靠路由信息、选择性前转、污水池等。受到这些攻击的无线传感网，一方面无法正确、可靠地将信息及时传递到目的节点；另一方面消耗大量的节点能量，缩短网络寿命。因此，无线传感网安全路由协议是非常重要的技术。

设计安全可靠的路由协议主要从两个方面考虑：一是采用消息加密、身份认证、路由信息广播认证、入侵检测、信任管理等机制来保证信息传输的完整性和认证。这个方式需要无线传感网密钥管理机制的支撑。二是利用传感器节点的冗余性，多路径传输。多路径路由能够保证通信的可靠性、可用性以及具有容忍入侵的能力，即使在一些链路被敌人攻破而不能进行数据传输的情况下，依然可以使用备用路径。

3. 安全时钟同步技术

在无线传感网中，传感器节点的位置确定在大多数应用中起着关键作用。根据定位机制的不同，这些传感器节点定位协议可以分为两类：基于测距的定位和不基于测距的定位。由于不基于测距定位协议不依赖准确的测量点对点之间的距离和角度，相对于基于测距的定位协议具有更节省成本的特征，也更适合资源受限的无线传感器节点。

无线传感网时间同步协议可以有效地实现传感器节点点对点的时间同步（pair-wise clock synchronization）或传感器节点的全局时间同步（global clock synchronization）。传感器节点点对点的时间同步是指邻居节点间获得高精度的相互时间同步，而传感器节点的全局时间同步是让整个无线传感网中所有节点共享一个全局的时钟。

大多数全局时间同步协议都是建立在点对点时间同步的基础上的，通过在无线传感网中建立多跳路径使所有的节点能够沿着多跳路径与邻居节点进行点对点的时钟同步，从而使自己的本地时钟能够与一个特定的源时钟同步，达到全局同步的目的。

4. 入侵检测与容错技术

入侵检测是发现、分析和汇报未授权加入网络或者毁坏网络活动的过程。传感网通常被部署在恶劣的环境中，甚至是敌人区域，因此容易受到恶意捕获和侵害。无线传感网入侵检测技术主要集中在监测节点的异常和辨别恶意节点上。由于资源受限和无线传感网容易受到更多的侵害，传统的入侵检测技术不能应用于无线传感网。无线传感网入侵检测系统由 3 部分组成：入侵检测、入侵跟踪和入侵响应。这 3 部分顺序执行。

本章小结

本章简介了无线传感网安全的基本知识，网络协议各层的攻击和防御的方法，传感网安全所面临的主要问题以及解决措施。由于传感网的特殊性，安全算法、安全协议框架问题将成为传感网应用领域的重要问题。

随着传感网应用的展开，如智能电网、智能家居、智能交通等领域，传感网安全协议将是一个非常活跃的研究领域，如何针对各种应用需求设计出适当的安全协议是一个非常有意义的课题。

思考题

1. 无线传感网的安全性需求包括哪些？
2. 什么是传感网的信息安全？
3. 简述在无线传感网中实施虫洞攻击的原理和过程。
4. 简述物理层的安全攻击和防御措施。
5. 简述链路层的安全攻击和防御措施。
6. 简述网络层的安全攻击和防御措施。
7. SPINS 安全协议族能提供哪些功能？

第9章　数据融合技术

数据融合是一种多源信息的综合技术，通过对来自不同传感器的数据进行分析和综合，可以获得被测对象及其性质的最佳一致估计。无线传感网节点能量和计算资源受限，而数据融合是减少网络能耗、降低数据冲突和减小数据传输延迟的重要方法。

本章首先介绍无线传感网数据融合的概念和作用，然后讨论数据融合模型和典型的数据融合技术，最后简要介绍数据融合的主要算法。

9.1　概述

数据融合的目的是收集各类传感器采集的信息，这些信息是以信号、波形、图像、数据、文字、声音等形式提供的。传感器本身对数据融合系统来说也是非常重要的；它们的工作原理、工作方式、给出的信号形式和测量数据的精度，都是研究、分析和设计多传感器信息系统，甚至研究各种信息处理方法所要了解和掌握的。

各种类型的传感器是电子信息系统最关键的组成部分，它们是电子信息系统的信息来源。例如，气象信息可能是由气象雷达提供的，遥感信息可能是由合成孔径雷达（SAR）提供的，敌人用弹道导弹对我某战略要地的攻击信息可能是由预警雷达提供的，等等。这里之所以说"可能"，是因为每一种信息的获得，都不一定只使用一种传感器。一般将各种传感器直接给出的信息称为源信息。如果传感器给出的信息是已经数字化的信息，就称为源数据；如果给出的是图像，就是源图像。源信息是信息系统处理的对象。

信息系统的功能就是把各种各样的传感器提供的信息进行加工处理，以获得人们所期待的、可以直接使用的某些波形、数据或结论。当前基础科学理论的发展和技术的进步，使传感器技术更加成熟。特别是在20世纪80年代之后，各种各样的具有不同功能的传感器如雨后春笋般相继问世，它们具有非常优良的性能，已经被广泛应用于人类生活的各个领域。源信息、传感器与环境之间的关系如图9-1所示。

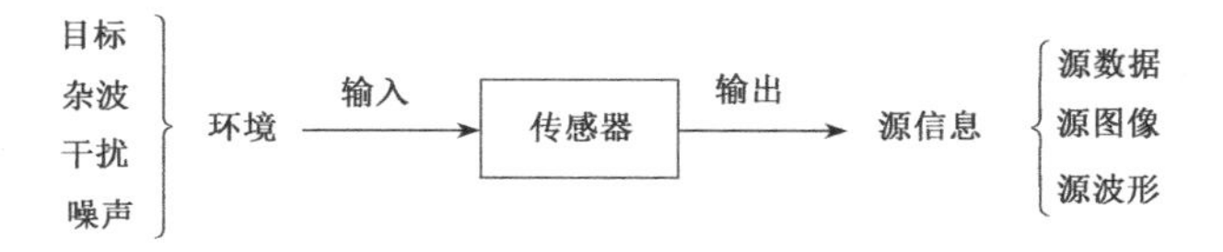

图9-1　源信息、传感器与环境之间的关系

各种传感器的互补的特性为获得更多的信息提供了技术支撑。但是，随着多传感器的应用，又出现了如何对多传感器信息进行联合处理的问题。消除噪声与干扰，实现对观测目标的连续跟踪和测量等一系列问题的处理方法，就是多传感器的数据融合技术，有时也被称为多传感器信息融合（information fusion，IF）技术或多传感器融合（sensor fusion，SF）技术。它是对多传

感器信息进行处理的最关键的技术，在军事和非军事领域的应用都非常广泛。

数据融合也被称为信息融合，是一种多源信息处理技术。它通过对来自同一目标的多源数据进行优化合成，获得比单一信息源更精确、更完整的估计或判断。多传感器数据融合是一种多层次、多方面的处理过程，这个过程是对多源数据进行检测、互联、相关、估计和组合，并以更高的精度、较高的置信度得到目标的状态估计和身份识别，以及完整的势态估计和威胁评估，为用户提供有用的决策信息。这个定义实际上包含了3个含义：

（1）数据融合是多信源、多层次的处理过程，每个层次代表了信息的不同抽象程度；

（2）数据融合过程包括数据的检测、关联、估计与合并；

（3）数据融合的输出包括低层次上的状态身份估计和高层次上的总战术态势的评估。

传感器数据融合技术在军事领域的应用，包括海上监视系统、地面防空系统、战略防御与监视系统等，其中最典型的就是 C^4ISR 系统，即军事指挥自动化系统。在非军事领域的应用则包括机器人系统、生物医学工程系统和工业控制自动监视系统等。

数据融合的方法被普遍应用在日常生活中。比如，在辨别一个事物时通常会综合各种感官信息，包括视觉、触觉、嗅觉和听觉等；单独依赖一种感官获得的信息往往不足以对事物作出准确判断，而综合多种感官数据，对事物的描述会更准确。

在多传感器系统中所用到的传感器可以分为有源传感器和无源传感器两种。有源传感器发射某种形式的信息，然后接收环境和目标对该信息的反射或散射信息，如各种类型的有源雷达、激光测距系统和敌我识别系统等。无源传感器不发射任何形式的信息，完全靠接收环境和目标的辐射来形成源信息，如红外无源探测器、被动接收无线电定位系统和电视跟踪系统等，它们分别接收目标所发出的热辐射、无线电信号和可见光信号。

具体地说，数据融合的内容主要包括多传感器的目标探测、数据关联、跟踪与识别、情况评估和预测。数据融合的基本目的，是通过融合得到比各个单独的输入数据更多的信息。这是协同作用的结果，即由于多传感器的共同作用，系统的有效性得以增强。

实质上，数据融合是一种多源信息的综合技术，通过对来自不同传感器的数据进行分析和综合，可以获得被测对象及其性质的最佳一致估计。将经过集成处理的多种传感器信息进行集成，可以形成对外部环境某一特征的一种表达方式。

9.2 无线传感网数据融合的作用

1. 数据融合的必要性

目前，大多数传感网的应用均由大量传感器节点来共同完成信息的采集过程，并将收集的信息返回传感器节点所在的监测区域。由于传感器节点的资源十分有限，主要体现在电池能量、处理能力、存储容量以及通信带宽等几方面。在收集信息的过程中，各个节点单独地直接传送数据到汇聚节点是不合适的，主要原因如下：

（1）浪费通信带宽和能量。在覆盖度较高的传感网中，邻近节点报告的信息通常存在冗余性，各个节点单独传送数据会浪费通信带宽。另外，传输大量数据会使整个网络消耗过多的能量，这样会缩短网络的生存时间。

（2）降低信息收集的效率。多个节点同时传送数据会增加数据链路层的调度难度，造成频繁的碰撞冲突，降低了通信效率，因此会影响信息收集的及时性。

为了避免上述问题的产生，无线传感网在收集数据的过程中需要使用数据融合（data fusion，DF）技术。数据融合是将多份数据或信息进行处理，组合出更有效、更符合用户需求的数据的过程。

无线传感网的数据融合技术主要用于处理同一类型传感器的数据，或者输出复合型异构传感器的综合处理结果。例如，在森林防火的应用中，需要对温度传感器探测到的环境温度进行融合；在目标自动识别的应用中，需要对图像监测传感器采集的图像数据进行融合处理。

数据融合技术的具体实现与应用密切相关。例如，在森林防火应用中，只要处理传感器节点的位置和报告的温度数值，就实现了用户的要求和目标；但是，在目标识别的应用中，出于各个节点的地理位置不同，针对同一目标所报告的图像的拍摄角度也不同，需要从三维空间的角度综合考虑问题，所以融合的难度也相对较大。

众所周知，无线传感网是以数据为中心的网络，数据采集和处理是用户部署传感网的最终目的。从数据采集和信号探测的角度来看，采用传感器数据融合技术的数据采集功能与传统方法相比具有如下优势：

（1）增加了测量维数，增加了置信度和容错功能，并改进了系统的可靠性和可维护性。当一个甚至几个传感器出现故障时，系统仍可利用其他传感器获取环境信息，以维持系统的工常运行。

（2）提高了精度。在传感器的测量中，不可避免地存在着各种噪声，而同时使用描述同一特征的多个不同信息，可以减小这种由测量不精确所引起的不确定性，显著提高系统的精度。

（3）扩展了空间和时间的覆盖度，提高了空间分辨率和适应环境的能力。多种传感器可以描述环境中的多个不同特征，这些互补的特征信息，可以减小对环境模型理解的歧义，提高了系统正确决策的能力。

（4）改进了探测性能，增加了响应的有效性，降低了对单个传感器的性能要求，提高了信息处理的速度。在同等数量的传感器的条件下，各传感器分别单独处理与多传感器数据融合处理相比，由于多传感器信息融合中使用了并行结构，采用了分布式系统并行算法，可显著提高信息处理的速度。

（5）降低了信息获取的成本。信息融合提高了信息的利用效率，可以用多个较廉价的传感器获得与昂贵的单一高精度传感器同样甚至更好的效果，因此可大大降低系统的成本。

2. 数据融合的作用

在无线传感网中，数据融合起着十分重要的作用。从总体上来看，其主要作用在于节省整个网络的能量，增强所收集数据的准确性，以及提高收集数据的效率三个方面。

1）节省能量

传感网是由大量的传感器节点覆盖在监测区域形成的体系架构。单个传感器节点的监测范围和可靠性是有限的。通常在部署网络时，需要使传感器节点达到一定的密度，以增强整个网络的稳健性和监测信息的准确性，有时甚至需要使多个节点的监测范围互相交叠。

这种监测区域的相互重叠导致邻近节点报告的信息存在一定程度的冗余。例如，对于监测温度的传感网，每个位置的温度可能会有多个传感器节点进行监测，这些节点所报告的温度数据会非常接近甚至完全相同。在这种冗余程度很高的情况下，把这些节点报告的数据全部发送给汇聚节点与仅发送一份数据相比，除了使网络消耗更多的能量外，并未使汇聚节点获得更多的有意义的信息。

数据融合就是要针对上述情况对冗余数据进行网内处理，即中间节点在转发传感器数据之前，首先要对数据进行综合，去掉冗余信息，在满足应用需求的前提下将需要传输的数据量最小化。网内处理所利用的是节点的计算资源和存储资源，其能量消耗与传送数据相比要少很多。

美国加州大学伯克利分校计算机系研制开发了微型传感器网络节点 Micadot，试验表明，该节点发送 1 bit 的数据所消耗的能量约为 4 000 nJ，而处理器执行一条指令所消耗的能量仅为 5 nJ，即发送 1 bit 数据的能耗可以用来执行 800 条指令。因此，在一定程度上应该尽量进行网内处理，这样可以减少数据传输量，有效地节省能量。在理想的融合情况下，中间节点可以把 n 个长度相等的输入数据分组合并成 1 个等长的输出分组，只需消耗不进行融合所消耗能量的 $1/n$ 即可完成数据传输。在最差的情况下，融合操作并未减少数据量，但通过减少分组个数，可以减少因信道的协商或竞争过程而造成的能量开销。

在微电子信息技术发展过程中，摩尔定律预示微处理器的处理能力会不断提高，功耗也不断降低。因此，进行网内处理数据融合，利用低功耗的计算资源减少高功耗的通信开销是非常有意义的。

2）获得更准确的信息

无线传感网由大量廉价的传感器节点组成，这些节点部署在各种各样的应用环境中。人们从传感器节点获得的信息存在着较高的不可靠性，这些不可靠因素主要来源于以下方面：

（1）受到成本和体积的限制，节点装配的传感器元器件的精度一般较低；

（2）无线通信的机制使得传送的数据更容易因干扰而遭到破坏。

（3）恶劣的工作环境除了影响数据传送以外，还会破坏节点的功能部件，令其工作异常，可能报告出错的数据。

由此看来，仅收集少数几个分散的传感器节点的数据，是难以保证所采集信息的正确性的。因此需要通过对监测同一对象的多个传感器所采集的数据进行综合，从而有效地提高所获得信息的精度和可信度。另外，由于邻近的传感器节点也在监测同一区域，它们所获得信息之间的差异性很小；如果个别节点报告了错误的或误差较大的信息，很容易在本地处理中通过简单的比较算法进行排除。

需要指出的是，虽然可以在数据全部单独传送到汇聚节点后再进行集中融合，但这种方法得到的结果往往不如在网内预先进行融合处理的结果精确，有时甚至会产生融合错误。数据融合一般需要数据源所在地局部信息的参与，如数据产生的地点、产生数据的节点所在的组或簇等。

3）提高数据的收集效率

在传感网内部进行数据融合，可以在一定程度上提高网络收集数据的整体效率。数据融合减少了需要传输的数据量，可以减轻网络的传输拥塞，降低数据的传输延迟。即使有效数据量并未减少，但通过对多个分组进行合并，减少分组个数，能减少网络数据传输的冲突现象，也可以提高无线信道的利用率。

传感网是以数据为中心的网络，用户感兴趣的是数据而不是网络和传感器硬件本身。数据融合方法是传感网的关键技术之一。

9.3 无线传感网的数据融合模型

对于无线传感网的数据融合技术而言，通信的能耗带宽、传输的可靠性、数据收集的效率等是主要考虑的因素。依据多传感器数据融合模型的定义方法，结合无线传感网以数据为中心的特点，可以将数据融合模型分为数据包级融合结构模型和跟踪级融合结构模型。

9.3.1 数据包级融合模型

根据数据进行融合操作前后的信息含量，可以将数据融合分为无损融合（lossless aggregation）和有损融合（lossy aggregation）两类。

1. 无损融合

在无损融合中，所有的细节信息均被保留，只去除冗余的部分信息。此类融合的常见做法是去除信息中的冗余部分。如果将多个数据分组打包成一个数据分组，而不改变各个分组所携带的数据内容，那么这种融合方式就属于无损融合。它只是缩减了分组头部的数据和为传输多个分组而需要的传输控制开销，但保留了全部数据信息。

时间戳融合是无损融合的一个例子。在远程监控应用中，传感器节点汇报的内容可能在时间属性上具有一定联系，可以使用一种更有效的表示手段来融合多次汇报的结果。例如，一个节点以一个短时间间隔进行了多次汇报，每次汇报中除时间戳不同外，其他内容均相同。于是，收到这些汇报的中间节点可以只传送时间戳最新的一次汇报，以表示在此时刻之前被监测的事物都具有相同的属性，从而大大地节省网络数据的传输量。

2. 有损融合

有损融合通常会省略一些细节信息或降低数据的质量，从而减少需要存储或传输的数据量，以达到节省存储资源或能量资源的目的。在有损融合中，信息损失的上限是融合后的数据要保留该应用所必需的全部信息量。

很多有损融合都是针对数据收集的需求来进行网内处理的。例如，在温度监测应用中，当需要查询某一区域范围内的平均温度或者最低、最高温度时，网内处理将对各个传感器节点所报告的数据进行运算，并只将结果数据报告给查询者。从信息含量的角度来看，这份结果数据相对于传感器节点所报告的原始数据来说，损失了绝大部分的信息，但是它完全能满足数据收集者的要求。

9.3.2 跟踪级融合模型

无线传感网中大量的感知数据从多个源节点向汇聚节点传送，从信息流通形式和网络节点处理的层次看，跟踪级融合模型可以分为集中式结构模型与分布式结构模型。

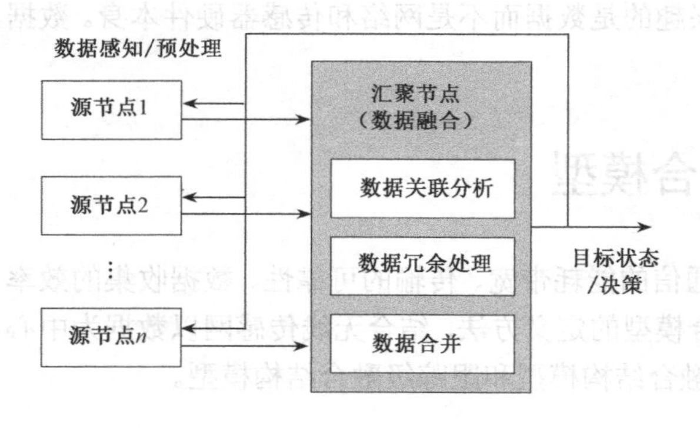

图 9-2　数据融合的集中式结构

1. 集中式结构模型

集中式结构的特点是汇聚节点发送有关数据的兴趣或查询，具有相关数据的多个源节点直接将数据发送给汇聚节点，最后汇聚节点进行数据的处理，如图 9-2 所示。这种结构的优点是信息损失小；但由于无线传感网中传感器节点分布较为密集，多个源节点对同一事件的数据表征存在近似的冗余信息，因此对冗余信息的传输将会造成网络消耗更多的能量。

2. 分布式结构模型

分布式结构也就是所说的网内数据融合，如图 9-3 所示。源节点发送的数据经中间节点转发时，中间节点查看数据包的内容，进行相应的数据融合后再传送到汇聚节点，由汇聚节点实现数据的综合。该结构在一定程度上提高了网络数据收集的整体效率，减少了传输的数据量，从而降低能耗，提高信道利用率，延长了网络的生存时间。

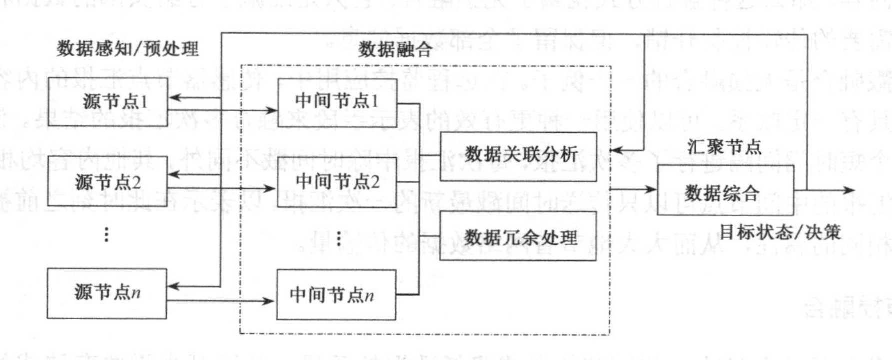

图 9-3　数据融合的分布式结构

9.4　无线传感网数据融合技术

9.4.1　基于路由的数据融合

无线传感网以数据为中心的特点，要求数据在从源节点转发数据到汇聚节点的过程中，中间节点要根据数据的内容，对来自多个数据源的数据进行融合操作，以降低信息冗余，减少传输的数据量，达到节能的目的。为此，需要将路由技术和数据融合技术结合起来，通过在数据转发的过程中适当地进行数据融合操作，减轻数据汇集过程中的网络拥塞，协助路由协议延长网络的生存时间。

1. 基于查询路由的数据融合

以定向扩散（directed diffusion，DD）为代表的查询路由，其中的数据融合主要是在其数据传播阶段进行的，所采用的是抑制副本的方法，即对转发来的数据进行缓存，若发现重复的数据将不予转发。这样不仅简单易行，还能有效地减轻网络的数据流量。

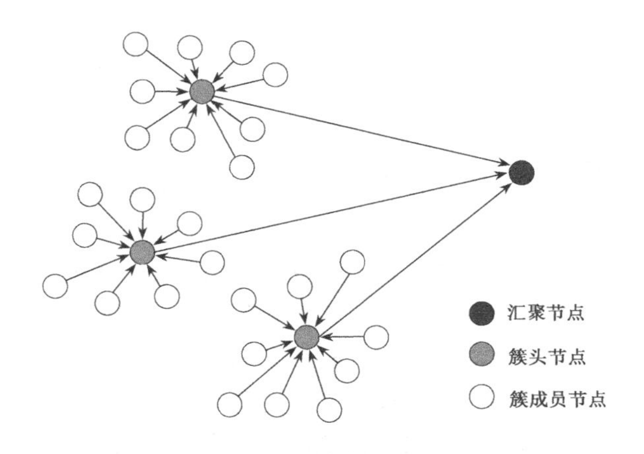

图 9-4　分层路由的数据融合

2. 基于分层路由的数据融合

以 LEACH 为代表的分层路由使用分簇的方法使得数据融合的操作过程更为便利。每个簇头在收到本簇成员的数据后进行数据融合处理，并将结果发送给汇聚节点，如图 9-4 所示。LEACH 算法仅强调数据融合的重要性，并未给出具体的融合方法。TEEN 是 LEACH 的改进，它与定向扩散路由一样通过缓存机制来抑制不需要转发的数据；但它利用阈值的设置使得抑制操作更加灵活，能够进一步减少数据融合过程中的数据量。

3. 基于链式路由的数据融合

链式路由 PEGASIS 对 LEACH 中的数据融合进行了改进。它建立在两个假设基础之上：一是所有节点距离汇聚节点都很远；二是每个节点都能接收到数据分组与自己的数据，融合成一个大小不变的数据分组。PEGASIS 在收集数据之前，首先利用贪婪算法（又称贪心算法）将网络中所有节点连成一个单链，然后随机选取一个节点作为首领。首领向链的两端发出收集数据的请求，数据从单链的两个端点向首领流动。位于端点和首领之间的节点在传递数据的同时要执行融合操作，最终由首领节点将结果数据传送给汇聚节点，其过程如图 9-5 所示。

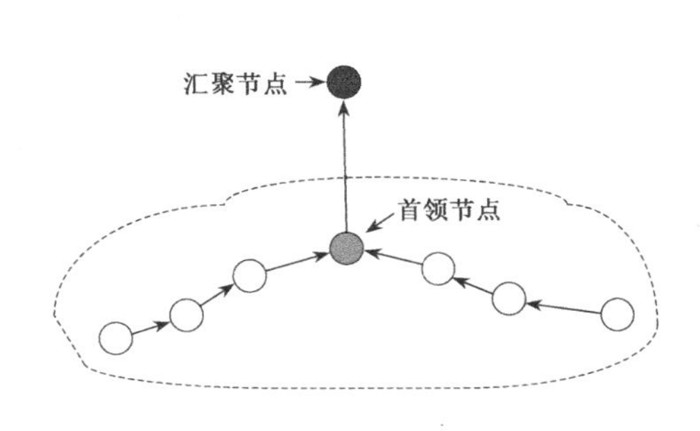

图 9-5　链式路由中的数据融合

PEGASIS 的链式结构使得每个节点发送数据的距离几乎是最短的，并且最终只有一个节点与汇聚节点通信，因此比 LEACH 更节能。但链式结构增大了数据传送的平均延迟，这是因为数据收集的延迟取决于首领节点与单链节点的距离，即与节点数成正比。此外，由于节点的易失效性，单链结构的传输路径也增加了数据收集过程的失败率。

9.4.2　基于反向组播树的数据融合

通常，无线传感网的数据融合是多个源节点向一个汇聚节点发送数据的过程，可以认为是一个反向组播树的构造过程。汇聚节点在收集数据时通过反向组播树的形式从分散的传感器节

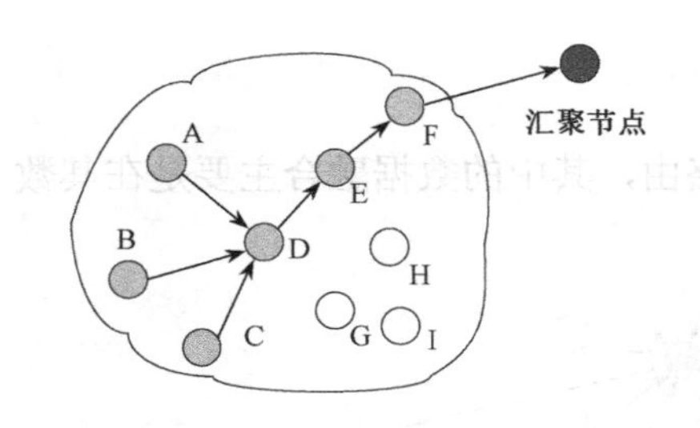

图 9-6　基于反向组播树的数据融合

点逐步汇集监测数据，如图 9-6 所示。反向组播树上的每个中间节点都对所收到的数据进行数据融合，于是网内数据就得到了及时而最大限度的融合。

有研究证明，对于任意部署的无线传感网，数据传输次数最少的路由可以转化为最小 Steiner 组播树。构造这样的路由是个问题，其中涉及三种实用的次优方案：

（1）近源汇集（center at nearest source，CNS）：距离汇聚节点最近的源节点充当数据的融合节点，所有其他的数据源都将数据发送给这个节点，由这个节点将融合后的数据发送给汇聚节点。

（2）最短路径树（shortest paths tree，SPT）：每个数据源都各自沿着到达汇聚节点的最短路径传送数据，这些最短路径的交叠形成融合树。

（3）贪心增长树（greedy incremental tree，GIT）：这种方案中融合树是逐步建立的，最初只有汇聚节点与距离它最近的源节点之间的一条最短路径，然后每一步都从剩下的源节点中选出距离这条最短路径树最近的节点连接到树上，直到所有的节点都连接到树上。

这三种方案较适合应用于反应网络，因为这样的网络环境具备源节点数目少、位置相对集中和数据相似性大的特点，可以在进行远距离传输前尽早地进行数据融合处理。在数据可融合程度一定的情况下，它们之间的节能效果关系为：

$$\text{GIT}>\text{SPT}>\text{CNS} \tag{9.1}$$

9.5　数据融合技术的主要算法

通常，数据融合的大致过程如下：首先将被测对象的输出结果转换为电信号，并经过 A/D 转换形成数字量；然后对数字化后的电信号经过预处理，滤除数据采集过程中的干扰和噪声；接着对经过处理后的有用信号进行特征抽取，实现数据融合，或者直接对信号进行融合处理；最后输出融合的结果。下面简介目前数据融合的几种主要算法。

1. 综合平均法

该方法把来自多个传感器的众多数据进行综合平均，适用于同类传感器检测同一个检测目标的情况。这是最简单、最直观的数据融合方法。该方法将一组传感器提供的冗余信息进行加权平均，并将结果作为期望值。

如果对一个检测目标 S_i 进行了 N 次检测，则综合平均结果为：

$$\overline{S}=\frac{\sum_{i=1}^{N}W_iS_i}{\sum_{i=1}^{N}W_i} \tag{9.2}$$

式中，W_i 为分配给第 i 次检测的权重。

2. 卡尔曼滤波法

卡尔曼滤波法用于融合低层的实时动态多传感器的冗余数据。该方法利用测量模型的统计特性，递推地确定融合数据的估计，该估计在统计意义下是最优的。如果系统可以用一个线性模型描述，且系统与传感器的误差均符合高斯白噪声模型，则卡尔曼滤波法为数据融合提供唯一统计意义上的最优估计。

卡尔曼滤波器的递推特性使得它特别适合在那些不具备大量数据存储能力的系统中使用。它的应用领域包括目标识别、机器人导航、多目标跟踪、惯性导航和遥感等。例如，应用卡尔曼滤波器对 N 个传感器的测量数据进行融合后，既可以获得系统的当前状态估计，又可以预报系统的未来状态。所估计的系统状态可以表示移动机器人的当前位置、目标的位置和速度、从传感器数据中抽取的特征或实际测量值本身。

3．贝叶斯估计法

贝叶斯估计是融合静态环境中多传感器底层信息的常用方法。它将传感器信息依据概率原则进行组合，测量的不确定性以条件概率表示。在传感器组的观测坐标一致时，可以用直接法对传感器的测量数据进行融合。在大多数情况下，传感器是从不同的坐标系对同一环境物体进行描述的，这时传感器的测量数据要以间接方式采用贝叶斯估计进行数据融合。

多贝叶斯估计把每个传感器都作为一个贝叶斯估计，将各单独物体的关联概率分布组合成一个联合后验概率分布函数，通过使联合分布函数的似然函数最小，可以得到多传感器信息的最终融合值。

4．D-S 证据推理法

D-S（Dempster-Shafer）证据推理法是目前数据融合技术中比较常用的一种方法，是由 Dempster 首先提出、由 Shafer 发展的一种不精确推理理论。这种方法是贝叶斯方法的扩展，因为贝叶斯方法必须给出先验概率，D-S 证据推理法则能够处理由不知道引起的不确定性，通常用来对目标的位置、存在与否进行推断。在多传感器数据融合系统中，每个信息源都提供了一组证据和命题，并且建立了一个相应的质量分布函数。因此，每一个信息源就相当于一个证据体。D-S 证据推理法的实质是在同一个鉴别框架下，将不同的证据体通过 Dempster 合并规则合并成一个新的证据体，并计算证据体的似真度，最后采用某一决策选择规则，获得融合的结果。

5．统计决策法

与多贝叶斯估计不同，统计决策理论中的不确定性为可加噪声，因此其不确定性的适应范围更广。不同传感器观测到的数据必须经过一个鲁棒综合测试，以检验它的一致性，经过一致性检验的数据用鲁棒极值决策规则进行融合处理。

6．模糊逻辑法

这种方法针对数据融合中所检测的目标特征具有某种模糊性的现象，利用模糊逻辑的方法对检测目标进行识别和分类。建立标准检测目标和待识别检测目标的模糊子集是此方法的基础。

模糊子集的建立需要有各种各样的标准检测目标，同时必须建立合适的隶属函数。

模糊逻辑实质上是一种多值逻辑，在多传感器数据融合中，对每个命题及推理算子赋予 0～1 之间的实数值，以表示其在融合过程中的可信程度，又被称为确定性因子。然后使用多值逻辑推理法，利用各种算子对各种命题（即各传感源提供的信息）进行合并运算，从而实现信息的融合。

7．产生式规则法

这是人工智能中常用的控制方法。一般要通过对具体使用的传感器的特性及环境特性的分析，才能归纳出产生式规则法中的规则。通常，在系统改换或增减传感器时，其规则要重新产生。这种方法的特点是系统扩展性较差，但推理过程简单明了，易于系统解释，所以也有广泛的应用范围。

8．神经网络法

神经网络法是模拟人类大脑行为而产生的一种信息处理技术，它采用大量以一定方式相互连接和相互作用的简单处理单元（即神经元）来处理信息。神经网络具有较强的容错性和自组织、自学习及自适应的能力，能够实现复杂的映射。神经网络的优越性和强大的非线性处理能力，能够很好地满足多传感器数据融合技术的要求。

本章小结

无线传感网存在能量约束，减少数据传输量可以有效地降低数据传输的能量消耗，因此在从各个传感器节点收集数据的过程中，应利用节点的本地计算和存储能力处理数据，进行数据融合操作，去除冗余信息，尽量减小传输量，从而达到节省能量的目的。此外，由于传感器节点的易失效性，传感网也需要数据融合技术对多份数据进行综合，以提高信息的准确度。

数据融合技术在节省能量、提高信息准确度的同时，要以牺牲其他方面的性能为代价。首先是延迟的代价：在数据传送过程中，寻找易于进行数据融合的路由、进行数据融合操作、为融合而等待其他数据的到来，这三个方面都可能增加网络的平均延迟。其次是稳健性的代价：无线传感网相对于传统网络有更高的节点失效率以及数据丢失率，数据融合可以大幅度降低数据的冗余度，但丢失相同的数据量可能损失更多的信息，因此相对而言也降低了网络的稳健性。

无线传感网是以数据为中心的网络，数据融合可以与多个协议层次进行结合。在网络层，很多路由协议均结合了数据融合机制，以期减少数据传输量；基于查询的定向扩散路由、基于分层 LEACH 路由、PEGASIS 路由很好地结合了汇聚节点的数据融合能力，减少了数据传输的开销和能量消耗。数据融合就是对传感网感知的数据进行去冗余处理，依据信息量的含量来说分为有损融合和无损融合，其融合算法有综合平均法、卡尔曼滤波法、贝叶斯估计法、统计决策法和神经网络法等。数据融合技术已经在目标跟踪、目标识别等领域得到了广泛的应用。在无线传感网的设计中，只有面向应用需求设计针对性强的数据融合方法，才能最大限度地获益。

思考题

1．什么是数据融合技术？简述无线传感网中数据融合的必要性。

2．简述无线传感网的数据融合模型。

3．无线传感网中数据融合的主要作用是什么？

4．简述常见的数据融合技术有哪些。

第 10 章　数据管理技术

无线传感网数据管理的目的是把无线传感网上数据的逻辑视图（命名、存取和操作）和网络的物理实现分离开来，使无线传感网用户和应用程序只需关心所要提出的查询的逻辑结构，而无须关心无线传感网的细节。从数据管理的角度来看，无线传感网数据管理系统类似于分布式数据库系统，但不同于传统的分布式数据库系统。无线传感网数据管理系统组织和管理无线传感网监测区域的感知信息，回答来自用户或应用程序的查询。

本章讨论无线传感网数据管理技术与方法，包括无线传感网数据管理系统与传统分布式数据库系统的区别，无线传感网数据管理系统的结构、数据模型和查询语言，无线传感网数据的存储与索引技术、数据操作算法以及数据查询处理技术。

10.1　系统结构

目前用于无线传感网数据管理系统的结构主要有以下四种：集中式结构、半分布式结构、分布式结构和层次式结构。

1．集中式结构

在集中式结构中，感知数据的查询和传感网的访问是相对独立的。整个处理过程可以分为两步：第一步，将感知数据按照事先指定的方式从传感网传输到中心服务器；第二步，在中心服务器上进行查询处理。这种方法很简单，但是中心服务器会成为系统性能的瓶颈，而且容错性很差。另外，由于所有传感器的数据都要求传送到中心服务器，所以通信开销很大。

2．半分布式结构

由于传感器节点具有一定的计算和存储能力，因此可以对原始数据进行一定的处理。目前大多数研究工作都集中在半分布式结构领域。下面介绍两种代表性的半分布式结构。

1）Fjord 系统结构

Fjord 是加州大学伯克利分校 Telegraph 项目的一部分，是一个自适应的数据流系统。Fjord 主要由两部分构成，包括自适应的查询处理引擎（adaptive query processing engine）和传感器代理（sense proxy）。Fjord 是基于流数据计算的查询处理模型。与传统数据库系统不同，在 Fjord 系统中，感知数据流是流向查询处理引擎的（Push 技术），而不是在被查询时才被提取出来的（Pull 技术）。Fjord 对于非感知数据采取 Pull 技术。因此，Fjord 是同时采用了 Push 和 Pull 技术的查询处理引擎。另外，Fjord 根据计算环境的变化动态地调整查询执行计划。Fjord 系统结构如图 10-1 所示。其中，传感器代理是传感器节点和查询处理器之间的接口。传感器节点需要将感知数据传送给传感器代理，传感器代理将数据发送到查询处理器。这样，传感器节点不需要直接将感知数据发送给发出查询的大量用户。另外，传感器代理可以让传感器节点按照事先指定的方式进行一定的本地计算，如对感知数据执行聚集操作等。传感器代理动态地监测传感器节点，估计用户的需求以及目前电源的能量状况，并动态地调整传感器节点的采样频率和传输速率，以延长传感器节点的寿命，提高处理性能。

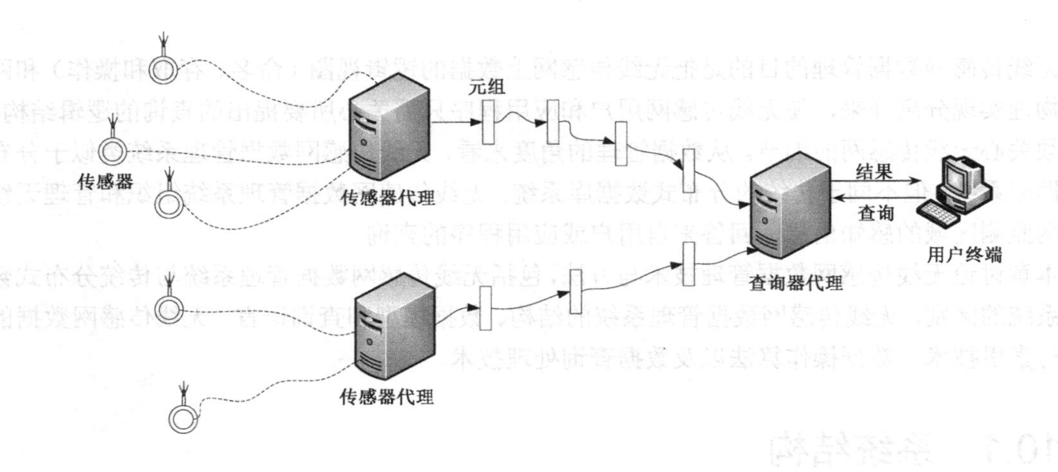

图 10-1　Fjord 系统结构

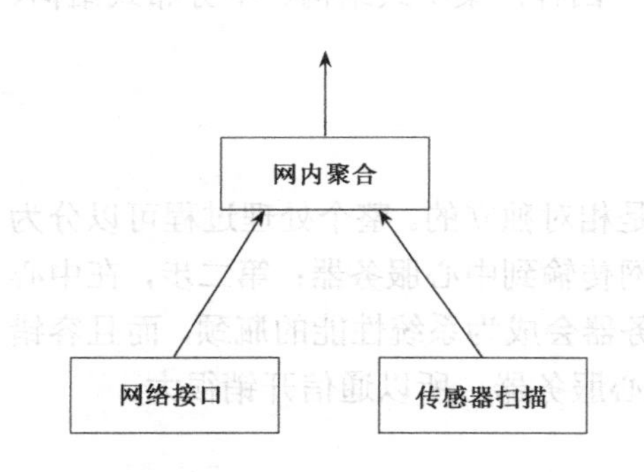

图 10-2　Cougar 系统的逻辑关系结构

2）Cougar 系统结构

Cougar 是康奈尔（Cornell）大学开发的传感器数据库系统。Cougar 的基本思想是尽可能地使查询处理在传感网内部进行，以减少通信开销。在查询处理过程中，只有与查询相关的数据才会被从传感网中提取出来。这种方法灵活而有效。与 Fjord 不同，在 Cougar 中，传感器节点不仅需要处理本地的数据，同时还要与邻近的节点进行通信，协作完成查询处理的某些任务，如图 10-2 所示。

3. 分布式结构

分布式结构假设每个传感器都有很高的存储、计算和通信的能力。首先，各个传感器采样、感知和监测事件。然后使用一个 Hash 函数，按照每个事件的关键字，将其存储到离这个 Hash 函数值最近的传感器节点，这种方法被称为分布式 Hash 方法。在处理查询时，使用同样的 Hash 函数，将查询发送到离 Hash 值最近的节点上。这种结构将计算和通信全都放到了传感器节点上。

分布式结构的问题在于它假设传感器节点有着和普通计算机相同的计算和存储能力。因此，分布式结构只适用于基于事件关键字的查询，系统的通信开销较大。

4. 层次式结构

针对上述系统结构的缺点，有人提出了一种层次式结构，如图 10-3 所示。这种结构包含了传感网的网络层和代理网络层两个层次，并集成了网内数据处理、自适应查询处理和基于内容的查询处理等多项技术。在网络层，每个传感器节点都具有一定的计算和存储能力，且都能完成三项任务：从代理接收命令、进行本地计算和将数据传送到代理。传感器节点收到的命令包括采样率、传送率和需要执行的操作。代理层的节点具有更高的存储、计算和通信能力。每个代理都能够完成五项任务：从用户接收查询、向传感器节点发送控制命令或其他信息、从传感器节点接收数据、处理查询、将查询结果返回给用户。当代理节点收到来自传感器节点的数据后，多个代理节点分布式地处理查询并将结果返回给用户。这种方法将计算和通信任务分布到各个代理节点上。

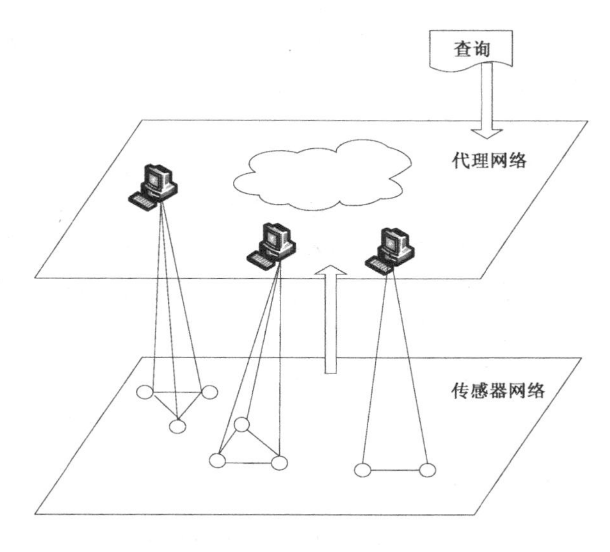

图 10-3　层次式结构

10.2　数据模型与查询语言

1. 数据模型

目前传感网的数据模型主要是对传统的关系模型、对象关系模型或时间序列模型的有限扩展。一种观点是将感知数据视为分布在多个节点上的关系，并将传感网看成一个分布式数据库；另一种观点则将整个网络视为由多个分布式数据流所组成的分布式数据库系统；还有一些观点是采用时间序列和概率模型表示感知数据的时间特性和不确定性。本节以美国加州大学伯克利分校（UC Berkeley）的 TinyDB 系统和康奈尔大学的 Cougar 系统为例，介绍传感器网络的数据模型。

TinyDB 系统的数据模型是对传统的关系模型的简单扩展。它把传感网数据定义为一个单一的、无限长的虚拟关系表。该表具有两类属性，第一类是感知数据属性，如电压值和温度值；第二类是描述感知数据的属性，如传感器节点的 ID、感知数据获得的时间、数据类型（光、声、电压、温度、湿度等）、度量单位等。网络中每个传感器节点产生的每一个读数都对应关系表中的一行。因此，这个虚拟关系表被看成一个无限的数据流。对传感网数据的查询就是对这个无限虚拟关系表的查询。无限虚拟关系表上的操作集合是传统的关系代数操作到无限集合的扩展。

康奈尔大学的 Cougar 系统把传感网看成一个大型的分布式数据库系统，每个传感器都对应于该分布式数据库的一个节点，存储部分数据。Cougar 系统通常不再将每个传感器上的数据都集中到中心节点进行存储和处理，而是尽可能地在传感网内部进行分布式处理；因此能够有效地减少通信资源的消耗，延长传感网的生命周期。

Cougar 系统的数据模型支持两种类型的数据，即存储数据和传感器实时产生的感知数据。

存储数据用传统关系来表示，而感知数据用时间序列来表示。Cougar 系统的数据模型包括关系代数操作和时间序列操作。关系操作的输入是基关系或者另一个关系操作的输出。时间序列操作的输入是基序列或者另一个时间序列操作的输出。数据模型中提供定义在关系与时间序列上的如下三类操作：

（1）关系投影操作：把一个时间序列转换为一个关系；

（2）积操作：输入是一个关系和一个时间序列，输出是一个新的时间序列；

（3）聚集操作：输入是一个时间序列，输出是一个关系。

对 Cougar 系统的查询包括对存储数据和感知数据的查询，也就是对关系和时间序列的查询。连续查询被定义为给定时间间隔内保持不变的一个永久视图。在 Cougar 系统的连续查询过程中，被查询的关系和时间序列可以被更新。对一个关系的更新是插入、删除或修改该关系的元组。对时间序列的更新是插入一个新的时间序列元素。

2. 查询语言

传感网中的感知数据具有许多显著的特征，如感知数据的实时性、周期性、不确定性等。目前已提出的查询模式主要有快照查询、连续查询、基于事件的查询、基于生命周期的查询以及基于准确率的查询等。针对查询类型和感知数据的这些特性，设计通用、简单、高效、可扩展而且表达能力强的查询语言对传感网来说是至关重要的。

1）TinyDB 系统的查询语言

TinyDB 系统的查询语言是基于 SQL 的查询语言，被称为 TinySQL。该查询语言支持选择、投影、设定采样频率、分组聚集、用户自定义聚集函数、事件触发、生命周期查询、设定存储点和简单的连接操作。

TinyDB 查询语言的语法如下：

```
SELECT select-list
[FROM sensors]/*[xxx]表示 XXX 是可选项*/
WHERE predicate
[GROUP BY gd-list
[HAVING predicate]
[TRIGER ACTIVE command-name[(param)]]
[EPOCH DURATION time]
```

其中，select 是无限虚拟关系表中的属性表，可以具有聚集函数；predicate 是条件谓词；gd-list 也是属性表；command-name 是命令；param 是命令的参数；time 是时间值。查询语句的 TRIGGER ACTIVE 是触发器定义从句，指定在 WHERE 从句的条件得到满足时需要执行的命令；EPOCH DURATION 定义了查询执行的周期。其他从句的语义与 SQL 相同。以下是一个 TinySQL 查询实例：

```
SELECT Room_no,AVERAGE(light),AVERAGE(volume)
FROM sensors
GROUP BY room_no
HAVING AVERAGE(light)>1 AND AVERAGE(volume)>v
```

```
EPOCH DURATION 5min
```

这个查询表示每5分钟检查一次平均亮度超过阈值1而且平均温度超过阈值v的房间，并返回房间号码以及亮度和温度的平均值。

目前TinySQL的功能还比较有限。在WHERE和HAVING子句中只支持简单的比较连接词和字符串比较，如SQL中的LIKE和SIMILAR，以及列和常量的简单算术运算表达式，其中算术运算符只能是+、–、×、/。不支持子查询，也不支持布尔操作OR和NOT以及列的重命名（即SQL的AS从句）。

TinyDB支持简单的触发器。目前的触发器只能对满足条件的传感器读数作出反应。当传感器读数满足查询语句WHERE子句中的触发条件时，触发器即执行动作，完成相应的操作。以下是一个带有触发器的查询语句实例：

```
SELECT temperature
FROM sensors
WHERE temperature>thresh
TRIGER ACTIVE setSend(512)
EPOCH DURATION 512
```

此语句表示当温度temperature超过阈值thresh时，产生声音报警并返回温度值temperature。以下的例子是一个在无限虚拟关系上的查询：

```
SELECT nodeid,light
FROM sensors
WHERE light>200
```

其查询结果如表10-1所示。

表10-1　节点号与光强对照表

节点号	光强
1	598
1	235
2	237
2	263
3	256
3	266
…	…

2）Cougar系统的查询语言

Cougar系统提供了一种类似于SQL的查询语言。在很多传感网的应用中，能够对环境进行连续的周期性的监测特别重要。因此，Cougar系统的查询语言提供了对连续周期性查询的支持。Cougar系统查询语言的语法如下：

```
SELECT select-list
FROM [sensordata S]
[WHERE predicate]
[GROUP BY attributes]
[HAVING predicate]
DURATION time-interval
EVERY time-span
```

其中，DURATION子句指定查询的生命期；EVERY子句用来确定执行周期，即每time-span秒执行该查询一次；其他子句与TinySQL相同。从查询语句的定义不难看出，Cougar系统不支持触发器。以下是一个查询语句实例：

```
SELECT AVG(R.concentration)
FROM ChemicalSensor R
WHERE R.loc IN region
HAVING AVG(R.concentration)>0.6
DURATION (now,now+3600)
EVERY 10
```

这个查询用来监测指定区域内的化学物质的平均浓度是否高于规定的指标，该查询的生命期是从提交执行的时刻开始的3600秒，每10秒检测一次指定区域内的化学物质的平均浓度是否高于0.6。

10.3 数据存储与索引技术

以数据为中心是无线传感网的重要特点。人们已提出了很多以数据为中心的无线传感网路由算法和通信协议；但除了以数据为中心的路由算法和通信协议以外，无线传感网还需要提供灵活、有效的以数据为中心的数据存储方法。在以数据为中心的存储系统中，每个传感器节点产生的数据按照数据名存储在网络的某个或某些传感器节点上。根据数据项的名字，可以很容易地在无线传感网中找到相应的数据项。以下介绍以数据为中心的无线传感网存储方法和索引技术。

1. 数据命名方法

以数据为中心的数据存储方法的基础是数据命名。数据命名的方法有很多种，可以根据具体应用采用不同的命名方法。一种简单的数据命名方法是层次式命名方法。例如，一个摄像传感器产生的数据可以按如下方式命名：

```
USA/Universities/USC/CS/cameral
```

这个名字分为5个层次，其中前4层说明摄像传感器的位置：第1层的USA说明摄像传感器是在美国，第2层说明摄像传感器在大学，第3层说明摄像传感器在南加州大学，第4层说明摄像传感器在美国USC大学的计算机系。总之，这4层表示摄像传感器是在美国USC大学的计算机系。最底层的cameral指出数据类型为摄像数据。

另一种命名方法是“属性值”命名方法。在这种方法中，上面的摄像传感器产生的数据可以命名如下：

```
Type=camera
Value=image.jpg
Location="CS Dept,University of Southern California,USA"
```

数据的命名方法隐含地定义了数据能够被存取的方式。摄像传感器数据的层次命名方法隐含地定义了很多数据存取方法，包括如下3种：

（1）存取所有美国大学的摄像传感器数据；

（2）存取美国某所大学的摄像传感器数据；

（3）存取美国某所大学计算机系的摄像传感器数据。

2. 数据存储方法

一种数据存储方法是以数据为中心的存储方法，它使用数据名字来存储和查询数据。这类方法通过一个数据名到传感器节点的映射算法来实现数据存储。图 10-4 所示描述了一种以数据为中心的存储方法。假设传感器节点 A 和 B 要插入一个名字为 bird-sighting 的感知数据，数据名 bird-sighting 被映射到传感器节点 C。于是，这些感知数据被路由到传感器节点 C。类似地，查询也可以通过数据名获得感加数据所在的传感器节点，并通过向该传感器节点发送查询请求来得到感知数据。

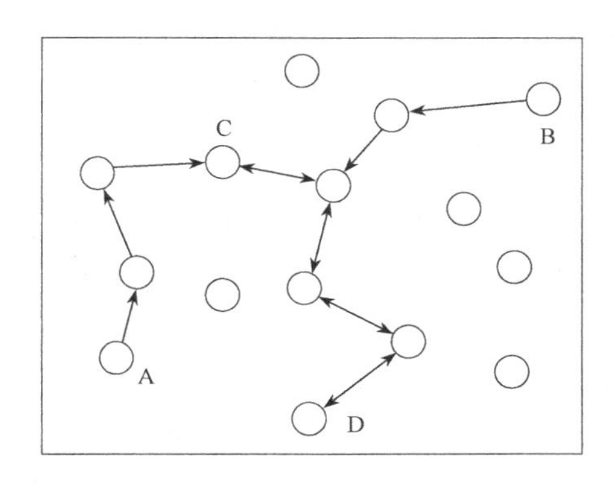

图 10-4　一种以数据为中心的存储方法

除了以数据为中心的无线传感网数据存储方法以外，还有另外两种数据存储方法，即外部存储方法和本地存储方法。若使用外部存储方法，则所有感知数据存储在无线传感网以外的计算机节点上；相反，若使用本地存储方法，则所有的感知数据存储在产生该数据的传感器节点上。

使用外部存储方法时，把感知数据传输到无线传感网以外的计算机节点需要消耗能量，并且外部计算机节点的邻近传感器节点需要频繁地转发感知数据，称为消耗能量最大的节点。如果感知数据的访问频率远高于产生这些数据的频率，则外部存储方法是可用的。使用本地存储方式时，存储感知数据不需要消耗额外的通信能量，但是查询感知数据需要消耗大量能量。本地存储适用于感知数据产生频率高于访问频率的情况。以数据为中心的存储的开销则介于两者之间。

在一个具有 n 个节点的传感网内，广播信息的时间为 $O(n)$，而将信息从一个传感器节点发送到另一个传感器节点的时间为 $O(\sqrt{n})$，又设 D_e 为监测到的感知数据总个数，Q 为查询的个数，D_q 为 Q 个查询返回的数据个数，并假设感知数据存储在一个表中。那么，上述三种数据存储方法在整个网络范围内的总通信开销以及各个传感器节点最大能耗如表 10-2 所示。从表 10-2 可以看出，随着网络规模的扩大或感知数据增加的速度高于查询的速度，以数据为中心的存储方法的性能高于本地存储方法。因此，以数据为中心的数据存储方法更适用于传感网。

表 10-2　三种存储方法的总通信开销和传感器节点最大能耗

存 储 方 法	总的通信开销	传感器节点的最大能耗
外部存储	$D_e\sqrt{n}$	D_e
本地存储	$Qn+D_q\sqrt{n}$	$Q+D_q$
以数据为中心的存储	$Q\sqrt{n}+D_e\sqrt{n}+D_q\sqrt{n}$	$Q+D_q$

3. 索引技术

当人们预先并不十分清楚要在传感网的数据中发现什么的时候，往往通过查询由粗到细地对传感网的数据进行观察，以发现感兴趣的事件，如“哪些区域的温度特别高”。

1）一维分布式索引

除了时空聚集和精确匹配查询外，传感器网络用户也经常要进行区域查询，如“预期温度值在 50～60 ℃之间的所有感知数据”。在这类查询中，还可以加上地理限制，如“列出地区 A 中温度值在 50～60 ℃之间的所有感知数据”。一维索引具有两个特点：层次结构树具有多个根，解决了单一树根所造成的通信瓶颈问题；它有效地沿层次结构树向上传播聚集数据，可以在层次树的高层防止不必要的树遍历。

2）多维分布式索引

一维检索系统支持的区域查询只有一个属性，如温度值；如果要查询在地理区域约束条件下的温度数值范围，则这种查询称为二维区域查询。多维区域查询是在多个属性上具有区域约束条件的区域查询。例如，科学家在研究海洋微生物的增长时，可能对温度在 50～60℃之间，且亮度在 10～20 lm 之间的微生物的增长率感兴趣；他们可能提交查询“返回地区 A、温度在 50～60℃之间、亮度在 10～20 lm 之间的所有微生物的增长率”。在这个例子中，科学家感兴趣的是地理区域、温度、亮度 3 个因素对海洋微生物生长的影响。在传统的数据库系统中，多维区域的查询经常由具有预计算信息的多维索引来支持。这样的索引在处理查询时可以减少计算开销，并获得很高的查询处理效率。

10.4 查询处理技术

无线传感网通过查询和分析网络中的感知数据能够监测某一环境中的物理现象。例如，监测某一地区的降雨量可以获得该区域的受灾情况。传感网数据的查询可以分为如下几种类型：

（1）历史查询：对从无线传感网获得的历史数据的查询，如区域 A 的平均降雨量；

（2）快照查询：对无线传感网在某一给定时间点的查询，如传感器当前的温度值；

（3）连续查询：关注某一段时间间隔内无线传感网数据的变化情况，例如从现在开始的 36 小时内区域 A 每 30 分钟的平均降雨量。

1. 集中式与分布式查询处理方法

查询处理方法可以分为两类：集中式查询处理方法和分布式查询处理方法。这两类查询处理方法各有其优缺点，适用于不同情况。

1）集中式查询处理方法

集中式查询处理方法分为两步：（1）周期性地从无线传感网中获取数据，并将数据集中存储在一个中心数据库中；（2)在中心数据库中对查询进行处理。这两步可能在时间上有所交叉。

集中式查询处理方法适用于对历史数据的查询，但是存在如下弊端：如果向中心数据库存储数据的周期过长或感知数据产生的频率过高，这种方法无法保证能从无线传感网获得查询所需的全部数据。例如，若向数据中心存储数据的周期为 30 分钟，则查询“北京地区的每分钟的降雨量”就不能被正确处理。解决这个问题需要频繁地从每一个传感器获取数据，并把它们传送到中心数据库。显然，在实际应用中是不可行的，因为这种方法会很快耗尽每一个节点的能量，同时也会产生大量的冗余数据。为处理一个查询而从整个网络提取数据是没有必要的。在上面的例子中，只要北京地区的传感器返回数据即可，而没有必要从无线传感网中的所有传感器提取数据。传感器节点一般都具有处理和存储能力，因此可以在节点上进行数据的分布式处理和存储，这不但能够有效地减少数据传送，降低节点和网络的能量消耗，而且还能提高查询响应的实时性。集中式查询处理方法仅适用于传感器能源充足而且数据采集周期长的应用环境。

2）分布式查询处理方法

为了解决集中式查询处理方法中存在的弊端，提出了分布式查询处理方法。在分布式查询处理方法中，查询请求决定了从无线传感网中需要获取的数据，并且在网络内对查询中的聚集操作进行处理。不同的查询获取不同的数据，而且只从无线传感网中获取与查询相关的数据。下面将举例说明集中式查询处理方法与分布式查询处理方法的区别，以及分布式查询处理方法的优点。

首先来考虑如何处理查询“给出监测温度高于 30 ℃的传感器的平均值，每 30 秒钟返回一次结果”。图 10-5 所示为处理这个查询的两种方案示意图。图中的灰色矩形表示传感器节点获取的数据，白色椭圆表示求解平均值的聚集操作。数据库是用户端的中心数据库系统。

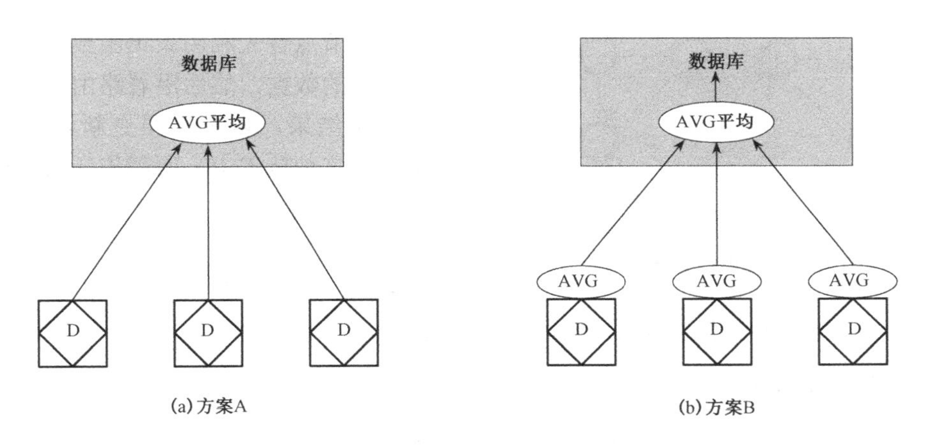

图 10-5　查询方案示意图

在图 10-5 中，方案 A 是使用集中式方法处理查询的方案，每个传感器都返回当前的温度值，在数据到达中心数据库时执行聚集操作，提取出温度值高于 30 ℃的传感器所返回的数值，并求出平均值。显然，当前查询所关心的是温度值高于 30 ℃的传感器，所以低于 30 ℃的温度值是无用的。而在方案 A 中所有的传感器都需要返回数值，这就增加了不必要的通信开销，导致了能量的浪费，也增加了网络负担，并容易造成网络拥塞。

图 10-5 中的方案 B 是以分布式方式处理上述查询的执行方案，它在传感器节点上执行选择和聚集操作。在该方案中，只有满足条件的数据参与聚集操作，因而只有部分聚集结果被传送到中心数据库，然后形成最终聚集结果。这种方法可以减少通信量，节约有限的网络通信带宽。

2. 聚集操作处理技术

聚集操作是查询中经常使用的操作。聚集操作的处理技术是无线传感网查询处理的关键。

1）集中式与分布式聚集技术

在集中式聚集技术中，所有的传感器首先将数据都传送到客户端，然后在客户端执行聚集。分布式聚集技术是指在无线传感网内由多个传感器节点协作执行聚集操作，即在感知数据路由的过程中每个路由的传感器节点完成部分或全部聚集，最后将聚集结果路由到客户端。

图 10-6 所示是这两种聚集技术的示例。其中所有的传感器节点被组织成“树”，我们称之为路由树；虚线表示传感器之间连接，实线表示路由树的边。当处理聚集操作时，从叶节点向上传送数据，若使用集中式聚集技术，每个节点都必须把相关感知数据路由到客户端。设一个节点的深度为 n，则将该节点的数据包发送到根节点需要进行 n–1 次数据通信。

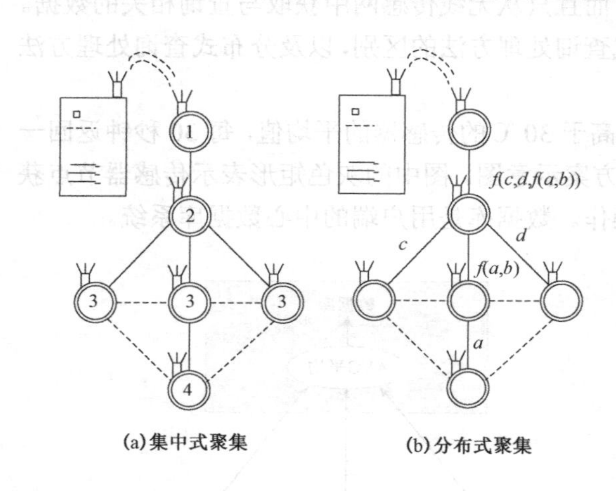

图 10-6　聚集技术示例

图 10-6（a）中使用集中式聚集技术，其中每个节点都标注了到根节点的距离，把所有的聚集信息发送到客户端需要 16 次数据通信。

图 10-6（b）中使用分布式聚集技术。其中叶节点只是将它们的数据传送到父节点，父节点首先利用聚集函数 f 聚集自己与子节点的数据，然后沿着路由树向上发送部分聚集结果，以及需要更新聚集的额外数据。在这种技术中，所需传送的数据量由聚集函数决定。例如，为了求平均值，每一个中间节点需要获得其子树中数据的总和以及数据的个数。在该图中，根节点完成求平均值的操作共需要传送 5 次数据包，然后其结果由根节点传送到客户端。

2）流水线聚集技术

在无线传感网内进行聚集计算时，由于无线通信失败、节点移动等原因，很难保证计算结果完全正确。假设节点 P 只有一个子节点 C，如果 P 发出广播消息后，C 收到了该消息；但是，当 C 向 P 发出应答消息时，由于某种原因导致该应答数据包丢失，则 P 将接收不到 C 的应答。因此，P 会认为自己没有子节点，而只是将自己的感知数据向上传送。这样，节点 P 以下的整个子树都将不能参与聚集运算，从而导致聚集结果不够准确。事实上，任何一个节点的子树都可能发生这样错误，因此无法保证最终聚集结果的正确性。

为了解决上述问题，可以采用多次计算的方法来保证聚集结果的正确性。最简单的方法是在网络的根节点多次进行聚集计算。用户通过观察多次计算的聚集值集合，确定重复次数多的聚集值为正确聚集结果。这种方法需要重复发送聚集请求，将导致极大的通信开销和能源浪费。同时，当每次计算新的聚集结果时，至少需要等待一个完整的聚集周期，因而延长了查询响应时间。

流水线聚集技术是解决聚集正确性问题的一种有效方法。流水线聚集技术把时间分成多个

长度为 i 秒的时间段。在每个时间段内，收到聚集请求的每个节点都将前一个时间段收到的子节点的数据与本地感知数据进行聚集，并将得到的部分聚集结果向上传送。这样，经过第一个时间段后，根节点将接收到其邻居节点发回的部分聚集结果；经过第二个时间段后，根节点将收到与其距离一跳和两跳距离的节点发回的部分聚集结果；经过第 k 个时间段后，根节点将收到距其（k–1）跳距离的节点发回的部分聚集结果。没有接收到聚集请求的节点监听到了其他节点发送的部分聚集结果，它也将向上传送该聚集结果。

流水线聚集技术不但能够使未收到聚集请求的节点参与聚集运算，而且还有以下两个特征：

（1）聚集结果从叶节点向上发送以后，每隔 i 秒都会有新聚集请求到达（i 可以非常小，约等于一个节点产生并传送一个数据的时间）；

（2）设聚集请求到达叶节点和聚集结果返回到根节点的时间为 t，则经过 t 时间间隔后，根节点将收到第一个近似聚集结果，之后每隔 i 秒都将收到一个新的聚集结果。

3. 连续查询处理技术

由于无线传感网查询处理技术是一种分布式处理技术，其查询处理器一般由全局查询处理器和在每个传感器节点上的局部查询处理器构成。

在无线传感网中的传感器节点一般都会产生无限的实时数据流。因此，用户的查询对象是大量的无限实时数据流。用户经常使用的查询是连续查询。在一个用户提交了一个连续查询以后，全局处理器需要把查询分解为一系列的子查询，并提交到相关传感器节点上由局部查询处理器执行。这些子查询也是连续查询，需要扫描、过滤和综合相关的无限实时数据流，产生连续的部分查询结果流，返回给全局查询处理器，经过进一步的全局综合处理，最终返回给用户。传感器节点上的局部查询处理器是连续查询处理的关键。与全局连续查询一样，传感器节点上各个连续子查询也需要执行很长时间。在连续子查询的长期执行过程中，传感器节点及其产生数据的特征、传感器节点的工作负载等情况都在不断地发生改变。因此，局部处理器必须具有适应环境变化的自适应能力。

一种在无限实时感知数据流上处理连续查询的自适应技术——CACQ（continuously adaptive continuous queries）可以用于传感器节点上的局部查询处理器的实现。下面针对单连续查询和多连续查询两种情况，分别介绍 CACQ 技术。为了便于理解，假设查询中不包含连接操作。

1）单连续查询

对于没有连接操作的单个连续查询，CACQ 把查询分解为一个操作序列。当一个感知数据进入系统时，CACQ 将针对这个数据来调度执行操作序列中的每个操作，产生查询结果。由于查询中没有连接操作，只需考虑数据流扫描操作和选择操作。

CACQ 假设查询条件中只包含逻辑“与”和逻辑“或”操作。CACQ 为操作队列中的每个操作建立一个输入队列，用来存放待处理的数据。在相关感知数据进入了系统后，它首先被排列到操作序列中的第 1 个操作队列，等待被该操作处理。一般地，当一个数据被操作序列中的第 i 个操作处理完以后，处理结果将被插入到操作序列中的第（i+1）个操作的队列中，等待处理。当一个数据被操作序列中的所有操作都按顺序处理完后，就得到了一个部分查询结果，继续将其传送到全局查询处理器，进行最后的综合处理。

为了执行感知数据流的扫描操作，CACQ 为数据流扫描操作建立了一个缓冲池，用来存放等待进入操作输入队列的数据。当缓冲池空了以后，CACQ 启动扫描操作获取感知数据并存入缓冲池中。

2）多连续查询

一个传感器节点可能会同时执行多个连续子查询，需要考虑如何处理多个连续子查询的问题。那么对于多个无连接连续子查询，CACQ 如何处理呢？设在一个传感器节点的感知数据流上具有 N 个连续子查询，CACQ 处理这 N 个子查询的一般方法是：在一个感知数据进入系统时，CACQ 把它轮流传递到 N 个子查询的操作序列，完成所有 N 个子查询的处理；但它不复制感知数据。这样做的优点是可以节省复制数据所占用的存储区和复制数据所消耗的计算资源。无连接多查询处理的关键在于从多个查询中提取公共操作，使得多查询的公共操作只执行一次，避免重复计算。

图 10-7 所示是 CACQ 处理多个查询的体系结构，其中用户提交了 3 个查询 Q_1、Q_2 和 Q_3。Q_1 的选择谓词包括 $S_1(s,a)$ 和 $S_4(s,b)$，Q_2 的选择谓词包括 $S_2(s,a)$ 和 $S_5(s,b)$，Q_3 的选择谓词包括 $S_3(s,a)$ 和 $S_6(s,b)$，其中 s 是感知数据流，a 和 b 是感知数据的两个属性。所有查询都提交给查询执行器 Eddy，每个查询都具有一个定义在感知数据流 s 的 a 和 b 属性上的过滤器，这与查询的选择谓词相对应。Eddy 把过滤器分为两组，一组是定义在属性 $s.b$ 上的 $\{S_4,S_5,S_6\}$，另一组是定义在属性 $s.a$ 上的 $\{S_1,S_2,S_3\}$。当一个感知数据 $S(a,b)$ 进入系统后，Eddy 把 $s.a$ 传送给过滤器组 $\{S_1,S_2,S_3\}$，把 $s.b$ 传送给滤器组 $\{S_4,S_5,S_6\}$，执行相应的选择操作，并把结果返回给全局查询处理器。从图 10-7 可以看出，处理同一个感知数据流上的多个查询只需扫描这个数据流一次。

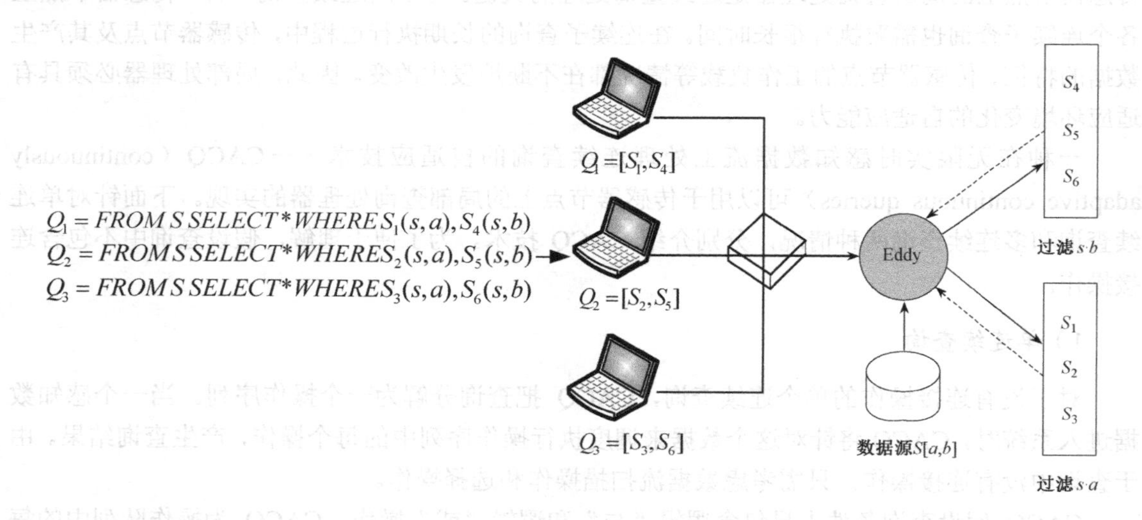

图 10-7　CACQ 处理多个连续查询的体系结构

本章小结

从数据管理角度来看，无线传感网可以视为一个分布式数据库。以数据库的方法在无线传感网中进行数据管理，可以将存储在网络中的数据的逻辑视图与网络中的实现进行分离，使得无线传感网的用户只需关心数据查询的逻辑结构，而无须关心实现细节，从而显著增加了无线传感网的易用性。

无线传感网的数据管理与传统的分布式数据库有很大的区别。由于无线传感网节点的能量受限和易失性，数据管理系统必须能够在尽量减少能量消耗的同时提供有效的数据服务。同时，由无线传感网节点数量庞大，这些节点所产生的无限的数据流，无法通过传统的分布式数据库的数据管理技术进行处理。此外，对无线传感网的数据的查询经常是连续的查询或随机的抽样查询，这也使得传统的分布式数据库管理技术不适用于无线传感网。

无线传感网的数据库管理系统，其结构主要有集中式、半分布式、分布式以及层次式结构，目前大多数研究集中在半分布式结构方面。

无线传感网的数据存储采用网络外部存储、本地存储和以数据为中心的存储三种方式。相对于其他两种方式，以数据为中心的存储方式可以在通信效率和能量消耗两个方面获得很好的折中。

思考题

1. 无线传感网中的数据结构有几种？各有什么特点？
2. 简述 TinyDB 查询语言的基本原理。
3. 简述无线传感网中的数据存储方法。

第 11 章　nesC 语言与 TinyOS 操作系统

TinyOS 操作系统最初采用汇编语言和 C 语言编写；但是由于 C 语言不能有效、方便地支持面向无线传感网的操作系统及其应用程序开发，美国加州大学伯克利分校的研究人员对 C 语言进行了扩展，提出了支持组件化编程的 nesC 语言。nesC 编程语言将组件化/模块化的思想和基于事件驱动的执行模型结合起来，并通过组织、命名和连接组件形成一个嵌入式网络系统，能很好地支持 TinyOS 的并发运行模式。TinyOS 操作系统、组件库和服务程序都是采用 nesC 语言编写的，通过用 nesC 语言编写 TinyOS 和基于 TinyOS 的应用程序，可以使应用开发更加方便，提高应用执行的可靠性。

本章先对 nesC 语言的接口、组件以及程序运行模型作详细的介绍，通过实例来说明如何使用 nesC 语言编写应用程序，并介绍 nesC 语言和 TinyOS 操作系统中的一些编程约定；然后介绍 TinyOS 操作系统的设计思路、组件模型和通信模型等。

11.1　nesC 语言

nesC 语言是对 C 语言的扩展，它的设计体现了 TinyOS 操作系统的结构化概念和执行模型。TinyOS 是特别为无线传感网节点设计的基于事件驱动的操作系统，它采用 nesC 语言编写，以适应传感器节点资源非常有限的特点。nesC 语言在设计中的基本概念主要包括以下几点：

（1）程序构造和组合机制相分离。整个程序由多个组件“连接（wired）”而成。组件定义了两个范围，一个是为其接口定义的范围，另一个是为其实现定义的范围。组件可以以任务的形式存在，并具有内在并发性。线程控制可以通过组件的接口传递给组件本身。这些线程可能源于一个任务或一个硬件中断。

（2）组件的行为规范由一组接口来定义。接口或者由组件提供，或者被组件使用。组件提供给用户的功能由它所提供的接口体现，而被组件使用的接口体现该组件完成其任务所需的其他组件的功能。

（3）接口具有双向性：一组接口提供的函数（即命令）和一组由接口的使用者实现的函数（即事件）。这允许一个单一的接口能够表达组件之间复杂的交互作用，例如在某些事件中注册感兴趣的操作，而后当事件发生时回调这些操作。这一点至关重要，因为在 TinyOS 中，需较长时间运行的命令（如发送包的命令）是非阻塞的，它们完成后会触发相关事件（如发送完成的事件）。通常，命令的调用都是自上而下的，例如从应用组件调用那些比较靠近硬件的组件；而事件则采取向上触发的方式。

（4）组件通过接口彼此静态地相连。这种连接方式提高了程序运行效率，增强稳健性，而且允许更好的程序静态分析。

（5）nesC 的设计考虑到由编译器生成完整程序代码的需求。可以提供较好的代码重用和分析，一个具体的例子是 nesC 编译时（compile-time）数据竞争监视器。

（6）nesC 的并发运行模型是作业一旦开始就持续至完成（run-to-completion），但不同中断源可以彼此打断作业。nesC 编译器能够发现由中断源引起的潜在的数据竞争。

11.1.1 nesC 语言规范

为了更准确地理解 nesC 语言的内涵，首先需要了解它所定义的一些术语。这些术语将在后面频繁出现，读者可以在读到相关术语时参考本节的定义。表 11.1 所示列出了 nesC 语言中的主要术语及其说明，图 11-1 和图 11-2 所示分别给出了各种术语在配件和模块中的具体指代内容。

表 11-1 nesC 语言主要术语及其说明

术　语	说　明
组件规范（specification of component）	组件定义的接口名称、行为实现和使用范围。组件规范包含一系列规范元素
规范元素（specification of element）	组件规范的组成元素，其中包括接口实例、命令和事件等。它可由组件提供（provided），也可以被组件使用（used）
范围（extent）	一个规范元素的生命周期。nesC 采用标准 C 语言定义的生命周期：识别符、函数以及块
命令（command） 事件（event）	组件定义中的一个函数，是一个规范元素，可位于一个组件接口实例中。当作为规范元素使用时，命令和事件有角色（提供者，使用者）并且可以有接口参数；当有接口实例时，要区分没有接口参数的简单命令（事件）和有接口参数的参数化命令（事件）
组件（component）	nesC 程序的基本单元。组件有名字而且分为两种：模块（module）和配件（configuration）。一个组件包括定义和实现两部分
绑定/连接（wiring）	配件定义的组件规范元素之间的联系
模块（module）	具体描述实现逻辑功能的组件
终点/端点（endpoint）	组件的连接语句中的一个特定规范元素。一个参数化 endpoint 是对应一个参数化规范元素的没有参数值的 endpoint
内部（internal）规范元素	在一个配件 C 中，描述在配件 C 的组件列表中的一个组件的规范元素
外部（external）规范元素	在一个配件 C 中，描述在配件 C 的定义中的一个规范元素。参见内部规范元素
扇入（fan-in）命令或事件	描述由组件提供的命令/事件。此命令/事件可在多个地方被调用/触发
扇出（fan-out）命令或事件	描述被组件使用的命令/事件。当此命令/事件被调用时，会进一步调用其他相关组件中接口的相关命令/事件函数，且结果会通过组合函数进行组合
组合函数（combining function）	对扇出命令/事件调用的多个结果的组合函数。一个组合函数可以用来对这些被使用命令或事件调用的结果进行组合（进行某种逻辑操作）
接口（interface）	一系列有名函数声明的集合。一般使用接口来指向（refer to）一个接口类型或接口实例
接口实例	组件定义中一个特定接口类型的实例。接口实例由实例名、角色（提供者或使用者）和实例类型以及可选的接口参数构成。没有实例参数的接口是一个简单接口实例，有实例参数的接口是一个参数化接口实例
接口参数	接口参数包含一个接口参数名而且必须是整型（integral type）的。参数化接口实例的每个不同的参数值列表都有（概念上）一个不同的简单接口实例
接口类型	接口类型定义了提供者和使用者组件之间的交互。此接口类型定义有一系列命令和事件的形式。每个接口类型都有不同的名字

续表

术　语	说　明
接口的双向性	一个接口的提供者（provider）组件实现接口的命令，一个接口的使用者（user）组件实现接口的事件
中间函数	一个代表组件命令和事件行为的伪函数
名字空间（name space）	nesC 语言有标准 C 语言那样的全局、函数参数和块范围。nesC 还针对组件和接口类型定义了组件和接口（component and interface）类型的名字空间
范围（scope）	nesC 语言有像标准 C 那样的全局、函数参数和块范围。nesC 中的组件规定了规范和实现（specification and implementation）范围，每个接口都有自己的接口类型（pre-interface-type）范围
任务	TinyOS 中的可调度执行实体。它类似于操作系统中的线程
提供者（provider） 使用者（user）	组件使用接口的一种描述。接口实例的使用者必须实现接口中的事件，接口实例的提供者必须实现接口中的命令
组件提供的命令	组件通过关键字“provides”给其他组件提供所使用的接口命令，通过关键字“uses”声明其要使用的是由其他组件所提供的接口命令
组件使用的事件	组件通过关键字“uses”声明的且需要在本组件中实现的事件
编译错误（compile-time error）	nesC 编译器在编译时必须报告的错误

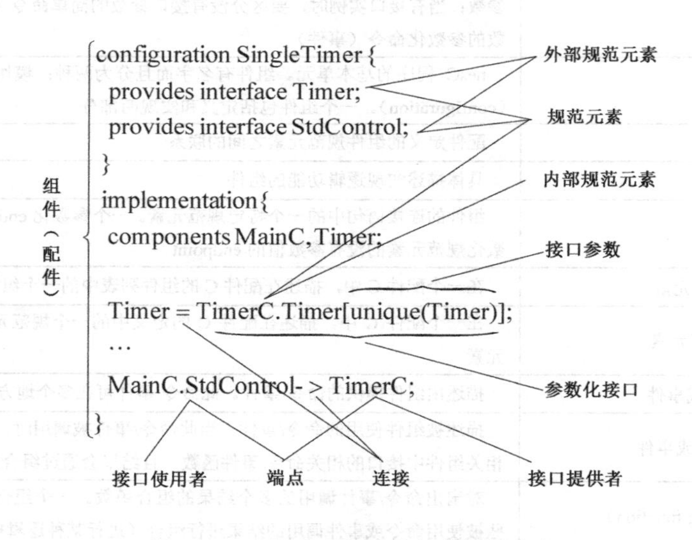

图 11-1　术语在配件中的具体指代内容

下面详细介绍 nesC 语言的接口、组件、模块以及配件等。

1. 接口

接口是一系列声明的有名函数集合，同时也是连接不同组件的纽带。nesC 的接口是双向的，这种接口实际上是提供者（provider）和使用者（user）组件间的一个多功能交互通道。一方面，接口的提供者实现了接口的一组功能函数，称为命令（command）；另一方面，接口的使用者需要实现一组功能函数，称为事件（event）。一般情况下，命令的调用都是向下的，即由应用组件调用那些与硬件结合紧密的组件；但是事件触发却正好相反，一些特殊的基本事件的触发必须绑定到硬件中断上。

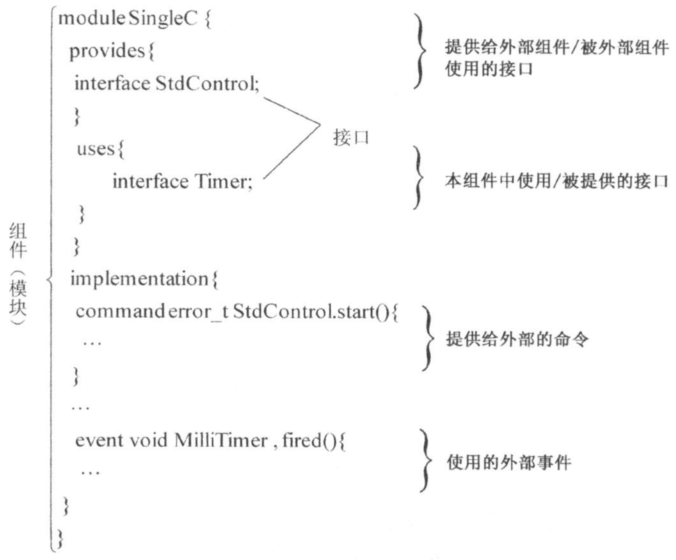

```
moduleSingleC {
 provides{
  interface StdControl;
 }
  uses{
      interface Timer;
  }
 }
 implementation{
  commanderror_t StdControl.start(){
   …
 }
 …
  event void MilliTimer , fired(){
   …
 }
}
```

组件（模块）

提供给外部组件/被外部组件使用的接口

接口

本组件中使用/被提供的接口

提供给外部的命令

使用的外部事件

图 11-2　术语在模块中的具体指代内容

需要注意的是，当组件调用接口的命令函数时，必须实现该命令对应的事件函数。例如，组件 A 使用了由定时器组件 B 提供的定时器接口，组件 A 调用定时器接口里开启定时器的命令，该命令函数具体内容由组件 B 负责编写，而组件 A 负责编写定时器触发事件的函数内容。接口由接口类型定义，其语法如下：

```
nesC-file:
includes-listopt  interface
    …
Interface:
Interface  identifier {declaration-list}
Storage-class-specifier:also  one  of  command  event  async
```

通过包含列表（includes-listopt），一个接口可以有选择性地包含 C 文件。紧接着是接口类型标识符（interface identifier）的声明，该标识符有全局的作用范围，并且属于分开的命名空间，即组件和接口类型命名空间。如此，所有接口类型都有清楚的名字以区别于其他接口和所有组件，同时可以保证不和一般的 C 声明发生任何冲突。

接口标识符全面的声明列表（declaration-list）给出了相应接口的定义。声明列表必须由具有命令或事件的存储类型（storage class）的函数定义构成，否则会产生错误（compile-time error）。可选的关键字“async”表明该命令或事件可以在一个中断处理程序（interrupt handler）中执行。下面给出了一个简单接口的例子：

```
interface SendMsg{
  command result_t send(uint16_t address, uint8_t length,TOS_MsgPtr msg);
  event result_t sendDone(TOS_MsgPtr  msg, result_t  success);
}
```

从上面的定义可知，SendMsg 接口包括一个 send 命令和一个 sendDone 事件。提供 SendMsg 接口的组件需要实现 send 命令函数，而使用此接口的组件必须实现 sendDone 事件函数。

2. 组件

一个 nesC 组件可以是模块（module），也可以是配件（configuration）。组件的语法定义如下：

```
nesC-file:
    includes-listopt  module
    includes-listopt configuration
     …
module:
   module  identifier  specification  module-implementation
   configuration:
   configuration identifier  specification configuration-implementation
```

组件的名字由标识符（identifier）指定。这一标识符有全局的作用域范围，并且属于组件和接口类型命名空间。一个组件可以有两种范围，内嵌在 C 全局范围中的规范（specification）范围，内嵌在规范范围内的实现范围。一个组件可以通过包含列表（include-list）有选择性地包括 C 文件。

组件规范（specification）列出了该组件提供或使用的规范元素，如接口实例、命令或事件。一个组件必须实现它提供接口的命令和它使用接口的事件。另外，它必须实现它本身提供的命令和事件（有些组件直接提供命令函数或事件，这没有定义在接口里）。一般情况下，命令的逻辑执行方向向下，即指向下层硬件组件；而事件的逻辑执行方向向上，即指向上层应用组件。一个控制线程只能通过它的规范元素来越过组件。每个规范元素有一个名字（接口实例名、命令名或事件名）。这些名字在每个组件内部有规范范围的变量命名空间。组件规范的语法定义如下：

```
specification:
   {uses-provides-list}
uses-provides-list
   uses-provides-list uses-provides
uses-provides-list:
   uses  specification-element-list
   provides  specification-element-list
specification-element-list
   specification-element
   {specification-elements}
specification-elements:
   specification-element
   specification-elements  specification-element
```

一个组件规范中可以包含多个 uses 和 provides 语句。多个被使用（used）或被提供（provided）的规范元素可以通过包含在“{”和“}”符号中而组合在一起。例如，下面程序中两种定义是等价的：

```
module  A1{
    uses  interface  X;
    uses  interface  Y;
}
module  A1{
    uses{
        interface  X;
        interface  Y;
      }
}
```

以下程序是为一个接口实例的描述：

```
specification-element:
    interface  renamed-identifier  parametersopt
      …
renamed-identifier:
    Identifier
    Specification  as  identifier
interface-parameters:
     [parameter-type-list]
```

接口实例声明的完整语句是 interface X as Y，明确地指明 Y 作为接口的名字。interface X 是 interface X as X 的简写形式。如果接口参数（interface-parameters）被省略，则 interface X as Y 定义了一个简单的接口实例，对应这一组件的一个单一接口。如果给出了接口参数（如 interface SendMsg[uint8_t id]），则这是一个参数化的接口实例定义，对应这一组件的多个接口中的一个（8 位整数可以表示 256 个值，所以 interface SendMsg[uint8_t id]可定义 SendMsg 类型的 256 个接口）。注意，参数化接口的参数必须是整型参数，且不允许用 enum 指令来定义该参数。

直接带有 command 或 event 存储类型的标准 C 函数可以定义为命令或事件，其具体语法定义如下：

```
specification-element:
    declaration
    …
storage-class-specifier:also  one  of
    command  event  async
```

如果该声明不是一个带有 command 或 event 存储类型的函数定义，就会产生编译错误。在接口中，关键字“async”表明这个命令或事件可以在中断处理函数中运行。作为接口实例，如果没有指定接口参数，则相应的命令或事件为简单命令或简单事件；如果定义了接口参数，则为参数化的命令或事件。在这种情况下，接口参数被放置在一般的函数参数列表之前，例如：

```
command void send[uint8_t id](int X):
direct-declarator:also
   direct-declarator interface-parameters(parameter-type-list)
   …
```

需要注意的是，接口参数只允许存在于组件定义的命令或事件里，而不允许出现在接口类型里。下面是一个实际的定义例子：

```
configuration  GenericComm{
   provides{
       interface  StdControl  as  Control;
        //该接口以当前消息序号作参数
        interface  SendMsg[uint8_t id]);
      interface  ReceiveMsg[uint8_t id];
   }
   uses{
     //发送完成之后为组件做标记
   //重试失败的发送
     event  result_t  sendDone();
   }
}…
```

在上面这个例子中：

（1）提供了 StdControl 类型的简单接口实例 Control；

（2）提供了 SendMsg 和 ReceiveMsg 类型的参数化接口实例，参数实例分别叫作 SendMsg 和 ReceiveMsg；

（3）使用了 sendDone 事件。

组件 K 的定义中提供的命令（或事件）F 称为 K 提供的命令（或事件）F。同样，组件 K 定义中使用的命令（或事件）F 称为 K 使用的命令（或事件）F。

K 提供的命令 X.F 是指组件 K 提供的接口实例 X 中的命令 F；K 使用的命令 X.F 是指组件 K 使用的接口实例 X 中的命令 F。K 提供的事件 X.F 是指组件 K 的使用接口实例 X 中的事件 F；而 K 使用的事件 X.F 是指 K 提供的接口实例 X 中的事件 F（注意，事件的使用和提供根据接口的双向特性而颠倒）。当使用/提供区别关系不大时，一般简单地称为“K 的 a 或事件 a”。K 的命令 a 或事件 a 可能是参数化的，也可能是简单形式的，这取决于其对应规范元素的参数化或简单状态。

组件有两种：模块（module）和配件（configuration）。模块负责提供一个或多个接口的实现；而配件负责把其他组件装配起来，把某组件的使用接口绑定到提供该接口的组件上。基于 nesC 编写的应用程序也主要包括模块文件和配件文件等。对模块和配件的定义、组成等将在随后的章节中进行详细介绍。

11.1.2 模块及其组成

模块是主要用 C 语言实现的组件规范，它实际上是组件的逻辑功能实体，主要包括命令、事件以及任务等的具体实现。模块的定义如下所示：

```
module:
   module  identifier  specification  module-implementation
module-implementation:
   implementation{translation-unit}
```

这里的编译基本单位（translation-unit）是一系列的 C 语言声明和定义。模块中编译基本单位的顶层声明属于模块的组件实现范围。这些声明可以是：任何标准 C 语言的声明或定义；任务的声明或定义；命令或事件的实现。

1. 关于模块实现的说明

编译基本单位必须实现模块接口声明的全部命令和模块使用接口声明的所有事件。一个模块能调用它的任一命令和任一事件的信号，这些命令和事件的实现由如下的 C 语言语法扩展指定：

```
storage-class-specifier:also  one  of
   command  event  async
declaration-specifiers:also
   default  declaration-specifiers
dirsct-declarator:also
   identifier. identifier
   dirsct-declarator  interface-parameters(parameter-type-list)
```

简单命令或事件的实现要满足具有 command 或 event 存储类型的 C 函数标准语法（注意，允许在函数名中使用扩展的定义方式）。如果在命令或事件的声明里包含关键字“async”，则在它的实现中也必须包含。例如，下面是一个 Send 接口 send 命令的实现：

```
command result_t Send.send(uint16_t address,uint8_t length,TOS_MsgPtr msg)
   {
   ……
return  SUCCESS;
   }
```

带有接口参数 P 的参数化命令或事件，由具有 command 或 event 存储类型的 C 函数实现，而且在函数的普通参数列表的前面要以带方括号的参数 P 作为前缀（这与组件规范中声明参数化命令或事件的语法是相同的）。这些接口参数声明 P 属于命令或事件的函数参数范围，而且和普通的函数参数有相同的作用域。例如，在 Send[uint8_t id]命令的实现中输入以下代码：

```
command result_t Send.send[uint8_t id](uint16_t address,uint8 _t length,
   TOS_MsgPtr  msg){
   …
```

```
        return  SUCCESS;
    }
```

则在以下情况下将在编译时出现错误：

（1）提供命令或事件没有实现；

（2）缺少类型标识、接口参数以及命令或事件等语法关键字，或者与模块规范不匹配。

2. 调用命令和事件信号

对C语言语法的下列扩展用于调用事件和向命令发出信号：

```
postfix-expression:
    postfix-expression[argument- expression-list]
    call-kindopt primary(argument- expression-listopt)
    …

call-kind:one of
    call  signal post
```

一个简单的命令a可以使用call a（…）来调用，而一个简单的事件可使用signal a（…）来触发。例如，在一个模块中使用SendMsg类型的接口Send: call Send.send(1,sizeof(Message), &msg1)。参数命令a有*n*个接口参数，类型为T1，…，Tn由接口参数表达式e1，…，en调用如下：call a[e1，…，en]（…）。相应的可以用signal a[e1,…,en]（…）来触发事件。接口参数表达式ei必须符合类型Ti，实际的接口参数值是ei影射到Ti。例如，在一个组件中使用SendMsg类型的接口Send[uint8_t id]:

```
int  x=…;
call  Send.send[x+1](1,sizeof(Message), &msg1);
```

命令和事件的执行是立即的，即call和signal与函数调用是相似的。被call和signal表达式执行的实际命令或事件取决于程序配件中的接口绑定。这些接口绑定语句可以指明0、1或多个实现将被执行。当多于一个实现被执行时，则称此模块的命令或事件有扇出（fan-out）特性。

模块能为使用的接口命令或事件a指定默认的代码实现。但如果为提供的接口的命令或事件指定默认实现，就会引起编译错误。如果a未与任何命令或事件进行绑定，就会执行默认的实现。默认的命令或事件在定义时以关键字“default”作为前缀，例如：

```
declaration-specifers:  also
default  declaration-specifiers
```

在一个使用Send接口的模块中也有这样的情况：

```
default command result_t Send . send(uint16_t  address, uint8_t  length,
TOS_MsgPtr  msg){
    Return SUCCESS;
    }…
    /*允许调用即使Send接口绑定*/
```

```
call  Send. Send(1,sizeof(Message), &msg1)…
```

3. 任务

任务是一个独立的控制实体，由返回类型为 void 且无参数的函数定义。一个任务可以预先声明，例如：task void myTask（ ）；任务通过前缀 post 来提交，例如：post myTask（ ）。提交操作将任务挂入任务队列，并立即返回；如果任务提交成功则返回 1，否则返回 0。Post 表达式的类型是 unsigned char。相关定义如下：

```
storage-class-specifier: also one of
      task
call-kind:  also  one  of
      post
```

任务是 nesC 运行模型中的重要组成部分。

4. 原子

原子（atomic）可以用如下语句描述：

```
atomic-stmt:
    atomic  statement
```

原子通常是运行的最小单位，其主要目的是确保其运行时，没有其他运算同时发生。它一般用于更新并发性的互斥变量等。下面是原子的一个简单例子：

```
bool  busy;//全局
void  f(){
           bool  available;
           atomic{
               available=!busy;
           busy=TRUE;
    }
         if  (available)  do_something;
         atomic  busy=FALSE;
}
```

为了满足不被打断的要求，原子的代码片段应当尽量简短，但这不是必需的。需要注意的是，nesC 禁止在原子代码内调用命令或触发事件。控制只能正常地注入或流出原子语句：任何的 goto、break 或 continue 等语句跳转出原子代码块都是错误的（但未来新版的 nesC 可能允许这样跳转）。

11.1.3 配件及其组成

配件通过连接一系列其他组件来实现一个组件规范，它的功能主要是实现组件间的相互访问。配件的语法定义如下：

```
configuration:
    configuration identifier specification configuration-implementation
configuration-implementation:
    implementation{component-list  connection-list}
```

组件列表（component-list）用来建立这个配件的组件，连接列表（connection-list）定义了这些组件是怎样互相连接以及如何与配件的规范连接在一起的。这里把配件规范（specification）中的规范元素称为外部（external）规范元素，而把在配件实现（implementation）中的规范元素称为内部（internal）规范元素。

1. 包含的组件

组件列表定义了用来实现配件的组件。这些组件可以在配件中重命名，这就可以解决与配件规范元素的名字冲突的问题或简化程序的编写。为组件所选的名字属于组件实现的范围。组件列表的语法定义如下：

```
component-list:
    components
    component-list  components
components:
    components  component-line;
component-line:
    renamed-identifier
    component-line,  renamed-identifier
renamed-identifier:
    identifier
identifier  as  identifier
```

如果两个组件采用 as 给出相同的名字，则会发生编译错误（例如，components X, Y as X）。一个组件始终只有一个实例。如果组件 K 被用于两个不同的配件，或者在同一个配件中被使用两次，在程序中仍然只有 K（及它的变量）的唯一实例。

2. 连接/绑定

绑定（wiring）用于把定义的元素（接口、命令或事件等）联系在一起，以完成相互之间的调用。本节将定义绑定的语法和编译时的规则。后面会详细说明程序绑定声明是如何指出在每个调用和信号表达中哪个函数被调用。绑定的语法定义如下：

```
connection-list:
    connection
    connection-list  connection
connection:
    endpoint=endpoint
    endpoint->endpoint
    endpoint<-endpoint
```

```
endpoint
    identifier-path
    identifier-path  [argument-expression-list]
identifier-path:
    identifier
    identifier-path , identifier
```

绑定语句连接两个端点（endpoint），每个端点的标识符路径（identifier-path）指明了一个规范元素。可选的自变量表达式列表（argument-expression-list）指出接口参数值。如果一个端点的规范元素是参数化的，而这个端点没有确定的参数值，则该端点称为参数化的端点。如果一个端点有参数值，而且当下面的任何一种情况成立时，就会产生一个编译错误：

（1）参数值不全是常量表达式；

（2）这个端点的规范元素不是参数化的；

（3）参数个数与规范元素限定的参数个数不符；

（4）参数值不在规范元素的参数类型范围之内。

如果端点的标识符路径不是以下 3 种情况之一，就会产生一个编译错误：

（1）X：这里 X 是一种外部规范元素的名字。

（2）K.X：这里 K 是组件列表中的一个组件，而 X 是 K 的一个规范元素。

（3）K：这里 K 是组件列表中的一个组件。这种形式用于隐含绑定，稍后将给出相关分析。注意，当端点参数值指定时，不能采用这种形式。

nesC 中有 3 种绑定语句：

（1）endpoint 1=endpoint 2（赋值绑定）：任何绑定都包括一个外部规范元素。这种绑定语句有效地使两个规范元素等价。设 S1 是 endpoint 1 的规范元素，S2 是 endpoint2 的规范元素。下面两个条件之一必须满足，否则就会产生编译错误：①S1 是内部的，S2 是外部的（或者 S1 是外部的，S2 是内部的），而且 S1 和 S2 都是被提供或都是被使用；②S1 和 S2 都是外部的，而且一个被提供，另一个被使用。

（2）endpoint 1->endpoint 2（联编绑定）：这是一种包含两个内部规范元素的绑定。联编绑定总是把 endpoint1 指定的被使用的规范元素绑定到 endpoint2 指定提供的规范元素上。如果这两个条件不能满足，就会发生编译错误。

（3）endpoint1<-endpoint2：这种绑定与 endpoint2->endpoint1 是等价的。

在这 3 种类型中，被定义的两个规范元素必须是一致的，即它们必须都是命令，或者都是事件，或都是接口实例。同时，如果它们是命令（或事件），则它们必须有相同的函数名。如果是接口实例，则必须有相同的接口类型。否则，就会发生编译错误。

如果一个端点是参数化的，则另一个也必须是参数化的，而且必须有相同的参数类型；否则就会发生编译错误。同一个规范元素可以被多次绑定，例如：

```
configuration  C {
    provides  interface  X;
}
implementation {
    components C1,C2;
```

```
    X= C1.X;
    X=C2.X;
}
```

在这个例子中，当接口 X 中的命令被调用时，多次绑定将会导致接口 X 中的事件多次被触发（“扇入”），以及多个函数的执行（“扇出”）。请注意，当两个配件独立绑定同一个接口时，多重绑定也能发生，例如：

```
configuration  C  {}
implementation {
    components C1,C2;
    C1.Y->C2.Y;
}


configuration  D
implementation {
    components C3,C2;
    C3.Y->C2.Y
}
```

因此，所有的外部规范元素必须被绑定，否则会产生编译错误。可是，内部规范元素可以不绑定（它们可能在别的配件中被绑定，或者当模块有适当的默认事件或命令实现时可以不绑定）。

3. 隐式绑定

隐式绑定可以写成 K1<-K2.X 或 K1.Y<-K2（这里“=”和“->”是等价的）。该绑定形式通过规范元素 K1 来引用规范元素 Y，因此 K1.Y<-K2.X 形成一个合法绑定。nesC 会遍历 K1 的规范元素，寻找是否有与 X 对应的规范元素 Y。如果有，则建立一个连接；否则就会出现编译错误。例如：

```
module  M1{
    provides  interface  StdControl;
    provides  command  void  h();
}

module  M2{
    uses  interface  StdControl  as  SC;
}


configuration  C  {
    provides  command  void  h();
}
implementation{
```

```
    components  M1,M2;
    h2=M1,h;
    M2.SC->M1;
}
```

在上面的例子中，通过分析可以看出，M2.SC->M1 与 M2.SC->M1.StdControl 是等价的。

4. 绑定的语义

下面首先解释非参数化绑定的语义，然后解释参数化绑定的语义，并明确把一个应用看成一个整体时的绑定语句的要求。

绑定的语义根据中间函数（intermediate function）来定义，每个组件的每个命令 a 或事件 a 都会有一个中间函数 Ia。

中间函数可以是被使用的，也可以是被提供的。每个中间函数有与组件规范中相应的命令或事件参数一致的参数。一个中间函数 I 的函数体是一个对其他中间函数的调用（顺序执行）列表。这些其他中间函数是 I 被程序中的绑定语句连接起来的函数。中间函数 I 接收到的参数会被无改变地传递给被调用的中间函数。I 的结果是列表（列表元素类型是 I 所对应的命令或事件的结果类型），由被调用的中间函数的结果组合（combine）而成。一个返回空结果列表的中间函数对应一个未被绑定的命令或事件；一个返回两个或多个元素的结果列表的中间函数对应于扇出（fan-out）的情况。

配件中的绑定语句定义了中间函数体。为了简化起见，可通过扩充绑定语句“<->”来表示中间函数的绑定关系，这样就不必使用绑定规范元素的多个绑定语句，如“=”“->”等。这里用“I1<->I2”来表示 I1 和 I2 的中间函数之间的绑定关系。下面是配件 C 定义的中间函数连接：

```
IC.X.f<->IM.P.f    IM.U.f<->IM.P.f    IC.h2<->IM.h
IC.X.g<->IM.P.g    IM.U.g<->IM.P.g
```

在配件 C 中的连接 I1<->I2 中，一个中间函数是被调用者，另一个是调用者。这种绑定方式只是简单地定义把对被调用者的一个调用加到调用者函数的函数体中。如果下列任一条件成立，那么 I1（类似地有 I2）是被调用者（对于包含这个绑定的配件 C，对规范元素使用“内部”“外部”这样的术语）：

（1）I1 符合一个被提供命令或事件的内部规范元素；

（2）I1 符合一个被使用命令或事件的外部规范元素；

（3）I1 符合一个接口实例 X 的命令，而且 X 是一个内部的、被提供的或者一个内部的、被使用的规范元素；

（4）I1 符合一个接口实例 X 的事件，而且 X 是一个外部的、被提供的或者一个内部的、被使用的规范元素。

如果上述条件均不满足，则 I1 是调用者。在后面定义的绑定规则会确保一个连接 I1<->I2 不会同时连接两个调用者或两个被调用者。

模块中的 C 代码要么调用中间函数，要么被中间函数调用。模块 M 中提供命令或事件 a 的中间函数 I 包含一个对 M 中 a 的简单调用，其结果是这个调用结果的单件列表（singleton list)。表达式 call a（e1，…，en）的实际实现过程如下：

（1）自变量 e1，…，en 被赋值为 v1,…，Vn。

（2）a 对应的中间函数被自变量 v1,…，Vn 调用，返回结果列表 L。假设 1：如果 L=（w1,w2，…，wm）（两个或多个元素），调用结果取决于 a 的结果类型 t。假设 2：如果 t 为 void，那么结果是 void。如果上述假设 1 和假设 2 都不满足，则 t 必须有一个联合函数 c（combining function）。如果没有关联组合函数，则产生编译错误。组合函数有两个 t 类型的值，并且返回一个 t 类型的结果。调用结果是 c（w1,c（w2,…，c（wm-1,wm)))（注意：L 中元素的顺序是任意的）。

如果结果列表 L 为空，则会用 v1,…,Vn 调用 a 的默认实现，并且它的结果就是调用的结果。前面已说明，如果 L 为空且没有 a 的默认实现，则会产生编译错误。

如果组件 K 的一个命令或事件 a 带有 t1,…，tn 类型的接口参数，那么对于每一数组（v1:t1，…，vn:tn）都存在一个中间函数 I（v1,…，vn）。在模块中，如果中间函数 I（v1,…，vn）对应参数化的被提供命令（或事件）a，则 I（v1,…，vn）中对 a 实现的调用将传递 v1,…，vn 作为 a 的接口参数。

表达式 call a[e'1,…,e'm]（e1,…,en）的实现过程如下：

（1）自变量 e1,…,en 被赋值为 v1,…,vn;

（2）自变量 e'1,…,e'm 被赋值为 v'1,…,v'm;

（3）v'i 被转换为类型 ti，ti 是 a 的第 i 个接口参数;

（4）用参数 v1,…,vn 调用对应 a 的中间函数 I（v'1,…,v'm），结果列表为 L;

（5）如果 L 有一个或多个元素，则调用的结果像无参数的情况一样产生;

（6）如果 L 为空，则会用接口参数 v'1,…,v'm 和参数 v'1,…,v'n 调用 a 的默认实现，并且它的结果就是调用的结果（前面已说明，当 L 为空且没有 a 的默认实现时，会产生一个编译错误）。

当一个绑定语句的端点指向一个参数化规范元素时，有以下两种情况：

（1）端点定义了参数值 v1,…,vn。若端点对应命令或事件 a1,…,am，则相应的中间函数为 I（a1,v1,…，vn），…，I（am,v1,…,vn），并且绑定行为和以前是一样的。

（2）端点定义了参数值。在这种情况下，绑定语句中的端点都对应参数化规范元素，而且有相同的接口参数类型 t1,…,tn。如果一个端点对应命令或事件 a1,…,am，而另一端点对应命令或事件 b1,…,bm，则对于所有的 1<=i<=m 和所有的数组（w1:t1,…,wn:tn），都有一个绑定 I（ai,w1,…,wn）<->I（bi,w1,…,wn）（也就是说，端点被绑定到全部对应的参数值）。

11.1.4 基于 nesC 语言的应用程序

1. 应用程序总体框架

在 TinyOS 系统中，每个应用程序通常由顶层配件（top-level configuration）、核心处理模块和其他组件组成。每个应用程序有且仅有一个顶层配件，通常以“应用名称+AppC”命名，如 BlinkAppC 配件。在顶层配件中，说明该应用所要使用的组件及组件间的接口关系。通过配件中的接口连接，把许多功能独立且相互联系的软件组件构建成一个应用程序框架，而模块负责实现具体的逻辑功能。一般而言，存在一个与应用的顶层配件相对应的模块（即核心处理模块)，通常以“应用名称+C”命名，如 BlinkC 模块。如果一个应用程序只需顶层配件将几个系统组件装配起来就可实现所需的功能，那就不必自定义其他的处理模块，但应用系统中必有一个作为核心处理模块存在。应用程序的功能决定了所要包含的组件。组件间通过接口进行连接，上层组件调用下层组件的命令，下层组件向上触发事件。应用程序总体框架如图 11-3 所示。

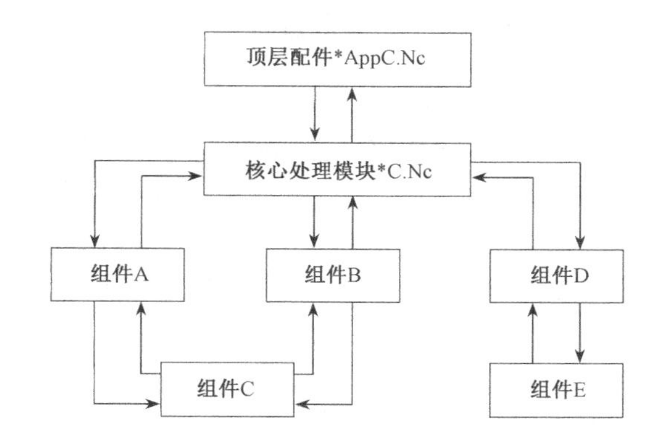

图 11-3　应用程序总体框架

2. 应用程序开发步骤

在了解 nesC 程序总体框架的基础上，可以开始应用程序的开发，其一般步骤如下：

（1）在/opt/tinyos-2.x/apps 目录下建立一个文件夹，通常以应用的名字命名。该文件夹通常包含以下 4 个文件：定制运行环境的 makefile 文件、头文件、顶层配件和核心处理模块。

（2）定义头文件。与一般的程序开发类似，在头文件中定义一些数据结构，但头文件不是必需的。

（3）编写顶层配件。包括 3 部分内容：接口的提供和使用的情况；使用的组件列表；组件间的接口连接关系。这些内容都取决于应用程序的业务功能。

（4）编写核心处理模块。包括两部分内容：接口的提供、使用的情况；具体的实现代码。如果系统组件能满足应用需求，就不需要定义其他组件；否则，还要自定义组件，以实现某些功能。这些自定义组件可放在系统组件库里，也可放在当前应用程序的目录里。

3. 应用程序的命名环境

一个 nesC 语言编写的应用程序通常包括 3 个组成部分：基于 C 语言的声明和定义；接口文件；组件文件。nesC 应用程序的命名环境如下：

（1）最外层的全局命名范围（global scope），包含 3 个名字空间：C 语言变量（variable）名字空间、C 语言标签（tag）名字空间以及用于组件和接口名称的名字空间。

（2）基于 C 语言的声明和定义有可能引入全局命名范围内的内嵌命名域。例如，函数声明和定义，函数内部代码段等。

（3）每个接口类型都会引入一个命名范围，用于保存接口的命令或事件。这种命名域内嵌在全局命名范围内，所以命令或事件可以引用定义在全局命名范围内的 C 语言变量和标签。

（4）每个组件引入两个新的命名范围：一个是包含组件规范元素的变量名字空间，内嵌在全局命名范围内；另一个是变量和标签名字空间，内嵌在组件规范范围内的实现范围内。

（5）对于配件而言，实现范围的变量名字空间包含此配件所引用的组件的名字。而对于模块，实现范围包含任务、构成模块体的 C 语言的声明和定义，这 3 部分构成了模块的主体。而这些定义又有可能引进其自身在实现范围内的嵌套范围，如函数体、代码块等。这种范围嵌套结构使得模块中的代码可以访问全局命名范围中的 C 声明和定义，但是不能访问其他组件中的任何声明或定义。

4. 应用程序的编译过程

Ncc 编译器可以将 nesC 语言编写的程序编译成可执行文件，故本书中有时也称之为 nesC 编译器。Ncc 编译器是在 gcc 编译器的基础上修改和扩充而来的。Ncc 编译器首先将 nesC 程序预编译为 C 程序，然后用交叉编译器将 C 程序编译成可执行文件。

在编译 nesC 程序时，Ncc 的输入通常是描述程序整体结构的顶层配件文件，例如 Blink 应用中的 BlinkAppC.nc 文件。Ncc 编译器首先装入 tos.h 文件，该文件包含基本的数据类型定义和一些基本函数；然后装载需要的 C 文件、接口或者组件。其具体操作步骤如下：

（1）装载 C 文件 X。在装载 X 时，先定位 C 文件，然后进行预处理，例如展开宏定义和包含的头文件 X.h。C 宏定义（由#define 和#undef）的改变会影响到后面所有文件的预处理。来自被预处理的文件 X.h 的 C 声明和定义会进入 C 全局命名范围，因此对所有后来的 C 文件加工以及对接口类型和组件都是有影响的。

（2）装载顶层配件 K。如果 K 已经被装载，就不用再做什么。否则，就需要定位并装入预处理文件 X.nc（即组件 K 的文件）。对 C 宏定义（由#define 和#undef）的变化被忽略。使用下面的语法分析预处理文件：

```
nesC-file:
   includes-listopt  interface
   includes-listopt  module
   includes-listopt  configuration
includes-list:
   includes
   includes-listopt  includes
includes:
   includes  identifier-list;
```

如果 X.nc 没有定义配件 K，将报告编译错误；否则，所有的包含列表指定的 C 文件都将被装载。

（3）装载顶层配件指定的所有接口类型。先定位接口，然后装入该接口包含的头文件。

如果接口类型 I 已经被装载，就不用再做什么；否则，需要定位并装入接口的预处理文件 X.nc（即接口 I 的文件）。对 C 宏定义（由 define 和#undef）的变化被忽略。预处理文件同上面的 nesC 文件一样被分析处理。如果 X.nc 没有定义接口 I，将报告编译错误；否则，包含列表中指定的所有 C 文件都将被装载。接着，处理接口 I 的定义。作为组件或接口包含 C 文件的例子，接口类型 Bar 可能包含用来定义 Bar 接口中变量类型的 C 文件 BarTypes.h:

```
Bar.nc:
includes BarTypes;
interface  Bar{
command  result_t  bar(BarType  arg1);
}


BarTyes.h:
```

```
Typedef  struct  {
   Int  x;
   Double  y;
}  BarType;
```

在装载任何组件说明或实现之前，都要先装载接口 Bar.nc，自然也包括 BarTypes.h 头文件。

（4）装载顶层配件指定的所有组件。先定位组件，然后递归装入该组件所使用的其他组件和相关文件。

在将 nesC 语言程序预编译为 C 语言程序时，Ncc 编译器的以下规则将 nesC 语言程序中的标识符转化为 C 语言程序中的标识符：

- 如果 C 文件包含的标识符与 nesC 的关键字相同（因为 nesC 语言中的关键字在 C 文件中是非保留字，有可能出现相同标识符），那么在该标识符前加上_nesc_keyword 前缀；否则，标识符保持不变。例如，C 文件定义了名为 module 的变量，预编译后该变量的标识符被转化为_nesc_keyword_module。
- 组件 C 中的变量 V 被转化为 C$V。
- 组件 C 中的函数 F 被转化为 C$F。
- 组件 C 中的命令和事件 A 被转化为 C$A。
- 组件 C 中的接口 I 中的命令或事件 A 被转化为 C$ I $A。

5. 应用程序下载到节点

通过仿真确认应用程序能够执行指定任务后，可以将应用程序编译成在实际硬件节点上运行的可执行代码。TinyOS 系统支持多种硬件平台，每个硬件平台对应的文件保存在 tos/platform 目录中。在应用程序所在的目录中输入“make[platform]”命令，就能编译出运行在该平台的可执行代码。例如，在 apps/Blink 目录中输入“make micaz”命令，会编译出在 MicaZ 平台上的可执行代码 main.exe。

可用 Make 命令调用 Ncc 执行编译任务。Ncc 提供了一些选项，常用的选项如下：

```
-target = X              //指定硬件平台
-tosdir = dir            //指定 TinyOS 目录
-fnesC-file = file       //指定存放预编译生成的 C 代码文件
```

到此为止，Blink 应用被编译为在 MicaZ 平台上运行的可执行文件 main.exe。但是，此时还不能把 main.exe 下载到节点上，必须把 main.exe 转化为可下载的机器码。

硬件平台可能采用特定格式的机器码。例如，Mica 系列平台采用 Motorola 公司定义的 srec 格式的机器码，而其他平台采用 Intel 公司定义的 hex 格式的机器码。如果使用其他一些只支持 hex 的编程器（如 avr-studio）对目标系统编写程序，则需要将可执行文件 main.exe 转换成 hex 格式的文件。

以下命令可以将 main.exe 文件转化为 srec 格式的机器码 main.srec:

```
avr  -objecopy  -output  -target  =  srec  main.exe  main.srec
```

这时可以通过下载工具把 main.srec 下载到传感器节点上，这里是通过 uisp 下载的，可以分 3 步进行：

（1）擦除节点 Flash 中存放的原始代码；
（2）把 main.srec 下载到节点的 Flash 中；
（3）验证写入程序和原始文件是否一致。

11.1.5 Blink 实例

上面关于 nesC 语言规范的介绍，对于不太了解 nesC 语言和组件化编程的读者来说可能比较抽象。下面将通过对简单的 nesC 应用程序的分析，来实际了解 nesC 语言的一些特点，让大家对接口、组件、模块和配件的概念有更为形象、具体的认识，并进一步理解命令、事件与接口的深层次关系。

TinyOS 所有例子程序的本地源代码位于/opt/tinyos-2.x/apps 目录中。如果还没有安装 TinyOS 源码包，或者已丢失原始的程序代码，可以在 SourceForge.net 开源软件开放平台（http://tinyos.cv-s.sourceforge.net/viewvc/tinyos/tinyos-2.x/apps/）上找到源代码。

Blink 应用程序的运行效果是，分别按 0.25 s、0.5 s、1 s 间隔点亮或关闭节点上的 LED0、LED1、LED2 发光二极管。相当于该应用程序利用节点的 3 个 LED 灯显示一个 3 位的二进制计数器，每两秒钟，3 个 LED 显示从 0 到 7 的计数。

在 apps/Blink 目录下，可以看到两个“.nc”后缀的文件，这是 Blink 应用程序的主要实现文件。Blink 应用程序由两个组件构成：配件 BlinkAppC.nc 和模块 BlinkC.nc，每个.nc 文件实现了一个组件。记住，所有的应用程序都需要一个顶层配件，这也是 nesC 编译器生成可执行文件的本源。BlinkC.nc 模块提供了 Blink 应用程序的具体实现。显然，BlinkAppC.nc 配件只是用来连接 BlinkC.nc 模块和其他所需组件的，如定时器组件、LED 组件等。

模块与配件两个不同概念是为了让系统设计者在构建应用程序时可以脱离现有的逻辑实现。例如，一个设计者仅仅负责编写配件部分，只需把一个或多个组件简单地连接在一起，而不涉及其中某个组件的具体逻辑实现。与此同时，另一些开发者只负责提供组件库，这些组件可以在多个应用程序中被使用到。

注意，虽然 TinyOS 系统允许给应用程序的模块和配件取任意名字，但为了使项目工程更加简单清楚，建议在编写代码时采取如表 11-2 所示的约定。

表 11-2　文件命名规范

文件名	文件类型
Foo.nc	接口
Foo.h	头文件
FooC.nc	公共模块
FooP.nc	私有模块

1. BlinkAppC 配件

当 nesC 的编译器得到含有顶层配件的应用程序时，就会编译这个 nesC 程序。典型的 TinyOS 应用必须带有一个标准的 makefile 文件，该文件允许选择编译平台，并声明哪个组件是顶层配件，然后由编译器采用合适的编译选项对顶层配件进行编译。

Blink 应用程序的 BlinkAppC 配件如下：

```
configuration BlinkAppC{
implementation{
        components MainC , BlinkC , LedsC
        components new TimerMilliC( ) as Timer0;
```

```
        components new TimerMilliC( ) as Timer1;
        components new TimerMilliC( ) as Timer2;
        BlinkC-> MainC.Boot;
        BlinkC.Timer0->Trimer0;
        BlinkC.Timer1-> Timer1;
        BlinkC.Timer2-> Timer2;
        BlinkC.Leds-> LedsC;
    }
}
```

注意：关键字“configuration”声明 BlinkAppC 组件是一个配件。在紧跟后面的花括号里使用 uses 和 provides 从句，指明当前组件为使用或提供的接口。

配件的实际实现内容由关键字“implementation”标明，后面紧跟一对花括号。关键字“components”指出了当前配件将要装配的一些组件。在这个例子程序中，有 MainC 组件、BlinkC 模块以及 LedsC 组件，还有 TimerMilliC 组件（这是一个通用组件，在声明时需要通过关键字“new”来实例化）的 3 个实例组件 timer0、timer1 和 timer2。为了避免同名，这里使用了关键字“as”来设定 3 个实例组件的别名。

BlinkAppC 配件和 BlinkC 模块的分工是不一样的。更确切地说，BlinkAppC 组件是由 BlinkC 组件连同 MainC 组件、LedsC 组件以及 TimerMilliC 组件一起构成的。

BlinkAppC 配件中剩余的部分就是这些组件接口之间的绑定工作，从接口的使用者绑定到其提供者。有时也称“绑定”为“连接”，其实质相同。最后 5 行将 BlinkC 组件使用到的接口绑定到提供这些接口的组件：

```
BlinkC ->MainC.Boot;
BlinkC.Timer0  -> Timer0
BlinkC.Timer1  -> Timer1
BlinkC.Timer2  -> Timer2
BlinkC.Leds  -> LedsC;
```

其中 MainC 组件提供了 Boot 接口，TimerMilliC 组件提供了 Timer 接口，LedsC 组件提供了 Leds 接口。

下面介绍的 BlinkC 模块的定义和实现，将有助于更好地理解这些绑定的语法。

2. BlinkC 模块

BlinkC.nc 模块的主要内容如下：

```
module  BlinkC{
    uses  interface  Timer < TMilli > as  Timer0;
    uses  interface  Timer < TMilli > as  Timer1;
    uses  interface  Timer < TMilli > as  Timer2;
    uses  interface  Leds;
    uses  interface  Boot;
}
```

```
Implementation{
    ...
}
```

关键字“module”说明这是一个名为 BlinkC 的模块，并在紧跟其后的一对花括号内的规范说明中声明了该组件提供和使用的接口。BlinkC 模块使用了 3 个 Timer<TMilli>接口的实例，并通过关键字“as”另命名为 timer0、timer1 和 timer2。当一个组件使用或者提供同一个接口的多个不同实例时，取别名是非常必要的。<TMilli>指明该定时器通用组件提供的定时精度为毫秒级。其他如<T32kHz>表示 1/32k 秒级精度，<TMilli>表示微秒级精度。最后，BlinkC 模块还使用了 Leds 接口和 Boot 接口。这意味着，BlinkC 模块可以调用这些接口的任何命令，但在调用命令的同时，必须实现这些接口命令相应的事件。当然，有些命令有相应的事件。例如，定时器的开启命令必须实现定时器的触发事件。但是，也有些命令可能没有对应的触发事件，比如 Leds 接口的命令。

现在，回过头来看 BlinkAppC 配件，最后 4 行语句的含义就比较清楚了：BlinkC.Timern -> Timern（“n” = 0,1,2）把 BlinkC 模块使用到的 3 个 Timer<TMilli>接口绑定到 TimerMilliC 组件提供的 3 个 Timer<TMilli>接口；BlinkC.Leds->LedsC 把 BlinkC 组件使用到的 Leds 接口绑定到 LedsC 组件提供的 Leds 接口。

nesC 语言里使用了箭头“->”来绑定一个接口到另一个同类型的接口。例如，A->B 意为把 A 绑定到 B。A 是接口的使用者（user），而 B 是接口的提供者（provider）。完整的表达式应该为：A.a ->B.b。这意味着，组件 A 的接口 a 绑定到组件 B 的接口 b。

当组件只含有一个接口时，可以省略接口的名称。例如，在 BlinkAppC 配件里，BlinkC.Leds-> LedsC，这里省略了 LedsC 组件的唯一接口—— Leds 接口，其等同于：BlinkC.Leds-> LedsC.Leds。又因为 BlinkC 组件中仅含有一个 Leds 接口，所以也等同于：BlinkC -> LedsC.Leds。同样地，TimerMilliC 组件只提供了单一的 Timer<TMilli>接口，所以也可以省略，具体写法如下：

```
BlinkC.Timer0 ->Timer0;
BlinkC.Timer1 ->Timer1;
BlinkC.Timer2 ->Timer2;
```

然而，BlinkC 组件有 3 个 Timer<TMilli>实例，如果左边的使用者省略掉接口名字，就会出现编译错误，因为编译器不知道应该编译哪一个接口实例：

```
BlinkC -> Timer0;      //编译错误
```

接口绑定的箭头方向还可以是对称相反的，例如：

```
Timer0<-BlinkC.Timer0;          //等同于 BlinkC.Timer0 ->Timer0;
```

为了方便阅读，接口绑定的箭头方向大多数还是从左到右的。

如果一个组件使用了一个接口，它可以调用该接口的命令，但必须实现其相应的事件。以 Blink 应用为例，BlinkC 组件使用 Boot、Leds 和 Timer 接口，这些接口的定义如下：

```
tos/interfaces/Boot.nc:
interface  Boot{
```

```
    event void booted();
}
```

```
tos/interfaces/Leds.nc
interface Leds{
/*打开/关闭/切换 LED 灯的状态*/
    async command void led0On();
    async command void led0Off();
    async command void led0Toggle();
    async command void led1On();
    async command void led0Off();
    async command void led1Toggle();
    async command void led2On();
    async command void led2Off();
    async command void led2Toggle();

/*获得/设置当前 LED 的状态，每一个状态对应 LED 的亮/灭*/
    async command uint8_t get();
    async command void set(uint8_t val);
}
```

```
tos/interfaces/Timer.nc:
  interface Timer
{
    //基本功能接口

    command void startPeriodic(uint32_t dt);
    command void startOneShot(uint32_t dt);
    command void stop();
    event void fired();
  …
}
```

由 Boot、Leds 和 Timer 接口的定义可知，在 BlinkC 组件使用这些接口命令的同时，必须实现其事件处理函数 Boot.booted、Timer.fired。由于 Leds 接口没有定义任何事件，BlinkC 组件没有必要因为调用 Leds 接口的命令而去实现什么事件。下面是 BlinkC 组件中对 Boot.booted 事件的实现：

```
eventvoidBoot. booted(){
   Call Timer0.startPedodic(250);
```

```
    Call  Timerl1.startPenodic(500);
    call  Timer2. startPenodic(750);
}
```

Blink 应用程序用到 3 个 TimerMilliC 组件的实例，并将它们的定时器接口分别绑定到 Timer0、Timer1 和 Timer2 接口。于是，这个 Boot.booted 事件处理函数启动了以上 3 个定时器实例。startPeriodic（n）命令中的参数指明定时周期为 *n* 毫秒（定时周期单位由组件包含的接口<TMilli>决定），即定时器经过 *n* 毫秒后触发事件。定时器通过 startPeriodic 命令启动，在触发 fired 事件后会自动复位，并开始重新计数。于是，fired 事件每 *n* 毫秒循环被触发。

接口命令的调用需要关键字"call"修饰，接口事件的触发则需要关键字"signal"修饰。BlinkC 组件没有提供任何的接口，也就没有提供接口命令供其他组件使用，所以它的代码里就没有任何 signal 表述语句来触发事件。相反，以 Alarm To TimerC 组件（位于\tos\lib\timer 目录下）为例，它提供了 Timer 接口，由 Timer.startPeriodic 命令具体实现，因此也就有"signalTimer.fired"语句来触发相应的事件。但是，事件函数的具体逻辑功能由该接口的使用者来完成。例如，BlinkC 组件使用定时器接口，就要负责实现 Timer.fired 事件函数。

下面是 BlinkC 组件中 Timer.fired 事件的实现代码：

```
event  void  Timer0.fired(){
    call  Leds.1ed0Toggle();
}

event  void  Timer1.fired(){
    call  Leds.1ed1Toggle();
}

event  void  Timer2.fired(){
    call  Leds.1ed2Toggle();
}
```

由于 Blink 组件有 3 个定时器接口，相应地，必须实现 3 个定时器 fired 事件。当实现或者调用一个接口的函数时，函数的命名通常是"interface.function"形式。这里，3 个定时器接口实例被重命名为 Timer0、Timer1 和 Timer2，所以必须实现 Timer0.fired 事件函数、Timer1.fired 事件函数和 Timer2.fired 事件函数。另外，从上述代码可以看出，事件函数需要关键字"event"修饰。类似地，命令函数需要关键字"command"修饰。

综上所述，定时器组件提供定时器接口，可实现定时器开启命令的具体内容，并能触发定时器事件；而 BlinkC 组件使用定时器接口，调用定时器的开启命令，因而需要实现定时器事件的具体内容。

11.1.6 nesC 语言程序运行模型

nesC 采用由任务（通常表示正在运行的计算）和异步中断构成的并行运行模型，其中，任务一旦开始运行就直到其完成，而中断由硬件触发。nesC 调度程序能以任意次序运行任务，但是必须服从一旦运行就直至完成的规则（标准的 TinyOS 调度程序遵从先进先出策略）。因为任务之间不能抢占且是一旦运行就直至完成，所以它们是原子性的互不影响的，但能够被中断处理程序打断。

然而，这种并行的运行模型会导致 nesC 程序的状态不稳定。例如，在应用程序的全局范围和模块内部范围，需要避免变量的竞争冲突（nesC 不含动态存储配置），要么只在任务内部访问共享状态，要么只在原子块代码内访问。编译时，nesC 编译器会报告潜在的数据竞争。形式上，nesC 程序代码可分为两部分：

（1）同步代码（SC）：仅仅在任务内部可达的代码（函数、指令、事件、任务）；

（2）异步代码（AC）：至少一个中断源可达的代码。

虽然非抢占的特性消除了任务之间的数据竞争，但是在 SC 和 AC 之间以及 AC 和 AC 之间仍然有潜在的竞争。通常，任何从 AC 可达的共享状态更新都是一个潜在的数据竞争。为此，nesC 中提出了原子性（其代码的执行过程具有不可分割性，就像原子一样是微小的基本单元）的代码执行方式来解决这种冲突问题。

本节具体介绍 TinyOS 系统中的并发的程序运行模型，并以无线模块的开启过程为例，编写了一段符合 nesC 并发模式的规范代码。

1. 任务

所谓同步代码（SC），是指按单一的前后顺序执行，没有任何形式的抢占。也就是说，当同步代码开始运行后，直到完成之前，它都不会放弃对 CPU 的占有权。

在 TinyOS 调度程序时，这种简单的运行机制可以将内存的消耗降到最低，还可以让代码显示简洁明了。在大多数情况下，因为同步代码不能相互抢占，这种编程方式是行之有效的。但是，这也意味着，如果一段同步代码运行较长的时间，就会妨碍其他同步代码的运行，不利于系统响应。因此，这种方式并不适合大规模的计算处理，因为在大规模的计算中通常要求必须能够把大量的计算分割成许多的小规模计算。此外，在有些情况下，当一个组件需要执行某个工作时，尽管当时的时间还很宽裕，但最好能延迟一会儿再执行。所以，可以授予 TinyOS 系统延迟计算的权力，从而使其能先处理完已在等待的工作，然后再执行该工作。“任务”的概念就是为此而提出来的。

在 TinyOS 的应用程序里，任务可以使组件表现出“后台”处理的行为。任务是一个函数，组件通过任务告诉系统稍后再运行这个函数，而不是立即执行。这类似于传统操作系统中的 bottom half 中断和延时程序调用。下面仍以 Blink 应用程序为例，介绍 TinyOS 系统中任务的使用方法。具体操作步骤如下：

（1）使用 cp 命令复制一份 Blink，并命名为 BlinkTask，然后进入 BlinkTask 目录：

```
$cd  tinyos-2.x/apps
$cp  -R Blink  BlinkTask
$cd  BlinkTask
```

（2）修改 BlinkC 组件。当前的 Timer0.fired（）事件处理程序如下：

```
event  void  Timer0.fired () {
 dbg ("BlinkC","Timer  0  fired@%s\n",sim_time_string ());
```

```
    call  Leds.led0Toggle ( ) ;}
}
```

这里稍作修改，增加定时器 0 事件函数的计算量，具体修改如下：

```
evernt  void  Timer0.fired ( ) {
    uint32_t  I;
    dbg (“BlinkC”,”Timer  0  fired@%s\n”,sim_time_string ()) ;
    for (i=1;i<400001;i++) {
    call  Leds.led0Toggle ( ) ;
      }
}
```

这段代码会使 Led0 灯切换 400 001 次，而不是 1 次。但由于总次数是奇数，最终的显示结果就相当于切换 1 次 Led0 灯。

（3）将修改后的程序编译下载到 MicaZ 节点上，并观察现象。Led0 在 Led1 和 Led2 之间引进了很大的延迟，以至于总是看不到只有一个 Led 灯亮的情况。这是因为大量的循环计算妨碍了定时器的运行。而最好的解决方法是，TinyOS 稍后再执行这个计算。为此，可以用任务来完成这个工作。在实现模块里，声明任务的句法如下：

```
Task  void  taskname ( ) {…}
```

taskname 是任务函数的名称。任务函数的返回值必须为空，且不能带有任何参数。递交任务的句法如下：

```
post  taskname
```

一个组件可以在命令、事件或者任务里递交任务。任务内部又可以调用命令或触发事件。为了避免递推死循环所带来的麻烦，不用命令触发事件。例如，组件 A 中的命令 X 会触发组件 B 中的事件 Y，而事件 Y 本身又会调用组件 A 里的命令 X。这样的死循环很难被编程者发现，而且会导致大量内存堆栈的浪费。

（4）修改 BlinkC 组件，使其在任务中完成计算：

```
Task void computeTask ( ) {
    uint32_t i;
    for (i=0<400001;i++) {}
}

event  void  Timer0.fired ( ) {
    call  Leds.led0Toggle ( ) ;
    post computeTask ( ) ;
}
```

将修改后的程序编译下载到 MicaZ 节点上，观察 3 个 Led 正常计数，与 Blink 应用程序的显示结果一样。因为任务会在微控制器空闲时再执行，因而不会影响定时器的正常运转。

“post”提交操作将任务放入到先进先出（first-in-first-out，FIFO）的任务队列中。当一个任务被执行时，它必须一直运行到结束，才能让下一个任务运行。因此，正如上面提到的，一个任务的运行周期不应太长。任务之间不能相互抢占执行，但任务可以被硬件中断抢占（但至今还没见过这种情况）。

任务的提交操作将返回一个 error_t 参数，其值可以是 SUCCESS 或者 FAIL。当且仅当这个任务已经等待运行（先前已经成功提交过该任务，但是它还没有被执行）时，才会出现提交失败。与 TinyOS1.x 相比，TinyOS2.x 的任务机制有了重大的改变。在 TinyOS1.X 里，同一个任务可以被多次提交，任务队列允许保存多个相同任务。如果队列满了，才会出现提交失败。而在 TinyOS2.x 里，仅当这个任务已经被提交但还没有被执行，即队列中已有相同任务时，才返回 FAIL，并且不会将该任务插入到队列。如果没有相同任务，则返回 SUCCESS，并将其插入队列。

（5）试着增加任务的计算量，并观察现象。修改 BlinkC 组件语句如下：

```
task void compute Task () {
    uint32_t  i
    for (i=0;i<40000001;i++) {
      for (i=0;i<40000001;i++) {}
    }
}
event  void Timer0.fired () {
    call  Leds.led0Toggle () ;
    post  computeTask () ;
}
```

这时观察到的现象就不是所期望的，有两个 Led 同时点亮，且不再闪烁变化。因为任务的计算量已经大大影响了定时器的运行。如果的确需要运行一串很长的作业，应当为每一个小行为派遣一个独立的小任务，而不是使用一个大任务。

（6）试着把一个大任务分割成多个小任务，再次修改上述程序如下：

```
uint32_t  i;
task void computeTask () {
    uint32_t start=i;
    for (:i<start + 10000&&I < 800001;i++) {}
    if (i >= 800000) {
    i=0;
    }
    else{
    post  computeTask () ;
    }
}
```

这段代码中把一个计算任务划分成很多小的任务。每次提交 computeTask 运行 10 000 次循环，若还没有完成 800 001 次，就会提交自身任务以便继续计算。经测试，在 MicaZ 节点上编译下载这段代码，运行良好。但必须注意：在这个例子中，这种循环提交自身任务的运行方式是通过变量“i”完成的。因为 computeTask 在 10 000 次计算后返回，就需要一个变量来保存它的状态，以便下一次调用。条件从句判断变量 i 的值，从而避免进入提交自身任务的死循环。

2. 内部函数

一个组件想要调用另一个组件里的函数，唯一的调用方式是接口，也就是调用命令或触发事件。但有时，一个组件需要一个只供自己内部使用的函数。此时，组件允许定义标准的 C 语言函数称为内部函数。而其他组件则不能取这个函数的名字，也不能直接调用该函数。虽然这些函数没有“command”或“event”修饰语，但它们仍可以自由地调用命令或触发事件。例如，下面是一段规范的 nesC 代码：

```
module  BlinkC {
    uses  interface  Timer<TMilli>as Timer0
    uses  interface  Timer<TMilli>as Timer1
    uses  interface  Timer<TMilli>as Timer2
    uses  interface  Leds;
    uses  interface  Boot;
}
Implementation{
    void  startTimers () {
      call Timer0.startPeriodic (250) ;
      call Timer1.startPeriodic (500) ;
      call Timer2.startPerIodic (1000) ;
}
event void Boot.booted ()
    {
    startTimers ()
    }
Event void Timer0.fired();
{
    Call  Leds.led0Toggle () ;
}
event void  Timer1.fired ()
{
    Call  Leds.led1Toggle () ;
}
event void Timer2.fired ()
{
    Call  Leds.led2Toggle () ;
    }
}
```

从以上代码中可以看出：内部函数的调用和 C 语言函数的调用一样，不需要通过关键字

“call”或“signal”来修饰。

3. 分阶段作业

由于 nesC 接口在程序编译时才被绑定，回调事件（或回叫信号，简称回调）就非常有用。在多数类似 C 的语言里，回调必须在运行时用函数指针注册。这可以防止编译器跳过回调路径进行优化。在 nesC 程序中，由于接口是静态绑定的，编译器就会知道调用的确切函数，并清楚该在哪里进行编译优化。

在 TinyOS 系统里，跨越组件边界的优化是非常重要的。TinyOS 没有阻塞的执行方式，相反，每个长时间的运行操作都是分阶段执行的。在一个阻塞系统中，当程序调用一个长作业（即程序中的运行操作）时，直到作业完成，这个调用才会返回。而在一个分阶段作业的系统里，当程序调用一个长作业时，调用立即得到返回，并要求其完成后触发一个回调。这种执行模式被称为分阶段作业，因为它把调用和完成分为两个独立的执行阶段。表 11-3 所示是阻塞作业与分阶段作业的一个简单的对比，从中可看出两者的区别。

表 11-3　阻塞作业与分阶段作业的比较（一）

阻 塞 作 业	分阶段作业

if (send () ==SUCCESS) {
    sendCount++;
}
	//调用阶段
	send () ;
	//完成阶段
	Void sendDone (error_t err) {
	    if (send () ==SUCCESS) {
	    sendCount++;
	    }
	}

分阶段作业的代码虽然有点冗长，但它具有以下三方面的优势：

（1）分阶段调用在执行时不会占用堆栈内存；

（2）可以保持系统的响应性，绝不会出现这样的情况：当某个应用需要执行动作时，所有线程都被阻塞调用占有；

（3）它往往减少了堆栈的使用，因为在堆栈中几乎没有必要建立大变量。

分阶段作业的接口可以使 TinyOS 组件轻松地一次性开启多个作业，并使它们并行执行。此外，分阶段作业可以节省内存空间；这是因为当一个程序调用阻塞操作时，全部运行在调用堆栈（callstack）里的状态（如函数中声明的变量）必须被保护起来，以便返回后恢复现场。但如何确定内存堆栈的具体规模是非常困难的，所以操作系统一般比较保守，选择偏大的规模。当然，如果在调用时有数据必须被保护，分阶段作业也需要将它保存。

下面再介绍一个分阶段作业与阻塞作业比较的例子，如表 11-4 所示。

Timer.startOneShot 命令就是一个分阶段作业的例子。调用该命令，马上就能得到返回。经过一定时间（由具体参数决定）后，定时器触发 Timer.fired 信号，然后在事件函数里继续下面的操作。而在阻塞调用系统里，为了等待一段时间，程序就有可能需要使用 sleep 命令。

表 11-4　阻塞作业与分阶段作业的比较（二）

阻塞作业	分阶段作业

state=WAITING ;
op1 () ;
sleep (500) ;
op2 () ;
state = RUNNING
	state=WAITING;
	op1 () ;
	call Timer.startOneShot (500) ;
	event void Timer.fired () {
	op2 () ;
	state=RUNNING
	}

4. 同步与异步

在 nesC 代码里，用关键字“async”修饰的命令函数或事件函数都是异步的，可以抢占当前的执行过程。在“async”默认条件下，命令和事件都是同步的。按照 nesC 语言的编程规范，异步函数调用的命令和异步函数触发的事件都应当是异步的。那么，如何得知该命令或事件是同步的还是异步的呢？这些在接口的定义里都有指明。例如，下面的代码中 AMSend 接口中的所有命令和事件都是同步的：

```
interface AMSend {
    command error_t send (am_addr_t addr,message_t*msg,uint8_t len) ;
    command error_t cancel (message_t*msg) ;
    event void sendDone (message_t*msg,error_t error) ;
    command uint8_t maxPayloadLength () ;
    command void* getPayload (messag_t* msg, uint8_t len) ;
}
```

而 Leds 接口中所有的命令都是异步的：

```
Interface Leds {
    async command void led0On ();
    async command void led0Off () ;
    async command void led0Toggle () ;
    async command void led1On () ;
    async command void led1Off () ;
    async command void led1Toggle () ;
    async command void led2On ();
    async command void led2Off () ;
    async command void led2Toggle () ;
    async command uint8_t get () ;
    async command void set (uint8_t val) ;
}
```

所有的中断处理程序都是异步的，因此它们不能调用同步的函数。在中断处理程序中，执行同步函数的唯一方式是通过发布任务。任务的发布是一个异步的操作，但任务本身的运行却是同步的操作。以一个消息包的串口接收为例，当串口模块接收到一个字节时，串口接收中断就会被触发。在中断处理程序中，软件从串口数据接收寄存器中读出字节数据，并放到内存缓冲器中。当一个消息包的最后一个字节被接收到时，软件就需要触发整个消息包接收完成的工作。然而，receiver() 事件是同步的，这就需要中断处理程序通过发布一个任务来触发消息包的接收工作。

然而，任务的执行具有时延性，那为什么还要使用它?为什么不让所有的函数都采取异步方式执行？这是为了避免数据的竞争冲突。抢占执行的基本问题就是有可能修改当前执行过程中的变量，从而导致系统进入不一致的状态。例如下面的 switch 命令，每执行一次 switch 命令，状态变量 state 的值就取反：

```
bool  state;
    async  command  bool  switch () {
      if (state  == 0) {                   //当 state=0 时，state=1，并返回 1
          state=1;
          return  1;
          }
      If (state ==1) {                     //当 state=1 时，state=0，并返回 0
          state=0;
          return  0;
        }
}
```

假设从 state=0 开始运行，下面就是一种损坏变量的执行情况：

```
switch () ;
     state=1;                   //当 state=0 时，state=1，并返回 1
          →interrupt            //异步中断
          switch () ;           //在中断中调用异步的 switch () 函数
             state=0;           //当 state=1 时，state=0
             return  0;
    return1;
```

在这个执行过程中，当第一个 switch 返回时，当前组件会认为 state 等于 1，但最后运行（在中断里）的结果却是 0。

当一条多指令周期的代码被抢占时，其后果就更加严重了。例如，对于 MicaZ 或 Telos 平台，写入或读取一个 32 位的变量需要多个指令周期。这就有可能在两个指令周期之间发生中断，导致读取或写入的高 16 位是旧值，而低 16 位却是新值。

在状态变量方面，数据不一致问题所带来的后果尤为明显。以无线通信为例，通常设有一个状态变量（如 busy 变量）来指示无线发送模块是否处于发送忙碌状态。已知 AMSend 接口的所有命令和事件都是同步的，但这里假设 Send 命令是异步的。那就有可能发生这样的漏洞：两个组件同时判断 busy 变量，且都认为无线模块处于空闲状态，并试图发送数据；然而，实际的硬件只能允许其中一个发送成功。

综上分析，TinyOS 应用程序的编写应当尽量采用同步代码。当且仅当该代码的时间要求非常严格时，或者调用该代码片段的上级代码对时间要求严格时，才建议采用异步代码。

5. 原子性代码

中断（异步过程）会抢占当前代码的执行过程，但有些情况要求能够保护一小段代码不会被其他程序抢占；nesC 语言中的 atomic 语句就提供了该功能。例如：

```
command  void  funA () {
    atomic  {
      a++;
      b=a-1;
    }
}

command  void  funA () {
    atomic  {
      C++;
      D=c-1;
    }
}
```

其中，atomic 语句块能保证 a、b、c、d 变量的读取与写入都具有原子性。注意：这并不意味着 atomic 语句块不会被抢占。即使是 atomic 语句块，倘若两个代码块使用不同变量，也可以相互抢占。从理论上来讲，funC 可以抢占 funA 不可冒犯的原子性，但 funA 不能抢占它自身，funC 也一样，即包含有共同变量的 atomic 代码块不能相互抢占执行。

在编译 TinyOS 应用程序时，nesC 编译器能够检查变量有没有得到合理保护；如果没有，就发出警告。例如，如果上面例子中的变量 b 和变量 c 没有在 atomic 代码块内，nesC 编译器就会发出警告，因为有可能发生变量侵占现象。那么，何时应当对变量提供 atomic 保护？如果是从异步函数访问该变量，那它必须得到 atomic 保护；这是由于 nesC 编译器的编译分析具有流动敏感性。这意味着，如果某个函数没有包含在一个 atomic 代码块里，但它总是在 atomic 的代码块里被调用，那编译器就不会发出警告。

在编写代码时，为了避免数据的竞争冲突，可以随意布置 atomic 代码块，但仍需要注意一些事情。一方面，atomic 代码块会浪费 CPU 资源，应当尽量减少 atomic 代码块的使用；另一方面，atomic 代码块应当尽量简短，从而使中断的延迟小，这样有利于提高系统的并发性。

atomic 代码块通常用于转换一个组件里的状态变量。一般一个状态的转换可以分为两个阶段：第 1 阶段是修改一个状态变量的值；第 2 阶段是执行某些相关操作。如果有异步函数要修改状态变量，就需要使用 atomic 代码块保证状态转换的原子性。但第 2 阶段的某些操作就不必放在 atomic 块里，若这些操作的耗时较长，会导致系统错过中断。所以，通常使用 atomic 代码块来保证状态变量的修改具有原子性。

6. 无线模块的开启过程

下面通过一个具体的实例进一步阐述关键字“atomic”和“async”的用法。CC2420ControlP

组件是 CC2420 无线电协议栈的一部分，它负责配置 CC2420 模块的 I/O 接口以及 CC2420 模块的开关。CC2420 无线模块的启动过程可分为以下 4 个步骤：

（1）打开电压调节器（0.6 ms）；

（2）获得 SPI 总线的访问权（具体时间根据总线的争夺情况而定）；

（3）通过 SPI 总线发送一个命令，开启无线模块的振荡器（0.86 ms）；

（4）将无线模块设置为 RX 模式（0.2 ms）。

其中有些步骤是分阶段运行的，并触发异步事件，表示该步骤已完成。但是，开启这一连串事件的实际调用命令 SplitControl.start 却是同步的。实现这些步骤的一个方法是给每一步指派一个状态变量，并使用状态变量跟踪它们，但实际没有必要这么麻烦。一旦开始，它就会一直运行到完成为止，唯一需要的状态变量就是用来指示无线模块的开启过程是否开始了。紧接着，每一个完成的事件都是一个隐含的状态变量。例如，startOscillatorDone 事件的触发就暗示步骤（3）的完成。由于 SplitControl.start 命令是同步的，状态变量的修改无须加“atomic”修饰。开启 CC2420 无线模块的代码如下：

```
command  error_t  SplitControl.start () {
   if (m_state  !=S_STOPPED)
     return  FAIL
   m_state  =  S_STARTING;              //状态变量跟踪无线模块是否开启
   m_dsn  =call  Random.rand16 () ;
   call  CC2420Config.startVReg () ;    //开启电压调节器
   return  SUCCESS;
}
```

startVReg 命令开启了电压调节器，这是一个异步命令。在它的完成事件里，无线模块试着去获得 SPI 总线：

```
async  event  void CC2420Config.startVRegDone ()    {
   call  Resource.request () ;          //请求 SPI 总线资源
}
```

在 Resource.request 命令的完成事件（得到 SPI 总线资源）里，开启振荡器：

```
event  void  Resource.granted () {
   call  CC242.Config.startOscillator () ;  //开启振荡器
}
```

接下来，表示振荡器开启完成的 startOScillatorDone 事件被触发，组件告诉无线模块可以进入 RX 模式，并发布任务去触发表示无线模块启动完成的 startDone 事件，这是同步的。注意，这时组件应当主动释放 SPI 总线，以便其他用户使用 SPI 总线资源。其代码如下：

```
async  event  void  CC2420Config.startOscillatorDone ()    {
   call  SubControl.start () ;
   call  CC2420Config.rxOn () ;       //设置无线模块为接收模式
   call  Resource.release () ;        //释放资源
   post  startDone_task () ;          //提交任务
```

```
}
```

最后，修改无线电的状态变量，把状态值 STARTING 更改为 STARTED:

```
Task  void  startDone_task ()   {
m_sate =S_STARTED;                                    //修改状态变量
signal  SplitControl.startDone (SUCCESS) ;            //触发事件
}
```

11.1.7 编程约定

对于编程者来说，编程约定之所以非常重要，主要有以下 5 个原因：

（1）一个软件生命周期的 80%是用于软件维护的。

（2）几乎很少有软件是始终由其最初编写者来维护的。

（3）编程规范可以提高软件的可读性，使得阅读者能够更快速、透彻地理解陌生代码。

（4）避免因冲突问题而导致无法编译或者出现编译错误。TinyOS 系统中最需要留意的冲突是接口和组件的名字冲突。

（5）良好的命名习惯可以帮助阅读者根据名字来识别该代码的组别，以及定义在哪一个软件包（package）中。

所以编程者必须记住：编写合理的代码，可以有效减少阅读代码的时间，否则需要阅读代码的时间可能远多于编写的时间。在编程过程中，即使偏离了编程建议或要求，也要按照自己的编程习惯在所有代码中保持一致的约定；如果添加了新的约定，则应当在自述文件中注明。

1. 通用约定

在编程过程中，以下是一些通用的约定：

（1）不要使用不常见的缩写。例如，不要为“just because”采用只取首字母的缩写。

（2）缩写的首字母应当大写，例如应写成 Adc 而不是 ADC。如果是两个单词的缩写，应当使每个单词的首字母大写，例如用 AM 表示主动消息（active message）。

（3）如果需要缩写一个单词，请保持上下文的一致性，且最好与普遍认可的缩写一致。

（4）所有代码都应当有说明文档。最好每一行命令、事件以及函数都有注释。最低限度是给接口、组件、类（class）或者文件编写一段说明。

（5）如果您编写了一个代码文件，应当在文档说明的顶部加入@author 标签。

2. 软件包

软件包是所有相关源文件的集合，且不管这些文件是采用哪种编程语言来进行编程的。软件包在逻辑意义上是一个分组，但有可能并不是保存在同一个文件夹内。TinyOS 系统中的软件包通常是一个包含 0 个或者多个子目录的目录。

目前，nesC 语言和 C 语言都没有对软件包提供支持，所以在不同软件包中的接口和组件就有可能发生名字冲突。为了尽可能地减小这种冲突发生的概率，建议对相关文件采用前缀标识（这是惯用的做法，但并不总是这样做，允许部分文件不使用前缀）。此外，在一个软件包中，建议区分公共组件（可以被外部软件包调用）和私有组件（只能在软件包内部使用）。不过，这个区分在 nesC 中不是强制的。下面是关于软件包目录结构的一些说明：

（1）每个软件包都应当有自己的目录，而且如果有必要，可以下设多个子目录。

（2）软件包的目录名应当和软件包的前缀（如果有前缀）相匹配，并且要采用小写形式。

（3）在 TinyOS 系统中，默认的软件包有：

- tos/system/TinyOS 内核组件：该目录下的组件是 TinyOS 运行时所必需的。
- ms/interfaces/：TinyOS 内核接口，包含硬件无关的抽象。该目录下只有接口文件，且这些接口不仅用于 tos/system 中的代码，在其他所有的 nesC 代码中也大量使用。
- tos/platforms/：包含特定节点平台的代码，但这些代码与芯片本身无关。
- tos/chips/：包含特定芯片和平台上芯片的代码。
- tos/libs/：包含有接口和组件，它们用于扩展 TinyOS 系统的实用功能，但不是必需的。这个库目录一般会含有多个子目录。
- apps/：包含不同用途的众多应用程序，该目录可以有子目录。

（4）除系统内核外，其他的软件包没有必要将组件和接口分隔开。毕竟，内核软件包有必要且应当允许组件可以适当地重载。

（5）每一个目录都应该有一个自述文件来说明其用途。

3. 语法约定

1）nesC 语言约定

命名的约定如下：

（1）所有的 nesC 文件的扩展名都是“.nc”。而且，nesC 编译器要求文件名与文件内定义的接口名或组件名相匹配。

（2）目录名要使用小写字母。接口名或组件名是以大写字母开头的混合形式（指大小写字母混合）。

（3）所有的公共组件应当带有后缀“C”，所有的私有组件必须带有后缀“P”。

（4）接口名不能以“C”或“P”结尾。如果接口和组件相关，则除了组件名后缀（“C”或“P”）之外，建议两者采用相同的命名。

（5）命令、事件、任务和函数都使用小写字母开头的混合形式。

（6）命令是分阶段作业的起始部分，而事件是分阶段作业的后续部分，因此事件的命令应当与命令有关。建议采用命令函数名的过去式，或者在命令名后面紧跟“Done”标识。

（7）常量名全部是大写字母，并用下画线连接两个字或词。推荐使用 enum 枚举类型定义整型常量，而不是使用#define 宏定义方式。

（8）通用组件和接口的参数类型同 C 语言：全部使用小写字符，并以“_t”结束。

（9）模块内部变量使用以小写字母开头的混合形式。

软件包的约定如下：

（1）每一个软件包都可以为其组件、接口以及全局 C 声明添加前缀。有些前缀可能在多个软件包中经常出现，例如：所有硬件表示层的命名会以 Hpl 开头，这是一个公用的前缀；具体芯片的组件和接口命名会以芯片名称开头，如 Atml28 代表 ATmegal28；TinyOS 内核的组件和接口命名不使用前缀，如 Timer 组件和 Init 接口。

（2）某些软件包可能使用多个前缀。例如，在 ATmegal28 芯片的软件包中，其硬件表示层组件就会使用 Atml28 前缀和 Hpl 前缀。

预处理的约定如下：

（1）不要使用 nesC 风格的 includes 语句，它不能正确地处理宏包含，应使用#include 语句代替。

（2）被多个 nc 文件引用的宏定义应该在头文件中用#define 声明，并使用#include 包含该头文件。

（3）尽可能地少使用宏定义，只有在 enum 和 inline 不能满足的情况下才使用#define。

（4）unique()函数应使用#define 定义字符串常量，这可以减少编译器无法识别的字符打印错误。

2）C 语言约定

（1）所有的 C 文件都有一个“.h”(头文件)或“.c”(源文件)的扩展名。文件名应该和相关的组件保持一致。如果软件包的名称有前缀，则其 C 文件名也应该包含有包名前缀。与任何组件都无关的 C 文件名应使用小写形式。

（2）C 语言没有任何形式的名称保护。如果软件包使用了前缀，那么所有的类型、标识符、函数、变量、常量和宏定义都应该有前缀，这就要求尽量将 nesC 文件外的 C 代码减到最少。许多在 TinyOS1.x 中用于特定硬件的宏定义在 TinyOS2.x 中就被 nesC 组件所取代。

（3）C 类型名(指用 typedef 定义的变量类型)使用小写形式，词语之间使用下画线分开，并以“t”结尾。

（4）C 标识符名（如结构体 struct、联合 union、枚举 enum）使用小写形式。这些标识符中的类型名应该提供一个 typedef 定义。

（5）作为不透明指针（在函数中用作参数）的类型名与其他类型的命名类似，但要以“_ptr_t”结尾。

（6）函数名小写，词语之间使用下画线隔开。

（7）函数的宏定义使用大写形式，词语之间使用下画线隔开。如果能使用 inline 函数，就不建议使用#define。

（8）常量全部大写，词间用下画线隔开。如果能用 enum 定义整型常量，就不建议使用#define。

（9）全局变量采用混合形式，并以小写字母开始。

4. TinyOS 约定

TinyOS 系统本身也有许多高级的编程规范和约定，其目的主要是为了保持接口和组件的一致性，并提高软件的可靠性。

1）错误返回值

TinyOS 定义了一个标准的错误返回值类型 error_t，类似于 UNIX 的错误返回值；不过，TinyOS 所定义的错误的返回值是正值，例如：

```
enum {
    SUCCESS  =0,
```

```
    FAIL      =1,
    ESIZE     =2,    //传递的参数太大
    …
};
```

SUCCESS 表示函数被正确地执行了，FAIL 表示出现了一些未知错误。另外，函数也可以使用 Exxx 常量返回更多的错误描述，如 ESIZE。查阅 tos/types/TinyError.h 文件，可以得到当前系统提供的错误列表。

error_t 类型有一个组合函数，用于将多个命令或事件的返回值组合起来，其定义如下：

```
error_t  ecombine(error_t  r1, error_t  r2)  {
    return  r1 ==r2  ?  r1  :FAIL;
}
```

该组合函数只有在 r1、r2 均为 SUCCESS 时才返回 SUCCESS 值，如果两者相同就返回共同值，否则返回 FAIL 值。

产生一个分阶段作业的命令应该返回 error_t。在某些情况下，该操作可能被拒，也就不会产生事件；只有在分阶段作业的命令返回 SUCCESS 时，相应的事件才会产生。

2）组件间的指针传递

跨组件的数据分享容易导致数据竞争、数据覆盖等问题。为了减少类似情况的发生，通常不建议在 TinyOS 的接口中使用指针。

然而，在有些情况下，出于效率和便利方面的考虑，指针还是必要的，如接收消息、从芯片的 flash 中读取数据以及返回多个结果等情况。所以，允许在接口中使用指针，只要符合所有权(ownership)的要求：在任何时候，只有一个组件会用指针引用对象。这时有两种情况需要区分：

（1）在函数调用期间的所有权传递，例如：

```
command  void  getSomething(uint16 _*value1,  uint32_t*value2);
```

这里使用指针返回多个结果。组件在调用 getSomething 函数期间可能正在读写指针参数，但是在 getSomething 返回后绝不能再访问指针。

（2）永久性的所有权传递，通常出现在分阶段作业的接口中：

```
interface  Send{
    command  void  send(message_t*PASS  msg);
    event  void  sendDone(message_t*PASS  msg);
}
```

组件若调用 send 命令或产生 sendDone 事件，就会放弃消息缓冲区的所有权。例如：组件 A 使用组件 B 提供的 send 接口，如果 A 调用了 send 传递参数 message_tx，那么 X 的所有权就传递给 B 了。在 B 可能访问 X 期间 A 不能再访问 X。当 B 产生以 X 作为参数的 sendDone 事件之后，X 的所有权又归还给 A，此时 A 可以访问 X 而 B 不能。

如果一个传递参数的接口有 error_t 类型的返回值，那么所有权只有在返回值为 SUCCESS

时才传递：

```
Interface ESend{
    command  error_t  esend(message_t*PASS  msg);
    event  void esendDone(message_t*PASS  msg ,error_t  sendResult);
}
```

只有当 esend 命令返回 SUCCESS 时，所有权才会传递；但 esendDone 事件不管结果如何，都会传递所有权。这条约定非常符合前面讨论的分阶段作业中对完成事件的规定。

5．接口连接的注解约定

在应用程序的接口连接(wiring)关系上，TinyOS 系统通过接口上的注解来检查约束关系。这些约束通过在相关接口上放置@atmostonce()、@atleastonce()和@exactlyonce()属性来实现。例如：

```
module  Funn{
    provides  interface  Init@atleastonce();
    …
}
```

通过属性来实现约束，要求确保程序使用 Fun 模块时必须连接其 Init 接口至少一次。

对于具有@atleastonce()和@exactlyonce()注解属性的接口，应当以谨慎、保守的方式去使用。因为这两种属性容易阻止模块化子系统的运行，这是不希望发生的。@atleastonce()属性通常用于负责模块初始化的接口，如典型的 Init 接口，这样可以避免忘记连接初始化代码。

11.2　TinyOS 操作系统

在 11.1 节中分析了一种新型编程语言——nesC，但要进行应用开发，还需要从新的角度出发，研究适合无线传感网的新型操作系统。在这种新型操作系统的支持下，能够有效地利用无线传感网资源，加快无线传感网的应用开发。

本节主要以 TinyOS 为例分析面向无线传感网的操作系统。先介绍 TinyOS 的设计思路、组件模型和通信模型等；然后从上层应用程序到下层硬件处理和下层中断处理到上层应用响应两个方向，深入分析 TinyOS 的实现。

11.2.1　无线传感网对操作系统的要求

在某种程度上可以把无线传感网看作一种由大量微型、廉价、能量有限的多功能传感器节点组成的、可协同工作的、面向分布式自组织网络的计算机系统。由于其特殊性，无线传感网对操作系统的要求相对于传统操作系统有较大的差异。因此，需要针对无线传感网的应用多样性、硬件功能有限、资源受限、节点微型化和分布式任务协作等特点，研究和设计新的基于无线传感网的操作系统及相关软件。

有些研究人员认为无线传感网的硬件很简单，没有必要设计一个专门的操作系统，可以直接在硬件上设计应用程序。这种观点在实际应用中会碰到许多问题：首先就是面向无线传感网的应用开发难度会加大，应用开发人员不得不直接面对硬件进行编程，无法得到像传统操作系统那样提供的丰富服务；其次是软件的重用性差，程序员无法继承已有的软件成果，降低了开发效率。

另外一些研究人员认为，可以直接使用现有的嵌入式操作系统，如 VxWorks、WinCE、Linux、QNX、VRTX 等。其中，有基于微内核架构的嵌入式操作系统，如 VxWorks、QNX 等；也有基于单体内核架构的嵌入式操作系统，如 Linux 等。由于这些操作系统主要面向嵌入式领域相对复杂的应用，其功能也比较复杂，例如它们可提供内存动态分配、虚存支持、及时性支持、文件系统支持等，系统代码尺寸相对较大，部分嵌入式操作系统还提供了对 POSIX 标准的支持。而无线传感网硬件等资源极为有限，上述操作系统目前很难在这样的硬件资源上正常运行。

由于无线传感网的特殊性，需要操作系统能够高效地使用传感器节点有限的内存，低速、低功耗的处理器，传感器，低速通信设备，以及有限的电源，且能够对各种特定应用提供最大支持。在面向无线传感网的操作系统的支持下，多个应用可以并发地使用系统资源。

在无线传感网中，单个传感器节点有两个很突出的特点：

（1）并发性，即可能存在多个需要同时执行的逻辑控制，需要操作系统能够有效地满足这种发生频繁、并发程度高、执行过程比较短的逻辑控制流程；

（2）传感器节点模块化程度很高，要求操作系统能够让应用程序方便地对硬件进行控制，且保证在不影响整体开销的情况下，应用程序中的各个部分能够比较方便地进行重新组合。

TinyOS 操作系统本身在软件体系结构上体现了一些已有的研究成果，如轻量级线程（lightweight thread）技术、主动消息（active message）通信技术、事件驱动（event driven）模式、组件化编程（component-based programming）等。这些研究成果最初并不是用于面向无线传感网的操作系统的，比如轻量级线程和主动消息用于并行计算中的高性能通信。但经过对面向无线传感网系统的深入研究后发现，上述技术有助于提高无线传感网的性能，发挥硬件的特点，降低其功耗，并且可简化应用的开发。

在无线传感网中，单个传感器节点的硬件资源有限。如果采用传统的进程调度方式，首先硬件就无法提供足够的支持；其次由于传感器节点的并发操作可能比较频繁，且并发执行流程又很短，传统的进程/线程调度无法适应。采用比一般线程更为简单的轻量级线程技术和两层调度（two-level scheduling）方式，可有效使用传感器节点的有限资源。在这种模式下，一般的轻量级线程（task，即 TinyOS 中的任务）按照 FIFO 方式进行调度，轻量级线程之间不允许抢占；而硬件处理线程（在 TinyOS 中称为硬件处理器），即中断处理线程，可以打断用户的轻量级线程和低优先级的中断处理线程，对硬件中断进行快速响应。当然，对于共享资源，需要通过原子操作或同步原语进行访问保护。

在通信协议方面，由于无线传感器节点 CPU 和能量资源有限，且构成无线传感网的节点个数的量级可能为 10^3～10^4，导致通信的并行度很高，所以采用传统的通信协议无法适应这样的环境。通过深入研究，TinyOS 的通信层采用的关键协议是主动消息通信协议。主动消息通信是一种基于事件驱动的高性能并行通信方式，以前主要用于计算机并行计算领域。在一个基于事件驱动的操作系统中，单个的执行上下文可以被不同的执行逻辑所共享。TinyOS 是一个基于事件驱动的深度嵌入式操作系统，所以 TinyOS 中的系统模块可快速响应基于主动消息协议的通信层所传来的通信事件，从而有效地提高 CPU 的使用率。

除了可提高 CPU 使用率的优点外，主动消息通信与二级调度策略的结合还有助于省电操作。节能操作的一个关键问题就是能够确定何时传感器节点进入省电状态，从而让整个系统进入某种省电模式（如休眠等状态）。TinyOS 的事件驱动机制迫使应用程序在做完通信工作后，隐式地声明工作完成。而且在 TinyOS 的调度下，所有与通信事件相关联的任务在事件产生时可以迅速进行处理。在处理完毕且没有其他事件的情况下，CPU 将进入休眠状态，等待下一个事件激活 CPU。

11.2.2 TinyOS 组件模型

除了使用高效的基于事件的执行方式外，TinyOS 还包含了经过特殊设计的组件模型，其目标是高效率的模块化和易于构造组件型应用软件。对于嵌入式系统来说，为了提高可靠性而又不牺牲性能，建立高效的组件模型是必须的。组件模型允许应用程序开发人员方便、快捷地将独立组件组合到各层配件文件中，并在面向应用程序的顶层配件文件中完成应用的整体装配。

nesC 语言作为一种 C 语言的组件化扩展，可表达组件以及组件之间的事件/命令接口。在 nesC 语言中，多个命令和事件可以成组地定义在接口中，接口则简化了组件之间的相互连接。在 TinyOS 中，每个模块由一组命令和事件组成，这些命令和事件成为该模块的接口。换句话说，一个完整的系统说明书就是一个其所要包含的组件列表加上对组件间相互联系的说明。TinyOS 的组件有四个相互关联的部分：①一组命令处理程序句柄；②一组事件处理程序句柄；③一个经过封装的私有数据帧；④一组简单的任务。任务、命令和事件处理程序在帧的上下文中执行并切换帧的状态。为了易于实现模块化，每个组件还声明了自己使用的接口及其信号通知的事件，这些声明将用于组件的相互连接。

图 11-4 所示为一个支持多跳无线通信无线传感网应用程序的组件结构。上层组件对下层组件发命令，下层组件向上层组件发信号通知事件的发生，底层的组件直接和硬件打交道。

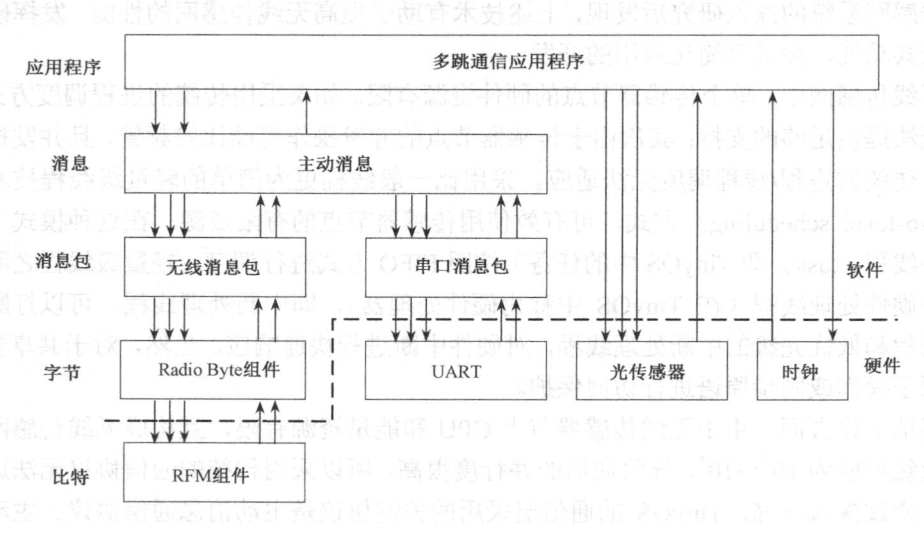

图 11-4 支持多跳无线通信的无线传感网应用程序的组件结构

TinyOS 采用静态分配存储帧，这样在编译时就可以决定全部应用程序所需的存储空间。帧是一种特殊的符合 C 语法的结构体，它不仅采用静态分配而且只能由其所属的组件直接访问。TinyOS 不提供动态的存储保护，组件之间的变量越权访问检查是在编译过程中完成的。除了允许计算存储空间要求的最大值，帧的预分配可以防止与动态分配相关的额外开销，并且可以避免与指针相关的错误。另外，预分配还可以节省执行事件的开销，因为变量的位置在编译时就确定了，而不用通过指针动态地访问其状态。

在 TinyOS 中，命令是对下层组件的非阻塞请求。在通常情况下，命令将请求的参数储存到本地的帧中，并为后期的执行有条件地产生一个任务（也称为轻量级线程）。命令也可以调用下层组件的命令，但是不必等待长时间的或延迟时间不确定的动作发生。命令必须通过返回值为其调用者提供反馈信息，如缓冲区溢出时返回失败信息等。

事件处理程序被激活后，就可以直接或间接地去处理硬件事件。这里首先要对程序执行逻辑的层次进行定义。越接近硬件处理的程序逻辑，则其程序逻辑的层次越低，处于整个软件体系的下层。越接近应用程序的程序逻辑，则其程序逻辑的层次越高，处于整个软件体系的上层。命令和事件都是为了完成在其组件状态上下文中出现的规模小且开销固定的工作。底层的组件拥有直接处理硬件中断的处理程序，这些硬件中断可能是外部中断、定时器事件或者计数器事件。事件的处理程序可以存储信息到其所在帧，可以创建任务，可以向上层发送事件发生的信号，也可以调用下层命令，硬件事件可以触发一连串的处理，其执行的方向，既可以通过事件而向上执行，也可以通过命令而向下调用。为了避免命令/事件链的死循环，不可以通过信号机制向上调用命令。

任务是完成 TinyOS 应用主要工作的轻量级线程。任务具有原子性，一旦运行就要运行至完成，不能被其他任务中断，但任务的执行可以被硬件中断所产生的事件打断。任务可以调用下层命令，可以向上层发信号通知事件发生，也可以在组件内部调度其他任务。任务执行的原子特性，简化了 TinyOS 的调度设计，使 TinyOS 仅仅分配一个任务堆栈就可以保存任务执行中的临时数据。该堆栈仅由当前执行的任务占有，这样的设计对于存储空间受限的系统是高效的。任务在每个组件中模拟/并发性，因为任务相对于事件而言是异步执行的。然而，任务不能阻塞，也不能空转等待，否则将会阻止其他组件的运行。

1. TinyOS 的组件类型

TinyOS 中的组件通常可以分为以下三类：硬件抽象组件、合成硬件组件、高层次的软件组件。

硬件抽象组件将物理硬件映射到 TinyOS 组件模型。RFM（射频模块）组件（参见图 11-4）就是这种组件的代表，它提供命令以操纵与 RFM 收发器相连的各个单独的 I/O 引脚，并且发信号给事件将数据位的发送和接收通知其他组件。该组件的帧包含射频模块的当前状态，如收发器处于发送模式还是接收模式、当前数据传输速率等。RFM 处理硬件中断并根据操作模式将其转化为接收（RX）比特事件或发送（TX）比特事件。在 RFM 组件中没有任务，这是因为硬件自身提供了并发控制。该硬件资源抽象模型涵盖的范围从非常简单的资源（如单独的 I/O 引脚）到十分复杂的资源（如加密加速器）。

合成硬件组件模拟高级硬件的行为。这种组件的一个例子就是 Radio Byte 组件（参见图 11-4）。它将数据以字节为单位与上层组件交互，以位为单位与下面的 RFM 模块交互。组件内部的任务完成数据的简单编码或解码工作。从概念上讲，该模块是一个能够直接构成增强型硬件的状态机。从更高的层次上看，该组件提供了一个硬件抽象模块。将无线接口映射到UART 设备接口上。提供了与 UART 接口相同的命令，发送信号通知相同的事件，处理相同粒度的数据，并且在组件内部执行类似的任务（查找起始位或符号、执行简单编码等）。

高层次软件组件完成控制、路由以及数据传输等。这种类型组件的一个例子是图 11-5 所示的主动消息处理模块，它履行在传输前填充包缓存区以及将收到的消息分发给相应任务的功能。执行基于数据或数据集合计算的组件也属于这类组件。

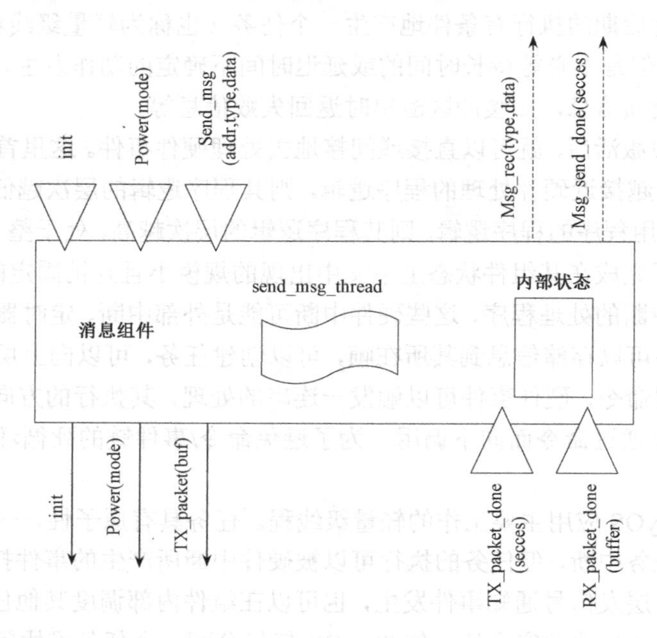

图 11-5　主动消息处理模块

2．硬件/软件边界

TinyOS 的组件模型使硬件/软件边界能够比较方便地迁移，因为 TinyOS 所采用的基于事件的软件模型是对底层硬件的有效扩展和补充。另外，在 TinyOS 设计中采用的固定数据结构大小、存储空间的预分配等技术都有利于硬件化这些软件组件。从软件迁移到硬件对于无线传感网来说是特别重要的，因为在无线传感网中，系统的设计者为了满足各种需求，需要获得集成度、电源管理和系统成本之间的折中方案。

3．组件示例

下面介绍一个典型的组件，包含一个内部帧、事件处理程序句柄、命令和用于消息处理组件的任务。类似于大多数组件，它提供了用于初始化和电源管理的命令。

另外，它还提供了初始化一次消息传输的命令，并且在一次传输完成或一条消息到达时，向相关组件发消息。为了完成这一功能，消息组件向完成数据包处理的下层组件发送命令并且处理两种类型的事件，其中一种表明传输完毕，另一种则表明已经收到一条消息。示例程序见程序 11-1。

程序 11-1 描述主动消息的标准消息模块的外部接口。

```
Module AMStandart
    {
    Provides {
        Interface StdControl as Control;
        Interface CommControl;  //通过主动消息 id 来参数化接口
        Interface SendMsg[uint8_t id];
        Interface ReceiveMsg[uint8_t id];  //最近一秒内接收的数据包个数
        Command uint16_t activity();
        }
Uses{
    //组件每发送完成一包后调用的接口，可以在该接口连接中重发那些传送失败的数据包
        Event result_t sendDone();
        Interface StdControl as UARTControl;
        Interface BareSendMsg as UARTSend;
        Interface ReceiveMsg as UARTReceive;
        Interface StdControl as RadioControl;
        Interface BareSendMsg as RadioSend;;
        Interface ReceiveMsg as RadioReceive;
        Interface Leds;
        }
    }
```

可以用图示的方式将上述程序中的组件描绘成一组任务：一个状态区（组件的帧），一组命令（倒三角形），一组表示组件所用到的命令（向下的实心箭头），以及一组表示其发信号要通知的事件（向上的虚线箭头），参见图 11-5。组件描述了它提供的资源以及它所要求的资源，将这些组件连接到一起就比较简单了。程序员要做的就是使一个组件所需的事件和命令的特征与另一个组件所提供的事件和命令的特征相匹配。组件之间的通信采用函数调用的形式，这种方式系统开销小，能提供编译时的类型检查。

4. 组件组合

为了支持 TinyOS 的模块化特性，TinyOS 工作小组开发了一整套工具用于帮助开发者将组件连接起来。

在 TinyOS 中，组件在编译时被连接在一起，消除了不必要的运行期间的系统开销。为了便于组合，在每个组件文件的开始描述该组件的外部接口。在这些文件中，组件实现了要提供给外部的命令和要处理的事件，同时也列出了要发信号通知的事件及其所使用的命令。从逻辑上讲，可把每个组件的输入输出看成 I/O 引脚，就好像组件是一种物理硬件。对组件的向上和向下接口的这种完整描述被编译器用于自动生成组件的头文件。程序 11-2 包含了一个组件文件的示例，用于使 LED 闪烁的简单应用程序。为了将各个单独组件组合成一个完整的应用程序，TinyOS 在最初的版本中使用描述文件（以.desc 结尾的文件）定义所用组件的列表和组件之间的逻辑连接。支持组件描述的 nesC 语言开发出来后，TinyOS

组件模型就不需要描述文件了。

程序 11-2 使系统的 LED 灯每秒闪烁一次的应用程序组件 BlinkM.nc。

```
/*实现 Blink 应用程序，在时钟中断 clock fires 的时候闪烁红灯。*/
Module BlinkM{
    Provides {
        Interface StdControl;
    }
    Uses{
        Interface Clock;
        Interface Leds;
    }
}
Implementation
    /*红灯的状态*/
    bool state;
    /*初始化组件，总是返回成功*/
    Command result_t StdControl.init(){
        State FALSE;
        Call Leds.init();
        Return SUCCESS;
    }
/* Start 接口实现，设置时钟组件的中断频率，始终返回成功*/
Command result_t StdControl.start(){
    Return call Clock.setRate(TOS_I1PS,TOS_S1PS);
}
/* Stop 接口实现，关闭时钟模块，始终返回成功*/
Command result_t StdControl.stop(){
    Return call Clock.setRate(TOS_I0PS,TOS_S0PS);
}
/*在 clock fires 中断发生时调用的事件接口，始终返回成功*/
Event result_t Clock.fire(){
    State =! State;
    If(state){
        Call Leds.redOn();
    }else{
        Call Leds.redOff();
        Return SUCCESS;
    }
}
```

11.2.3 TinyOS 通信模型

本节主要介绍 TinyOS 系统中基于主动消息模式的通信模型，要求熟悉无线通信相关的接口和组件，并熟练掌握如何发送消息（message）到指定节点以及如何接收消息。

1. 主动消息概述

主动消息模式是一个面向消息通信（message-based communication）的高性能通信模式，早期一般应用于并行和分布式计算系统中。在主动消息通信方式中，每个消息都维护一个应用层（application-level）的处理器（handler），即处理子程序。当目的节点收到这个消息后，就会把消息中的数据作为参数，并传递给应用层的处理器进行处理。应用层的处理器一般完成消息数据的解包操作、计算处理或发送响应消息等工作。在这种情况下，网络就像是一条包含最小消息缓冲区的流水线，消除了一般通信协议中经常碰到的缓冲区处理方面的困难情况。为了避免网络拥塞，还需要消息处理器能够实现异步执行机制。

尽管主动消息起源于并行和分布式计算领域，但其基本思想适合无线传感网的需求。主动消息的轻量级体系结构在设计上同时考虑了通信框架的可扩展性和有效性。主动消息不但可以让应用程序开发者避免使用忙等（busy-waiting）方式等待消息数据的到来，而且可以在通信与计算之间形成重叠，极大地提高 CPU 的使用效率，并减少传感器节点的能耗。

2. 主动消息的设计实现

无线传感网中采用主动消息机制的主要目的，是使传感器节点的计算和通信重叠，让软件层的通信原语能够与节点的硬件能力匹配，充分节省传感器节点的有限存储空间。可以把主动消息通信模型看作一个分布式事件模型，在这个模型中各个节点相互间可并发地发送消息。

为了让主动消息更适合于无线传感网的要求，要求主动消息至少提供 3 个最基本的通信机制：带确认信息的消息传递、有明确的消息地址和消息分发。应用程序可以进一步增加其他通信机制，以满足特定需求。如果把主动消息通信通过一个 TinyOS 的系统组件来实现，则可以屏蔽下层各种不同的通信硬件，为上层应用提供基本的、一致的通信原语，方便应用程序开发人员开发各种应用。

在基本通信原语的支持下，开发人员可以实现各种功能的高层通信组件，如可靠传输的组件、加密传输的组件等。这样，上层应用程序可以根据具体需求，选择合适的通信组件。在无线传感网中由于应用多种多样，而硬件功能有限，TinyOS 不可能提供功能复杂的通信组件，而只提供最基本的通信组件，最后由应用程序选择或定制所需的特殊通信组件。

3. 主动消息的缓存管理机制

在 TinyOS 的主动通信实现中，消息的存储管理对通信效率有显著的影响。当数据通过网络到达传感器节点时，首先要进行缓存，然后主动消息的分发（dispatch）层把缓存中的消息交给上层应用处理。在许多情况下，应用程序需要保留缓存中的数据，以便实现多跳通信。

如果传感器节点上的系统不支持动态内存分配，那么实现动态申请消息缓存就比较困难。TinyOS 为了解决这个问题，要求每个应用程序在消息被释放后，能够返回一块未用的消息缓存，用于接收下一个将要到来的消息。在 TinyOS 系统中，各个应用程序之间的执行是不能被抢占的，所以不会出现多个未使用的消息缓冲发生冲突，这样 TinyOS 的主动消息通信组件只需维持一个额外的消息缓存用于接收下一个消息即可。

由于 TinyOS 不支持动态内存分配，所以在主动消息通信组件中保存了一个固定尺寸且预先分配的缓存队列。如果一个应用程序需要同时存储多个消息，则需要在其私有数据帧（private frame）上静态分配额外的空间来保存消息。实际上，TinyOS 系统中的所有数据分配都是在编译时确定的。

4. 主动消息的显式确认消息机制

由于 TinyOS 系统只提供尽力而为（best effort）的消息传递机制，所以接收方提供反馈信息给发送方以确认发送是否成功是很重要的。采用简单的确认反馈机制可极大地简化路由和可靠传递的算法。

在 TinyOS 系统中，每次消息发送后，接收方都会发送一个同步的确认信息。在 TinyOS 主动消息层的底层生成确认消息包，这样比在应用层实现该功能更加节省开销，并缩短反应时间。为了进一步节省开销，TinyOS 仅仅发送一个特殊的立即数序列作为确认消息的内容。这样，发送方可以在很短的时间内确定接收方是否要求重新发送消息。从总体上看，这种简单的显式确认通信机制很适合无线传感网的有限资源，是一种有效的通信手段。

5. 通信接口和组件

TinyOS 系统提供了很多与底层通信相关的接口，并提供了实现这些接口的组件。所有的接口和组件使用一个共同的消息缓存区，称为 message_t，它是一种 nesC 的结构体（类似于 C 语言的结构体 struct）。message_t 代替了 TinyOS1.x 里的 TOS_Msg。与 TinyOS1.x 不同的是，message_t 的成员是不透明的，即不能直接访问。更确切地说，message_t 是一个抽象的数据类型，它的成员必须通过 accessor 函数和 mutator 函数来读写。

1）基本通信接口

与通信相关的接口和组件使用 message_t 作为底层的数据结构。通信接口的定义文件都位于 tos/interfaces，下面介绍几个常用的通信接口。

（1）Packet 接口：提供对 message_t 抽象数据类型的基本访问，其命令有：

- void clear(message_t*msg)：清空消息缓存区中的内容；
- void*getPayload(message_t*msg，uint8_t len)：返回消息有效载荷区的指针；
- uint8_t payloadLength(message_t*msg)：返回有效载荷区的长度；
- uint8_t maxPayloadLength()：返回有效载荷区的最大长度；
- void setPayloadLength(message_t*msg，uint8_t len)：设定有效载荷区的长度。

（2）Send 接口：面向任意地址的消息发送接口，其命令和事件有：

- error_t send(message_t*msg，uint8_t len)：发送消息；
- error_t cancel(message_t*msg)：取消消息的发送；
- void*getPayload(message_t*msg，uint8_t len)：返回消息有效载荷区的指针；
- uint8_t maxPayloadLengt()：返回有效载荷区的最大长度；
- void sendDone(message_t*msg，error_t error)：指示消息发送结果的事件。

（3）Receive 接口：最基本的消息接收接口，提供了接收到消息时触发的事件函数 message_t*receive(message_t*msg，void*payload，uint8_t len)，返回刚接收到的消息。

（4）PacketAcknowledgements 接口：提供一种消息包确认的机制。

（5）RadioTimeStamping 接口：为无线电发射和接收提供时间标记信息。

2）主动消息接口

考虑到一个应用程序里通常有多个服务需要使用同一个无线通信，TinyOS 采用主动消息层（AM）——ActiveMessage 来实现无线通信的多渠道访问机制。“AMtype”这个术语常见于多路复用的相关领域，它在功能上类似于以太网的数据帧、IP 协议的 UDP 端口，所有这些都是为了实现多路访问一个通信服务。AM 消息包也包含了目的地址域，把 AM 地址存储在特定节点的消息包中。支持 AM 服务的接口文件也位于 tos / interfaces 中。

（1）AMPacket 接口：类似于 Packet 接口，提供对 message_t 抽象数据类型的 AM 访问。这个接口提供的命令有：

- am_addr_t address()：返回节点的 AM 地址；
- am_addr_t destination(message_t*amsg)：返回消息包的目的地址；
- void setDestination(messag_t*amsg，am_addr_t addr)：设置 AM 消息包的目的地址；
- am_addr_t source(message_t*amsg)：返回 AM 消息包的源地址；
- void setSource(message_t*am_addr_t addr)：设置 AM 消息包的源地址；
- am_id_t type(message_t*amsg)：返回 AM 消息包的 AM 标识号；
- void setType(message_t*amsg，am_id_t t)：设置 AM 消息包的 AM 标识号；
- bool isForMe(message_t*amsg)：检查 AM 消息包是否发送到本节点。

（2）AMSend 接口：类似于 Send 接口，是基本的主动消息发送接口。AMSend 接口与 Send 接口之间的关键区别是，AMSend 接口在其发送命令里指定了 AM 目的地址。

一般情况下，节点的 AM 地址可以在下载程序时，通过“make install.x”或“make reinstall.x”命令设定，其中 x 就是节点的 AM 地址。此外，还可以在程序运行时，通过 ActiveMessageAddressC 组件修改。

3）组件

在 TinyOS 系统中，很多组件已经实现了基本通信和主动消息的接口。程序员需要非常熟悉这些组件（位于/tos/system），因为编写通信相关的应用程序时不仅要详细说明应用程序的接口，还要指明提供这些接口的组件。

（1）AMReceiverC 组件：Receive 接口、Packet 接口以及 AMPacket 接口。

（2）AMSenderC 组件：AMSend 接口、Packet 接口以及 AMPacket 接口。

（3）AMSnooperC 组件：Receive 接口、Packet 接口以及 AMPacket 接口。

（4）AMSnoopingReceiverC 组件：Receive 接口、Packet 接口以及 AMPacket 接口。

（5）ActiveMessageAddressC 组件：ActiveMessageAddress 接口，它提供了获得和设定节点 AM 地址的命令。然而，通常不建议使用这个接口。修改 AM 地址可能会破坏网络堆栈，所以尽量不要使用该接口。

4）封装

TinyOS 系统支持多个不同的硬件平台，而且每个平台都有无线模块的驱动。将一个平台相关的无线通信驱动的实现封装在一起，称为 ActiveMessageC 组件。ActiveMessageC 组件把通信相关的接口绑定到底层的相关硬件驱动，是一个平台相关的组件。而前面“组件”中所提到的其他组件，如 AMSenderC 组件等，都是 TinyOS 系统组件库中自带的组件，与平台无关，这些组件是对 ActiveMessageC 组件的进一步封装。ActiveMessageC 组件提供大多数通信接口，以 MicaZ 平台为例，其 ActiveMessageC 组件提供的接口有 SplitControl 接口、AMSend 接口、Receive 接口、Packet 接口、AMPacket 接口以及 PacketAcknowledgements 接口。

目前，特定平台或多平台共享（如 Telos 和 MicaZ）的 ActiveMessageC 组件有：

- ActiveMessageC 组件（EyesIFX 平台）：由 Tda5250ActiveMessageC 实现；
- ActiveMessageC 组件（MicaZ、Telos 等平台）：由 CC2420ActiveMessageC 组件实现；
- ActiveMessageC 组件（Mica2 平台）：由 CC1000ActiveMessageC 组件实现。

本章小结

nesC 语言在 C 语言的基础上扩展了一些组件特点和并发特征，是一种开发组件式结构程序的语言。它支持 TinyOS 操作系统的并发执行模型，以及组织、命名和连接组件成为嵌入式网络系统的机制。TinyOS 操作系统、组件库和服务程序都是采用 nesC 语言编写的。

一个 nesC 语言编写的程序由一个或多个组件连接而成。组件分为两种：配件和模块。模块提供一个或多个接口的实现；配件负责把组件装配起来，即把某组件的使用接口绑定到提供该接口的组件。一个组件由两部分组成：一部分是规范说明，声明相关接口；另一部分是具体逻辑功能的实现。组件可以提供接口，也可以使用接口。提供的接口描述了该组件提供给上一层组件的一组功能函数，而使用的接口指该组件本身实现某种功能所需的接口。一个组件可以使用或提供多个接口实例。接口具有双向性：它指定了一组命令函数，由接口的提供者实现；还有一组事件函数，由接口的使用者实现。另外，当组件调用接口的命令函数时，必须实现该命令对应的事件函数。

在 TinyOS 系统中，每个应用程序通常由顶层配件、核心处理模块和其他组件组成。每个应用程序有且仅有一个顶层配件。在顶层配件中，说明该应用所要使用的组件及组件间的接口关系。通过配件中的接口连接，把许多功能独立且相互联系的软件组件构建成一个应用程序框架，而模块负责实现具体的逻辑功能。一般而言，还存在一个与应用程序顶层配件相对应的模块，即核心处理模块。如果一个应用程序只需顶层配件将几个系统组件装配起来就可实现所需的功能，那就不必自定义其他的处理模块，但应用系统中必有一个模块作为核心处理模块存在。应用程序的功能决定了所要包含的组件。组件间通过接口进行连接，上层组件调用下层组件的命令，下层组件向上触发事件。

思考题

1．简述 nesC 语言的接口、组件、模块及配件的概念。

2．nesC 语言的应用程序至少由哪几部分组成？画出应用程序架构。

3．nesC 语言的任务是如何实现的？

4．TinyOS 操作系统是针对什么设计的？

5．什么是主动消息通信模式？

第 12 章　以数据为中心的网络互联

无线传感网是一个独立的自组织网络，要实现远程数据传输、查询和控制，需要接入到广域网络或因特网（Internet）。由于无线传感网采用了独立的通信协议，需要通过网关实现网络互联。

本章介绍以数据为中心的无线传感网的网络互联所面临的问题，分析无线传感网接入 Internet 的体系结构，讨论 WSN-Internet 网关设计的理论和方法。

12.1　无线传感网互联技术概述

无线传感网既可独立工作，又可连接到其他网络。独立运行的无线传感网不能对外提供服务，应用范围受限。无线传感网作为服务提供者，向用户提供环境监测服务，而在许多工作应用场景中，用户为 Internet 上的主机，因此将无线传感网集成到现有的 IP 网络具有重要的研究价值和实际意义。在野外监控、生物监控等应用中，负责监控的传感器节点定期采样环境信息，并将监测的数据通过无线链路传送到网关，将网关连接到互联网上，使得 Internet 上的研究人员能够取得实时环境监测数据。

无线传感网被部署在监测区域，实时监测物理世界信息，为用户提供环境监测服务。Internet 作为一个巨大的资源库，是资源整合、资源共享、服务提供、服务访问和信息传输的载体，但是 Internet 缺乏与物理世界直接交互的能力。将无线传感网接入 Internet，使其真正延伸到世界的各个物理角落，人们能够方便地了解到自己所关心的物理区域状态（温度、湿度、震动等）。将无线传感网接入 Internet 是信息技术进一步发展的需要，对推动网络技术的新发展具有重要的意义。

由于无线传感网的特殊应用背景、通信条件以及节点资源的严格受限，Internet 使用的 TCP/IP 协议栈并不适用于无线传感网。无线传感网协议栈和传统的 TCP/IP 协议栈存在较大的差异。使用专用网络协议栈的无线传感网和其他网络之间的互联存在许多难题，Internet 上的用户难以直接使用无线传感网提供的服务。

12.1.1　无线传感网接入 Internet 所面临的挑战

由于无线传感网的自身特性以及往往部署在无人照看的区域，无线传感网接入 Internet 面临以下挑战：

（1）必须实现专用于无线传感网协议栈和互联网 TCP/IP 协议栈之间的接口，这也是接入互联网的网络必须解决的问题。

（2）在网络层地址分配上，无线传感网使用节点 ID 或者位置来标识节点，而不是使用唯一标识的 IP 地址，因而进行节点地址转换是无线传感网接入 Internet 必须解决的问题。

（3）在传输层，TCP 和 UDP 在无线传感网中应用的主流方案是：无线传感网所采集到的数据和其他无须强调可靠性的信息在传输时使用 UDP，而网络管理、接入互联网等需要满足可靠性、兼容性的应用则使用 TCP，即在汇聚节点和传感器节点之间主要使用 UDP，而在用户服务和汇聚节点之间使用 TCP/UDP。

（4）无线传感网自身能量受限，通常情况下，传感器节点是以电池供电的，而且基本上不具备再次充电的能力。在这种情况下，网络的主要性能指标是网络运转的能量消耗。由于通信的能耗远高于计算的能耗，因此无线传感网协议设计必须遵循最小通信原则，有时甚至要牺牲其他网络性能，如传输延迟和误码率等，这与传统的 IP 网络截然不同。

（5）无线传感网是数据收集型网络，其数据传输模式不同于传统的点对点方式。在无线传感网中，将每个传感器节点视为一个单独的数据采集装置，进而可以将整个无线传感网视为分布式数据库，因此一对多或者多对一的数据流是其通信的主要模式，而传统的 IP 网络以点对点的数据传输为主。

（6）传统 IP 网络遵循分层协议原则，传输层对上层应用屏蔽了下层的路由。无线传感网情况正好相反，由于其特定的应用背景，因此其设计原则是网内处理。在某些数据流交汇的节点进行数据融合，以便过滤掉冗余信息，这在大部分无线传感网路由协议算法中得到充分体现。而互联网是围绕以地址为中心的设计思想，网上流动的数据通常有对应的特定源和目的地址，而以地址为中心的思想并不适合无线传感网。

（7）在 Internet 中，采用能力强大的服务器为用户提供服务，而这在无线传感网中是不现实的，如何进行无线传感网服务提供的研究，目前仍处于空白状态。

（8）无线传感网是针对特定环境的专用型网络，在不同的应用环境下无线传感网的实现方式不同，因此难以实现统一的无线传感网接入 Internet 的方法。

目前，无线传感网接入 Internet 的研究尚处于初级阶段，主要方式如下：利用网关或者赋予 IP 地址节点，屏蔽下层无线传感器节点，向远端的 Internet 用户提供实时的信息服务，并且实现互操作；利用移动代理技术，在移动代理中实现无线传感网协议栈和传统的 TCP/IP 协议栈的数据包转换，实现无线传感网接入 Internet。

12.1.2　无线传感网接入 Internet 的结构

为了降低网络的通信负载和地址管理的复杂性，在无线传感网中，不需要为每个节点分配全局唯一的标识符，而仅仅使用 ID 和位置来标识传感器节点。要设计无线传感网接入 Internet 的结构，就需要保证无线传感网自身的特色并保持传统的 TCP/IP 协议栈。

无线传感网接入 Internet 的方案需要屏蔽下层的传感器网络。根据传感器节点是否能够支撑 TCP/IP 协议栈，其接入 Internet 的结构方式分为同构网络接入方式和异构网络接入方式。

1. 同构网络接入方式

在无线传感网和 Internet 之间设置一个或几个独立网关节点，实现无线传感网接入 Internet 的网络称为同构网络，如图 12-1 所示。在同构网络中，除网关节点外，所有节点具有相同的资源。

同构网络把应用层网关作为接口，将无线传感网接入 Internet。对于网络结构简单的传感器网络，网关可以作为 Web 服务器，传感器节点的数据存储在网关上，并以 Web 服务的形式提供给用户。对于结构复杂的多层次传感器网络，网关可以视为分布式数据库的前台，用户通过 SQL 语言提交查询，查询的应答和优化在无线传感网内部完成，结果通过网关返回给用户。此方式实际上是把与互联网标准 IP 的接口置于无线传感网外部的网关节点处。

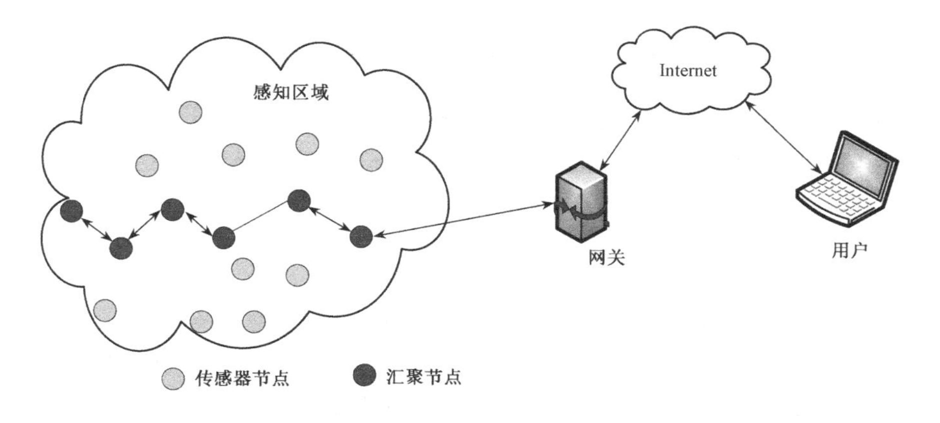

图 12-1 通过特定网关接入 Internet 的同构网络

同构网络接入方式比较适合于无线传感网的数据流模式，易于管理，无须对无线传感网本身进行大的调整。此方式的缺点是，由于查询造成大量数据流在网关节点周围聚集，并不符合网内处理的原则，会造成一定程度的信息冗余。其改进方案是使用多个网关节点。多出口方案的好处在于解决了网络瓶颈问题，并且避免了网络的局部拥塞，但是信息冗余的问题依然没有得到解决。

2. 异构网络接入方式

与同构网络相反，如果网络中部分节点拥有比其他大部分节点更强的能力，并被赋予 IP 地址，运行 TCP/IP 协议栈，则这种网络称为异构网络，如图 12-2 所示。

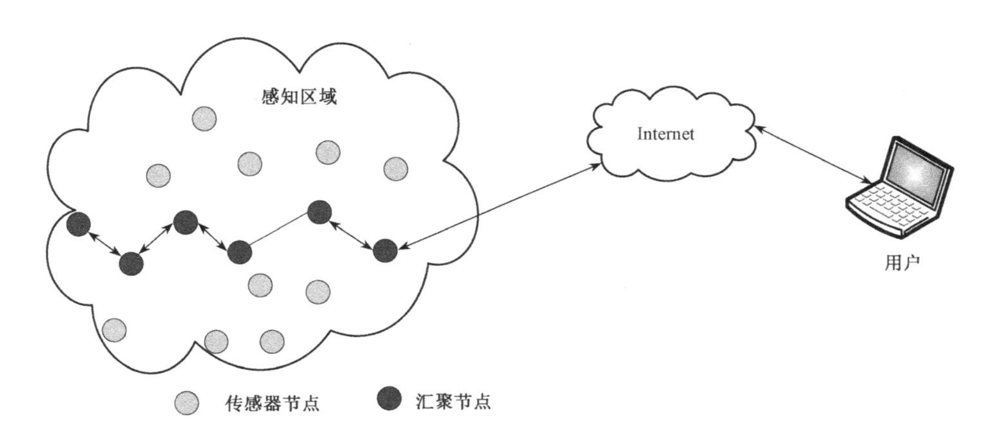

图 12-2 通过 IP 接入 Internet 的异构网络

异构网络的特点是：部分能力强的节点被赋予 IP 地址，作为无线传感网与互联网标准 IP 的接口。这些节点可以完成复杂的任务，承担更多的负荷，可以充当簇头节点。

在分簇的异构网络中，可以在底层传感器网络的基础上，以这些被赋予 IP 地址的簇头节点建立一个 IP 网络。与同构网络相比，异构网络的能耗分布较为均衡，而且采用网内处理原则，减少信息冗余；但是异构网络需要对无线传感网进行较大的调整，包括节点功能、路由算法等，从而增大了无线传感网设计与管理的难度。

12.1.3 无线传感网接入 Internet 的方案

目前，研究人员对无线传感网如何接入 Internet 没有达成共识。无论是采用同构还是采用异构网络结构，接入节点的设计以及无线传感网的服务提供方式是非常重要的。现有的无线传感网接入 Internet 的方案主要有以下几种。

1. 应用层网关

美国南加利福尼亚大学的 Marco 等指出，使用 TCP/IP 协议栈给每个传感器节点分配 IP 地址，对于传感器网络是不适合的。他们提出使用应用层网关的方法实现无线传感网接入 Internet。应用层网关是无线传感网接入 Internet 最常见的方法，应用层网关集成了两个网络协议栈，可实现异构网络协议栈的转换。使用应用层网关的优点是结构简单，无线传感网可以自由选择协议栈，无须对 Internet 进行任何改动。其缺点是在应用层实现协议转换的效率较低；无线传感网数据汇聚到网关，容易形成网络瓶颈；无线传感网对用户完全屏蔽，用户难以直接访问特定的传感器节点。应用层网关方式实现无线传感网和 Internet 互联的体系结构如图 12-3 所示。

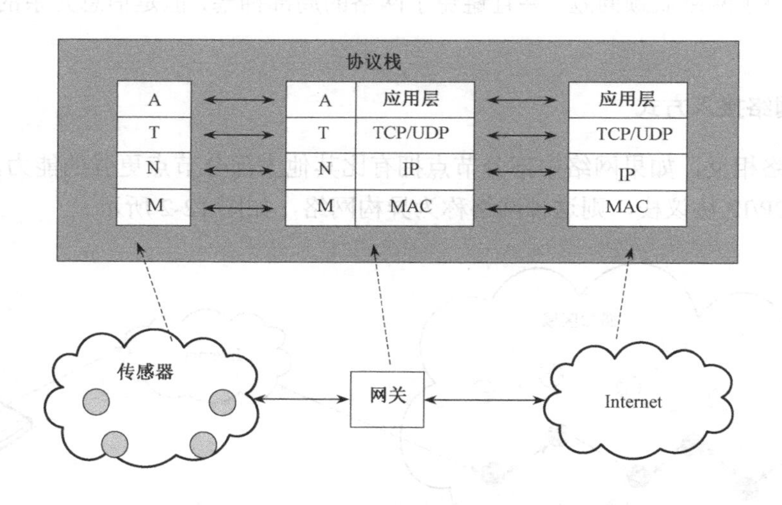

图 12-3 应用层网关方案实现无线传感网与 Internet 互联的体系结构

2. 延时容忍网络（DTN）

在应用层网关方法的基础上，美国 Intel 伯克利研究中心的 Kevin Fall 提出无线传感网和 Internet 融合的延时容忍网络（DTN）体系结构。使用 DTN 实现无线传感网接入 Internet 的主要思想，是在 TCP/IP 网络和非 TCP/IP 网络协议栈上部署 Bundle 层，从而实现无线传感网（WSN）接入 Internet。此方法能够使各种异构无线传感网接入 Internet，但是需要在网络协议栈上部署额外的层次，这对广泛使用的 Internet 来说是不实际的。DTN 方式实现 WSN 和 Internet 互联的体系结构如图 12-4 所示。

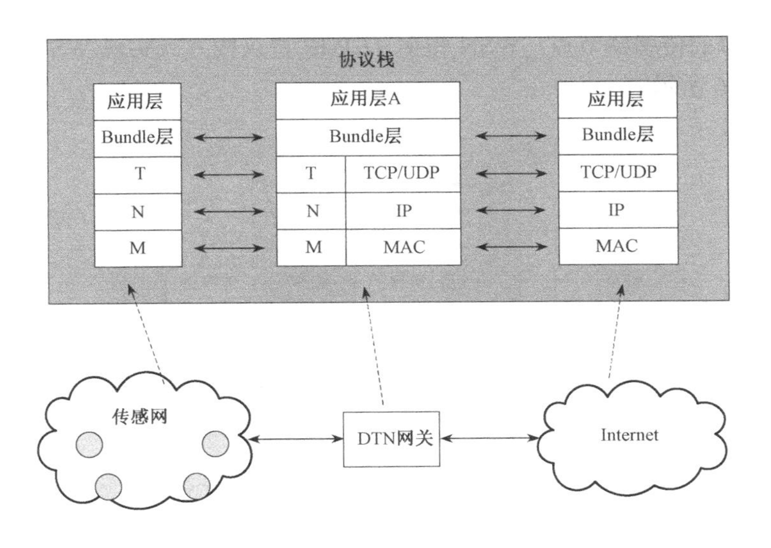

图 12-4　DTN 方式实现 WSN 与 Internet 互联的体系结构

3. TCP/IP 覆盖无线传感网协议栈

由于无线传感网能量受限的特性，传统 IP 难以直接使用。A. Dunkels 等针对无线传感网设计了特定的 IP 解决方案 u-IP。此方案需要给某些能力较强的传感器节点分配 IP 地址，其主要优点是 Internet 用户能够直接将请求发送到具有 IP 地址的传感器节点。TCP/IP 覆盖 WSN 协议栈方式实现 WSN 和 Internet 互联的体系结构如图 12-5 所示。

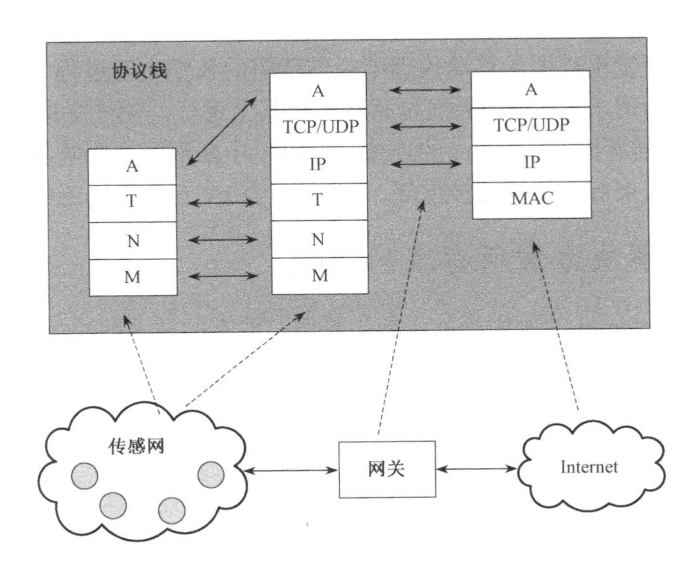

图 12-5　TCP/IP 覆盖 WSN 协议栈方式实现 WSN 与 Internet 互联的体系结构

4. 无线传感网协议栈覆盖 TCP/IP

美国科罗拉多州立大学的 Hui Dai 和 Richard Han 将无线传感网协议栈部署在 TCP/IP 协议栈上，实现无线传感网和 Internet 的互联。在此方式中，每个被部署无线传感网协议栈的 Internet

主机都被看作虚拟的传感器节点。WSN 覆盖 TCP/IP 协议栈方式实现 WSN 和 Internet 互联的体系结构如图 12-6 所示。

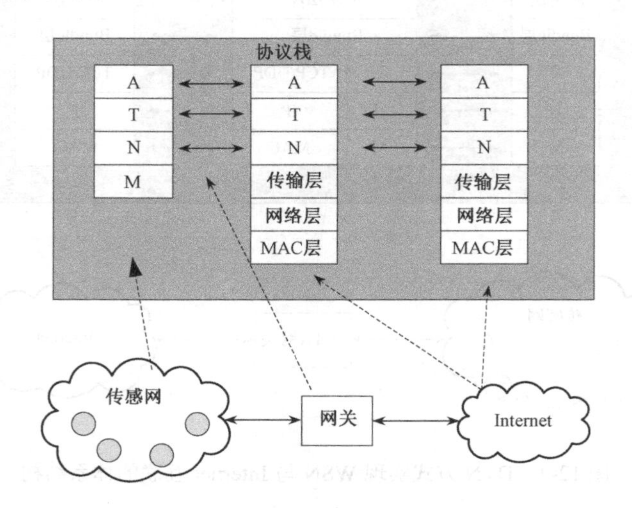

图 12-6　WSN 覆盖 TCP/IP 协议栈方式实现 WSN 与 Internet 互联的体系结构

5．移动代理

最近，移动代理技术被提出，用来解决无线传感网接入 Internet 的问题。其主要方法是在通信移动代理中封装与 Internet 通信的功能模块，当代理所在的节点将要耗尽能量而导致与 Internet 断开连接时，移动代理可以携带有用信息，选择转移到附近的合适节点，使之成为接入节点。

远端用户可以在所发出数据的移动代理中封装所需的长期交互过程中的所有信息，由该代理程序携带用户的查询请求，发送至无线传感网并在其上运行，与网关或接入节点进行所需的交互。在此期间，无线传感网与 Internet 的连接甚至可以中断而不会影响移动代理程序的工作。当移动代理程序工作结束后，如果连接恢复，代理即可将交互结果返还给远端用户。

12.1.4　现有解决方案所存在的问题

无线传感网接入 Internet 的研究尚处于起步阶段，现有的技术解决方法还不成熟，主要存在以下缺点：

（1）网络接入方法简单，使用了网关技术屏蔽下层传感器网络，但是没有给出具体的网关设计方法。大规模环境监测传感器网络的数据量较大，网关对协议转换效率低下，容易形成网络瓶颈。

（2）在网关节点移动或者移动用户直接访问传感器网络服务的情况下，传感器网络数据传输模式和路由协议面临巨大挑战，实现困难。

（3）现有的技术解决方案没有充分考虑安全问题，在用户访问传感器网络时，没有对用户进行身份验证的权限判断机制。

（4）没有形成网络接入体系和从服务提供的角度实现传感器网络接入 Internet，传感器网络服务的提供有困难。

12.2 无线传感网接入 Internet 体系结构的设计

传感器网络要接入 Internet，需要解决两个问题：WSN-Internet 网关实现传感器网络和 Internet 的网络层互联；在网关上实现协议转换，包括传感器网络数据包转换成 Internet 数据包和 Internet 数据包转化成传感器网络数据包。

传感器网络是以数据为中心的网络，为 Internet 用户提供环境信息监测服务，其中的主要通信模式包括：用户通过网关节点以广播的方式将服务请求发送到传感器网络；传感器网络为用户提供服务的响应信息；网络管理者通过网关节点对传感器网络进行配置；传感器网络内部的通信。为了协调无线传感网与 Internet 通信，向 Internet 用户提供环境信息监测服务，设计合理的传感器网络接入 Internet 体系结构对传感器网络的应用具有重要的实用价值。本章设计的接入体系结构如图 12-7 所示。

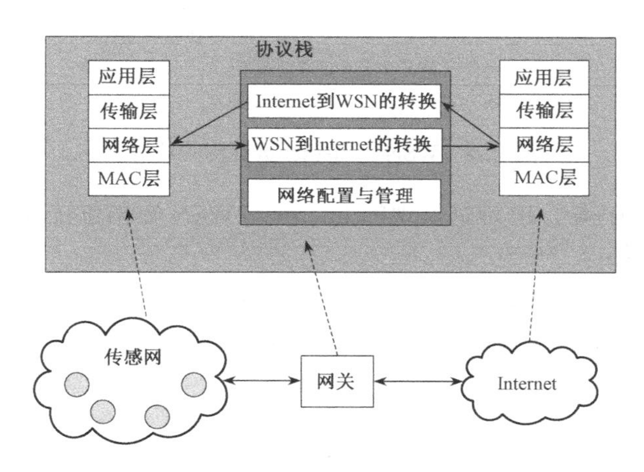

图 12-7 无线传感网接入 Internet 体系结构

12.2.1 WSN—Internet 网关设计

目前，传感器网络主要使用两种网络地址形式：节点 ID 和节点位置。Internet 主机使用地址唯一地标识自己。传感器网络接入 Internet 首先必须解决网络层的接入问题。为了实现异构网络的接入，在传感器网络和 Internet 之间部署协议转换网关（称为 WSN—Internet 网关）。WSN—Internet 网关包括以下几个部分：Internet→WSN 数据包转换，WSN→Internet 数据包转换，以及为访问服务提供支撑的服务提供、服务注册、位置管理和服务管理。本章设计的 WSN—Internet 数据网关结构如图 12-8 所示。

WSN—Internet 网关的主要功能是：将 Internet 用户的请求或者操作命令数据包转换成传感器网络数据包；将传感器网络的响应数据包转换成 Internet 数据包；对传感器网络服务进行管理，将服务在中心管理服务器上注册，并对用户提供环境监测服务。

为了实现 IP 地址和节点 ID/位置之间的转换，在 WSN—Internet 网关中建立 3 张表：信息服务表、IP 映射表和 IP 地址—传感器节点映射记录表。

（1）信息服务表：用在基于数据信息发现的 Internet→WSN 数据包转换中，将传感器网络提供的服务与相应的传感器节点ID/位置对应起来；

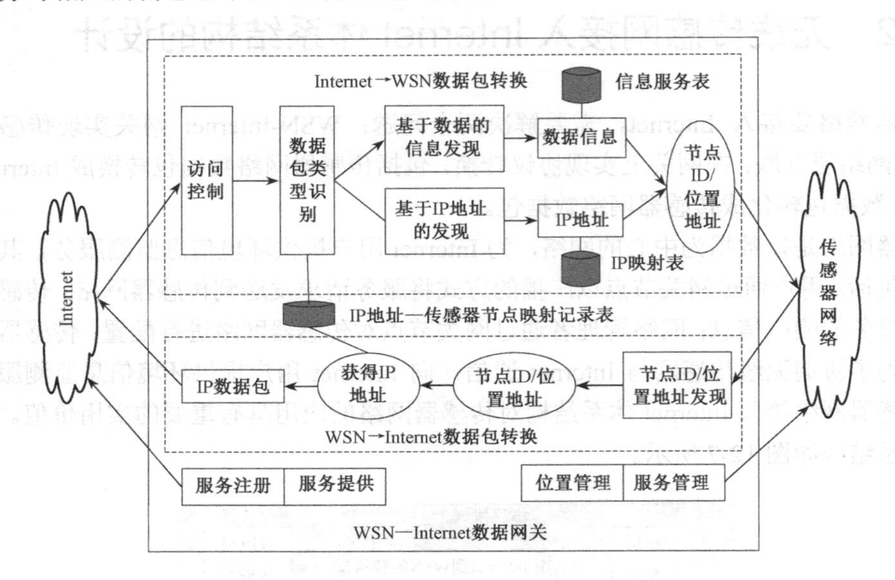

图 12-8 WSN—Internet 数据网关结构

（2）IP 映射表：用在基于 IP 地址发现的 Internet→WSN 数据包转换中，将 IP 地址与传感器节点 ID/位置对应起来；

（3）IP 地址—传感器节点映射记录表：用于记录 Internet→WSN 数据包转换过程中对应的原始 IP 数据包和转换之后的传感器网络数据包，其目的就是在 WSN→Internet 数据包转换过程中提供地址转换服务。

12.2.2 Internet→WSN 数据包转换

在将 Internet 数据包转换成传感器网络数据包的过程中，存在两种地址转换类型：基于 IP 地址发现和基于数据信息发现。在基于 IP 地址发现中，WSN—Internet 网关根据 Internet 数据包的 IP 来检索 IP 映射表，确定目的传感器节点 ID/位置。在基于数据信息发现中，WSN—Internet 网关提取数据包的数据信息，通过检索信息服务表，确定目的传感器节点 ID/位置。在将转换后的数据包发送给传感器网络之前，将原始的 Internet 数据包和转换后的数据包存储在 IP 地址—传感器节点映射记录表中。其目的是为传感器网络的响应数据包转换成 Internet 数据包提供地址映射。

具体转换算法如下：

（1）对来自 Internet 用户请求数据包中的请求令牌进行认证。若请求令牌合法，则提取数据包中的 IP 地址；否则，丢弃此信息。

（2）在请求令牌认证通过后，提取此请求数据包中的地址转换类型。若地址转换类型为基于数据信息的发现，则执行步骤（3）A；若转换类型为基于 IP 地址的发现，则执行步骤（3）B。

（3）A：提取数据包内容，根据请求数据包的内容查找信息服务库，得到相应传感器节点的 ID/位置；B：根据步骤（1）中提取的 IP 地址查找映射库，得到相应的传感器节点的 ID/位置。

（4）将步骤（1）中提取的用户 IP 地址和步骤（3）中得到的传感器 ID/位置保存到 IP 地址—传感器节点映射记录表中，供此请求的响应消息使用。

（5）生成传感器网络的数据包。

数据包转换流程图如图 12-9 所示。

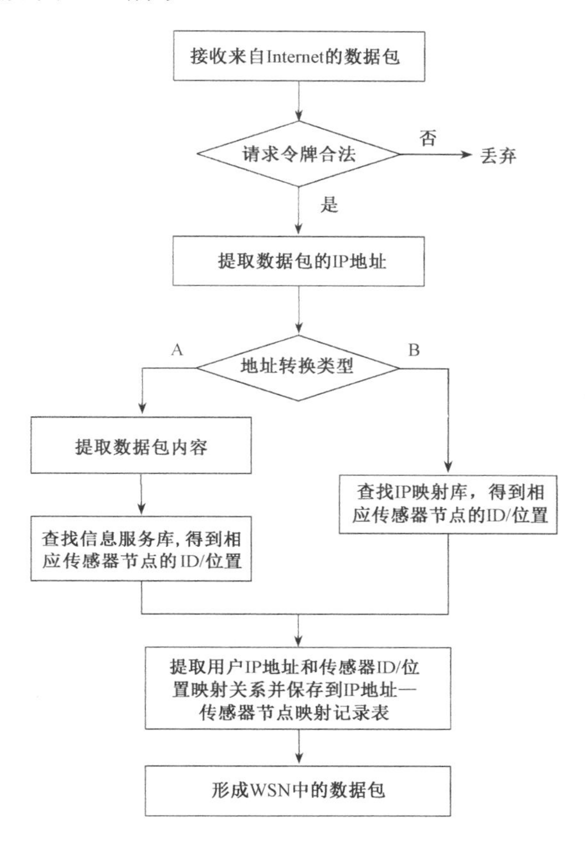

图 12-9　Internet→WSN 数据包转换流程图

12.2.3　WSN→Internet 数据包转换

当接收到来自无线传感网的响应用户的数据包时，WSN—Internet 网关使用数据包中包含的 ID/位置在 IP 地址—传感器节点映射记录表中查找先前转换的传感器数据包，WSN—Internet 网关能够发现最初的 Internet 数据包，并得到用户 IP 地址，然后创建一个新的 Internet 响应数据包。具体步骤如下：

（1）提取来自无线传感网的请求响应数据包中的传感器节点的 ID/位置；

（2）根据所获得的无线传感网节点的 ID/位置，查找 IP 地址—传感器节点映射记录表，获得对应的 IP 地址；

（3）生成 WSN—Internet 网关给用户的请求响应数据包；

（4）从 IP 地址—传感器节点映射表中删除该条记录。

数据包转换流程图如图 12-10 所示。

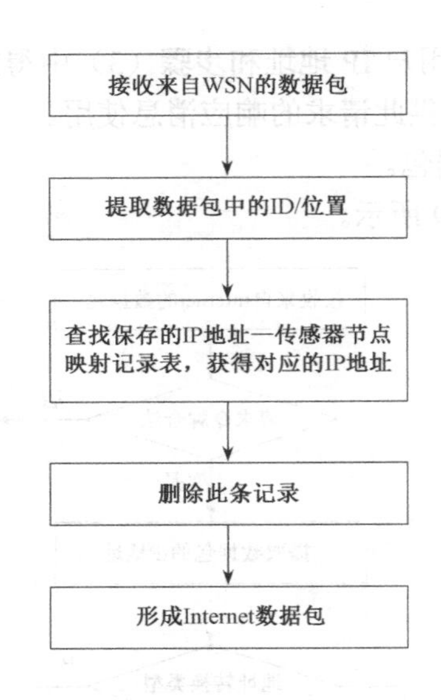

图 12-10 WSN→Internet 数据包转换流程图

本章小结

由于无线传感网的规模通常仅限于感知区域，为了实现大规模的组网，并与其他网络互联和共享，无线传感网与广域网或 Internet 互联是非常重要的过程。由于无线传感网是以数据为中心的网络，目前的数据网络都是基于 IP 的网络，所以无线传感网与广域数据网络的互联还有很多问题需要解决。

本章从 WSN—Internet 互联体系结构出发，介绍了几种接入方式，应用网关的设计与实现，以及协议数据包转换方式。

思考题

1．根据无线传感网的协议是否支持 TCP/IP，其接入 Internet 的方式有几种？分别说明其实现原理。

2．无线传感网接入 Internet 的实现方法有几种？

3．WSN—Internet 网关设计中需要建立哪几张表？各有什么作用？

4．查阅相关文献，阐述如何实现无线传感网与移动通信网络的互联。

第 13 章　无线传感网应用开发技术

无线传感网具有很强的应用相关性，在不同的应用要求下需要有不同的网络模型、软件系统和硬件平台与其配套。应用设计中需要根据条件和环境，考虑成本与体积，能源消耗与供给，以及安全等问题。

本章首先介绍无线传感网节点的硬件平台和软件平台，包括后台管理软件的应用平台；然后介绍无线传感网的仿真平台；最后给出应用案例的开发过程，便于读者实践。

13.1　无线传感网节点硬件平台

无线传感网具有很强的应用相关性，在不同应用要求下需要与不同的网络模型、软件系统和硬件平台配套。可以说无线传感网是在特定应用背景下，以一定的网络模型规划的一组传感器节点的集合，而传感器节点是为无线传感网特别设计的微型计算机系统。

传感器节点是无线传感网的基本构成单位，由其组成的硬件平台和具体的应用要求密切相关，因此节点的设计将直接影响到整个无线传感网的性能。无线传感网通常包括传感器节点、汇聚节点、处理中心、外部网络等。大量传感器节点随机部署在感知区域内部或附近，能够通过自组织方式构成网络，传感器节点将采集的数据沿着其他传感器节点逐跳进行传输，在传输过程中所采集的数据可能被多个节点处理，经过多跳路由后到汇聚节点，再由汇聚节点通过外部网络把数据传送到处理中心进行集中处理。

传感器节点通常是一个微型的嵌入式系统，各节点共同构成无线传感网的基础层支持平台。从网络功能上看，每个传感器节点兼顾传统网络节点的终端和路由器双重功能，除进行本地信息收集和数据处理外，还要对其他节点转发来的数据进行存储、管理和融合等处理，同时与其他节点协作完成一些特定任务。汇聚节点的处理能力、存储能力和通信能力相对较弱，它将无线传感网与互联网等外部网络连接，实现两种协议栈之间的通信协议转换，同时发布处理节点的监测任务，并把所收集到的数据转发到外部网络。

13.1.1　无线传感器节点的设计要求与内容

1. 节点设计特点和要求

传感器网络硬件节点的设计需从以下几方面考虑：

（1）微型化。传感器节点在体积上应足够小，并保证对目标系统本身的特性不会造成影响，或者其所造成的影响可忽略不计。

（2）扩展性和灵活性。传感器网络节点需要定义统一、完整的外部接口，在需要添加新的硬件部件时可以在现有的节点上直接添加，而不需要开发新的节点。同时节点可以按照功能被拆分成多个组件，组件之间通过标准接口自由组合。在不同的应用环境中，选择不同的组件自由配置系统，不必为每个应用都开发一套全新的硬件系统。

（3）稳定性和安全性。稳定性设计要求节点的各部件都能够在给定的外部环境变化范围内正常工作。在给定的温度、湿度和压力等外部条件下，传感器节点的处理器、无线通信模块和电源模块都要保证正常功能，同时传感器部件要保证工作在各自量程范围内。安全性设计主要包括代码安全和通信安全两个方面：在代码安全方面，某些应用场合可能希望能够保证节点的运行代码不被第三方了解。例如在某些军事应用中，在节点被敌方捕获的情况下，节点的代码应该能够自我保护并锁死，避免被敌方获取。很多微处理器和存储器芯片都具有代码保护的能力。而在通信安全方面，有些芯片能够提供一定的硬件支持，如CC2420具有支持基于AES-128的数据加密和数据鉴权的能力。

（4）低成本。这是传感器节点的基本要求，只有低成本的节点才能被大量布置在目标区域中，表现出传感器网络的各种优点。低成本对传感器各个部件提出了苛刻的要求：首先，供电模块不能使用复杂而且昂贵的方案；其次，能量的限制要求所有的器件都必须是低功耗的；再者，传感器不能使用精度太高、线性很好的部件，否则会造成传感器模块成本过高。

（5）低功耗。传感器网络对低功耗的需求一般都远远高于目前已成熟的蓝牙（Bluetooth）、WLAN 等无线网络。传感器节点的硬件设计直接决定了节点的能耗水平，还决定了各种软件通过优化（如网络各层通信协议的优化设计、功率管理策略的设计）可能达到的最低能耗水平。合理地设计硬件系统，可以有效降低节点能耗。

针对不同的具体应用背景，目前国内外研制了多种无线传感网节点的硬件平台，典型的节点包括 Mica 系列、Sensoria WINS、Telos、μAMPS 系列、XYZNode、Zabranet 等。实际上，各平台最主要的区别在于它们采用了不同的处理器、无线通信协议和与应用相关的不同传感器。常用的无线通信协议有 IEEE 802.11b、IEEE 802.15.4（ZigBee）、蓝牙、UWB 和自定义协议；所采用的处理器从 4 位的微控制器到 32 位 ARM 内核的高端处理器，还有一类节点（如WiseNet）采用集成了无线模块的单片机。

2. 节点设计内容

大多数传感器节点都具有终端探测和路由的双重功能，一方面实现数据的采集和处理，另一方面实现数据的融合和路由；对自身所采集的数据和所收到的其他节点发送的数据进行综合，转发和路由到网关节点。网关节点往往个数有限，而且其能量常常能够得到补充。网关通常使用多种方式（如因特网、卫星或移动通信网络等）与外界进行通信。

通常，普通的无线传感网节点数目大，采用不能补充的电池提供能量。传感器节点的能量一旦耗尽，该节点就不能进行数据采集和路由，这直接影响了整个无线传感网的稳健性和生命周期。因此，无线传感网设计的主要内容在于传感器节点。

由于具体应用的不同，传感器节点的设计也不尽相同，但是其基本结构通常大致是一样的。传感器节点的基本硬件模块主要由数据处理模块、传感器模块、无线通信模块、电源模块以及其他外围模块组成。其中，数据处理模块是节点的核心模块，用于完成数据处理、数据存储、通信协议执行和节点调度管理等工作；传感器模块包括各种传感器和执行器，用于感知数据和执行各种控制动作；无线通信模块用于完成无线通信任务；电源模块是所有电子系统的基础，电源模块的设计直接关系到节点的寿命；其他外围模块包括看门狗电路、电池电量检测模块等，也是传感器节点不可缺少的组成部分。

13.1.2 无线传感器节点的设计

传感器节点可以实现传统网络终端和路由器的双重功能；除了进行本地信息收集和数据处理外，还要对其他节点转发的数据进行存储、管理和融合等处理，同时与其他节点协作完成一些特定任务。传感器节点一般由数据处理模块、传感器模块、无线通信模块、电源模块以及外围模块组成，其组成结构如图 13-1 所示。

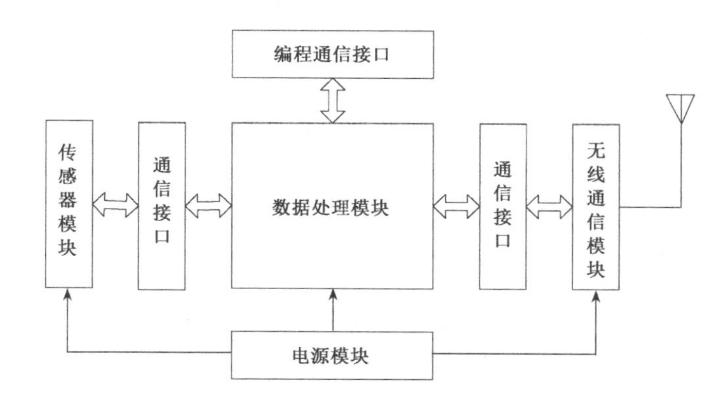

图 13-1 传感器节点组成结构

数据处理模块负责对整个节点进行控制和管理。传感器模块负责对环境信息（如光强、温度、压力、加速度、声音、图像等）进行采集，并作一定的数据转换。无线通信模块负责实现节点之间按一定的通信协议相互通信的功能。电源模块为节点供电，提供各部分运行所需的电量，通常采用电池供电。此外，由于应用场合不同，传感器节点还可能会增加部分支持模块，如定位模块、移动管理模块等。

1. 数据处理模块

传感器节点都具有一定的智能性，它能够对数据进行预处理，并能够根据感知的情况作出不同的处理。这种智能性主要依靠数据处理模块来实现，该模块是传感器节点的核心模块之一。

从处理器的角度来看，传感器节点基本上可以分为两类。一类采用以 ARM 处理器为代表的高端处理器。这类节点的能量消耗比采用微控制器的大很多，多数支持 DVS（动态电压调节）或 DFS（动态频率调节）等节能策略，但是其处理能力也要强很多，适用于图像等高数据量业务。另外，采用高端处理器作为网关节点也是不错的选择。另一类是以采用低端微控制器为代表的节点。这类节点的处理能力较弱，但是能量消耗也很小。在选择处理器时应该首先考虑系统对处理能力的需要，然后再考虑功耗问题。

对于数据处理模块的设计，主要考虑如下几个方面的问题：

（1）节能设计。从能耗的角度来看，除通信模块以外，微处理器、存储器等也是主要的耗能部件。它们都直接关系到节点的寿命，因此应该尽量使用低功耗的微处理器和存储器芯片。在选择微处理器时切忌一味追求性能，选择的原则应该是“够用就好”。现在微处理器的运行速度越来越快，但性能的提升往往会带来功耗的增加。一个复杂的微处理器，其集成度高、功能强，但能耗也大。另外，应优先选用具有休眠模式的微处理器，因为休眠模式下处理器功耗可以降低 3～5 个数量级。

（2）处理速度的选择。过快的处理速度可能会增加系统的功耗；但当处理器所承担的处理任务较重时，若能在完成任务后尽快转入休眠状态，则可降低能耗。另外，由于需要支持网络协议栈的实时运行，数据处理模块的速度也不能太低。

（3）低成本。低成本是无线传感网实用化的前提条件。在某些情况下，例如在温度传感器节点中，数据处理模块的成本可能会占到总成本的90%以上。片上系统（SoC）需要的器件数量最少，系统设计最简单，成本最低。但是，基于 SoC 的设计通常仅对某些特殊的市场需求而言是最优的，由于 MCU 内核速度和内部存储器容量等不能随应用需求进行调整，必须有足够大的市场需求量才能使产品设计的巨大投资得到回报。

（4）安全性。很多微处理器和存储器芯片提供内部代码安全保密机制，这在某些强调安全性的应用场合尤其必要。

微处理器单元是传感器节点的核心，负责整个节点系统的运行管理。表 13-1 所示为各种常见的微控制器性能比较。

表 13-1　各种常见的微控制器性能比较

厂商	芯片型号	RAM 容量/KB	Flash 容量/KB	正常工作电流/mA	休眠模式下的电流/mA
Atmel	Mega103	4	128	5.5	1
	Mega128	4	128	8	20
	Mega165/325/645	4	64	2.5	2
Microchip	PIC16F87x	0.36	8	2	1
Intel	8051 8 位 Classic	0.5	32	30	5
	8051 16 位	1	16	45	10
Philips	80C51 16 位	2	60	15	3
Motorola	HC08	2	32	8	100
TI	MSP430F14×16 位	2	60	1.5	1
	MSP430F16×16 位	10	48	2	1
Samsung	S3C44B0	8	—	60	5

在选择处理器时，应该首先考虑系统对处理能力的需要，然后考虑功耗问题。不过，对于功耗的衡量标准，不能仅仅从处理器有几种休眠模式以及每 MHz 时钟频率所耗费的能量等角度去考虑处理器自身的功耗，还要从处理器每执行一次指令所耗费的能量这个指标综合考虑。表 13-2 所示是目前一些常用处理器在不同的运行频率下每指令所耗费能量。

表 13-2　常用处理器的每指令所耗费能量

芯片型号	运行电压/V	运行频率	每指令消耗能量/nJ
ATMega128L	3.3	4 MHz	4
ARM Thumb	1.8	40 MHz	0.21
C8051F121	3.3	32 kHz	0.2
TMS320VC5510	1.5	200 MHz	0.8
Xscale PXA250	1.3	400 MHz	1.1
IBM 405LP	1.8	380 MHz	1.3

目前在处理器模块中使用较多的是Atmel公司的单片机。它采用RISC结构，吸取了PIC和8051单片机的优点，具有丰富的内部资源和外部接口。在集成度方面，其内部集成了几乎所有的关键部件。在指令执行方面，微控制单元采用Harvard结构，因此其指令大多为单周期。在能源管理方面，该公司的AVR单片机提供多种电源管理方式，以尽量节省节点能量。在可扩展性方面，提供了多个I/O口，并且和通用单片机兼容。此外，AVR系列单片机提供的USART（通用同步异步收发器）控制器、SPI（串行外围接口）控制器等与无线收发模块相结合，能够实现大吞吐量、高速率的数据收发。

TI公司的MSP430超低功耗系列处理器，不仅功能完善、集成度高，而且根据存储容量的多少提供了多种引脚兼容的系列处理器，使开发者可以根据应用对象灵活选择。

另外，作为32位嵌入式处理器的ARM单片机，也已经在无线传感网方面得到了应用。如果用户可以接受它的较高成本，就可以利用这种单片机来运行复杂的算法，完成更多的应用和业务功能。

2. 传感器模块

传感器模块是指将一种物理能量变为另一种物理能量的器件，包括传感器和执行器两种类型。该模块涉及各种类型的传感器，如声响传感器、光传感器、温度传感器、湿度传感器和加速度传感器等。另外，传感器节点中还可能包含各种执行器，如电子开关、声光报警设备、微型电动机等。

大部分传感器的输出是模拟信号，但通常无线传感网所传输的是数字化的数据，因此必须进行模/数转换。类似地，许多执行器的输出也是模拟的，因此也必须进行模/数转换。

在网络节点中配置模/数转换器（ADC）和数/模转换器（DAC），能够降低系统的整体成本，尤其是在节点有多个传感器且可共享一个转换器时。作为一种降低产品成本的方法，传感器节点的生产厂商可以选择不在节点中包含ADC或DAC，而是使用数字换能器接口。

3. 无线通信模块

无线通信模块由无线射频电路和天线组成，目前所采用的传输介质主要包括无线电、红外、激光和超声波等。该模块是传感器节点中最主要的耗能模块，是传感器节点的设计重点。

现在传感器网络应用的无线通信技术通常包括IEEE 802.11、IEEE 802.15.4（ZigBee）、蓝牙、UWB、RFID和IrDA等，还有很多芯片中双方通信的协议是由用户自己定义的。这些芯片一般工作在ISM免费频段。在无线传感网中应用最多的是ZigBee和普通射频芯片。其完整的协议栈只有32 KB，可以嵌入到各种微型设备中，同时提供了地理定位功能。

对于无线通信芯片的选择，应从性能、成本和功耗方面考虑，RFM公司的TR1000和Chipcon公司的CC1000是理想的选择。这两种芯片各有所长：TR1000功耗低些；CC1000灵敏度高些，传输距离更远。WeC、Renee和Mica节点均采用TR1000芯片；Mica2采用CC1000片；Mica3采用Chipcon公司的CC1020芯片，其传输速率可达153.6 kb/s，支持OOK、FSK和GFSK调制方式；MicaZ节点则采用CC2420 ZigBee芯片。

另外有一类无线芯片本身集成了处理器，例如CC2430是在CC2420的基础上集成了51内核的单片机，CC1010是在CC1000的基础上集成了51内核的单片机，这使得芯片的集成度进一步提高。常见的无线芯片还有Nordic公司的nRF905、nRF2401等系列芯片。传感器网络节点常用的无线通信芯片的主要参数如表 13-3 所示。

表 13-3 常用无线通信芯片的主要参数

芯片/参数	频段/MHz	速率/(kb/s)	电流/mA	灵敏度/dBm	功率/dBm	调制方式
TR1000	916	115	3	−106	1.5	OOK/FSK
CC1000	300～1000	76.8	5.3	−110	20～10	FSK
CC1020	402～904	153.6	19.9	−118	20～10	GFSK
CC2420	2400	250	19.7	−94	−3	O-QPSK
nRF905	433～915	100	12.5	−100	10	GFSK
nRF2401	2400	1000	15	−85	20～0	GFSK
9Xstream	902～928	20	140	−110	16～20	FHSS

目前市场上支持 ZigBee 协议的芯片制造商有 Chipcon 公司和 Freescale 半导体公司。Chipcon 公司的 CC2420 芯片应用较多，该公司还提供 ZigBee 协议的完整开发套件；Freescale 半导体公司提供 ZigBee 的 2.4 GHz 无线传输芯片，包括 MC13191、MC13192、MC13193，该公司也提供配套的开发套件。

4. 电源模块

电源模块是任何电子系统的必备基础模块，它直接关系到传感器节点的寿命、成本、体积和设计的复杂度。对传感器节点来说，在电源模块中如果能够采用大容量电源，那么网络各层通信协议的设计、网络功率管理等方面的指标都可以降低，从而降低设计难度。容量的扩大通常意味着体积和成本的增加，因此电源模块的设计必须首先合理选择电源种类。

众所周知，市电是最便宜的电源，不需要更换电池，而且不必担心电源耗尽。但在具体应用中，一方面市电的应用受到供电线路的限制，这削弱了无线节点的移动性和使用范围；另一方面，用于电源电压转换的电路需要额外增加成本，不利于降低节点成本。对于一些市电使用方便的场合，如电灯控制系统等，仍可以考虑使用市电供电。

电池供电是目前最常见的传感器节点供电方式。按照电池能否充电，电池可分为可充电电池和不可充电电池。一般不可充电电池比可充电电池能量密度大，如果没有能量补充来源，则应选择不可充电电池。

传感器节点在某些情况下可以直接从外界的环境获取足够的能量，包括通过光电效应、机械振动等不同方式获取能量。如果设计合理，采用能量收集技术的节点尺寸可以做得很小，因为它们不需要随身携带电池。最常见的能量收集技术包括太阳能、风能、热能、电磁能和机械能等。

节点所需的电压通常不止一种。这是因为模拟电路与数字电路所要求的最优供电电压不同，而非易失性存储器和压电换能器需要使用较高的电源电压。任何电压转换电路都会有固定开销消耗在转换电路本身而不是在负载上。对于占空比非常低的传感器节点，这种开销占总功耗的比例可能比较大。

5. 外围模块设计

传感器网络节点的外围模块主要包括看门狗电路、I/O 电路和低电量检测电路等。

看门狗（Watch Dog）是一种增强系统稳健性的重要措施，它能够有效地防止系统进入死循环或者程序跑飞。传感器节点的工作环境复杂多变，可能会由于干扰而造成系统软件的运行混乱。

例如，在因干扰造成程序计数器计数值出错时，系统会因访问了非法区域而“跑飞”。看门狗解决这一问题的过程如下：在系统运行以后启动看门狗的计数器，看门狗开始自动计数；如果到达了指定的数值，那么看门狗计数器就会溢出，从而引起看门狗中断，造成系统复位，恢复正常程序流程。为了保证看门狗的动作正常，需要程序在每个指定的时间段内都必须至少置位看门狗计数器一次，这俗称“喂狗”。对于传感器节点而言，可用软件设定看门狗的反应时间。

通常，休眠模式下微处理器的系统时钟将停止，由外部事件中断来重新启动系统时钟，从而唤醒 CPU 继续工作。在休眠模式下，微处理器本身实际上已经不消耗电流，要想进一步降低系统功耗，就要尽量将传感器节点的各个 I/O 模块关闭。随着 I/O 模块的逐个关闭，节点的功耗越来越低，最后会进入深度休眠模式。需要注意的是，通常在让节点进入深度休眠状态前，需要将重要的系统参数保存在非易失性存储器中。

另外，由于电池寿命有限，为了避免节点在工作中发生突然断电的情况，当电池电量将要耗尽时必须有某种指示，以便及时更换电池或提醒邻居节点。噪声干扰和负载波动也会造成电源端电压的波动，这在设计低电量检测电路时应予以考虑。

13.1.3 传感器汇聚节点/网关节点的设计

汇聚节点必须实现两个通信网络之间数据的交换，并实现两种协议栈之间的通信协议转换。它发布管理节点的监测任务，并把所收集到的数据转发到外部网络上。它既可以是一个增强功能的传感器节点，又可以是没有监测功能仅带无线通信接口的特殊网关设备。汇聚节点包括电源系统，即电源产生、电压变换、电源管理等，可采用电池或者市电供电；存储模块，它存储系统信息或者数据信息等；处理器模块，它对整个系统进行管理、控制；节点通信模块，它负责与传感器节点之间交互信息；传感网通信模块，它实现无线传感网与另外的网络（如 GSM 网络、WLAN、Ethernet 等）的通信。汇聚节点/网关节点的组成结构如图 13-2 所示。

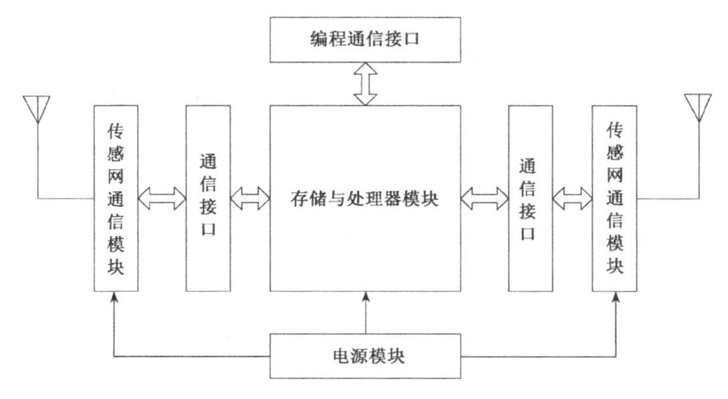

图 13-2　汇聚节点/网关节点的组成结构

汇聚节点是第一级网络的核心部分，其功能强大，系统复杂。它能够实现键盘扫描、液晶显示、数据备份存储、数据协议转换及报警等功能，所需外围元件较多。因此，选用的微控制器应具备以下特点：①系统资源丰富；②数字 I/O 引脚较多；③存储空间较大；④处理能力强；⑤能够适应比较复杂、恶劣的工作环境。

网关节点的处理器通常选用嵌入式 CPU，如 Motorola 的 68HC16、ARM 公司的 ARM7 和 Intel 公司的 8086 等。数据传输主要由低功耗、短距离的无线通信模块完成，如 RFM 公司的 TR1000 等。因为需要进行较复杂的任务调度与管理，所以网关节点需要一个微型化的嵌入式操作系统。网关节点的组成结构参见图 13-2。

13.2　无线传感网软件平台

13.2.1　节点的操作系统

1. 网络节点操作系统的设计要求

这里先对常见的操作系统、嵌入式系统、嵌入式操作系统的概念进行简单介绍。

通常，操作系统（operating system，OS）是指电子计算机系统中负责支撑应用程序运行环境和用户操作环境的系统软件。它是计算机系统的核心与基石，其职责包括对硬件的直接监管，对各种计算资源（如内存、处理器时间等）的管理，以及提供诸如作业管理之类的面向应用程序的服务等。操作系统避免了用户使用计算机时对计算机系统硬件的直接操作。对计算机系统而言，操作系统是对所有系统资源进行管理的程序的集合。对用户而言，操作系统提供了对系统资源进行有效利用的简单抽象的方法。人们将安装了操作系统的计算机称为虚拟机（virtual machine，VM），并认为它是对裸机的扩展。

嵌入式系统是指用于执行独立功能的专用计算机系统。它由微处理器、定时器、微控制器、存储器、传感器等一系列微电子芯片与器件，以及嵌入在存储器中的微型操作系统、控制应用软件组成，共同实现实时控制、监视、管理、移动计算、数据处理等各种自动化的处理任务。

嵌入式操作系统是一种支持嵌入式系统应用的操作系统软件，它是嵌入式系统的重要组成部分。嵌入式操作系统具有通用操作系统的基本特点，能够有效管理复杂的系统资源，并且把硬件虚拟化。

传感器节点作为一种典型的嵌入式系统，同样需要操作系统来支撑它的运行。无线传感网节点的操作系统是运行在每个传感器节点上的基础核心软件，它能够有效地管理硬件资源和任务的执行，并且使应用程序的开发更为方便。无线传感网操作系统的目标是有效地管理硬件资源和任务的执行，并且使用户不用直接在硬件上编制开发程序，从而使应用程序的开发更为方便。这不仅提高了开发效率，而且能够增强软件的重用性。

但是，传统的嵌入式操作系统不适用于无线传感网，这些操作系统对硬件资源有较高的要求，传感器节点的有限资源很难满足这些要求。

同时，无线传感网操作系统的设计是面向具体应用的，这是它与传统操作系统设计的主要区别。在设计传统操作系统时，一般会要求操作系统为应用开发提供一些通用的编程接口，这些接口是独立于具体应用的，只需调用这些编程接口就能开发出各种各样的应用程序。这样设计出来的传统操作系统需要实现复杂的进程管理和内存管理等功能，因而对硬件资源有较高的要求。只有针对具体应用，才能量体裁衣地开发出对硬件资源要求最低的操作系统。

根据无线传感网的特征，设计操作系统时通常需要满足如下要求：

（1）由于传感器节点只有有限的能量、计算和存储资源，它的操作系统代码量必须尽可能少，代码复杂度尽可能低，从而尽可能降低系统的能耗。

（2）由于无线传感网的规模可能很大，网络拓扑动态变化，因而操作系统必须能够适应网络规模和拓扑高度动态变化的应用环境。

（3）操作系统对监测环境发生的事件要能快速响应，并迅速执行相关的处理任务。

（4）能有效地管理能量资源、计算资源、存储资源和通信资源，高效地管理多个并发任务的执行，使应用程序能快速切换，并能够执行频繁发生的多个并发任务。

（5）由于每个传感器节点资源有限，有时需要多个传感器节点协同工作，形成分布式的网络系统，才能完成复杂的监测任务。无线传感网操作系统必须能够使多个节点高效地协作完成监测任务。

（6）提供方便的编程方法。基于无线传感网操作系统所提供的编程方法，开发者能够方便、快速地开发应用程序，而无须过多地关注对底层硬件的操作。

（7）有时无线传感网被部署在危险的不可到达区域，而某些应用要求对大量的传感器节点进行动态编程配置。在这种情况下，操作系统能通过可靠传输技术对大量的节点发布代码，实现对节点的在线动态重新编程。

2．TinyOS 操作系统

TinyOS 是一个开源的嵌入式操作系统。它是由加州大学伯利克分校开发的，主要应用于无线传感网方面。它采用了基于组件（component-based）的架构方式，能够快速实现各种应用。TinyOS 程序采用的是模块化设计，核心程序往往都很小。一般来说，其核心代码和数据为 400 B 左右，能够突破传感器存储资源少的限制，这使得 TinyOS 可以有效地运行在无线传感网节点上，并负责执行相应的管理工作。

TinyOS 本身提供了一系列的组件，可以很方便地编制程序，用来获取和处理传感器的数据，并通过无线方式来传输信息。可以把 TinyOS 看成一个与传感器进行交互的 API 接口，它们之间能实现各种通信。

在构建无线传感网时，TinyOS 通过一个基地控制台（即网关汇聚节点）来控制各个传感器子节点，并汇集和处理它们所采集到的信息。TinyOS 只需在控制台发出管理信息，然后由各个节点通过无线网络互相传递，最后达到协同一致的目的。

3．TinyOS 在 Windows 下的安装

TinyOS 系统软件包是开源代码，用户可以从网站http://www.tinyos.net/下载。下面介绍 Windows 下 TinyOS 2.0 版本的安装过程，其他版本的安装与此类似。首先，准备以下软件包：

（1）Cygwin 安装包；

（2）Java 开发工具；

（3）AVR 工具包：avr-binutils，avr-gcc，avr-libc，avarice，avr-insight，avrdude；

（4）MSP430 工具包：msp430tools-base，msp430tools-python-tools，msp430tools-binutils，msp430tools-gcc，msp430tools-libc；

（5）TinyOS 源码包及相关工具包：nesc，tinyos-deputy，tinyos-tools，tinyos-2.1.0；

（6）Graphviz 工具。

安装步骤如下：

（1）搭建 Java 环境。下载并安装 Java 1.5(Java 5)JDK。Java 是最常用的在 PC 和节点/网关之间交互的方法。

（2）在 Windows XP 下安装 Cygwin 平台。这种方式提供了一个 shell 环境和开发 TinyOS 时用到的大多数 UNIX 工具，如 perl 和 shell 脚本。

（3）安装目的节点交叉编译器。因为我们要编译 MCU 上的程序，所以需要能够生成相应汇编语言的编译器。如果使用 CC2430 系列的节点，就需要 IAR 的工具链；如果是 Telos 系列的节点，那就需要 MSP430 工具链。

（4）安装 nesC 编译器。TinyOS 用 nesC 写成。nesC 是 C 的一个分支，它支持 TinyOS 中的并发模型并且使用基于组件的编程。nesC 编译器相对于节点来说是独立的，它的编译输出会传递给目的节点的编译器，所以用户可以充分发挥主观能动性对代码进行优化。

（5）安装 TinyOS 源代码树，并设置环境变量。对于 TinyOS 程序的编译和下载，需要用到源代码树。

（6）安装 Graphviz 图形工具。TinyOS 环境有个 nesdoc 工具，用来从源代码生成 HTML 文档。这个过程牵扯到画图和展示 TinyOS 组件间的关系。Graphviz 是 nesdoc 用来画图的一个开源工具。

13.2.2 应用软件开发

1. 无线传感网软件开发的特点和要求

无线传感网在环境监测、医疗监护、军事、家庭、工业、教育等领域的应用日趋广泛。在这些多样化的应用中，各类应用系统或中间件系统都是针对某类特定应用和特定环境的，开发无线传感网的应用程序需要一定的周期。

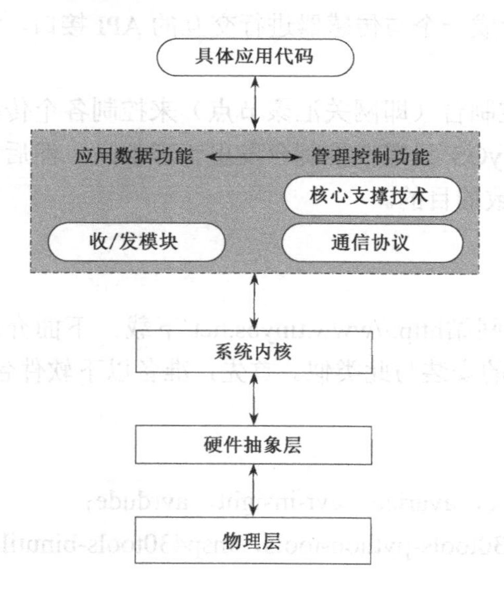

图 13-3 传感器节点软件系统的分层结构

无线传感网节点的软件系统用于控制底层硬件的工作行为，为各种算法、协议的设计提供一个可控的操作环境，同时便于用户有效地管理网络，实现网络的自组织、协作、安全和能量优化等功能，从而降低无线传感网的使用复杂度。通常无线传感网的软件运行采用的分层结构，如图 13-3 所示。

其中，硬件抽象层在物理层之上，用来隔离具体硬件，为系统提供统一的硬件接口，如初始化指令、中断控制、数据收发等；系统内核负责进程调度，为应用数据功能和管理控制功能提供接口；应用数据功能用来协调数据收发、校验数据，并确定数据是否需要转发；管理控制功能用来实现网络的核心支撑技术和通信协议。在编写具体的应用代码时，要根据应用数据功能和管理控制功能所提供的接口和一些全局变量来设计。

无线传感网资源受限，动态性强且以数据中心，这使得网络节点的软件系统开发设计具有如下特点：

（1）具有自适应功能。由于网络变化不可预知，软件系统应能够及时调整节点的工作状态，设计层次不能过于复杂，且要具有良好的事件驱动与响应机制。

（2）保证节点的能量优化。由于传感器节点的电池能量有限，在设计软件系统时应尽可能考虑节能，用比较精简的代码或指令来实现网络的协议和算法，并采用轻量级的交互机制。

（3）采用模块化设计。为了便于软件重用，保证用户能根据不同的应用需求快速进行开发，需要将软件系统的设计模块化，让每个模块完成一个抽象功能，并制定模块之间的接口标准。

（4）面向具体应用。软件系统要面向具体的应用需求进行设计开发，运行性能要满足用户的要求。

（5）具有维护和升级功能。为了维护和管理网络，软件系统宜采用分布式的管理办法，通过软件更新和重配置机制来提高系统运行的效率。

2. 网络系统开发的基本内容

无线传感网软件开发的本质，是从软件工程的思想出发，在软件体系结构设计的基础上开发应用软件。通常，需要使用基于框架的组件来支持无线传感网的软件开发。这种框架运用自适应的中间件系统，通过动态地交换和运行组件，支撑起高层的应用服务架构，从而加速和简化了应用系统的设计与开发。无线传感网软件设计的主要内容就是开发这些基于框架的组件，主要包括传感器、节点和网络 3 个环节的应用。

1）传感器应用

传感器应用的设计是负责提供传感器节点必需的本地基本功能，包括数据采集、本地存储、硬件访问和直接存取操作系统等。

2）节点应用

节点应用包含针对专门应用的任务和用于建立与维护网络的中间件功能，它涉及操作系统、传感驱动和中间件管理 3 部分。节点应用环节的组件框架如图 13-4 所示。其中，各组件功能如下：

（1）操作系统组件：由裁剪过的只针对特定应用的软件组成，专门处理与节点硬件设备相关的任务，包括启动载入程序、硬件初始化、时序安排、内存管理和过程管理等。

（2）传感驱动组件：负责初始化传感器节点，驱动节点上的传感单元执行数据采集和测量任务，由于它封装了传感器探测功能，可以为中间件提供良好的 API 接口。

（3）中间件管理组件：作为一个上层软件，该组件用来组织分布式节点间的协同工作。

（4）模块组件：负责封装网络应用所需的通信协议和核心支撑技术。

（5）算法组件：用来描述模块的具体实现算法。

（6）服务组件：负责与其他节点协作完成任务，提供本地协同功能。

（7）虚拟机组件：负责执行与平台无关的一些程序。

3）网络应用

网络应用的设计内容描述了整个网络应用的任务和所需的服务，为用户提供操作界面，管理整个网络并评估运行效果。网络应用环节的组件框架如图 13-5 所示。

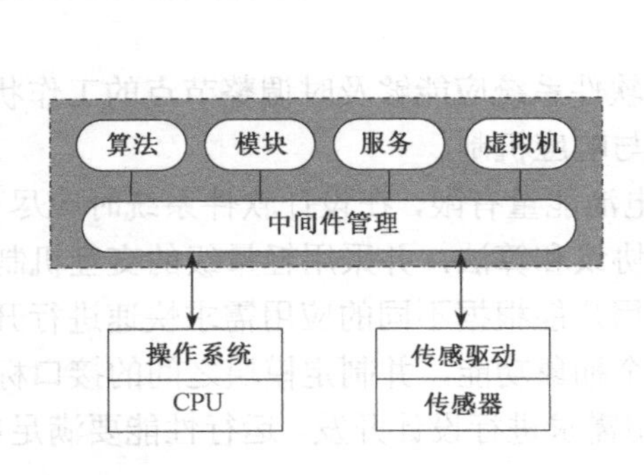

图 13-4　节点应用环节的组件框架

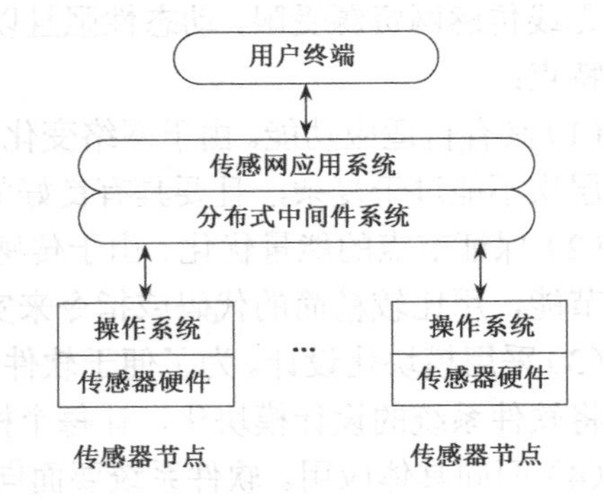

图 13-5　网络应用环节的组件框架

网络中的节点通过中间件的服务被连接起来，协作地执行任务。中间件逻辑上是在网络层，但物理上仍存在于节点内，它在网络内协调服务间的互操作，灵活、便捷地支撑起无线传感网的应用开发。

通常人们需要依据上述 3 个环节的应用，通过程序设计来开发实现各类组件，这也是无线传感网软件设计的主要内容。

3. 后台管理软件

在选定了硬件平台及操作系统，实现了相关的通信协议，并将这些硬件设备组建为网络之后，需要对网络进行分析，以了解无线传感网的拓扑结构变化、协议、功耗和数据处理等方面的性能。这都需要获取关于无线传感网运行状态和网络性能的宏观和微观的种种信息，通过对这些信息进行处理才能对无线传感网进行定性或定量的分析。

然而，无线传感网本质上是一种资源极度受限的分布式系统。在无线传感网中，大量的无线自主节点相互协作分工，完成数据采集、处理和传输。从微观角度来看，无线传感网节点状态的获取难度远大于普通网络节点；从宏观角度来看，无线传感网的运行效率和性能也比一般网络难于度量和分析。因此，无线传感网的分析与管理是无线传感网研究和应用中的一个重点和难点，而且无线传感网的分析与管理需要一个后台系统来提供支持。

无线传感网后台管理软件一般由三大部分组成，其一般结构如图 13-6 所示。无线传感网采集环境数据并通过传输网络将数据传输到后台管理平台；后台管理平台对这些数据进行分析、处理、存储，以得到无线传感网的相关信息，对无线传感网的运行和环境状况进行监测。另外，后台管理平台也可以发起任务并通过传输网络告知无线传感网，从而完成特定的任务。例如，后台管理软件询问“温度超过 80℃的地区有哪些”，之后无线传感网将会返回温度超过 80℃的地区的数据信息。

图 13-6　无线传感网后台管理软件的一般结构

后台管理软件的一般组成如图13-7所示。数据库用于存储所有数据，包括无线传感网的配置数据、节点属性、传感数据，以及后台管理软件的一些数据等；数据处理引擎负责传输网络和后台管理软件之间的数据交换、数据分析和数据处理，将数据存储到数据库，从数据库中读取数据，将数据按照某种方式传递给图形用户界面，并接收图形用户界面产生的数据等；后台组件利用数据库中的数据实现一些逻辑功能或者图形显示功能，它可能会包括网络拓扑显示组件、节点显示组件、图形绘制组件等；图形用户界面是用户对无线传感网进行监测的窗口，通过它，用户可以了解无线传感网的运行状态，也可以给无线传感网分配任务。

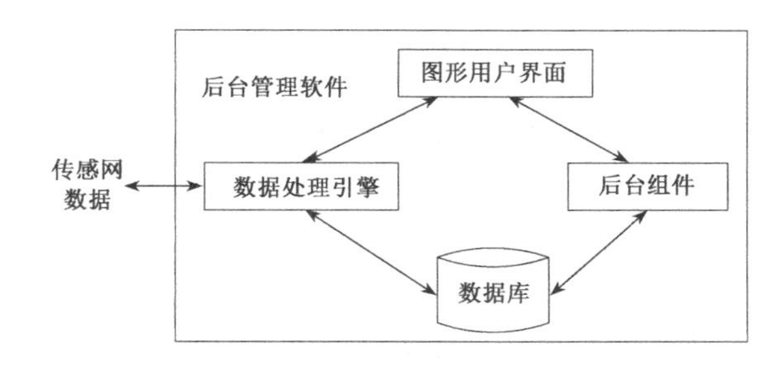

图 13-7　后台管理软件的一般组成

目前，在无线传感网领域出现了一些相关的工具，如克尔斯博公司的Mote-View、加州大学伯克利分校的TinyViz（与TinyOS配套）、加州大学洛杉矶分校的EmStar、DaintreeNetworks公司研发的 Sensor Network Analyzer（SNA）、德国吕贝克大学（University of Lubeck）的SpyGlass、中科院开发的SNAMP等；这些工具在无线传感网的分析和管理中都得到了应用。有关功能及特点可以参考相关文献。

13.3　无线传感网的仿真平台

13.3.1　无线传感网仿真的特点

由于无线传感网是高度面向应用的网络类型，而且它相对其他类型的网络有许多限制和独特之处，因此其仿真特点与现有的有线和无线网络有所不同。

1. 仿真规模大

对于传统的有线网络，利用有限的具有代表性的节点拓扑就可以相当大程度地模拟整个网络的性能。但是对于无线传感网，部署于监测区域内的无线传感器节点的数目庞大，节点分布密集，网络规模大且具有复杂的、动态变化的拓扑结构，因此无法用有限的节点数目来分析其整体性能。仿真时必须考虑大规模的网络仿真并保持一定的仿真效率。

2. 仿真目标不同

传统的有线和无线网络的仿真，主要是分析网络的吞吐量、端对端延迟和丢包率等 QoS 指标，而这些指标在大部分无线传感网的应用中都不是最主要的分析目标。无线传感网是以数据为中心的全分布式网络，单个传感器节点的信息意义不大，这就要求仿真中对整个网络进行协同分析。传感器节点一般采用电池供电且部署于不可更换电池的环境中，要求节点使用寿命长，因此节点的寿命、能耗分析等成为仿真中非常重要的分析目标。

3. 业务模型不固定

无线传感网是高度面向应用的，不同的应用有不同的业务模型，也会有不同的事件类型。另外，在不同的应用情况下，网络的生命周期也不同。因此，需要建立一种合适的无线传感网业务模型。

4. 节点特殊性

传感器节点具有感知物理世界的能力，它对外部突发事件具有很高的灵敏度。而且，传感器节点可能会移动或者因受到了噪声、干扰、人为破坏等因素的影响而失效，也会在不同的工作状态下不断变化。因此在仿真过程中需要考虑传感器节点的特殊性，建立物理环境、状态变化等的动态模型。

除以上几个方面以外，无线传感网还有许多独特的性质，如硬件平台的多样性、网络节点自身操作系统的特殊性、没有标准的通信协议等。因此，在仿真中需要根据应用需求建立适合的仿真模型。

13.3.2 通用网络仿真平台

随着无线传感网的快速发展，对无线传感网仿真的研究也有了很多研究成果。目前，不仅有对以前成熟的网络仿真平台的改进，如 NS-2、OPNET 等，使得它们能够支持无线传感网的新特性；也有在以前平台基础上开发的仿真工具，如 SensorSim、SENSE、LSU Sensor Simulator 等；还有重新开发的一些面向无线传感网的仿真工具，如 TOSSIM 等。基于无线传感网的特点，目前的网络模型并不能对所遇到的问题进行完全仿真。不同的仿真器存在不同的问题，如过度简化的模型、缺少用户自定义、很难获取现有协议、成本高等。

由于仿真本身不能达到百分之百的完美，而且目前有很多适用于对不同应用场景的无线传感网进行仿真的工具，因此对于一个开发者来说，选择一款适合自己项目的仿真器是很重要的。下面介绍几种常用的仿真工具，并描述它们各自的特性及优缺点，为无线传感网仿真平台的选择和设计提供指导。

1. NS-2

NS-2（Network Simulator version2）是无线传感网中最流行的仿真工具，它起源于 1989 年为通用网络仿真而设计的 NS（Network Simulator），是一个开源的面向对象的离散事件仿真器。NS-2 采用模块化方法实现，用户可以通过“继承”来开发自己的模块，具有很好的扩展性，既能够对仿真模型进行扩展，又可以直接创建和使用新的协议。NS-2 通过 C++与 OTcl 的结合来实现仿真，C++用于实现协议和对 NS-2 模型库的扩展，OTcl 用于创建和控制仿真环境（包括选择输出数据）。NS-2 包括大量的协议、通信产生器（traffic generator）及工具。

NS-2 对无线传感网的仿真是通过对 ad hoc 仿真工具的改进并添加一些组件来实现的。对传感器网络仿真的支持包括传感信道、传感器模型、电池模型、针对无线传感器的轻量级协议栈、混合仿真及场景生成等。通过对 NS-2 的扩展，可以使它通过外部环境来触发事件。NS-2 的扩展性和面向对象设计，使得新协议的开发和使用非常简便，而且有许多协议可以免费获取，还可以将自己的仿真结果跟其他人的算法进行比较，这更加促进了 NS-2 的发展。

NS-2 也存在一些缺点：

（1）不适用于大规模的无线传感网仿真。由于其面向对象的设计，使得 NS-2 在对大量节点的环境进行仿真时性能很差。在仿真中，每个节点都是一个对象，并能够与其他任何节点交互，在仿真时会产生大量的相关性检查。

（2）缺少用户自定义。NS-2 中的包格式、能量模型、MAC 协议以及感知硬件的模型，都与大部分传感器中的不同。

（3）缺少应用模型。在许多网络环境中这不是问题，但是无线传感网一般都包括应用层与网络协议层之间的交互。

（4）使用比较困难。NS-2 入门难，并且有很多不同版本，使得仿真结果之间的比较变得困难。

2. OPNET

OPNET（Optimized Network Engineering Tool）是一个面向对象的离散事件通用网络仿真器，它使用分层模型来定义系统的每个方面：顶层包括网络模型，在此定义拓扑结构；下一层是节点，在此定义数据流模型；第三层是过程编辑器，它处理控制流模型；最后包含一个参数编辑器以支持上面的三层。分层模型的结果是一个离散事件仿真引擎的事件队列和一系列代表在仿真中处理事件的节点的实体集合，每个实体包括一个仿真时处理事件的有限状态机（finite state machine，FSM）。OPNET 能够记录大量用户定义的结果的集合，支持不同特定传感器硬件的建模，比如物理连接收发器和天线，能自定义包格式。仿真器通过一个图形用户接口帮助用户开发不同的模型，整个接口可以模拟、图形化、动画展示输出结果。OPNET 跟 NS-2 一样有相同的面向对象的规模问题；它并不像 NS-2 及 GloMoSim 那样流行；它是商业软件，在获得协议方面也不如 NS-2 方便。

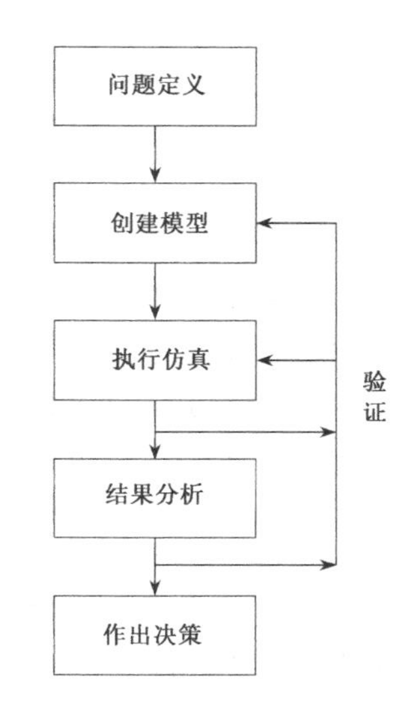

图 13-8　OPNET 建模与仿真周期

OPNET 的特点如下：

（1）关于建模与仿真周期，OPNET 提供了强大的工具来帮助用户完成设计周期的 5 个设计阶段中的 3 个，即创建模型、执行仿真和结果分析，如图 13-8 所示。

（2）分层建模。OPNET 使用层次结构建模，每个层次描述仿真模型的不同方面。共有 4 种编辑器，包括网络编辑器、节点编辑器、进程编辑器和参数编辑器。

（3）专用于通信网络。详细的模型库提供了对现有协议的支持，并且允许用户修改现有模型或者创建自己的模型。

（4）自动仿真生成。OPNET 模型能被编译为可执行代码，然后调试和执行，并输出数据。它拥有探测器编辑器、分析工具、过滤工具、动画视图等结果分析工具。

3. OMNeT++

OMNeT++（Objective Modular Network Test-bed in C++）是一个开源的、面向对象的离散事件仿真器，一般用来对通信网络及其他一些分布式系统进行仿真。OMNeT++由多层嵌套的模块构成，如图 13-9 所示。其模块分为简单模块和复合模块，简单模块用于定义算法和组成底层，复杂模块由多个简单模块组成，这些简单模块之间使用消息进行交互。顶层模块被称为系统模块（system module）或者网络，它包括一个或者多个子模块，每个模块又可以嵌套子模块，嵌套的深度没有限制。

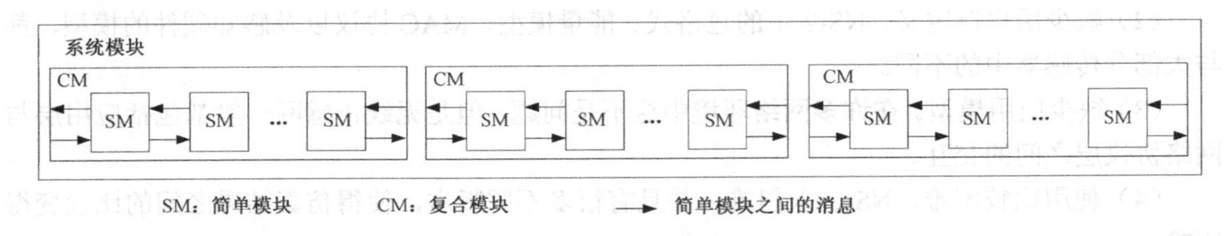

图 13-9　OMNeT++模块

OMNeT++的传感器网络模块被称为 SensorSim。传感器节点是一个复合模块，它包括 3 类模块，分别为代表每个协议层的模块、反映硬件的模块和协调器模块。协调器模块负责协议层和硬件之间的通信，为两者传递必需的消息。在传感器节点模块之外，有代表被感知物理对象的模块。传感信道与传感器节点通信，无线信道与网络通信。SensorSim 是基于组件实现的，它比 NS-2 具有更高的效率，能够准确模拟大部分硬件，包括对物理环境的建模，其协议栈的所有层都可以修改。

但是 OMNeT++也有一些缺点：

（1）设计方法与其他仿真器大不相同，学习困难；

（2）使用 SensorSim 所作的研究发布很少；

（3）实现的协议很少。

4．GloMoSim

GloMoSim（Global Mobile Information Systems Simulation Library）是于 1998 年针对移动无线网络而开发的，它具有以下特点：

（1）并行仿真。GloMoSim 采用 ParseC 语言（C 语言的扩展，支持并行编程）实现，能够实现并行仿真。

（2）可扩展性。GloMoSim 库中所有的协议均以模块的形式存在。GloMoSim 的结构包括多层，每层都使用不同的协议集合且有一个与相邻层通信的应用程序接口（API）。

（3）面向对象。GloMoSim 采用面向对象的方法实现，但是它将节点划分为多个对象，每个对象负责协议栈中的一层，减轻了大型网络的开销。

GloMoSim 仍然存在以下问题：

（1）仿真网络类型的限制。GloMoSim 在仿真 IP 网络时很有效，但是不能仿真其他类型的网络。因此，有很多无线传感网都不能在 GloMoSim 上进行仿真。

（2）不支持外部环境事件。GloMoSim 不支持仿真环境之外的环境事件，所有的事件都必须由网络内部的其他节点产生。

（3）不再更新。2000 年之后，GloMoSim 已经停止更新，并被其商业版本 QualNet 取代。

5. QualNet

QualNet 是 GloMoSim 的商业版本。它对 GloMoSim 作了许多扩展，使其包括了许多针对有线和无线网络，包括局域网、ad hoc 网络、卫星网络和蜂窝网等的模型、协议集合、文档和技术支持。QualNet 包括 3 个库，即标准库、MANNET 库和 QoS 库。标准库提供有线和无线网络中大部分的模型及协议，MANNET 库提供标准库中不包括的、针对 ad hoc 网络的特定组件，QoS 库提供针对 QoS 的协议。这 3 种库都是以二进制代码格式提供的，用户可以使用配置文件修改其行为，但是不能更改其核心功能。QualNet 包括 5 个图形用户界面模块，即场景设计器（scenario designer）、图形生成器（animator）、协议设计器（protocol designer）、分析器（analyzer）及包跟踪器（packet tracer）。场景设计器及图形生成器是图形化的试验设置和管理工具，可以采用直观的点击和拖拉工具，定义了网络节点的地理分布、物理连接和功能参数，并定义了每个节点的网络层协议和话务特征。协议设计器是用于定制协议建模的有限状态机工具，利用直观的、基于状态的可视化工具来定义协议模型的时间和过程，缩短了开发时间；用户可以修改现有协议模型，或者自己定制协议和特定的统计报告。分析器是统计图形的表示工具，用户可以在上百个预设计报告中选择或定制自己的报告。包跟踪器是用于查看数据分组在协议栈中发送和接收过程的分组级可视化工具。这些模块合理、有效的结合，使得 QualNet 成为一个非常完善的模拟器。

6. MATLAB

MATLAB（Matrix Laboratory）是一种科学计算软件，它以矩阵形式处理数据。MATLAB 将高性能的数值计算和可视化集成在一起，并提供了大量的内置函数，可用于通信系统的设计与仿真。MATLAB 提供了基本的数学算法，集成了 2D 和 3D 图形功能，并提供一种交互式的高级编程语言。MATLAB 还有一系列的专业工具箱和框图设计环境 Simulink。Simulink 用来对各种动态系统进行建模、分析和仿真，可以对任何一个能够用数学描述的系统进行建模，包括连续、离散、条件执行、事件驱动、单速率、多速率和混杂系统等。Simulink 利用鼠标拖放的方法建立了系统框图模型的图形界面，提供了丰富的功能块以及不同的专业模块集合，利用 Simulink 几乎可以做到不书写一行代码就能完成整个动态系统的建模工作，简化了系统的设计和仿真。

WISNAP（Wireless Image Sensor Network Application Platform）是一个针对无线图像传感器网络（wireless image sensor network）而设计的基于 MATLAB 的应用开发平台。它使得研究者能够使用实际的目标硬件来研究、设计、评估算法及应用程序。它还提供了标准的、易用的应用程序接口来控制图像传感器及无线传感器节点，而无须详细了解硬件平台。其开放的系统结构还支持虚拟的传感器和无线传感器节点。

WISNAP 的程序结构如图 13-10 所示，它为用户提供了两类应用程序接口，即无线传感器节点应用程序接口和图像传感器应用程序接口。用户可以很方便地控制无线传感器节点和图像传感器，实现应用程序开发。WISNAP 的设备库包括 CC2420DB 库、ADCM-1670 库和 ADNS3060 库，能实现特定硬件的协议和功能，可以用 MATLAB 脚本和 MATLAB 可执行文件来实现。而操作系统则提供了对计算机硬件（包括串口和并口）的访问。

7．J-Sim

J-Sim 是采用 Java 语言实现的通用仿真器，它使用了基于组件结构的设计方法和增强的能量模型，能够对传感器对环境的检测进行仿真。J-Sim 的组件结构如图 13-11 所示。其中，目的节点产生激励，传感器节点响应激励，汇聚节点报告激励的目标；每个组件又被分解为不同的部分，容易使用不同的协议。J-Sim 可以对应用程序进行仿真，也可以连接到实际的硬件；但是使用起来比较困难。

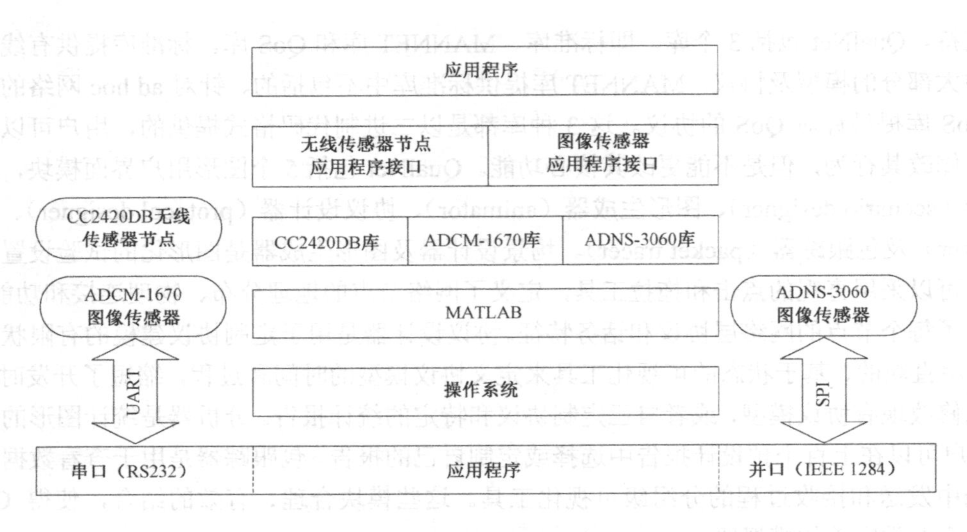

图 13-10　WISNAP 程序结构

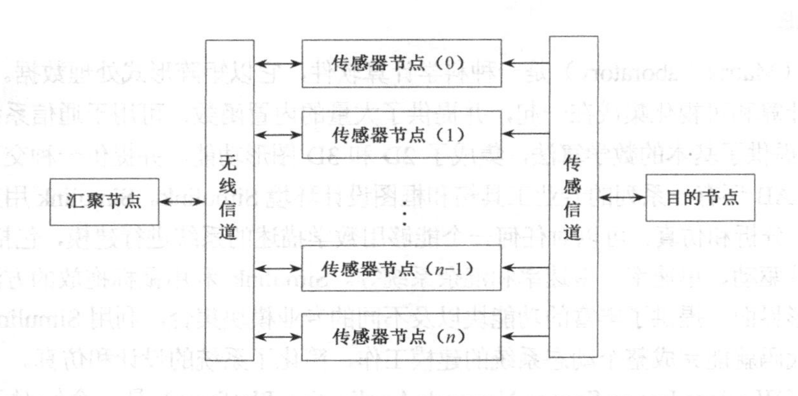

图 13-11　J-Sim 的组件结构

13.3.3　针对无线传感网的仿真平台

1．TOSSIM、TOSSF 与 SENS

TOSSIM、TOSSF 与 SENS 均能够对 TinyOS 程序进行仿真。

1）TOSSIM

TOSSIM（TinyOS mote SIMulator）是为运行于 Mica 系列传感器节点的 TinyOS 应用程序而设计的，它与 TinyOS 一起发行，包括一个可与仿真交互的可视化仿真过程图形用户界面——TinyViz（TinyOS Visualizer）。TOSSIM 在设计时主要考虑以下 4 个方面：

（1）规模：系统应该能够处理拥有不同网络配置的若干节点；

（2）完整性：为了准确捕获行为，TOSSIM 应该包括尽量多的系统交互；

（3）保真度：要测试准确，就需要捕获很细小的交互；

（4）桥接：桥接 TOSSIM 之间的差距，测试和验证在实际硬件中执行的代码。

针对大规模仿真的目的，仿真器中的每个节点与一个有向图，其连接每边都有一个概率比特误码。为了传输的有效性，用 0 表示比特错误，但会根据情况的不同而改变。此外，所有的节点均运行相同的代码，这样可以提高效率。

TOSSIM 由不同的组件组成，其结构如图 13-12 所示。它支持编译网络拓扑图、离散事件队列、被模拟的硬件、通信基础结构，其中通信基础结构允许仿真器与外部程序通信。大部分应用程序代码都不用改变，只是在与硬件交互的应用程序场合才有所区别。

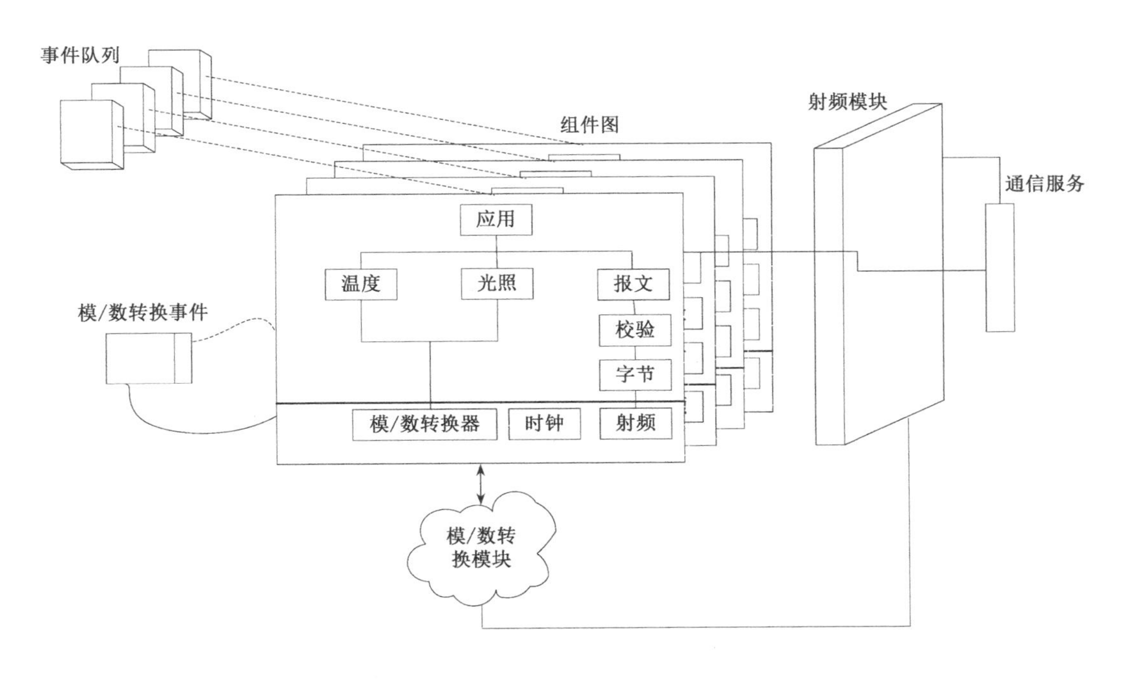

图 13-12 TOSSIM 的结构

TOSSIM 的概率比特误码模型会导致错误，且在分析低级协议时降低了仿真器的效率。编译时，微小的时序和中断属性丢失都会影响与其他节点的交互，也同样会降低准确度。另外，TOSSIM 只考虑了对传感器的数据采集硬件的仿真，并没有实现对环境触发的反应的仿真。

PowerTOSSIM 是一个电源模型，已经被集成到了 TOSSIM 中。PowerTOSSIM 对 TinyOS 应用程序消耗的电能进行建模，包括 Mica2 传感器节点能量消耗的详细模型。

2）TOSSF

TOSSF 是一个可升级的仿真框架，它是在 DaSSF（the Dartmouth Scalable Simulation Framework）和 SWAN（Simulator for Wireless ad hoc Network）的基础上开发的，其结构如图 13-13 所示。DaSSF 是一个拥有高性能和较大仿真规模的、改进的、优化的仿真内核。SWAN 是一系列在 DaSSF 内核上构建的 C++类的集合，为无线自组织网络的仿真提供了许多模型，它还提供了运行时的模块配置扩展性。

对于熟悉 TinyOS 编程的人来说，TOSSF 的使用非常容易，只需学习编写基本的 DMI（Domain Modeling Language）配置脚本来定义仿真场景和仿真节点。

TOSSF 也有一定的限制：

（1）所有的中断都是在任务、命令或事件执行完之后才得到响应的；

（2）命令和事件处理程序在零仿真时间单元执行；

（3）没有抢占。

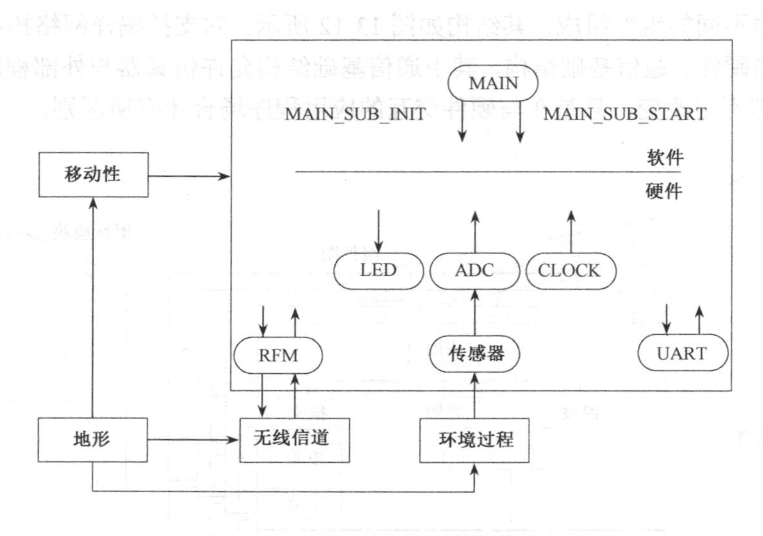

图 13-13　TOSSF 的结构

3）SENS

SENS 是一个可定制的传感器网络仿真器，它包括针对应用程序、网络通信、物理环境的可互换、可扩展的组件。SENS 拥有一个可定制组件的分层结构，具有平台无关性，添加新的平台只需添加相应的配置参数即可。SENS 采用新颖的物理环境建模机制，将环境定义为一些可交换的单元的格子。

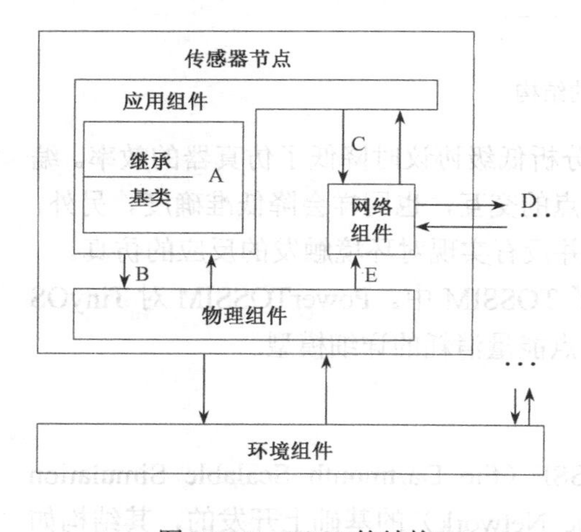

图 13-14　SENS 的结构

SENS 的结构如图 13-14 所示。它包括多个模拟的传感器节点和一个环境组件，每个节点包括三部分：物理组件、网络组件和应用组件。每个组件都有一个虚拟时钟，消息能以任意延时发送。用户可以使用 SENS 提供的组件，也可对现有组件进行修改，甚至可以自己编写新的组件。通过选择不同的组件组合，用户可以实现不同的网络应用。节点也可以有不同的配置，从而可以对不同种类的传感器网络进行仿真，这在不同节点具有不同的能力及添加了新节点的情况下是很有用的。

（1）应用组件：模拟单个传感器节点上软件的执行。它与网络组件通信，以接收和发送数据包；与物理组件通信，以读取传感器数据和控制执行机构。SENS 可以通过继承 Application 类来完成应用开发，但是它不能直接在现有硬件平台上运行。另外，SENS 提供了一个瘦兼容层，使得仿真器与实际传感器节点可以使用相同的代码，因此能够进行 TinyOS 应用程序的仿真。

（2）网络组件：模拟传感器节点数据包的接收和发送功能。所有网络组件继承自 Network 基类，并指定基本的网络接口。每个网络组件都与一个应用组件和相邻节点的网络组件相连。

相邻节点之间交换的消息格式是固定的，从而实现了不同特性的网络。有 3 种网络模型，即 SimpleNetwork、ProbLossyNetwork 和 CollisionLossyNetwork。其中，SimpleNetwork 简单地将消息发给邻居节点，并将接收到的消息传递给应用组件；ProbLossyNetwork 按照一定的错误概率传递或者丢弃数据包；CollisionLossyNetwork 在接收节点处计算数据包的碰撞。

（3）物理组件：模拟传感器、执行机构、电源、节点的电能消耗及其与环境的交互。

（4）环境组件：模拟传感器及执行机构可能所处的实际环境。

2．Tython

Tython 是实现基于 Python 脚本的、对 TOSSIM 仿真器的扩展。Tython 与 TOSSIM 的设计对比如图 13-15 所示。Tython 包括一个丰富的脚本原语库，能让用户描述动态的、能重复使用的仿真场景。它利用了 TinyOS 事件驱动的优点，允许用户附加脚本并反馈到特定的仿真场景。脚本也可以在整个网络分析和进行节点级分析，并改变环境变化反应的行为。

3．ATEMU

ATEMU 弥补了 TOSSIM 的不足。像 TOSSIM 一样，ATEMU 的代码是与 Mica2 平台兼容的二进制代码。ATEMU 使用逐个周期策略运行的应用程序代码，其仿真比 TOSSIM 更加细致。这是通过对 Mica 使用的 AVR 处理器的仿真来实现的。

ATEMU 使用 XML 配置文件来对网络进行配置。这使得网络以分等级的方式被定义，其顶层定义了网络特性，下面的层定义每个节点的特性。ATEMU 的结构如图 13-16 所示。ATEMU 提供一个被称为 XATDB 的图形用户接口，用来调试和观察代码的执行，允许设置断点、单步调试及其他的调试功能。

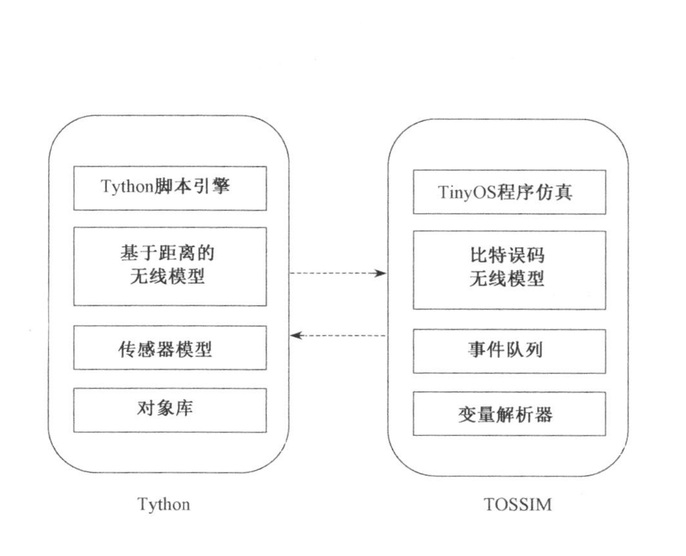

图 13-15　Tython 与 TOSSIM 设计对比

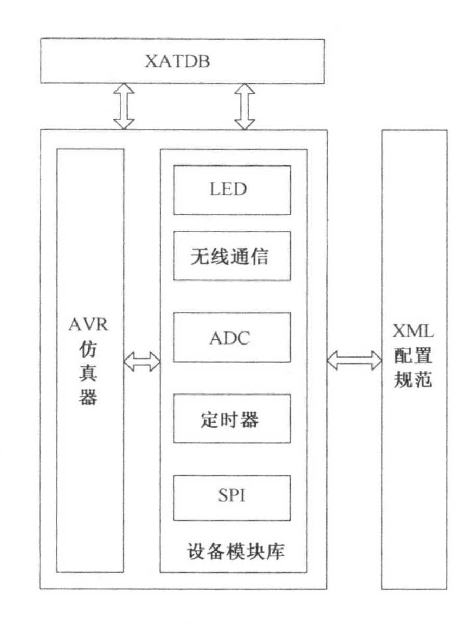

图 13-16　ATEMU 的结构

ATEMU 提供了一个精确的仿真模型，在此每个 Mica 传感器节点能够运行不同的应用程序代码。它比 TOSSIM 准确，但是速度和仿真规模有所降低，最多只能准确仿真 120 个节点。

除了进行逐条指令译码带来的开销之外，ATEMU还有面向对象模型所带来的开销，一个无线传输会影响网络中的其他节点。除了有仿真规模问题之外，ATEMU是最准确的传感器仿真器之一。

4．Avrora

Avrora是一个周期准确的指令级传感器网络仿真器。它能对10 000个节点进行仿真，且比具有同样准确度的仿真器要快20倍，能实时地处理25个节点。

Avrora是一个试图在TOSSIM和ATEMU之间找到平衡点的新仿真器（emulator）。它采用Java实现，而TOSSIM和ATEMIJ都使用C实现。像许多面向对象的仿真器一样，Avrora将每个节点都作为一个线程，但是它仍然运行实际的Mica代码。跟ATEMU一样，Avrora以逐条指令方式执行代码，但是为了获得更好的规模和速度，所有的节点在每条指令后都没有进行同步处理。

Avrora使用两种不同的同步策略。第一种方法使用一个同步间隔来定义同步发生的频率。这个值越大，同步间隔越大。同步间隔的“1”跟ATEMU大致相同。不能把这个值设得太高，否则节点将会运行超过其他节点事件影响的时间。第二种方法是在同步前等待邻居节点达到一个特定的仿真时间。一个全局数据结构被用来保存每个仿真器的本地时间，该算法允许每个节点比其他节点的仿真时间超前，直到需要同步。通过减少同步，Avrora有效地减少了开销。

5．SENSE

SENSE（Sensor Network Simulator and Emulator）是一个通用离散事件仿真器，它是在COST（Component Oriented Simulation Toolkit）的基础之上开发的，其编程语言为C++。SENSE的设计受3个仿真工具的影响：它具有类似NS-2的功能，像J-Sim一样采用基于组件的结构，像GloMoSim一样支持并行仿真。由于采用了基于组件的结构和并行仿真，开发者可以将重点放在仿真中的3个重要因素上，即可扩展性、重用性和仿真规模。采用基于组件的仿真并考虑到存储器的有效使用和传感器网络特定模型等实际问题，使得SENSE成为无线传感网研究中简单、有效的仿真工具。

1）扩展性

基于组件的仿真使得SENSE具有足够的扩展性。

组件端口模型如图13-17所示。它使得仿真模型容易扩展，如果有一致的接口，则新的组件可以代替旧的组件，不需要继承。

仿真组件分类使得仿真引擎具有扩展性，高级用户可以开发满足特定需求的仿真引擎。

2）重用性

模块之间的依赖性的降低会增加它们的可重用性。在一个仿真中实现的组件，如果满足另外一个仿真的接口及语义需求，则可以被重用。

C++模板的扩展同样提高了可重用性。组件通常被定义为模板类，以处理不同类型的数据。

3）并行仿真

SENSE使用了并行仿真和串行仿真的可选方式，其系统默认是串行仿真。

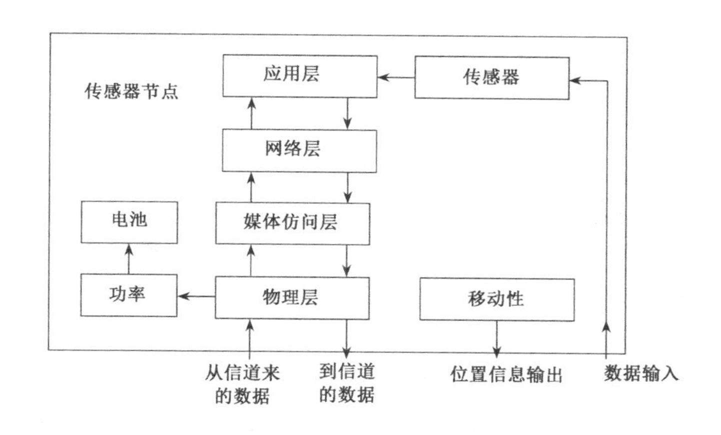

图 13-17　组件端口模型

4）用户

SENSE 中包括 3 类用户：高级用户、网络构建者和组件设计者。

高级用户不需要什么编程技巧，只需选择合适的模型和模板并设置相应的参数，便可构建传感器网络的仿真。他们不关心扩展性和重用性，但是要求仿真是可以升级的。

网络构建者需要构建新的网络拓扑等，他们依赖于现有模块来构建网络模型，主要关心可重用性。

组件设计者需要修改模块或者构建新的模块，主要关心可扩展性。

6. Sidh

Sidh 是一个采用 Java 实现的、基于组件的、专门为无线网络而设计的仿真器。它由许多模块组成，模块间通过事件交互。每个模块都通过一个接口来定义，该接口可以与其他模块交互，一个模块只要符合特定接口，就可以被用在仿真器中。

模块包括不同的种类，有仿真器、事件、媒介、传播模型、环境、节点、处理器、无线收发器、传感器、执行机构、电源、物理层协议、MAC 层协议、路由协议和应用层。仿真器模块是一个离散事件仿真器，它是 Sidh 的基础。事件模块负责模块间的通信，包括一个指定事件发生时间的仿真时间。媒介模块指定无线媒介的属性，在每个节点上保持位置和无线电属性。传播模型定义发射机与接收机之间的信号强度。环境模块与媒介模块类似，但它是模拟物理环境的。节点模块代表传感器节点，包括组成传感器节点的所有模块，如硬件模块、协议模块和应用层模块。处理器模块模拟处理器的工作状态及每种状态下的能量消耗。无线收发器模块模拟无线收发器状态、相关行为及能量消耗。传感器与执行机构与无线收发器类似，最大的区别是它们与环境接口（而不是媒介）通信。电源模块模拟每个节点的电源供应。物理层协议是网络协议栈的底层，它提供的服务有无线收发器状态的改变、载波侦听或者空闲信道评估、发送和接收数据包、接收能量检测、多信道方式下的物理信道选择。MAC 层协议在物理层之上，它提供的服务有 MAC 层状态改变、设置或获取协议参数、发送和接收数据包。Sidh 实现了多个 MAC 协议，如 CSMA、Bel、B-MAC、TRAMA 等。路由协议在 MAC 层之上，它提供不能直接通信的节点之间的多跳路由服务。应用层驻留在网络协议栈的上面，它与底层协议、传感器与执行机构接口通信，以实现完整的无线传感网应用。

Sidh 试图创建接近现实传感器的仿真器，它能够很容易地代替或者交换任意层次的模块，但是这是以牺牲效率为代价的。

7. EmStar

EmStar 是一个基于 Linux 的框架，它有多种运行环境，包括从纯粹的仿真到实际部署。EmStar 在每种环境下均使用相同的代码和配置文件，这使开发变得容易。它像 SensorSim 一样，在仿真时提供一个选项与实际硬件接口。EmStar 包括一系列的工具。其中，EmSim 和 EmCee 可以实现仿真，它们包括几个精度体制，支持不同精度级别的透明仿真，加快了开发与调试。EmSim 在模拟无线收发器及传感信道的简单仿真环境中并行地运行许多节点；EmCee 运行 EmSim 核，但是提供了一个与实际低功耗无线收发器之间的接口。EmStar 的源代码和配置文件与实际部署系统的一样，可以减少开发和调试过程中的工作。EmStar 的仿真模型是一个基于组件的离散事件仿真模型，如图 13-18 所示。但 EmStar 使用了简单的环境模型和网络媒介，所能运行的节点类型有限。

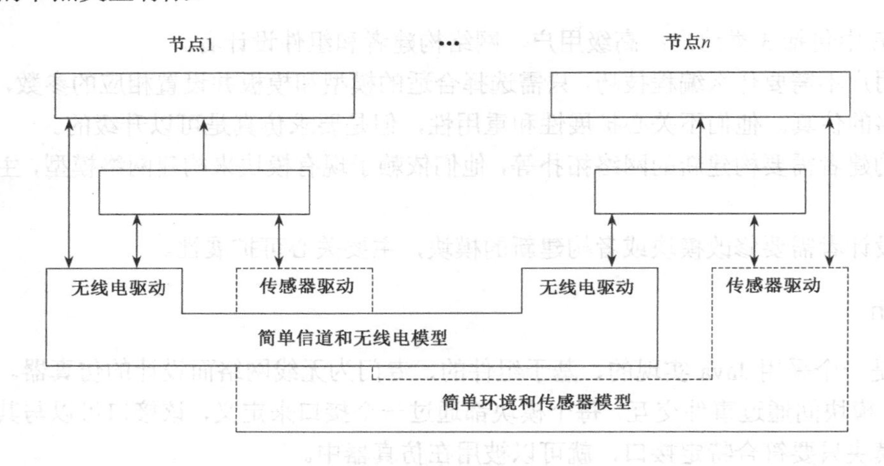

图 13-18　EmStar 仿真模型

8. SimGate

SimGate 是一个 Intel Stargate 设备的全系统仿真器。SimGate 能捕获 Stargate 内部组件的行为，包括处理器、内存、通信（串口和无线）以及外设。SimGate 是一个虚拟设备，即虚拟的 Stargate 设备，引导并运行 Linux 操作系统，所有的二进制程序都在 Linux 上运行。

SimGate 能准确估计处理器的周期计数值，该功能可以提高仿真性能，使周期更加准确。SimGate 在一个系统中使用了不同的方法对设备组件的性能进行评估，包括某些组件的周期级仿真和基准时间选择。SimGate 与实际设备执行的是同样的操作系统和应用程序二进制代码。

SimGate 能仿真 Stargate 设备的以下特性：

（1）不带 Thumb 支持，带 XScaleDSP 指令的 ARMV5TE 指令集；

（2）XScale 流水线仿真；

（3）PXA255 处理器，包括 MMU、GPIO、中断控制器、实时时钟、操作系统定时器和内存控制器；

（4）与相连的 Mote 节点通信的串行接口（UART）；
（5）SA1111 StrongARM 协同芯片；
（6）64 MB SDRAM 芯片；
（7）32 MB Intel StrataFlash 芯片；
（8）包括 PCMCIA 接口的 Orinoco 无线局域网 PC 卡。

SimGate 还能与 SimMote 结合，实现与其他传感器网络结合的仿真。另外，SimGate 还支持调试功能，可以设置断点等。

13.4 无线传感器节点设计案例

本节介绍智能停车场车位检测系统的无线传感器节点设计的方法和实现过程，主要介绍硬件组成和软件系统。

13.4.1 硬件设计

车位检测无线传感器节点由超声波传感器模块、处理器模块、无线发射模块以及电源模块四部分组成。此外，根据应用特点增设了车位编号 SD 卡模块。其结构框图如图 13-19 所示。

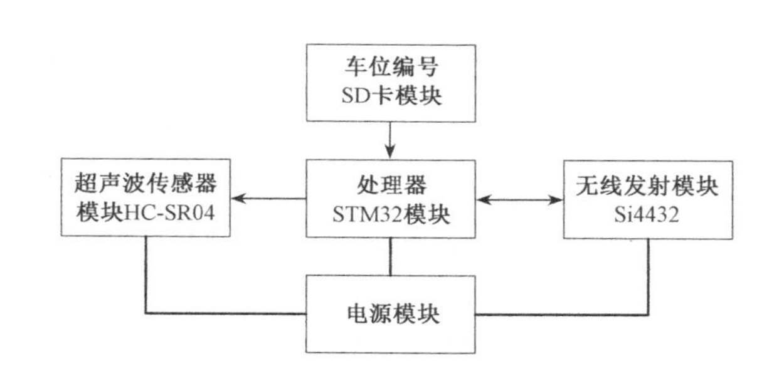

图 13-19 车位检测无线传感器节点的结构框图

1. 处理器模块（主控芯片 STM32F103）

处理器模块（主控芯片）主要负责超声波传感器模块的测距检测、计算处理、SD 卡的读写以及对无线模块通信协议的控制。它采用处理能力较强的低成本、低功耗的 STM32 系列芯片的 STM32F103 单片机。该芯片共 48 个引脚，工作电压为 3.3 V，其性能参数如表 13-4 所示。

表 13-4 STM32F103 性能参数

工作频率	16 位定时器	SPI 接口	I^2C 总线接口	串口	CAN	GPIO 口
72 MHz	3 个	2 个	2 个	3 个	1 个	37 个

该芯片的主要优点：

- 使用 ARM 最新的、先进架构的 Cortex-M3 内核，主频为 72 MHz；
- 20～64 Kb Flash；
- 2～3 个 12 位 ADC 温度传感器；
- 2～5 个 USART；
- 1～3 个 SPI；
- 1～2 个 I^2C；
- 2～4 个 16 位定时器；

- 内嵌 RC 振荡器（32 kHz + 8 MHz）；
- 优异的实时性能，实时时钟（RTC）；
- 2 个看门狗；
- 7～12 个通道 DMA；
- 80%的引脚为通用 I/O；
- 杰出的功耗控制。

2. 超声波传感器模块

超声波传感器模块具有高精度测距功能。传感器先发射出高于 20 kHz 的波，遇到障碍物返回反射波，通过计算往返波的时间计算障碍物与传感器之间的距离。传感器模块由放大电路和超声波探头构成。单片机程序产生 40 kHz 方波，经过放大电路，由超声波发射出去，计时器开始计时，再接收反射波，据此计算出往返波所经过的距离；通过判断距离值来断定停车位上是否停有车辆。

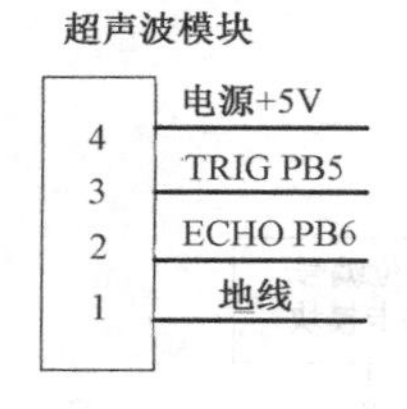

图 13-20　超声波模块和 STM32 相连的引脚图

超声波模块采用的是 HC-SR04 集成模块，工作电压为 5 V。该模块共有 4 个引脚：VCC、GND、TRIG 和 ECHO。其中 TRIG 端和 STM32 的 PB5 引脚相连，ECHO 端和 STM32 的 PB6 口相连，如图 13-20 所示。用 STM32 的 PB5 I/O 口拉低 TRIP 引脚，然后给一个 10 μs 以上的脉冲信号，模块将自动发送 8 个 40 kHz 的方波，当超声波模块接收到反射波时，ECHO 输出有效电平，程序计算出 TRIG 和 ECHO 电平变化的时间差，然后计算出距离。

3. 无线发射模块设计

由于地下车库的特殊性，ZigBee 无线模块很难满足要求，所以采用自定义的无线模块。无线收发芯片使用 Si4432，其通信灵敏度高达–120～–121 dBm（1.2 kb/s），控制芯片为 STM ARMCortex-M3 内核单片机 STM8 微处理器。采用低功耗设计，射频优化、PCB 优化设计了远程无线通信模块，具有很强的穿透性和远距离发送，且底层 MAC 协议自定义。主要特点有：

- 在发射功率 10 mW 下，最远通信距离可达 5 000 m；
- 采用 433 MHz/780 MHz 双频自适应切换，抗干扰能力强；
- 多层路由，支持三层组网，其中第一层组网节点数最多可达 255 个，便于实现大规模组网；
- 超低功耗设计：低功耗工作模式平均功耗低于 10 mA。

集成后的模块共有 17 个引脚，最主要的引脚有 3 个，其中第 8 引脚接 433 MHz/780 MHz 天线，第 9 和第 10 引脚是串行通信接口。STM8 MCU 控制管理通信，可以实现双频自适应发送，减小信道间的干扰，增大传输距离，实现数据传输的有效性。该模块的原理图 13-21 所示。

4. 车位编号方案设计

停车场车位众多，每个停车位都放置有一个节点，每个节点都会将自己的车位状态上传给上位机，为了区分是哪个车位发来的信息且便于车位的统一调度和管理，就要求我们对车位进

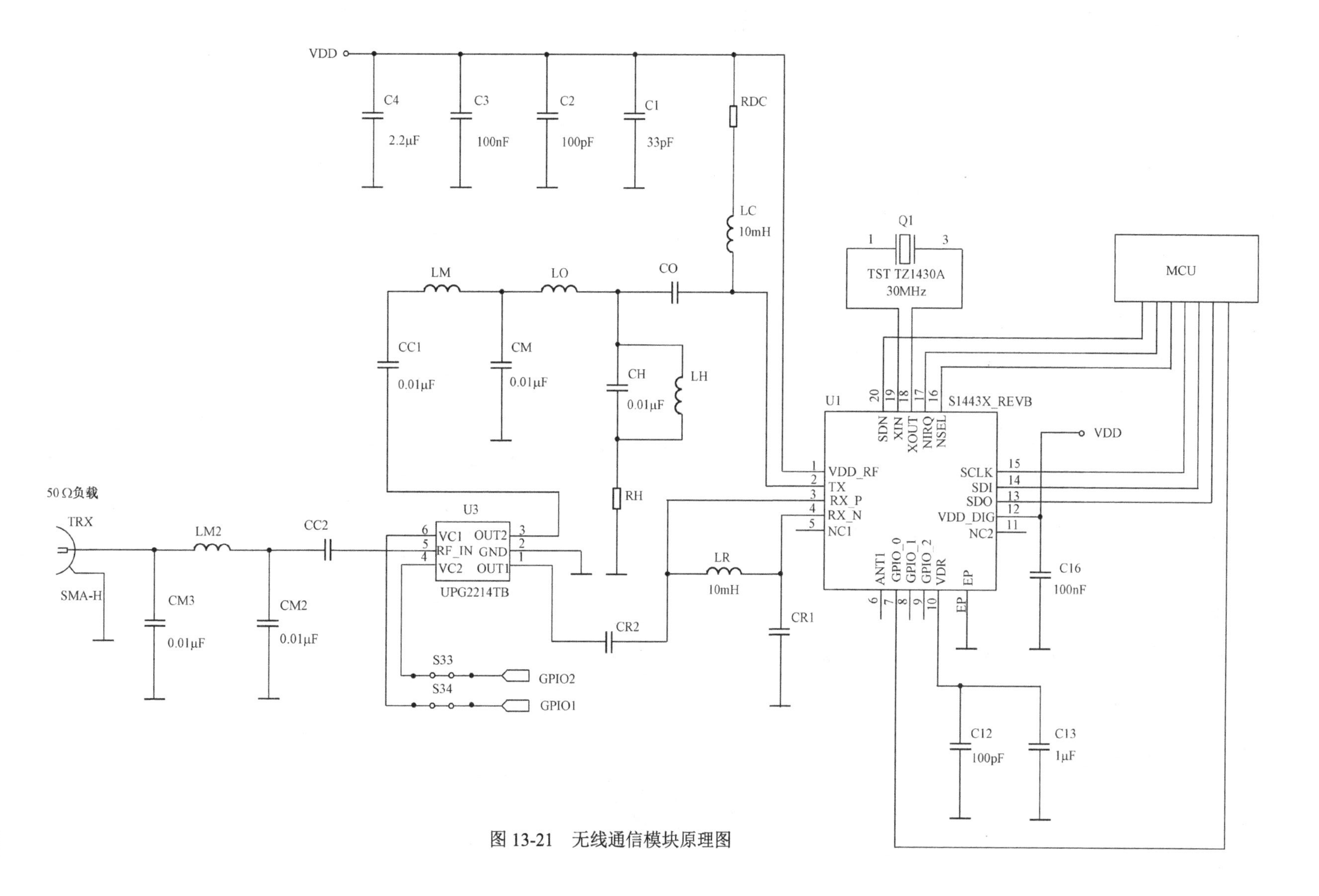

图 13-21　无线通信模块原理图

行编号。编号要灵活，便于后期维护。编号方案可以利用软件编写、烧录，对每个车位进行编号。这种方案的优点是节约成本，直接在程序中编写就可以；缺点是车位众多，对每个车位进行程序下载，效率低下，且后期车位节点若损坏就很难维护。这里采用外设 SD 卡存储设备，将编号信息存放在 SD 卡中，利用文件读取系统将编号读取。这种方案虽然增加存储设备的硬件成本，但其优点很明显，编号更加灵活，便于系统的维护和管理。

设计中只要将编号存储在 SD 卡中的.TXT 文档中，程序运行后便能将所读取到的车位编号和所检测到的车位状态一起发送给上位机处理。

SD 卡可以采用 SD 总线访问，也可以用 SPI 总线访问。考虑到 STM32 有 SPI 总线接口，所以采用 SPI 总线方式设计 SD 卡的硬件电路。SD 卡的引脚定义如表 13-5 所示。

表 13-5 SD 卡引脚定义

引脚	1	2	3	4	5	6	7	8	9
定义	CS	SI	GND	VCC	SCK	GND	SO	—	—

注：CS——片选（低电平有效）；SI——数据输入；GND——地；VCC——电源（SD 卡的工作电压为 3.3 V）；SCK——时钟信号；SO——数据输出。

SD 卡在 SPI 模式下采用了主从问答式协议，整个过程都由 STM32 单片机控制。由 STM32 程序往 SD 卡发送命令，SD 卡接收到后作出回应。STM32 给出 CS 高电平实现 SD 卡的同步，给出 CS 低电平实现单片机和 SD 卡的通信。STM32 将所要发送的数据先存到相应的寄存器中，在 SCK 引脚产生时钟脉冲时进行数据交换。STM32 中数据从 SI 出，从 SD 卡的 SI 入；SD 卡的数据从 SO 出，从 STM32 的 SO 入；如此实现双方的通信。

13.4.2 软件设计

节点的软件设计采用模块化设计思想，将软件分为主程序和子程序。主程序主要完成的功能有各个模块的初始化（如 LED 灯），从 SD 卡中读取车位编号等。子程序完成的功能有发射超声波，接收超声波，计算测量的距离，将车位编号和车位状态通过无线模块发送给汇聚节点。主程序完成后进入子程序，不停地测量车位，将所测得的信息发送给汇聚节点。

单片机的开发常用的是 C 语言和汇编语言。汇编语言直接控制系统的硬件，因而修改困难，可移植性差；而 C 语言可以开发复杂的单片机程序，并且可移植性很好。考虑到这里要设计的模块较多，功能复杂，所以采用 C 语言进行设计。

1. 主程序设计

主程序的设计是先完成波特率的设定，以及 I/O 口、LED 灯等模块的初始化；各个模块的初始化完成之后，程序从和 STM32 SPI 接口（PA4，PA5，PA6，PA7）相连的 SD 卡中读取车位的编号；读取编号成功后再进入超声波测距子程序和无线传输子程序。主程序流程图如图 13-22 所示。

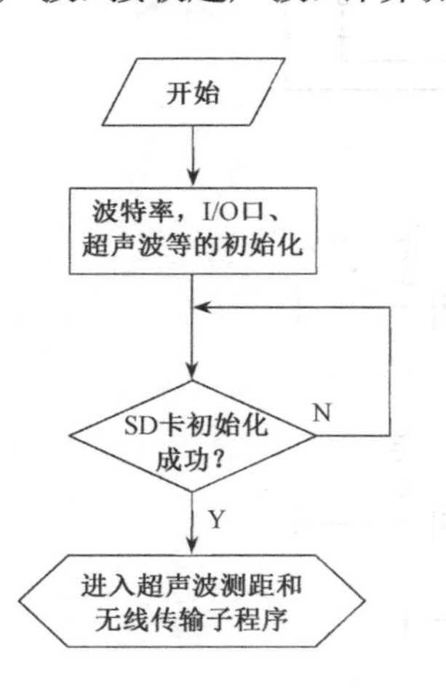

图 13-22 主程序流程图

主程序代码如下：

```
int main()
{
SystemInit();                       //系统时钟初始化
uart_init(115200);                  //设置串口波特率
USART1_IRQHandler();                //串口初始化
delay_init(72);                     //延时函数初始化
Ultran_Init();                      //超声波模块初始化
LED_Init();                         //LED灯初始化
SD();                               //SD卡初始化

//各个模块初始化完成后，进入超声波测距和无线传输子程序
while(1){
  Ultra_Ranging(&temp,&flag);
  UART_Send_Str(sss);
  //若超声波通过测距得出车位上没有停车，便发送标志位0
  if(flag == 0)
    USART_SendData(USART1, 0X00);
    Else
  //若超声波通过测距得出车位上停有车辆，便发送标志位1
    USART_SendData(USART1, 0X01);
    delay_ms(1000);
  }
}
```

2. 超声波模块程序设计

超声波模块主要完成距离的测量，尽量要做到数据的准确性，减少误差。由 STM32 单片机先将 TRIG（PB5）拉低，再给出 10 μs 的脉冲信号，超声波传感器会发出 8 个 40 kHz 的脉冲信号，计时器开始计时。当超声波传感器接收到返回波时，ECHO 将触发有效电平，程序将会计算 T_0 和 T_1 之间的时差，根据公式 $S=340\times(T_1-T_0)/2$ 得出此次测量的距离。为了减少误差，程序会每测量 5 次并求出平均值后再发送给无线模块。超声波子程序流程图如图 13-23 所示。

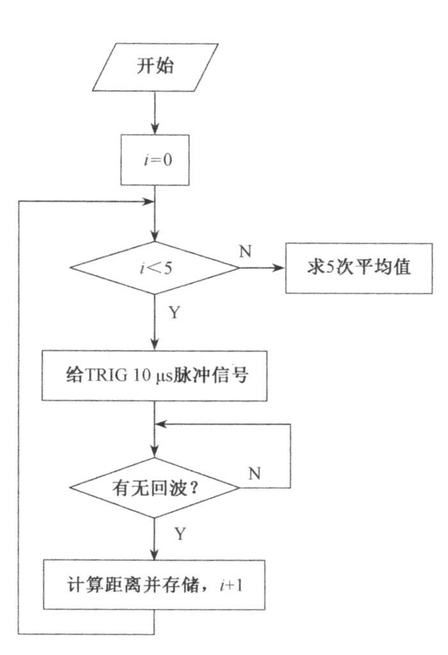

图 13-23　超声波子程序流程图

超声波子程序代码如下：

```
voidUltra_Ranging(float *p,int *flag)
{
u8 i;
```

```
u32 j;
float Ultr_Temp;
for(i=0;i<5;i++)     //5 次测量距离
  {
    TRIG_Send=1;
   delay_ms(10);
   TRIG_Send=0;
   while(!ECHO_Reci);  //等待返回波
   while(ECHO_Reci)
   {
     delay_us(10);
     j++;
     }
     Ultr_Temp+=340/2*j*10;    //  模块最大可测距 3 m
     j=0;
     delay_ms(60);//防止发射信号对回响信号的影响
   }
if((Ultr_Temp/5/1000000)<=0.05)        //"0.05"代表 5 cm
   {
   *flag = 0;LED1 = 0;LED0 = 1;
   }
   else
     {
     *flag = 1; LED1 = 1; LED0 = 0;
     }
}
*p=Ultr_Temp/5/1000000;
  }
```

3. SD 卡模块程序设计

SD 卡接通电源后，直接进入 SD 总线模式，所以要对 SD 卡进行初始化设置。其初始化流程图如图 13-24 所示。STM32 先向 SD 卡发送 74 个时钟周期。接着向 SD 卡发送 CMD0 复位命令，此时主机会进行判断：若应答信号为 01，则接着发送命令 CMD1；否则重新开始。发送命令 CMD1 后主机再进行判断：若应答信号为 00，则说明 SD 卡初始化成功。

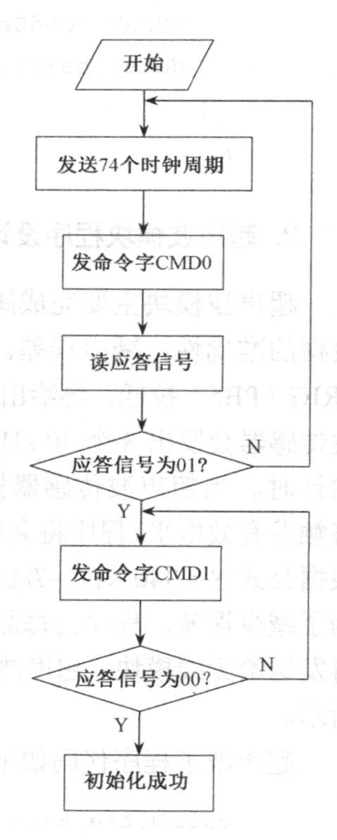

图 13-24　SD 卡初始化流程图

SD 卡初始化子程序代码如下：

```
unsigned char SD_Reset(void)
{
unsigned char time,temp,i;
```

```
    unsigned char pcmd[] = {0x40,0x00,0x00,0x00,0x00,0x95};
    is_init=1;        //is_init 置为 1，让 SPI 速度慢下来
    SET_SD_PIN(SD_CS_PIN,1);
    for(i=0;i<0x0f;i++)    //初始时，首先要发送最少 74 个时钟信号
    {
        SD_spi_write(0xff); //120 个时钟
    }
     SET_SD_PIN(SD_CS_PIN,0);
     time=0;
     do
    {
        temp=SD_Write_Cmd(pc
   md);//写入 CMD0
            time++;
            if(time==TRY_TIME)
            {
            return(INIT_CMD0_ERROR);//CMD0 写入失败
            }
        }while(temp!=0x01);
    SET_SD_PIN(SD_CS_PIN,1);
    SD_spi_write(0xff);      //按照 SD 卡的操作时序在这里补 8 个时钟
    return 0;                //返回 0,说明复位操作成功
   }
```

4. 无线模块程序设计

无线模块采用 Si4432 和 STM 集成模块，并对通信协议进行规范，通信程序需要根据组网要求进行设计。

1）SNet 通信协议物理层规范

此规范适用于明确和统一微功率无线通信单元技术的物理层协议规范。

（1）物理层主要包括以下内容：

- 打开和关闭无线收发器；
- 当前工作信道进行能量检测；
- 适用于载波监听多路访问和冲突避让的空闲信道评估；
- 信道频率选择；
- 数据发送和接收。

（2）工作频率范围：471～486 MHz，779～787 MHz。

（3）调制方式：FSK（frequency-shift keying）。为了减小调制信号的带外频率分量，改善信号频率，基带信号采用高斯滤波（GFSK）的方式；高斯滤波器的 BT 值取 BT = 0.5。

（4）调制频率偏差：调制信号的频率相对于载波频率的摆动幅度值，频率偏差值为 25 kHz±5 kHz。

（5）信道带宽：<100 kHz。

（6）发射功率：≤50 mW（17 dBm）。

（7）接收机灵敏度：在使得接收器的接收误码率≤1%时，解调门限值应低于–106 dBm。

（8）接收器抗干扰抑制：接收器对于邻近信道干扰的抑制值为 24 dB。

（9）接收信号强度指示器：RSSI 范围为–120～–40 dBm（信号源直接输入时），测量范围为–110～–50 dBm（信号源直接输入时），误差容限为±3 dB。

（10）空闲信道评估：RSSI 的测量时间在 300 μs 以上，RSSI 判断的门限值默认定义为–96 dBm。

2）网关串口对外协议

串口上电默认工作频率为 115 200 Hz，无奇偶校验，数据位为 8 位，停止位为 1 位。

（1）通信协议格式：

同步位	命令	长度	执行结果	侦头校验	数据位	数据校验位
2 字节	1 字节	1 字节	1 字节	2 节节	<240 字节	2 字节

（2）模块软复位命令：

同步位	命令	长度	执行结果	侦头校验	数据位	数据校验位
AC DC	0X01	0x09	00	FF FF	无	FF FF

（3）网络信息获取命令：

同步位	命令	长度	执行结果	侦头校验	数据位	数据校验位
AC DC	0X02	0x09	00	FF FF	无	FF FF

（4）串口配置命令：

同步位	命令	长度	执行结果	侦头校验	数据位	数据校验位
AC DC	0X03	0x09	00	FF FF	无	FF FF

（5）获取串口配置信息：

同步位	命令	长度	执行结果	侦头校验	数据位	数据校验位
AC DC	0X04	0x09	00	FF FF	无	FF FF

（6）数据传输业务设置：

同步位	命令	长度	执行结果	侦头校验	数据位	数据校验位
AC DC	0X03	0x09	00	FF FF	无	FF FF

（7）设置数据：

同步位	命令	长度	执行结果	侦头校验	数据位	数据校验位
AC DC	0X05	0x13	01	FF FF	无	FF FF

数据位：xx（类型数目）xx（子设备类型）xx（业务类型）

（8）发送数据：

同步位	命令	长度	执行结果	侦头校验	数据位	数据校验位
AC DC	0X06	0x0F	00	FF FF	无	FF FF

（9）接收数据：

同步位	命令	长度	执行结果	侦头校验	数据位	数据校验位
AC DC	0X07	0x0F	00	FF FF	无	FF FF

（10）网关版本信息和设备厂家信息：

同步位	命令	长度	执行结果	侦头校验	数据位	数据校验位
AC DC	0X08	0x0F	00	FF FF		FF FF

数据位：xx xx（版本信息）xx xx xx xx（厂家信息）

（11）测试添加设备是否是本网络的设备，防止意外添加其他网络的设备进来：

同步位	命令	长度	执行结果	侦头校验	数据位	数据校验位
AC DC	0X09	0x0F	00	FF FF	无	FF FF

该命令用于确认设备注册网络没有出现误注册，主机通过声音或者灯光显示来提示施工人员，确定设备注册网络成功。

（12）设备网关之间的协议：

同步位	命令	长度	执行结果	侦头校验	数据位	数据校验位
AC DC	0X00	数据流总长度		FF FF	<240 字节	FF FF

在 SD 卡模块程序运行完成后，程序会将由存放在 SD 卡中的车位信息和车位标志位所组成的数据流通过无线模块发送出去。网关端会收到此次发送的数据流，并将数据流原样转发给上位机。

本章小结

无线传感网是应用相关的，不同的应用需要使用不同的软硬件技术和不同的封装方法。从技术角度来看，无线传感器节点的硬件会随着下列技术的进步而发展：

（1）更低功耗、体积更小的处理器。目前已经面世的处理器（如 Atmega256）可以在 1.8 V 电压下工作，具有更低的功耗；但是为了降低电路的复杂度，其他相关集成电路芯片也都能够工作在低电压下才行。Si 公司的 Si4432 和 TI 公司的 MSP340 表现非常卓越，它们可以更细致地配置工作频率，从而把功耗降低到非常小，这种低速运行对于慢速传感器的采集非常有效，即以非常低的功耗等待目标传感器的采集工作。基于 ZigBee 的无线模块 CC2430 和 CC2530 集成了 ZigBee 协议栈，给用户的应用开发带来很多方便，已成为市场上主流的无线模块。

（2）更有效的传感器系统。对于温湿度传感器或者照度传感器，其体积做小的空间还非常大；而对于其他类型的传感器，如磁场传感器、加速度传感器、化学传感器等，如果其体积能够做小，采样速度能够提高，则对扩展无线传感网的应用范围会起到很大的推动作用。

（3）更有效的通信技术。目前在无线传感网中采用的无线通信技术手段更倾向于电磁波通信技术。如果随着工艺加工技术、材料科学以及无线电通信技术本身的发展，电磁波通信在降低功耗（微瓦级）、缩小体积（天线）、抗干扰（高频信号泄漏而造成的内部串扰）等方面能够有所突破，从而实现微空间、超低功耗的无线通信模块，则无线传感网技术必然可以得到更大的推进。

（4）集成度更高的集成技术。把多种不同技术要求的模块集成在一起，实现集成化单体无线传感器节点，是无线传感器节点的最终目标。MEMS 技术的发展会把无线传感网的发展推向一个更高的水平。

无线传感网是应用相关的技术，其发展方向和前景非常好。其应用软件是针对不同应用的，涉及传感器节点的嵌入式软件和用户端的管理软件。由于其应用相关性的特点，传感器节点的软硬件结构没有统一的规范，需要根据不同的应用场合进行选择。

由于无线传感网与普通无线网络的区别，开发无线传感网应用中的仿真技术就显得非常重要。本章最后介绍了无线传感网的仿真技术，包括通用仿真技术（如 NS2、OPNET、GloMoSim 等），以及针对无线传感网的 TOSSIM、TOSSF 与 SENS 等仿真技术。仿真技术是验证理论合理性的最有效的技术，是无线传感网开发过程中不可缺少的组成部分。

思考题

1．无线传感网的硬件主要由哪些部分组成？在设计过程中，主要考虑哪些因素？

2．在无线传感网节点设计中，对软件的要求是什么？

3．网络仿真技术具有哪些特点?

4．简述网络仿真软件的构成体系。

5．列举无线传感网仿真的常用软件平台，并说明各种仿真平台的技术特点。

6．简述 TOSSIM 的体系结构和功能。

7．在选择无线传感网的仿真平台时应该注意哪些问题?

8．在设计无线传感器节点时，对微处理器模块的要求有哪些？

9．简述无线传感网常用的几种射频通信芯片及其特点。

10．结合所学知识，简单描述无线传感网节点的设计应该注意哪些问题。

主要参考文献

[1] 孙利民，李建中，陈渝，等．无线传感器网络[M]．北京：清华大学出版社，2005．

[2] 刘化君，刘传清．物联网技术[M]．第 2 版．北京：电子工业出版社，2015．

[3] 许毅．无线传感器网络原理与方法[M]．北京：清华大学出版社，2012．

[4] 彭力．无线传感器网络技术[M]．北京：冶金工业出版社，2011．

[5] 潘浩，董齐芬，张贵军．无线传感器网络操作系统 TinyOS[M]．北京：清华大学出版社，2011．

[6] 王营冠，王智．无线传感器网络[M]．北京：电子工业出版社，2012．

[7] 宋文，王兵，周应宾．无线传感器网络技术与应用[M]．北京：电子工业出版社，2007．

[8] Karl H， Willig A．无线传感器网络协议与体系结构[M]．邱天爽，等，译．北京：电子工业出版社，2007．

[9] 于宏毅，李鸥，张效义．无线传感器网络理论、技术与实现[M]．北京：国防工业出版社，2008．

[10] 李善仓，张克旺．无线传感器网络原理与应用[M]．北京：机械工业出版社，2008．

[11] 李晓维，徐勇军，任丰原．无线传感器网络技术[M]．北京：北京理工大学出版社，2007．

[12] 姜仲，刘丹．ZigBee 技术与实训教程：基于 CC2530 的无线传感网技术[M]．北京：清华大学出版社，2014．

[13] 葛广英, 葛菁, 赵云龙．ZigBee 原理、实践及综合应用[M]．北京：清华大学出版社，2015．

[14] 任丰原，黄海宁，林闯．无线传感器网络[J]．软件学报，2003，14（7）：1282-1291．

[15] 王福豹，史龙，任丰原．无线传感器网络中的自身定位系统和算法[J]．软件学报，2005，16（5）：1148-1157．

[16] 赵静，苏光添．LoRa 无线网络技术分析[J]．移动通信，2016，40（21）：50-57．

[17] 赵太飞，陈伦斌，袁麓，等．基于 LoRa 的智能抄表系统设计与实现[J]．计算机测量与控制，2016，24（09）：298-301．

[18] Akyildiz I F, Su W, Sankarasubramaniam Y, et al. A survey on sensor networks[J]. IEEE Communications Magazine, 2002, 40(8): 102-114.

[19] Ye W, Heidemann J, Estrin D. An energy-efficient MAC protocol for wireless sensor networks[C]. Procecdings of 21st Annual Joint Conference of the IEEE Computer and Communications Societies (INFOCOM2002), New York, NY. June 2002.

[20] Van Dam T, Langendoen K. An adaptive energy-efficient MAC protocol for wireless sensor networks[C]. Proceedings of the 1st International Coference on Embedded Networked Sensor Systems (SenSys), Nov, 57, 2003, Los Angeles, CA, 2003.

[21] Jamieson K, Balakrishnan H, Tay Y C. Sift: A MAC protocol for event-driven wireless sensor networks[J]. MIT-LCS-TR-894, 2003.

[22] Intanagonwiwat C, Govindan R, Estrin D et al. Directed Diffusion for Wireless Sensor Networking[J]. IEEE/ACM Transactions on Networking, 2003, 11(1): 2-16.

[23] Halgamuge M N, Guru S M, Jennings A. Energy efficient cluster formation in wireless sensor networks[C]. In: Proceedings of 10th International Conference on Telecommunication (ICT'03), Volume 2, 23 Feb -1 March, 2003.

[24] Dasgupta K, Kalpakis K, Namjoshi P. An efficient clustering-based heuristic for data gathering and aggregation in sensor networks[C]. In: Proc IEEE Wireless Communications and Networking (WCNC2003), Volume 3, 16-20 March, 2003.

[25] Boukerche A, Cheng Xiuzhen, Linus J. Energy-aware data-centric routing in microsensor networks[C]. In: Proc 6th ACM Int'l Workshop on Modeling Analysis and Simulation of Wireless and Mobile Systems, San Diego, CA, September 19, 2003: 42-49.